전기공학도와 현장 실무자를 위한
최근 개정법 규정 수록

건축전기설비
기술사 I권

예문사

머리말

전기설비는 전력회사에서 보내온 상용전력을 수전받아 변압기를 통해 부하기기에 안정적으로 공급하여 일상생활을 쾌적하고 편리하게 할 수 있도록 하는 자동화, 정보화 에너지 설비라 할 수 있습니다.

고도 정보사회의 급속한 진전 및 신축 건축물의 대형화, 현대화, 고층화에 따른 쾌적한 주거환경의 확보, 건물의 편리성 유지, 방재기능의 강화 등으로 인해 전기설비의 내용도 점점 복잡·다양해지고 전기설계, 감리공사비의 비중도 점차 증대되고 있으며, 특히 정보화의 급격한 발전으로 정보화 빌딩인 인텔리전트화로 전기설비 분야가 급격하게 각광을 받고 있습니다.

또한 최근 지구온난화 및 에너지 절감을 위한 전 세계적인 시대상황과 관련하여 전기설비의 고효율화, 에너지 절감 및 신재생에너지 설비의 보급이 확대되고 있는 추세이며, 이와 관련하여 다양한 신재생에너지 설비의 내용을 수록함은 물론, 기존 국내 전기관계 법규정인 전기설비기술기준 및 판단기준, 내선규정이 폐지되고 KEC로 신설·변경됨에 따라 이를 기준으로 한 내용으로 전면 수정·보완하게 되었습니다.

이 도서는 1권에서 기초이론 및 전원설비, 2권에서 전력공급설비 및 부하설비(조명 및 동력), 3권에서 전기에너지설비, 방재 및 방범설비, 정보통신설비, 반송설비, 전기설비설계, KSC-IEC 60364 및 62305로 구성되어 있습니다.

본 도서에서 건축전기설비기술사의 취득과 관련하여 쉽게 공부에 도전할 수 있도록 건축전기설비 분야의 다양한 내용에 대해 많은 참고도서의 내용과 저자의 현장경험, 강의 자료 등을 토대로 이해하기 쉽게 정리하였습니다.

따라서 이 도서는 건축전기설비기술사 수험서로 활용될 뿐만 아니라 전기설비를 공부하는 대학, 전문대학의 교재로도 충분히 활용이 가능하며, 전기설계, 감리, 시공분야의 업무에서도 참고서적으로 유용하게 활용될 수 있을 것이라 생각됩니다.

최선으로 노력으로 이 도서를 정리하였으나 부족하고 잘못된 곳이 있으리라 생각되며, 독자 여러분들의 교시와 충고를 받아 보다 좋은 책이 될 수 있도록 보완하고 수정하여 더욱 발전시켜 나가고자 합니다.

끝으로 이 도서가 오랜 기간 동안 독자 여러분들께 출판될 수 있도록 애써 주신 도서출판 예문사 임직원 및 사장님께 깊은 감사의 말씀을 표하는 바입니다.

2024. 10

저자 **조 성 환**

출제기준

직무 분야	전기·전자	중직무 분야	전기	자격 종목	건축전기설비 기술사	적용 기간	2023.1.1.~2026.12.31.
○ 직무내용 : 건축전기설비에 관한 고도의 전문지식과 실무경험을 바탕으로 건축전기설비의 계획과 설계, 감리 및 의장, 안전관리 등 담당. 또한 건축전기설비에 대한 기술자문 및 기술지도하는 직무이다.							
필기검정방법		단답형/주관식 논문형			시험시간		400분(1교시당 100분)

필기과목명	주요항목	세부항목
건축전기설비의 계획과 설계, 감리 및 의장, 그 밖에 건축전기설비에 관한 사항	1. 전기기초이론	1. 회로이론 – R, L, C 회로의 전류와 전압, 전력관계 • 전기회로해석, 과도현상 등 • 밀만, 중첩, 가역, 보상정리 등 • 비정현파 교류 2. 전자계 이론 • 플레밍, Amper의 주회적분, 페레데이, 노이만, 렌쯔 법칙 등 – 전자유도, 정전유도 • 맥스웰 방정식 등 3. 고전압공학 및 물성공학 • 방전현상 • 고체, 액체 및 복합유전체의 절연파괴 • 금속의 전기적 성질, 반도체, 유전체, 자성체 • 전력용 반도체의 종류 및 응용
	2. 전원설비	1. 수전설비(수변전설비 설계) • 수전방식, 변압기용량계산 및 선정, 변전시스템선정 • 수전설비 기기의 선정 등 2. 예비전원설비(예비전원설비 설계) • 발전기 설비, UPS, 축전지설비 • 조상설비, 전력품질개선장치 등 3. 분산형 전원(지능형신재생 구축) • 분산형 전원의 종류 및 계통연계 4. 변전실의 기획 • 변전실 형식, 위치, 넓이 배치 등 5. 고장 계산 및 보호 • 단락, 지락전류의 계산의 종류 및 계산의 실례 • 전기설비의 보호 및 보호협조
	3. 배전 및 배선설비	1. 배전 설비(배전설계) • 배전방식 종류 및 선정 • 간선재료의 종류 및 선정 • 간선의 보호 • 간선의 부설

필기과목명	주요항목	세부항목
		2. 배선 설비(배전설비 설계) • 시설장소·사용전압별 배선방식 • 분기회로의 선정 및 보호
		3. 고품질 전원의 공급 • 고조파, 노이즈, 전압강하 원인 및 대책 • Surge에 대한 보호
		4. 전자파 장해대책
	4. 전력부하설비	1. 조명설비 – 조명에 사용되는 용어와 광원 • 조명기구 구조, 종류, 배광곡선 등 • 조명계산, 옥내·외 조명설계, 조명의 실제 • 조명제어 • 도로 및 터널조명
		2. 동력설비 • 공기조화용, 급배수 위생용, 운반·수송설비용 동력 • 전동기의 종류, 기동, 운전, 제동, 제어
		3. 전기자동차 충전설비 및 제어설비
		4. 기타 전기사용설비 등
	5. 정보 및 방재설비	1. I.B.(Intelligent Building) • I.B.의 전기설비 • LAN • 감시제어설비 • EMS
		2. 약전설비 • 전화, 전기시계, 인터폰, CCTV, CATV 등 • 주차관제설비 • 방범설비 등
		3. 전기방재설비 • 비상콘센트, 비상용조명, 유도등, 비상경보, 비상방송 등 – 피뢰설비 • 접지설비 • 전기설비 내진대책
		4. 반송 및 기타설비 • 승강기 • 에스컬레이터, 덤웨이터 등

출제기준

필기과목명	주요항목	세부항목
	6. 신재생에너지 및 관련 법령, 규격	1. 신재생에너지 • 태양광, 연료전지, 풍력, 조력 등 발전설비 • 에너지절약 시스템 및 기법 • 2차 전지 • 스마트그리드 • 전기에너지 저장(ESS)시스템 • 기타 신기술, 신공법관련 • 에너지계획 수립 • 친환경에너지계획 검토
		2. 관련법령 – 전기설비기술기준 • 한국전기설비규정(KEC) • 전기공사업법, 시행령, 시행규칙 • 전력기술관리법, 시행령, 시행규칙 • 주택법, 시행령, 시행규칙 • 건축법, 시행령, 시행규칙 • 에너지이용 합리화법, 시행령, 시행규칙 • 정부 고시 등
		3. 관련규격 • KS(Korean Industrial Standard) • IEC(International Electrotechnical Commission) • ANSI(American National Standards Institute) • IEEE(Institute of Electrical & Electronics Engineers) • JEM(Japanese Electrical & Machinery Standards) • ASA, CSA, DIN, JIS, KEC 등
	7. 건축구조 및 설비 검토	1. 구조계획검토
		2. 하중검토
		3. 설비시스템 검토
		4. 에너지계획 수립
		5. 친환경에너지계획검토
	8. 수 · 화력발전 전기설비	1. 조명방식 · 기구 선정 및 설계 방법, 에너지절감 방법
		2. 건축 구조 미 시공방식, 부하용량, 용도, 사용전압, 경제성, 방재성 등을 고려한 전선로/케이블 설계 방법
		3. 기타 설비설계 관련 사항
		4. 안전기준에 따른 접지 및 피뢰설비 설계 방법
		5. 정보통신설비 관련 규정 및 설계 방법
		6. 소방전기설비 관련 규정 및 설계 방법
		7. 기타 발전 방재 보안설계 관련 사항

목차

Chapter 01 전기기초

SECTION 01 물질의 구조 ··· 2
SECTION 02 전하 및 전류 ··· 4
SECTION 03 전기장 ··· 5
SECTION 04 캐패시턴스 ··· 9
SECTION 05 자기장 ·· 12
SECTION 06 전자력 ·· 17
SECTION 07 인덕턴스 ··· 19
SECTION 08 직류회로 ··· 25
SECTION 09 교류회로 ··· 31
SECTION 10 과도현상 ··· 51

Chapter 02 전원설비

SECTION 01 총론 ··· 56

SECTION 02 수변전설비의 계획 ··· 61
  1 수변전설비 용어 정리 ·· 61
  2 수변전설비의 계획 ·· 64
    1. 수전방식 ·· 64
    2. 154[kV] 수전설비 ·· 75
    3. (자가용) 수변전설비 계획 및 설계 Flow ··· 78
    4. 변전설비용량(변압기 용량) 산정 ··· 81
    5. 변전설비 시스템 ·· 86
    6. 수변전실 기획 ··· 90
    7. 수변전설비 계획 시 고려해야 할 환경문제 ··· 96
    8. 공급신뢰도 ··· 98

목차

SECTION 03 수변전설비 기기 100
  1. 변압기 100
    1) 개요 100
    2) 구조 100
    3) 종류 102
- 몰드(Mold)변압기 103
- 아몰퍼스변압기 105
- SF_6 GAS 변압기 107
- 임피던스전압이 변압기 특성에 영향을 주는 항목 111
- 변압기의 효율 및 손실 114
- 변압기의 경제적 운전 116
- 변압기 과부하운전 117
- 변압기 냉각방식 119
- 단권변압기 121
- 변압기 이행전압 123
- 변압기 여자돌입전류 126
- 변압기에서 철심포화에 의한 3고조파(전압, 전류)의 발생원리 ... 129
- 중성점 잔류전압 132
- 변압기 절연 종류 133
- 변압기의 절연방식 135
- ANSI / IEEE와 IEC 규격에 따른 변압기 단락시험 비교 137
- 변압기 병렬운전 141
- 변압기 병렬운전 시 서로 다른 임피던스의 경우 부하분담 143
- 변압기 열화진단 145
- K-Factor 적용 변압기(와류손 pu=13, K-Factor=20) 148
- 전력용 변압기 전압조정방법 150
- 초전도 변압기 154
- 3권선 변압기 157

  2. 차단기 159
- 차단기정격 161
- 차단기 투입방식과 트립(Trip)방식 165
- 차단기 소호 Mechanism 168
- 차단기 TRV 171
- 교류 차단기 선정기준에서 TRV의 2-Parameter와 4-Parameter 적용에 대한 기준 174
- Trip Free 181

- ▣ 개폐기의 종류별 분류 ·········· 183
- 3. 고장전류 ·········· 201
  - ▣ 3상 단락고장계산 ·········· 201
  - ▣ 불평형 고장계산방법 ·········· 203
  - ▣ 퍼센트 임피던스법에 의한 단락전류 계산 ·········· 203
  - ▣ 단락전류 억제대책 ·········· 213
  - ▣ 대칭좌표법 ·········· 218
  - ▣ 발전기 기본식 ·········· 221
  - ▣ 대칭좌표법을 이용한 고장계산해석 ·········· 223
- 4. 콘덴서 ·········· 234
  - ▣ 역률개선의 원리 ·········· 235
  - ▣ 설치효과 ·········· 236
  - ▣ 설치방법 ·········· 238
  - ▣ 역률제어방식 ·········· 239
  - ▣ 구성요소 ·········· 241
  - ▣ 콘덴서 과보상 시 문제 ·········· 245
  - ▣ 콘덴서 회로 차단과 투입 시 발생하는 특이 현상 ·········· 248
  - ▣ SVC ·········· 252
  - ▣ SVG : 정지형 동기조상설비 ·········· 255
- 5. 피뢰기 ·········· 256
  - ▣ 피뢰기 동작특성 ·········· 256
  - ▣ 피뢰기 종류 ·········· 258
  - ▣ Gapless형 피뢰기 ·········· 259
  - ▣ 폴리머 피뢰기 ·········· 260
  - ▣ 정격 ·········· 261
  - ▣ 주요특성 ·········· 263
  - ▣ 충격비 ·········· 265
  - ▣ 피뢰선 접지선 굵기 ·········· 265
  - ▣ 설치장소 ·········· 266
  - ▣ 구비조건 ·········· 266
  - ▣ 피뢰기의 단로장치 ·········· 266
  - ▣ 피뢰기 열폭주 현상 ·········· 267
- 6. 이상전압 및 절연강도 ·········· 270
  - **1** 이상전압 ·········· 270
    - ▣ 직격뢰에 의한 이상전압 ·········· 272

- ■ 유도뢰에 의한 이상전압 ··· 273
- ■ 진행파와 파동임피던스 ··· 274
- ■ 진행파의 반사와 투과 ··· 275
- ■ 개폐 시 이상전압 ··· 277
- ■ 서지흡수기 ··· 280
- ■ 기준충격절연강도 ·· 282
- ❷ 절연강도 ·· 283
  - ■ 기기의 절연강도 ·· 285
  - ■ 오손과 절연강도 ·· 286
  - ■ V-t 특성곡선과 절연협조와의 관계 ································· 286
  - ■ 절연협조 ··· 287
- 7. 계기용 변성기 ·· 289
  - ❶ 계기용 변류기 ··· 291
    - ■ 포화특성 ·· 292
    - ■ 정격 ·· 294
    - ■ 비오차(변류 비오차) ·· 297
    - ■ CT 선정방법 ··· 299
    - ■ Knee Point Voltage ·· 301
    - ■ 변류기의 구분 ··· 301
    - ■ 변류비 계산 ··· 305
    - ■ 광 CT에 대한 설명 ·· 306
  - ❷ 영상변류기 ·· 310
    - ■ 영상전류 검출방법 ··· 314
  - ❸ 계기용 변압기 ·· 316
    - ■ 중성점 불안정현상 ··· 317
    - ■ 비오차 위상각 ··· 318
  - ❹ 접지형 계기형 변압기 ·· 321
    - ■ 3상 GPT에 의한 영상전압 검출 ····································· 321
    - ■ 단상 계기용 변압기 3대 이용 ··· 322
    - ■ 보조 변압기 사용방법 ·· 323
    - ■ 중성점 접지 변압기 이용 ·· 323
    - ■ 한류저항기 ·· 324
  - ❺ 콘덴서형 계기용 변압기 ·· 327
- 8. 보호방식 ··· 329
  - ❶ 수전회로 보호 ··· 329

- ② 수변전설비 보호 ·· 334
- ③ 모선구성 방식 및 보호방식 ··· 338
- ④ 변압기 보호 ··· 343
- ⑤ 비상발전기 보호(디젤발전기) ·· 350
- ⑥ 고압배전선로(비접지) 보호 ·· 353
- ⑦ 콘덴서 보호방식 ··· 357
- ⑧ 고압전동기 보호 ··· 362
- 9. 보호계전 SYSTEM ·· 365
  - ■ 보호계전기의 분류 ··· 368
  - ■ 보호계전기 정정 예 ··· 381

SECTION 04 접지 ··· 385

1. 접지일반 ··· 385
2. 접지저항 ··· 386
3. 대지저항률(대지고유저항) ··· 387
4. 대지저항률 측정법 ·· 389
5. 접지공법 ··· 391
6. 접지저항값 ··· 399
7. 접지선 굵기 선정 ·· 403
8. 접지극 ··· 406
9. 보폭전압, 접촉전압 ··· 410
10. IEC 61936에서 검토하는 접지설계 ·· 412
11. ANSI / IEEE std-80에서 검토하는 접지설계 순서 ·· 416
12. 단독접지 ··· 419
13. 공통접지, 통합접지 ·· 421
14. 단독접지 대비 공통접지의 장점과 특성 ·· 424
15. 의료용(병원)접지 ·· 427
16. KEC 242.10에 의한 의료장소 전기설비 시설 ·· 433
17. 등전위본딩 ··· 436
18. 약전계통(약전기기용)접지 ·· 446
19. 전자차폐 ··· 449
20. 접지저항 측정방법과 판정기준 ·· 450
21. 61.8[%] 법칙 ··· 454
22. 중성점 접지방식 ··· 456

목차

SECTION 05 예비전원설비 ········· 459
  1. 개요 ········· 459
  2. 예비전원설비의 조건 ········· 459
  3. 예비전원이 필요한 설비 ········· 463
  4. 비상전원설비의 구분(KEC 242.10.5 : 의료장소 내의 비상전원) ········· 464
  5. 축전지 설비 ········· 465
    ■ 충전방식 ········· 467
    ■ 축전지 용량산정 ········· 469
    ■ 축전지실 ········· 475
    ■ 축전지 자기방전 ········· 476
    ■ Sulphation(설페이션) ········· 478
  6. 비상발전기 ········· 479
    ■ 용량산정 ········· 482
    ■ 용량산정 시 고려할 사항 ········· 485
    ■ 발전기 선정 시(설계 시) 고려할 사항 ········· 488
    ■ 발전기 병렬운전 ········· 491
    ■ 동기발전기에서 발생하는 전기자 반작용에 대하여 설명하고 운전 중 발전기 특성에 미치는 영향 ········· 494
    ■ 저압발전기 OCGR 오동작 발생 및 방지 ········· 497
    ■ 화재안전기준에 의한 소방부하 전원 공급용 발전기 ········· 501
    ■ 엔진 선정 시 검토항목 ········· 504
    ■ 가스터빈 엔진의 원리, 구조, 특징, 설계 시 고려사항 ········· 508
    ■ 고압발전기와 저압발전기 ········· 511
    ■ 발전기실 설계 시 고려사항 ········· 513
    ■ 발전기 설치 시 환경장해 ········· 516
  7. UPS 설비 ········· 518
    ■ UPS 용량산정 ········· 519
    ■ 운전방식 ········· 521
    ■ 종류 ········· 522
    ■ 보호방식 ········· 525
    ■ 정지형 UPS와 회전형 UPS ········· 530

CHAPTER 01

전기기초

SECTION 01 | 물질의 구조

1. 모든 물질은 원자와 분자로 구성된다.
2. 원자는 원자핵과 전자로 구성된다.
3. 원자의 구성

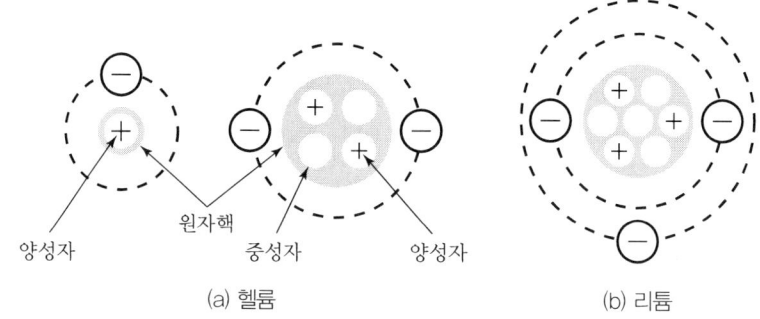

그림 1-1 ▶ 원자의 구성도

4. 물질의 구분

   에너지 준위에 따라 물질은 3가지 형태로 구분된다.

   ### 1) 도체

   ① 자유전자수가 많아서 낮은 전압으로도 전류의 흐름이 용이한 물질
   　예 Ag(은), Cu(구리), Au(금), Al(알루미늄), Fe(철)
   ② 가전자대와 전도대가 겹쳐 있어서 실질적으로 금지대는 존재하지 않는다.
   　($E_g = 0[\text{eV}]$, 단 $1[\text{eV}] = 1.6 \times 10^{-19}[\text{J}]$)

   ### 2) 반도체

   ① 도체에 비해 자유전자수가 작아서 전류를 흘리는 능력이 떨어지는 물질
   　예 Si(실리콘), Ge(게르마늄) 등
   ② 금지대의 폭이 작아서($E_g \simeq 1[\text{eV}]$) 전자의 이동이 일어나기 쉽다.

3) 절연체

① 자유전자수가 매우 작아 전류가 거의 흐르지 않는 물질(예 플라스틱, 고무, 유리 등)
② 가전자대와 전도대 사이에 매우 큰 에너지 간격($E_g = 0[\text{eV}]$)이 있어서 마찰 또는 강한 전기장을 통해 전자를 이동시키기에 충분한 에너지를 공급할 때에만 전기 전도가 발생한다.

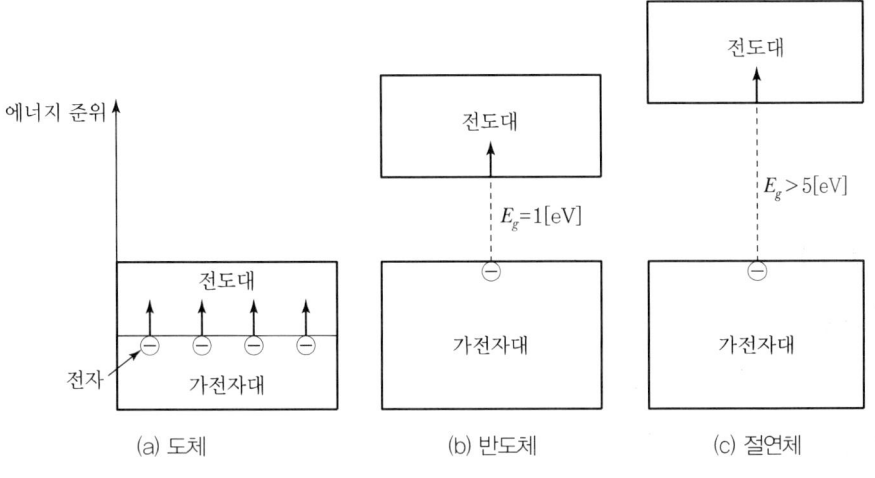

그림 1-2 ▸ 물질의 에너지 준위

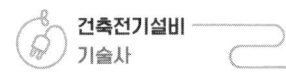

SECTION 02 | 전하 및 전류

1. 대전
어떤 물질이 전자의 과부족으로 전기를 띠는 현상

2. 전하
대전에 의해 중성의 물체가 띠고 있는 전기(전기적 성질을 갖는 것)

3. 전류(I)

1) 개념
임의의 도체 단면을 1초간 통과하는 전하량

2) 식
$$I = \frac{Q}{t} [\text{A}]$$

SECTION 03 | 전기장

1. 개념

① 전기장은 전기력선이 작용하는 공간임
② 전하에 의해 발생된 공간으로 전기장 내에 들어온 타 전하에 대해서 반발력이나 흡입력이 발생됨

2. 전기장의 세기

1) 쿨롱의 법칙

다른 종류의 전하 사이에는 흡인력이 발생하고, 같은 종류의 전하 사이에는 반발력이 발생하게 되며 그 힘 F는 다음과 같다.

$$F = k\frac{Q_1 Q_2}{r^2} = \frac{1}{4\pi\varepsilon} \cdot \frac{Q_1 Q_2}{r^2} \text{ [N]}$$

여기서, ε(유전율)$=\varepsilon_0 \varepsilon_R$($\varepsilon_o$: 진공유전율, ε_R : 비유전율)

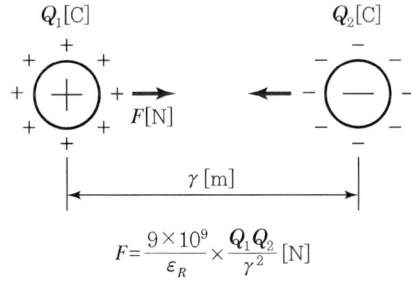

$$F = \frac{9 \times 10^9}{\varepsilon_R} \times \frac{Q_1 Q_2}{\gamma^2} \text{ [N]}$$

그림 1-3 ▶ 쿨롱의 법칙

표 1-1 ▸ 비유전율

유전체	ε_R	유전체	ε_R	유전체	ε_R
진공	1	호박(Amber)	2.8	도자기	5~6.5
공기	1.00059	베이클라이트	3.6	스테아타이트	5.6~6.5
절연지	1.2~2.5	석면	4.75	소다유리	6~8
테플론	2.03	절연니스	4.8	에틸알코올	25
절연유	2.2~2.4	운모	5~6	글리세린	40
폴리에틸렌	2.2~2.4	염화비닐	5~9 (50[Hz])	증류수	80
고무	2~3			산화티탄자기	60~100
실리콘유	2.58			티탄산바륨	1,000~3,000

2) 전기장의 세기(E : Intensity of Electric Field)

(1) 개념

전기장 내에 놓인 1[C]의 전하에 작용하는 전기력의 크기와 방향

(2) 식

비유전율(ε_R)의 매질 내에서 Q_1[C]의 전하로부터 r[m]의 거리에 있는 점 P에서의 전기장의 세기(E)

$$E = \frac{1}{4\pi\varepsilon_0\varepsilon_R} \cdot \frac{Q_1}{r^2} = \frac{9 \times 10^9}{\varepsilon_R} \cdot \frac{Q_1}{r^2} [\text{V/m}]$$

진공에서의 유전율(ε_0) = 8.85×10^{-12}[F/m]

(3) 전기력(F)

E[v/m]의 전기장 중에 전하 Q[C]의 크기를 가지는 전하가 있을 때 여기에 작용하는 전기력 F[N]

$$F = QE [\text{N}]$$

3. 전위(전위차 : $\triangle V$)

$$V = \frac{W}{Q} = \frac{F \cdot L}{Q} = E \cdot L [\text{V}]$$

4. 유전체

1) 개념

전하를 유도하는 물체

2) 유전분극

① 전극에 절연체를 삽입한 후 전계를 가할 때 절연체에서는 각 전극과 반대방향의 전하가 유도되는 현상이다.

② 전원전압[V]에 의한 축적(충전)전하[C]

$$Q = CV\,[\text{C}]$$

여기서, C(Capacitance 또는 정전용량)

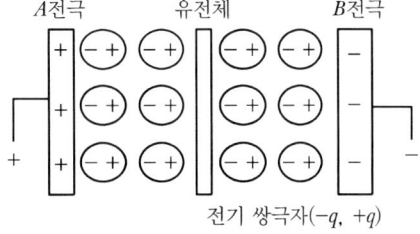

그림 1-4 ▶ 분극된 유전체

㉠ 전극이 전하를 축적하는 능력의 정도를 나타내는 상수로서 전극의 형상 및 전극 사이를 채운 유전체의 종류에 따라 결정됨

㉡ 단위 : 패럿(farad : F)

③ 충전을 크게 하는 요인

$$C = \varepsilon \frac{A}{l}\,[\text{F}]$$

여기서, C : 콘덴서의 용량[F]

㉠ 유전체의 비유전율을 크게 함
㉡ 극판의 면적(A)을 크게 함
㉢ 극판 간의 간격(l)을 적게 함

3) 쌍극자 모멘트(M)

유전분극으로 어긋난 두 전하의 중심 사이의 거리 간격 l[m]과 전하량 q와의 곱으로 표현된다.

$$M = q \cdot l\,[\text{C} \cdot \text{m}]$$

4) 유전체손

(1) 개념

유전체의 유전분극 현상에 의해 발생되는 전기 쌍극자에 의해 발생되는 손실

(2) 영향
① 유전체의 저항 감소
② 절연저항 감소
③ 전력손실 증가

5) 전속(ψ), 전속밀도(D), 전속밀도와 전기장의 세기(E)의 관계

(1) 전속(ψ)
① 개념 : 1[C]의 전하에서 나오는 무수한 선을 모은 것을 말함
② 전속수(ψ)= Q[C]

(2) 전속밀도(D)

$$D = \frac{\psi}{A} = \frac{Q}{A} [\text{C/m}^2]$$

(3) 전기장의 세기(E)와 전속밀도의 관계

동일한 전기장 또는 전압에서 ε_R이 클수록 유전체가 많은 전하를 저장함

$$E = \frac{D}{\varepsilon} = \frac{D}{\varepsilon_0 \varepsilon_R}$$

여기서, ε_0 : 진공의 유전율, ε_R : 비유전율

SECTION 04 | 캐패시턴스(Capacitance : 전하를 저장하는 능력)

1. 개념

1) 캐패시터는 전기에너지를 저장할 수 있는 소자이다.
2) 캐패시턴스는 전하를 저장하는 능력으로, 2개의 전극을 마주보게 하고 전원을 접속하면 전원의 양극으로부터 양전하가 음극으로부터는 음전하가 나타나며, 이들 전하에 의해 유전체의 전하를 구속시키며 전극 위에 나타난 전하들은 이동하지 않고 축척되는 효과를 나타낸다. 전원전압 V에 의해 축적된 전하를 Q라 하면 $Q = CV$가 된다.

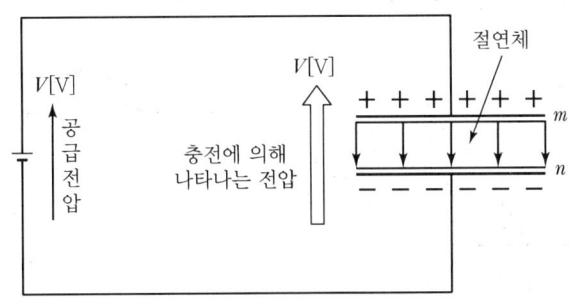

그림 1-5 ▶ 정전용량

3) 콘덴서의 용량

$$C = \varepsilon \frac{A}{l} [\text{F}]$$

여기서, C : 콘덴서의 용량[F]

2. 정전유도

1) 정전기(Static Electricity)

대전에 얻어진 전하는 절연체 위에서 더 이상 이동하지 않고 정지하고 있는 상태를 유지하므로 정전기라 함

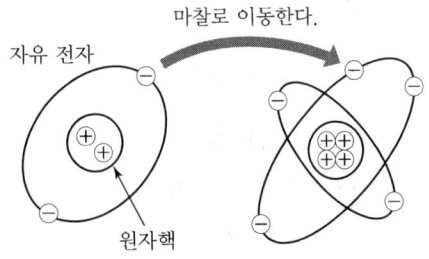

그림 1-6 ▶ 대전의 원리

2) 전기력(정전기력 : Electrostatic Force)

① 2개의 물체를 마찰하면 양 물체의 원자가 서로 접촉하여 한쪽의 원자에서 최외각의 자유전자가 그림처럼 다른 쪽 원자로 이동함
② 전자를 잃은 원자는 양(+), 전자를 얻은 원자는 음(-)으로 대전되어 양전하와 음전하가 형성됨
③ 전하들 사이에 쿨롱의 법칙에 의해 흡입력, 반발력으로 작용하는 힘을 말함

3) 정전유도

대전체 A 근처에 대전되지 않은 도체 B를 가져오면 대전체 가까운 쪽에 다른 종류의 전하가, 먼 쪽에 같은 종류의 전하가 나타나는 현상을 말함

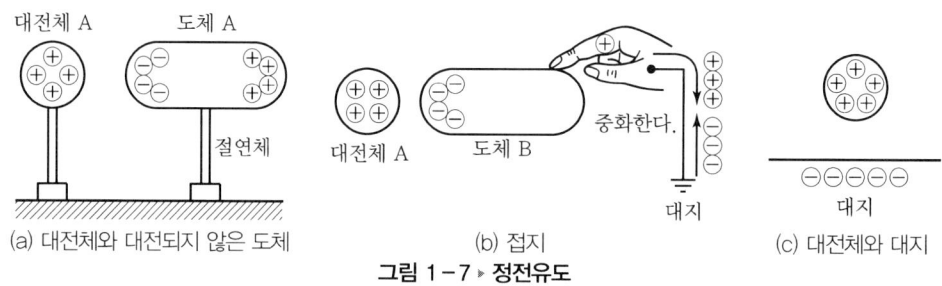

그림 1-7 ▶ 정전유도

3. 콘덴서의 접속

1) 병렬접속

콘덴서 3개가 병렬로 접속된 경우 합성캐패시턴스(C)는 각각의 정전용량의 합이 됨

$C = C_1 + C_2 + C_3$

$Q_1 = C_1 V \text{ [C]}$

$Q_2 = C_2 V \text{ [C]}$

$Q_3 = C_3 V \text{ [C]}$

$Q = Q_1 + Q_2 + Q_3$
$\quad = (C_1 + C_2 + C_3) V$

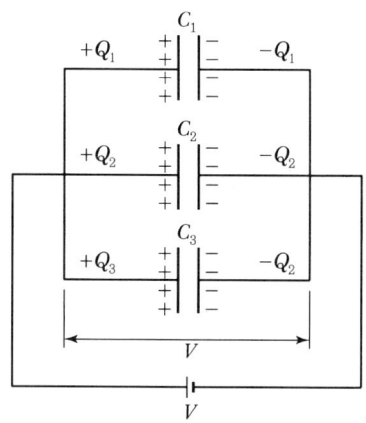

그림 1-8 ▶ 콘덴서 병렬접속

2) 직렬접속

$$Q = C_1 V_1 \text{ [C]}$$
$$Q = C_2 V_2 \text{ [C]}$$
$$Q = C_3 V_3 \text{ [C]}$$
$$V = V_1 + V_2 + V_3$$
$$= \left(\frac{1}{C_1} + \frac{1}{C_2} + \frac{1}{C_3}\right) Q$$
$$Q = \left(\frac{1}{\frac{1}{C_1} + \frac{1}{C_2} + \frac{1}{C_3}}\right) V$$

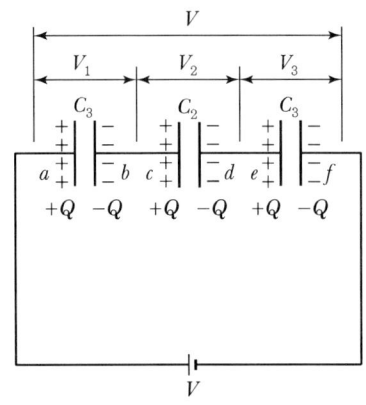

그림 1-9 ▶ 콘덴서 직렬접속

4. 정전에너지(W)

$$W = \frac{1}{2} QV = \frac{1}{2} CV^2 \text{ [J]}$$

5. 정전기의 흡인력

콘덴서가 충전되면 양극판 사이의 양, 음전하에 의해 흡인력 F가 발생하며 이 힘 F[N]에 의해 역방향으로 미소거리 Δl를 이동하면 그때의 일은

$$W = F \cdot \Delta l \text{ [J]}$$

SECTION 05 | 자기장

1. 개념

1) 자기
쇠붙이 등 금속을 끌어당기는 성질이 있으며 이러한 성질의 근원이 자기(Magnetic)이다.

2) 자극의 세기
자극의 자기량(자하)의 다소에 의한 것으로 단위로는 웨버(Weber[WB])가 사용된다.

3) 1 웨버[WB]
진공 중에 2개의 같은 크기를 가지는 자극을 1[m]의 거리로 유지할 때 상호 간에 6.33×10^4[N]의 힘이 작용하는 자극의 세기를 말한다.

2. 쿨롱의 법칙

1) 자기력의 크기는 양 자극의 세기의 곱에 비례하고 자극 간의 거리의 제곱에 반비례함
2) 자기력의 방향은 양극 간을 연결하는 직선상에 있으며 양자극이 같은 부호일 때는 반발하는 방향이고, 다른 부호일 때는 흡인하는 방향임

$$F = K\frac{m_1 m_2}{r^2} = \frac{1}{4\pi\mu}\frac{m_1 m_2}{r^2} \ [\text{N}]$$

여기서, K : 자기력이 작용하는 주변 매질에 의해 결정되는 비례상수
μ : 매질의 투자율
$\mu = \mu_0 \mu_R$ [H/m]

3. 자기장(H)

자기장이란 자극에 대하여 자기력이 작용하는 공간을 말하며, m_1[Wb]의 자하로부터 r[m]의 거리에 있는 1[Wb]의 자하 점에서의 자기장의 세기 H는

$$H = \frac{1}{4\pi\mu_0 \mu_R} \cdot \frac{m_1}{r^2} \ [\text{A/m}]$$

1) 자기장의 크기의 단위 : [A/m]
2) 1[A/m]의 자기장 : 1[Wb]의 자하에 1[N]의 자기력이 작용하는 자기장의 크기임
3) 크기와 방향을 함께 갖는 벡터양임

4. 자속밀도

자기장의 크기를 표시하기 위하여 자력선의 밀도를 사용하는 것과 같이 자속밀도로서 자기장의 크기를 표시하는 방법이 있으며 자속으로서 자기장의 크기 및 철의 내부의 자기적인 상태를 표시하기 위하여 자속의 방향에 수직인 단위면적 $1[\text{m}^2]$를 통과하는 자속 수를 그 점에서의 자속밀도(Magnetic Flux Density : 기호 B)라 한다.

$$B = \frac{\varPhi}{A}\,[\text{Wb}/\text{m}^2]$$

5. 자속밀도와 자기장

자기장의 크기 $H[\text{A}/\text{m}]$와 자속밀도 $B[\text{Wb}/\text{m}^2]$ 사이의 관계에서

1) 진공 또는 공기 중에서 $B = \mu_0 H$
2) 비투자율이 μ_R인 매질 중에서 $B = \mu H = \mu_0 \mu_R H$

6. 자기유도와 자성체

1) 자기유도

철편을 자극에 가까이 하면 자기가 나타나는 현상을 말한다.

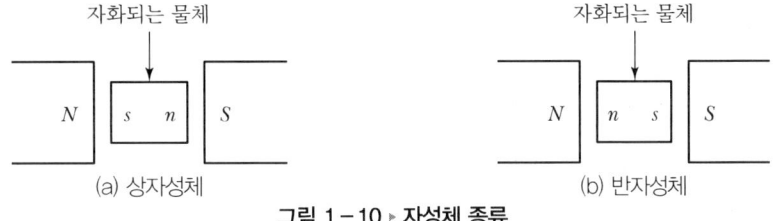

그림 1-10 ▶ 자성체 종류

2) 자성체

① 상자성체(Paramagnetic Material)
   ㉠ 텅스텐의 경우 그림 (a)에서와 같이 자속 N극 가까운 쪽에 S극이 나타나고 먼 쪽에 N극이 나타나서 자화되는 것
   ㉡ 비투자율이 1보다 약간 큼

② 반자성체(Diamagnetic Material)
   ㉠ 탄소 유황의 경우와 같이 그림 (b)와 같이 자화되는 것
   ㉡ 비투자율이 1보다 약간 작음

③ 강자성체(Ferromagnetic Material)
  ㉠ 철, 니켈, 코발트와 같이 강하게 자화되는 것
  ㉡ 비투자율이 1보다 훨씬 큼
  ㉢ 초합금이라 불리는 특별한 금속은 백만 배 이상 큼
  ㉣ 실제 자기현상을 이용할 때 강자성체를 사용함

7. 앙페르의 오른나사의 법칙

전류에 의해서 생기는 자기장의 방향은 전류방향에 따라 결정된다. 즉, 전류의 방향을 오른나사가 진행하는 방향으로 하면 이때 발생하는 자기장의 방향은 오른나사의 회전방향이 되는데 이를 앙페르의 오른나사의 법칙이라 한다.

그림 1-11 ▶ 오른나사 법칙

8. 비오사바르 법칙

전류에 의해 발생되는 자기장의 크기는 전류의 크기와 전류가 흐르고 있는 도체와 고찰하려는 점까지의 거리에 의해 결정된다.

다음 그림에서와 같이 전류 I[A]의 전류가 흐르고 있는 도체의 미소부분 Δl의 전류에 의해 이 부분에서 r[m] 떨어진 점 p의 자기장 ΔH[A/m]는 Δl과 점 p를 연결하는 방향이 Δl의 방향과 이루는 각을 θ[rad]이라고 할 때 ΔH의 방향은 오른나사 법칙을 따른다.

$$\Delta H = \frac{I \Delta l}{4\pi r^2} \sin\theta \ [\text{A/m}]$$

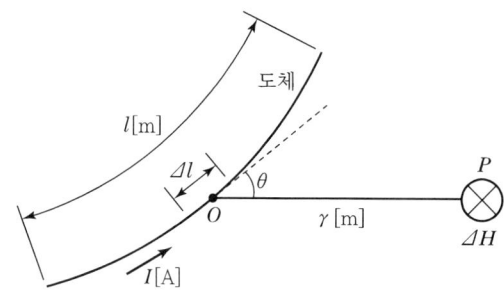

그림 1-12 ▶ 비오사바르 법칙

9. 자기저항

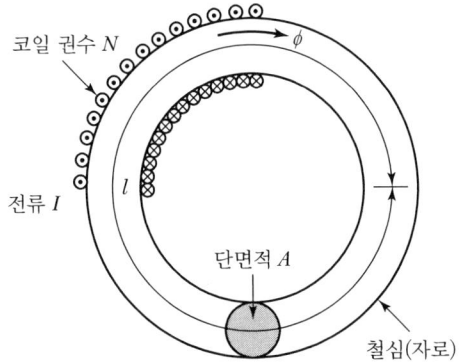

그림 1-13 ▶ 환상코일에 의한 자기회로

1) 환상코일의 권수를 N, 자로의 평균길이가 $l[m]$인 경우 코일에 전류 $I[A]$를 흘리면 코일 내부의 자기장은

$$Hl = NI$$
$$H = \frac{NI}{l} [AT/m]$$

2) 자기저항(R)

$$R = \frac{l}{\mu A} = \frac{N \cdot I}{\phi} [AT/Wb]$$

① 자기저항은 기자력(NI)에 비례하고 자속 Φ에 반비례한다.
② 기자력(NI)은 회로의 자속을 발생시키는 원동력이 되며 전기회로에서 기전력에 대응되고 자속은 전류에 대응시킬 수 있다.
③ 자기저항은 전기회로의 전기저항에 대응되는 것으로 자기저항이 적으면 자기회로에 자속을 쉽게 흐르게 한다.

10. 누설자속

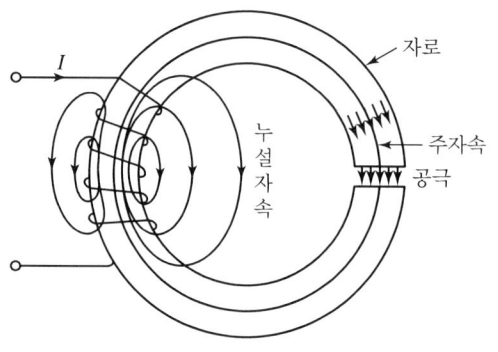

그림 1-14 ▶ 누설자속

1) 그림에서와 같이 자기회로에 기자력을 주면 자로에 자속이 발생한다. 이때 자로 이외의 부분을 통과하는 자속을 누설자속이라 한다.

2) **누설자속의 발생원인**
   ① 자기저항이 큰 경우
   ② 자로에 공극이 있는 경우
   ③ 자로의 자속밀도가 높은 경우
   ④ 철심이 자기포화되어 있는 경우

SECTION 06 | 전자력

어떤 자기장 내에서 도선에 전류가 흐르면 이 도선의 전류가 다시 자기장을 만들어 내므로 최초의 자기장과 상호작용을 일으켜 도선에 힘을 발생시킨다. 전동기는 이 원리를 이용하여 만들어진 동력설비이다.

1. 전자력의 방향

1) 자기장 내에 있는 도체에 전류를 흘리면 힘이 작용하며 이 힘을 전자력(Electro Magnetic)이라 한다. 전자력의 방향은 자기장의 방향과 전류의 방향에 따라 결정된다.

2) 프레밍의 왼손법칙

자기장의 방향, 전류의 방향과 전자력의 방향과의 관계는 다음의 그림과 같이 프레밍의 왼손법칙을 따른다. 왼손의 엄지는 힘의 방향, 검지는 자기장의 방향, 중지는 전류방향이 된다.

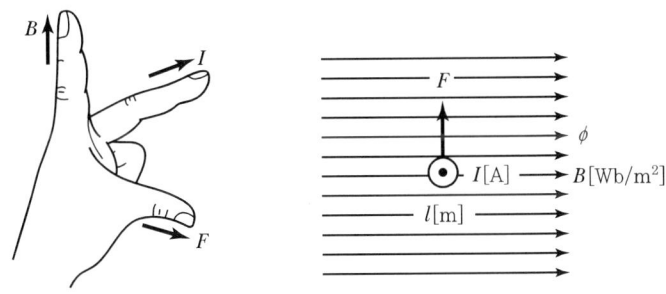

그림 1-15 ▶ 프레밍의 왼손법칙

2. 전자력의 크기

자속밀도가 $1[Wb/m^2]$인 평등 자기장 중에 자기장과 직각방향으로 $1[A]$의 전류가 흐르는 도체에는 도체 단위길이 $1[m]$당 $1[N]$의 전자력이 작용한다.

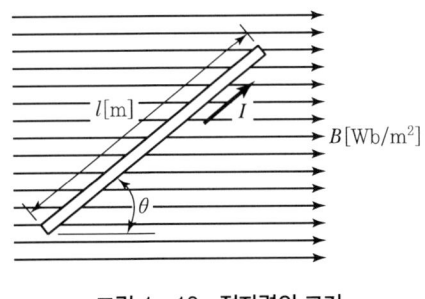

그림 1-16 ▶ 전자력의 크기

1) 자기장과 직각방향인 경우

자속밀도가 $B[\text{Wb/m}^2]$인 평등 자기장 중에서 자기장과 직각방향으로 길이 $l[\text{m}]$인 도체에 전류 I가 흐를 때 발생하는 전자력(F)은

$$F = BIL \, [\text{N}]$$

2) 도체와 자기장이 직각이 아닌 경우 작용하는 전자력(F)

$$F = BIL\sin\theta \, [\text{N}]$$

SECTION 07 | 인덕턴스

1. 전자유도(Electromagnetic Induction)

1) 개념

코일을 관통하는 자속을 변화시킬 때 기전력이 발생하는 현상을 전자유도현상이라 하며 이때 발생되는 기전력을 유도기전력(Induced Electromotive Force)이라 한다.

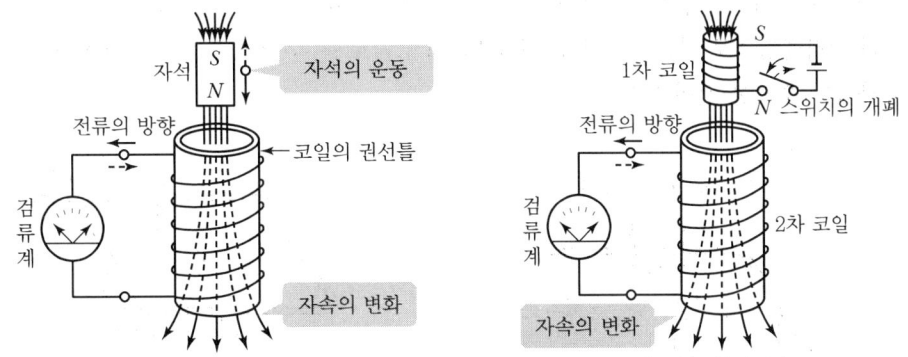

그림 1-17 ▶ 전자기 유도

2) 유도기전력의 방향

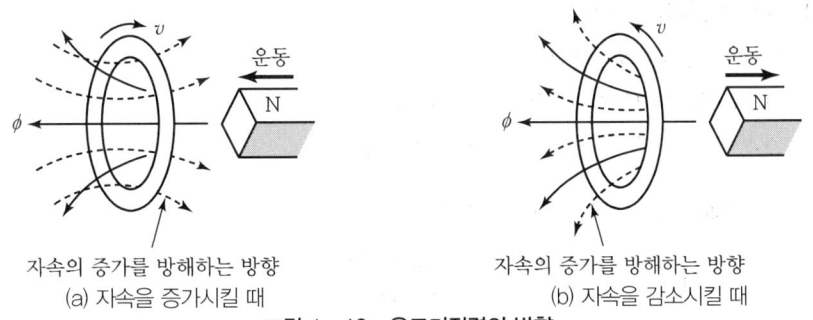

그림 1-18 ▶ 유도기전력의 방향

① 코일을 지나는 자속이 증가될 때는 자속을 감소시키는 방향으로 또 감소될 때에는 자속을 증가시키는 방향으로 유도기전력이 발생한다.

② 렌츠의 법칙

유도기전력은 자신의 발생원이 되는 자속의 변화를 방해하려는 방향으로 발생한다.

3) 유도기전력의 크기(e)

① 유도기전력의 크기는 코일을 지나는 자속의 매초 변화량과 코일의 권수에 비례한다. 이것이 전자유도에 관한 패러데이의 전자유도법칙이다.

② 식 : $e = -N\dfrac{d\phi}{dt}$

여기서, N : 권수, ϕ : 자속

4) 도체운동에 의한 유도기전력

사각의 도체를 균일한 자속밀도(B)의 공간에 설치하고 그 위를 직선도체를 사용하여 자속과 직각방향으로 이동시키면 abcd를 1회의 코일로 볼 수 있으므로 결국 코일 내부를 지나는 자속이 증가한 것이 된다.

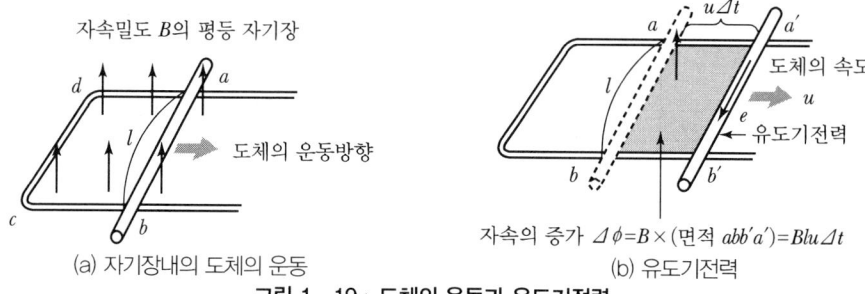

(a) 자기장내의 도체의 운동   (b) 유도기전력

그림 1-19 ▸ 도체의 운동과 유도기전력

① 유도기전력의 크기

도체의 운동속도 : $u[\text{m/s}]$

Δt초 간에 이동한 거리 : $aa' = u\Delta t$

$\Delta\phi = B \times ($면적 $abb'a') = Blu\Delta t\,[\text{Wb}]$

㉠ 도체와 자기장의 각도가 직각인 경우

유도기전력$(e) = N\dfrac{d\phi}{dt} = 1 \times \left(\dfrac{Blu\Delta t}{\Delta t}\right) = Blu\,[\text{V}]$

㉡ 도체와 자기장의 각도가 θ인 경우

유도기전력$(e) = Blu\sin\theta\,[\text{V}]$

② 유도기전력의 방향

㉠ 도체의 운동에 의한 유도기전력의 방향은 [그림 1-20]과 같이 플레밍의 오른손법칙에 따라 결정됨

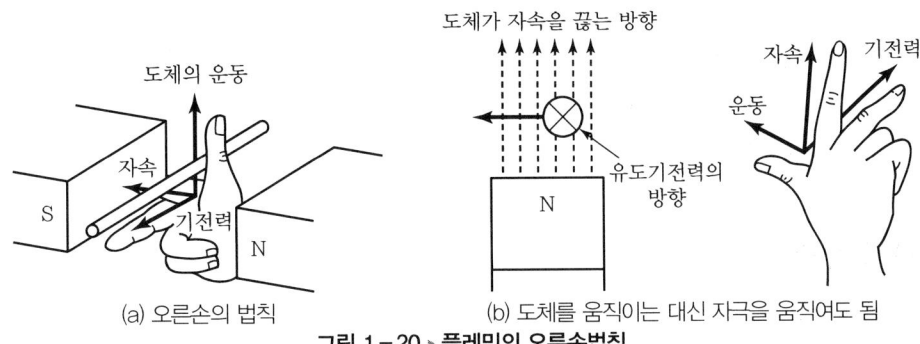

(a) 오른손의 법칙　　　　(b) 도체를 움직이는 대신 자극을 움직여도 됨

그림 1-20 ▶ 플레밍의 오른손법칙

　ⓒ 주의사항
　　• 자기장 내에 놓인 도선에 전류가 흐르면 플레밍의 왼손법칙 → 전동기에서 회전력을 얻음(전기 En → 운동 En)
　　• 자기장 내에 놓인 도선이 이동하면 플레밍의 오른손법칙 → 유도기전력이 발생됨(운동 En → 전기 En)

5) 맴돌이 전류

① 발생원인

[그림 1-21]과 같이 철 등의 금속 내부를 지나는 자속이 변화하면 철 내에서는 자속의 변화를 방해하려는 방향으로 유도기전력이 발생하여 그림과 같은 맴돌이 전류(Eddy Current)가 흐른다.

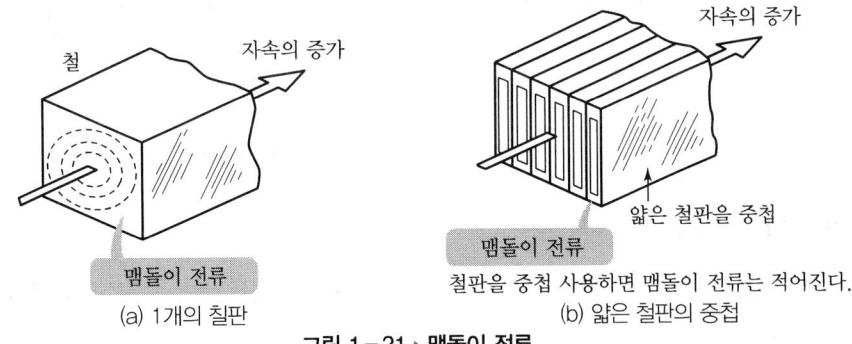

(a) 1개의 철판　　　　(b) 얇은 철판의 중첩
　　　　　　철판을 중첩 사용하면 맴돌이 전류는 적어진다.

그림 1-21 ▶ 맴돌이 전류

② 영향

맴돌이 전류 $I[\text{A}]$가 철 등의 금속저항 $R[\Omega]$에 의해 $I^2R[\text{W}]$의 줄열이 발생하여 철의 온도상승 및 전력이 손실된다(Eddy Current Loss).

③ 대책 : 얇은 철판을 절연시켜 겹쳐서 사용한다.

④ 적용
　㉠ 변압기 및 전기기기용 철심
　㉡ 유도전기로에 응용함
　㉢ 맴돌이 전류 제동

2. 자체 인덕턴스

1) 자체유도

[그림 1-22]에서와 같이 코일에 전류가 흐르면 이 전류가 만드는 자속은 코일 자체의 내부를 지나게 되며 이 전류가 변화하면 코일을 지나는 자속도 변화하므로 전자유도에 의해서 코일 자신에 이 자속의 변화를 방해하려는 방향으로 유도기전력이 발생하며 이 기전력은 렌츠의 법칙으로부터 전류의 변화를 방해하려는 방향으로 발생한다. 이와 같이 코일 자신에 기전력이 유도되는 현상을 자체유도라 한다.

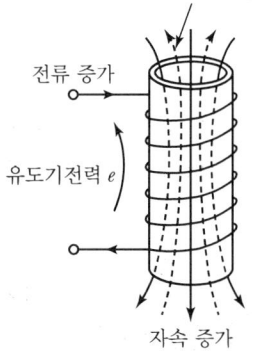
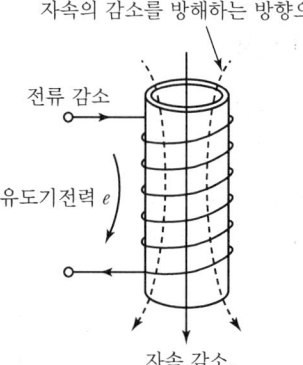

그림 1-22 ▶ 자체유도와 유도기전력의 방향

2) 자체 인덕턴스

전류 변화가 크면 자속 변화도 크게 되므로 코일에 발생되는 유도기전력은 전류의 변화율에 비례한다.

$$e = -L\frac{di}{dt}$$

① 전류 변화율 $\frac{di}{dt}$ 값과 L 값에 의해 유도기전력의 크기가 정해짐

② 전류 변화율 $\frac{di}{dt}$ 값이 동일한 경우 L 값이 크면 유도기전력이 커짐

③ L 값은 코일의 자체 유도능력 정도를 나타내는 값임

3. 상호인덕턴스

1) 상호유도

[그림 1-23]과 같이 2개의 코일을 서로 근접시키면 한쪽 코일에 흐르는 전류에 의한 자속이 다른 쪽 코일과도 쇄교한다. 따라서 1차 코일의 전류가 변화하면 2차 코일에 쇄교하는 자속도 변화하므로 전자기 유도에 의해 2차 코일에는 자속의 변화를 방해하려는 방향으로 유도기전력이 발생한다. 역으로 2차 코일에 흐르는 전류를 변화시켜도 1차 코일에 유도기전력이 발생한다. 이와 같이 한쪽 코일의 전류가 변화할 때 다른 쪽 코일에 유도기전력이 발생하는 현상을 상호유도(Mutual Induction)라 한다.

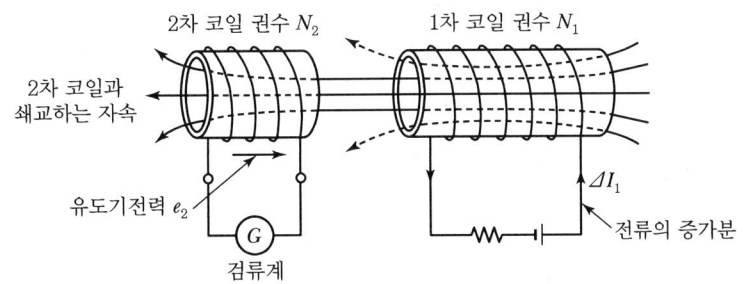

그림 1-23 ▶ 상호유도

2) 상호인덕턴스

2차 코일에 쇄교하는 자속의 변화는 1차 코일의 전류의 크기 변화에 비례하므로 1차 코일의 전류가 Δt 사이에 ΔI_1[A]만큼 변화될 때 2차 코일과 쇄교하는 자속의 변화 $\Delta \phi$[Wb]는 ΔI_1[A]에 비례한다. 따라서 2차 코일에 발생하는 유도기전력 e_2[V]는 전류의 변화율 $\dfrac{\Delta I_1}{\Delta t}$에 비례하므로 비례상수를 M이라 하면

$$e_2 = -M\frac{\Delta I_1}{\Delta t}$$

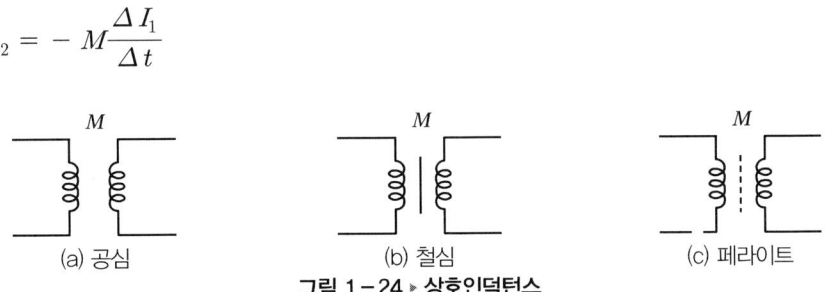

그림 1-24 ▶ 상호인덕턴스

4) 전자에너지(W)

$$W = \frac{1}{2}LI^2[\text{J}]$$

표 1-2 ▶ 전계(전기장)와 자계(자기장)의 비교(대응)

전계		자계	
전하	$Q[\text{C}]$	자하	$m[\text{Wb}]$
전기력선	전하에서 나오는 선	자기력선	자하에서 나오는 선
전기장	전기력선이 작용하는 공간	자기장	자기력선이 미치는 공간
전계의 세기	$E = \dfrac{Q}{4\pi\varepsilon r^2}[\text{V/m}]$	자계의 세기	$H = \dfrac{m}{4\pi\mu r^2}[\text{AT/m}]$
전위	$V = \dfrac{Q}{4\pi\varepsilon_0 r}[\text{V}]$	자위	$I = \dfrac{m}{4\pi\mu_0 r}[\text{A}]$
쿨롱의 법칙	$F = \dfrac{Q_1 \cdot Q_2}{4\pi\varepsilon r^2}[\text{N}]$	쿨롱의 법칙	$F = \dfrac{m_1 \cdot m_2}{4\pi\mu r^2}[\text{N}]$
전기력	$F = Q \cdot E[\text{N}]$	자기력	$F = m \cdot H[\text{N}]$
전속밀도	$D = \varepsilon \cdot E[\text{c/m}^2]$	자속밀도	$B = \mu \cdot H[\text{Wb/m}^2]$
전속	$\psi = Q[\text{C}]$	자속	$\varnothing = m = B \cdot S[\text{Wb}]$
유전율	$\varepsilon = \varepsilon_0 \cdot \varepsilon_s[\text{F/m}]$	투자율	$u = \mu_0 \cdot \mu_s[\text{H/m}]$
정전에너지	$W = \dfrac{1}{2}CV^2[\text{J}]$	전자에너지	$W = \dfrac{1}{2}LI^2[\text{J}]$
전기저항	$R = \rho\dfrac{l}{A}[\Omega]$	자기저항	$R = \dfrac{l}{\mu A}[\text{AT/Wb}]$

SECTION 08 | 직류회로

1. 옴의 법칙

한 도체의 두 점 사이에 흐르는 전류의 크기는 두 점 사이의 전압에 비례한다. 저항의 크기를 나타내는 단위는 Ω이며 1[Ω]은 도체의 양단에 1[V]의 전압을 가할 때 1[A]의 전류가 흐르는 경우의 저항값이다.

$$I = \frac{V}{R}[A]$$

2. 직렬회로

1) 합성저항

$$V = V_1 + V_2 + V_3 [V]$$

$$I = \frac{V}{R_1 + R_2 + R_3}[A]$$

직렬회로의 합성저항(R)

$$R = R_1 + R_2 + R_3$$

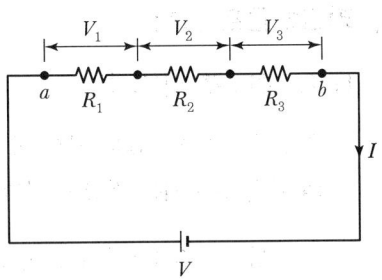

그림 1-25 ▸ 직렬회로

2) 전압분배 법칙

R_1에 걸리는 전압

$$V_1 = \frac{R_1}{R_1 + R_2} V$$

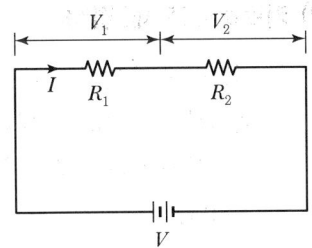

그림 1-26 ▸ 직렬회로 전압분배

3. 병렬회로

1) 합성저항

$$I = I_1 + I_2 + I_3$$

$$V = \frac{1}{\frac{1}{R_1} + \frac{1}{R_2} + \frac{1}{R_3}} I$$

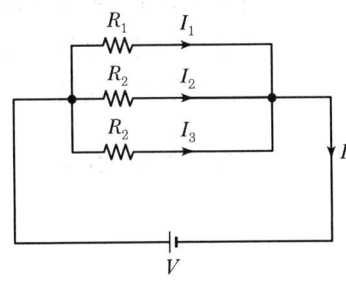

그림 1-27 ▸ 병렬회로

병렬회로 합성저항

$$R = \frac{1}{\frac{1}{R_1} + \frac{1}{R_2} + \frac{1}{R_3}} [\Omega]$$

2) 전류분배 법칙

R_1에 흐르는 전류

$$I_1 = \frac{R_2}{R_1 + R_2} I$$

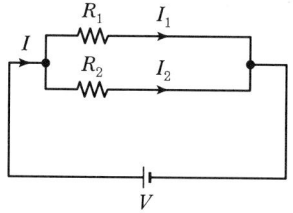

그림 1-28 ▶ 병렬회로 전류분배

4. 키르히호프 법칙

1) 키르히호프 제1법칙

회로의 접속점(Node)에서 접속점에 유입되는 전류의 합은 유출되는 전류의 합과 같다.

$$\sum 유입전류 = \sum 유출전류$$

여기서, $I_1 + I_2 = I_3$
$I_1 + I_2 + (-I_3) = 0$

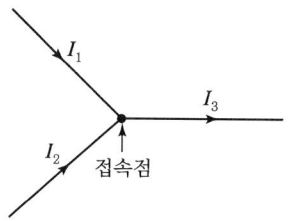

그림 1-29 ▶ 키르히호프 제 1 법칙

2) 키르히호프 제2법칙

① 회로망 중의 임의의 폐회로(Closed Circuit) 내에서 그 폐회로를 따라 한 방향으로 일주하면서 생기는 전압의 대수적인 합이 0인 법칙이다.

$$-V_1 + V_2 - V_3 = 0$$

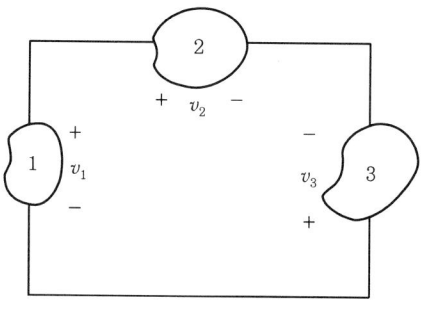

그림 1-30 ▶ 키르히호프 제 2 법칙

② 회로망 중의 임의의 폐회로(Closed Circuit) 내에서 그 폐회로를 따라 일주하면서 생기는 전압강하의 합은 그 폐회로 내에 포함되어 있는 기전력의 합과 같다는 것이다. 즉,

$$\sum 기전력 = \sum 전압강하$$

5. 회로망 정리

1) 중첩의 원리

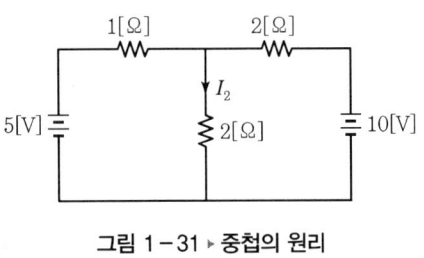

그림 1-31 ▶ 중첩의 원리

① 2개 이상의 전원을 포함한 회로에서 어떤 점의 전위 또는 전류는 각 전원이 단독으로 존재한다고 했을 경우 그 점의 전위 또는 전류의 합과 같다.

② 중첩의 원리가 성립하는 회로를 선형회로라고 한다.

③ 주의사항

전원이 작동하지 않을 때 전압원(Voltage Source)은 단락회로(Short Circuit), 전류원(Current Source)은 개방회로(Open Circuit)로 대치된다.

- 5[V]만 작동할 때 2[Ω]에 흐르는 전류 I_2(10[V] Short)

$$I_{5-2} = \frac{5}{1+\frac{2\times 2}{2+2}} \times \frac{2}{2+2} = 1.25[A]$$

- 10[V]만 작동할 때 2[Ω]에 흐르는 전류 I_2(5[V] Short)

$$I_{10-2} = \frac{10}{2+\frac{1\times 2}{1+2}} \times \frac{1}{1+2} = 1.25[A]$$

∴ $I_{5-2} + I_{10-2} = 1.25[A] + 1.25[A] = 2.5[A]$

2) 테브난의 정리

① 어떠한 구조를 갖는 능동회로망도 임의의 단자 ab 외측에 대해 하나의 전압원에 하나의 임피던스가 직렬 접속으로 대치 가능하며 이때 전압원은 단자 ab를 개방 시 개방전압과 동일하고 임피던스(Z_0)는 ab단자에서 능동회로망으로 본 임피던스값과 동일하다.

② 개방단 임피던스는 전압원은 단락하고, 전류원은 개방한 다음 출력단에서 구한 합성 임피던스이다.

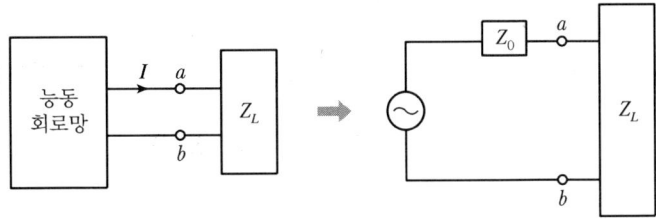

그림 1-32 ▶ 테브난의 정리

Exercise

다음 그림에서 50[Ω]에 흐르는 전류 I_3를 구하여라.

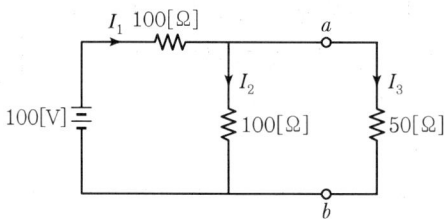

그림 1-33 ▶ 테브난의 정리 이용

🔍 **풀이** 단자 ab에서 전원 쪽으로 테브난의 정리를 적용하면

- 개방단전압 $V_{ab} = 100 \times \dfrac{100}{100+100} = 50[V]$

- 단자 ab에서 전원 쪽으로 합성 임피던스 $Z_0 = \dfrac{100 \times 100}{100+100} = 50[\Omega]$

$\therefore I_3 = \dfrac{50}{50+50} = 0.5[A]$

3) 노튼의 정리

① 어떠한 구조를 갖는 능동회로망도 임의의 단자 ab 외측에 대해 등가적으로 하나의 전류원에 하나의 임피던스가 병렬접속(어드미턴스 : Y)된 것으로 대치할 수 있으며 이때 등가 전류원은 ab단자를 단락시켰을 때 이곳을 흐르는 전류와 같고 병렬등가 임피던스는 원회로망 내의 모든 전원을 제거한 후 단자 ab에서 회로망을 향한 임피던스와 같다.

② 개방단 임피던스 산출방법은 테브난과 동일하게 적용한다.

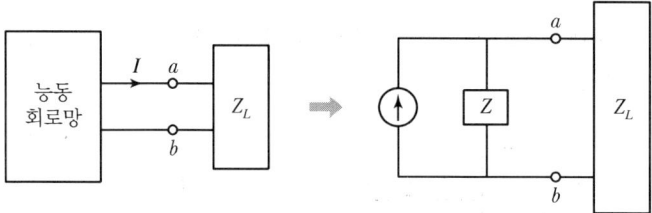

그림 1-34 ▶ 노튼 정리도

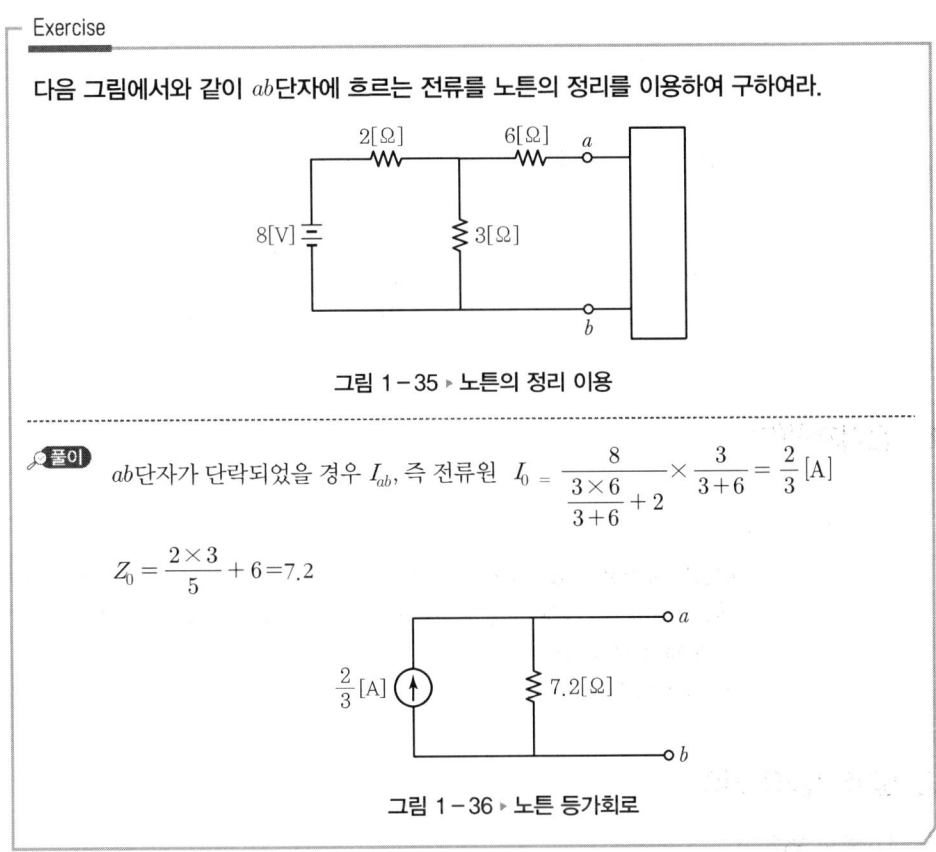

그림 1-35 ▶ 노튼의 정리 이용

풀이 ab단자가 단락되었을 경우 I_{ab}, 즉 전류원 $I_0 = \dfrac{8}{\dfrac{3\times 6}{3+6}+2} \times \dfrac{3}{3+6} = \dfrac{2}{3}$ [A]

$Z_0 = \dfrac{2\times 3}{5} + 6 = 7.2$

그림 1-36 ▶ 노튼 등가회로

4) 밀만의 정리

① 개념

내부 임피던스를 갖는 여러 개의 전압원이 병렬로 접속되어 있을 때 양 병렬 접속점에 나타나는 합성전압은 각각의 전압원을 단락했을 때 흐르는 전류의 총합을 각 전압원의 내부 어드미턴스의 총합으로 나눈 것과 동일하다.

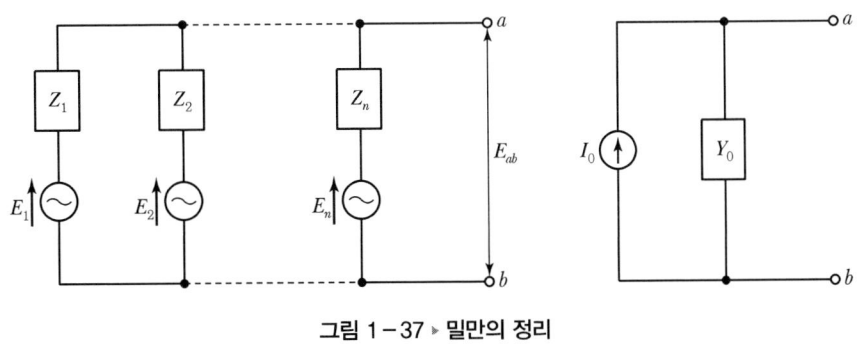

그림 1-37 ▶ 밀만의 정리

② 합성전류$(I_0) = I_1 + I_2 + I_3 + \cdots + I_n$

$$= \frac{E_1}{Z_1} + \frac{E_2}{Z_2} + \frac{E_3}{Z_3} + \cdots + \frac{E_n}{Z_n}$$

③ 합성어드미턴스$(Y_0) = Y_1 + Y_2 + Y_3 + \cdots + Y_n \left(Y = \frac{1}{Z}\right)$

④ 단자 a, b 간의 전압 $E_{ab} = \dfrac{I_0}{Y_0} = \dfrac{\dfrac{E_1}{Z_1} + \dfrac{E_2}{Z_2} + \dfrac{E_3}{Z_3} + \cdots + \dfrac{E_n}{Z_n}}{\dfrac{1}{Z_1} + \dfrac{1}{Z_2} + \dfrac{1}{Z_3} + \cdots + \dfrac{1}{Z_n}}$

6. 전기저항(R)

$$R = \rho \frac{l}{A}$$

여기서, $R[\Omega]$: 도체의 저항 → 재료의 종류(도전율), 온도, 길이, 단면적 등에 의해 결정됨
  $\rho[\Omega \cdot m]$: 고유저항 → 단면적 $1[m^2]$, 길이 $1[m]$의 임의의 도체 양면 사이의 저항값
  l : 도체의 길이[m]
  A : 도체의 단면적[mm^2]

7. 발열작용과 전력

1) 줄의 법칙

① L과 C 소자의 경우 충전된 전하는 에너지를 저장했다가 다시 방출하는 작용만 반복할 뿐 에너지 소비는 발생되지 않는다.
② 저항에는 전류 제곱에 비례하는 에너지 소비가 발생하고 소비된 에너지는 모두 열로 바뀐다.
③ 전류 $I[A]$가 저항 R인 도체를 시간 t초 동안 흐를 경우 그 도체에 발생하는 열에너지는 $H = I^2 R t[J] = 0.24 I^2 R t[cal]$

SECTION 09 | 교류회로

직류는 시간에 따른 크기와 방향이 일정한데 비해 교류회로는 시간에 따라 크기와 방향이 변하므로 교류가 직류에 비해 복잡한 형태이다.

1. 교류회로를 많이 사용하는 이유

1) 승압 및 강압이 용이하여 장거리 송전이 가능하고 필요한 개소마다 강압하여 원하는 전압을 사용할 수 있다.

2) **직류와 교류의 비교**

비교	교류	직류
장점	승압, 강압이 용이	절연계급이 낮음
	회전자계를 용이하게 얻음	송전효율이 높음
	일관된 전력 운영	안정도가 우수함
단점	통신선 유도장해가 발생	변환장치가 필요함
	절연계급이 높음	고조파가 발생
	송전효율이 낮음	Control이 어려움
	안정도가 나쁨	

2. 용어의 개념

1) **주기(T)**

  ① 1 cycle 변화에 걸리는 시간을 주기라 한다.
  ② $T = \dfrac{2\pi}{w}$ [s]

2) **주파수(f)**

  ① 1[s] 동안 반복되는 사이클 수
  ② 단위[Hz]
  ③ 주기와의 관계

  $$T = \dfrac{1}{f} \text{[Hz]} = \dfrac{2\pi}{w}$$

  $\therefore w = 2\pi f$ [rad/s]

3) 위상과 위상차

주파수가 동일한 2개 이상의 교류 사이의 시간적인 차이를 나타내는 것이 위상이다.

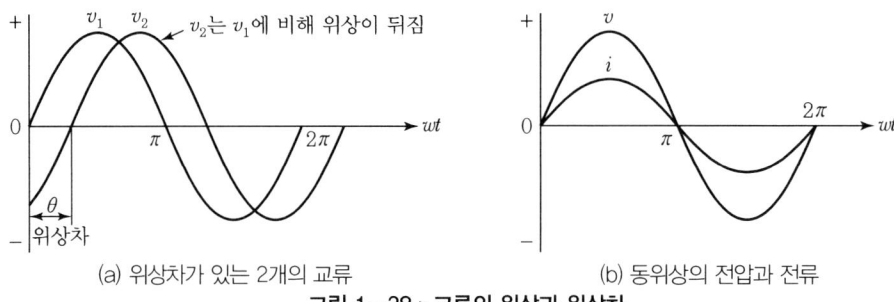

(a) 위상차가 있는 2개의 교류 (b) 동위상의 전압과 전류

그림 1-38 ▶ 교류의 위상과 위상차

3. 교류의 표시

1) 순시값(Instantaneous Value)

$V = v_m \sin wt \, [V]$에서 전압 V가 순간순간 변할 때 임의의 시간 t_0에서의 전압값

2) 최댓값(Maximum Value)

순시값 중에서 가장 큰 값 V_m을 전압의 최댓값 또는 진폭(Amplitude)이라 함

3) 실횻값(Effective Value)

① 개념

교류의 크기를 교류와 동일한 일을 하는 직류의 크기로 바꾸어 나타냈을 때 값

② 수식적 표현

$$I_e = \sqrt{\frac{1}{T}\int_0^T I^2(t)dt}$$

③ 최댓값과의 관계

$$I_e = \frac{I_m}{\sqrt{2}} = 0.707 I_m$$

4) 평균값(Average Value)

① 개념

교류 순시값들을 반 주기 동안 합친 것에 대해 반 주기로 나눈 값

② 수식적 표현

$$I_a = \frac{2}{T} \int_0^{\frac{T}{2}} i(t) dt$$

③ 최댓값과의 관계

$$I_a = \frac{2}{\pi} I_m = 0.637 I_m$$

5) 파고율과 파형률

① 파고율 : $\dfrac{최대치}{실효치}$

② 파형률 : $\dfrac{실효치}{평균치}$

4. 교류회로에서의 R, L, C 소자 특성

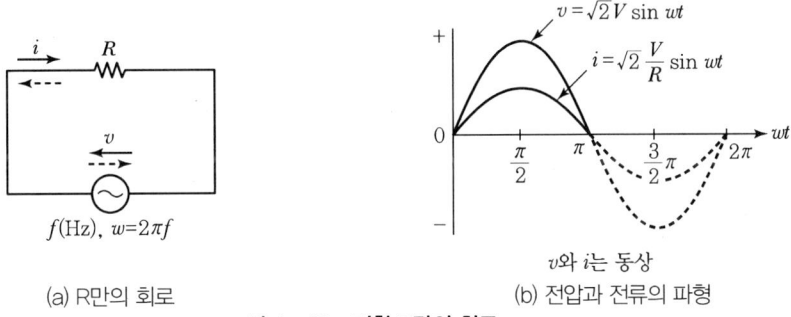

(a) R만의 회로   (b) 전압과 전류의 파형

그림 1-39 ▶ 저항 R만의 회로

1) 저항(R)의 동작

① 전압 및 전류의 주파수 파형이 동일하며 동상분

② 옴의 법칙이 성립됨

③ 특성

㉠ 저항에는 파형, 주파수, 위상을 변화시키는 성질이 없음

㉡ 저항의 경우 줄의 법칙에 의해 발열(I^2R)이 발생하며 이 부분만큼 손실이 발생함

㉢ 저항은 전류의 흐름을 방해함

2) 인덕턴스(L)의 동작

① 코일에 흐르는 전류를 변화시키면 전류의 변화율에 비례하여 코일에 유도기전력(v')이 발생되어 전류의 흐름을 방해한다. 사인파 전류 $i = \sqrt{2}\,I\sin wt\,[\text{A}]$ 가 코일에 흐를 때 코일에 발생되는 유도기전력(v')은

$$v' = -L\frac{di}{dt} = -L\frac{d(\sqrt{2}\,I\sin wt)}{dt} = \sqrt{2}\,wLI\sin\left(wt - \frac{\pi}{2}\right)$$

$$v' = \sqrt{2}\,V\sin\left(wt - \frac{\pi}{2}\right)$$

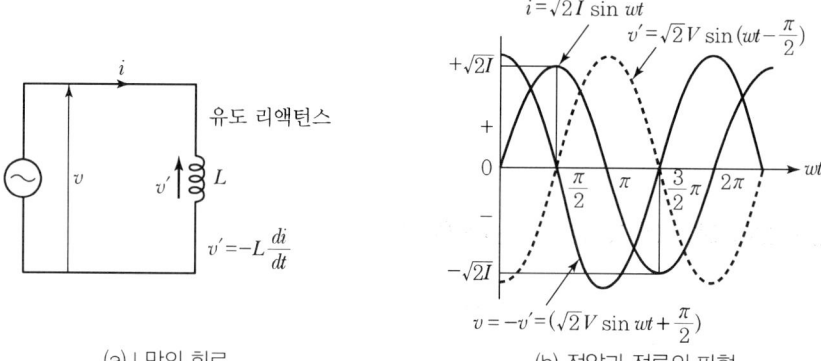

(a) L만의 회로   (b) 전압과 전류의 파형

그림 1-40 ▶ 인덕턴스 L만의 회로

② 회로에 계속해서 전류 i를 흐르게 하기 위해서는 유도기전력 v'를 제거할 수 있는 v'와 역상의 v를 공급해야 한다.

$$v = -v' = -\sqrt{2}\,V\sin\left(wt - \frac{\pi}{2}\right)$$

$$= \sqrt{2}\,V\sin\left(wt + \frac{\pi}{2}\right)$$

③ 단위

    X_L(유도성 리액턴스) $= wL = 2\pi fL\,[\Omega]$

④ 특성

㉠ 전류의 위상은 전압보다 90° 뒤짐
㉡ 주파수와 인덕턴스가 클수록 L회로에 흐르는 전류는 감소함
㉢ L은 C와 함께 전류에 의한 손실이 없음
㉣ 직류에 대해서는 $X_L = wL = 2\pi fL\,[\Omega] = 0$이며 Short 회로로 동작함
㉤ 코일에 직류전압을 가하면 이론적으로는 무한대의 전류가 흐르나 실제의 코일은 동선을 감아서 만든 것이며 동선 내 저항으로 전류가 무한대가 되지 않음

3) 정전용량의 동작

① 직류회로

콘덴서 전압과 전원전압이 동일할 시 전류흐름이 없어지며 콘덴서의 의미가 없어짐

② 교류회로

㉠ sin 파형과 같이 교번 파형이 인가되는 그 파형에 따라 콘덴서의 평판에 걸리는 순시치 전압 $v = V_m \sin(wt + \theta)$이 달라져서 전하량($Q = CV$)이 변화되어 전하의 이동이 지속적으로 이루어진다.

㉡ 교류전압이 콘덴서에 인가된 상태에서의 전류와의 관계

$$i = \frac{dq}{dt} = \frac{d(cv)}{dt} = \frac{d(cV_m \sin wt)}{dt} = cwV_m\left(\sin wt + \frac{\pi}{2}\right)$$

③ 단위

$$X_c(\text{용량성 리액턴스}) = \frac{1}{wc}[\Omega] = \frac{1}{2\pi f c}[\Omega]$$

④ 특성

$X_c(\text{용량성 리액턴스}) = \frac{1}{wc}[\Omega] = \frac{1}{2\pi f c}[\Omega]$에서

㉠ 직류회로에서 f가 0이므로 X_c가 ∞ → 전류 도통이 불가함

㉡ 교류회로에서 f가 큰 경우 X_c가 0 → 콘덴서가 없는 단락상태임

5. 교류회로 직병렬회로

1) R-L 직렬회로

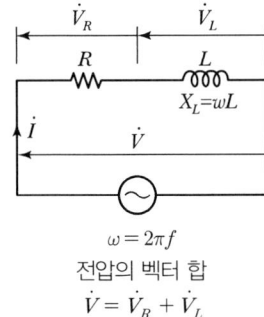

$\omega = 2\pi f$
전압의 벡터 합
$\dot{V} = \dot{V}_R + \dot{V}_L$

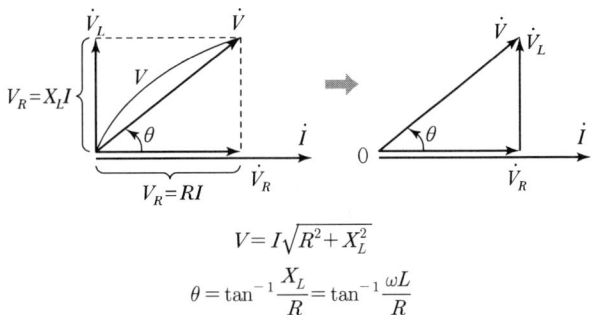

$V = I\sqrt{R^2 + X_L^2}$

$\theta = \tan^{-1}\frac{X_L}{R} = \tan^{-1}\frac{\omega L}{R}$

그림 1-41 ▶ R-L 직렬회로

① 전압
$$\dot{V} = \dot{V_R} + \dot{V_L} = \sqrt{(V_R)^2 + (V_L)^2} = \sqrt{R^2 + (X_L)^2}\, I = \sqrt{R^2 + (wL)^2}\, I$$

② 전류(I)
$$I = \frac{V}{\sqrt{R^2 + (wL)^2}}$$

③ 임피던스(Z)
$$Z = \sqrt{R^2 + (wL)^2} = \sqrt{R^2 + (2\pi f L)^2}$$

④ 위상

전압 V의 위상이 전류 I보다 θ만큼 앞선다.

$$\tan\theta = \frac{V_L}{V_R} = \frac{X_L I}{R I} = \frac{X_L}{R} = \frac{wL}{R} = \frac{2\pi f L}{R}$$

$$\theta = \tan^{-1}\frac{X_L}{R} = \tan^{-1}\frac{wL}{R} = \tan^{-1}\frac{2\pi f L}{R}\ [\text{rad}]$$

2) R-C 직렬회로

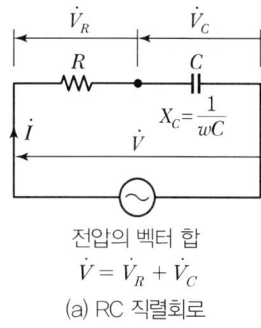

전압의 벡터 합
$\dot{V} = \dot{V_R} + \dot{V_C}$

(a) RC 직렬회로

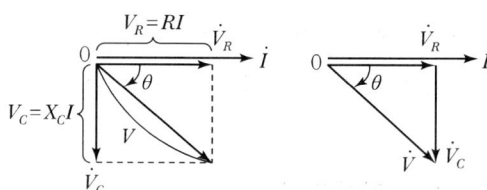

$V = I\sqrt{R^2 + X_C^2}$ $\theta = \tan^{-1}\dfrac{X_C}{R} = \tan^{-1}\dfrac{1}{\omega CR}$

(b) 전압 전류의 벡터 그림

그림 1-42 ▶ R-C 직렬회로

① 전압
$$\dot{V} = \dot{V_R} + \dot{V_C} = \sqrt{(V_R)^2 + (V_C)^2}$$
$$= \sqrt{R^2 + (X_C)^2}\, I$$
$$= \sqrt{R^2 + \left(\frac{1}{wC}\right)^2}\, I$$

② 전류(I)

$$\dot{I} = \frac{\dot{V}}{\sqrt{R^2+(X_C)^2}} = \frac{\dot{V}}{\sqrt{R^2+\left(\frac{1}{wC}\right)^2}}$$

③ 임피던스(Z)

$$Z = \sqrt{R^2+\left(\frac{1}{wc}\right)^2} = \sqrt{R^2+\left(\frac{1}{2\pi fc}\right)^2}$$

④ 위상

전류 I의 위상이 전압 V 보다 θ만큼 앞선다.

$$\tan\theta = \frac{V_C}{V_R} = \frac{X_C I}{R I} = \frac{X_C}{R} = \frac{1}{wCR} = \frac{1}{2\pi fCR}$$

$$\theta = \tan^{-1}\frac{X_C}{R} = \tan^{-1}\frac{1}{wCR} = \tan^{-1}\frac{1}{2\pi fCR} \text{ [rad]}$$

3) R−L−C 직렬회로

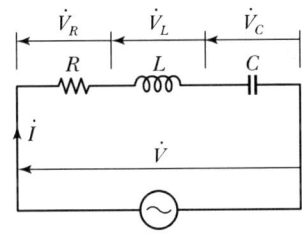

전압의 관계
$\dot{V} = \dot{V}_R + \dot{V}_L + \dot{V}_C$
(a) 회로

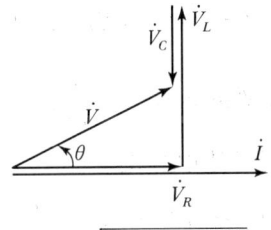

$V = I\sqrt{R^2+(X_L-X_C)^2}$
$\theta = \tan^{-1}\frac{X_L-X_C}{R}$
(b) $\omega L > \frac{1}{\omega C}$ 경우의 벡터 그림

그림 1−43 ▸ R−L−C 직렬회로

① 전압

$wL > \frac{1}{wC}$ 인 경우

$$\dot{V} = \dot{V}_R + \dot{V}_L + \dot{V}_C = \sqrt{(V_R)^2+(V_L-V_C)^2}$$
$$= \sqrt{(RI)^2+(X_L I - X_C I)^2}$$

㉠ $\dot{V}_L$은 전류 I 보다 $\frac{\pi}{2}$[rad] 앞선 위상

㉡ $\dot{V}_C$은 전류 I 보다 $\frac{\pi}{2}$[rad] 뒤진 위상

② 전류(I)

$$\dot{I} = \frac{\dot{V}}{\sqrt{R^2+(X_L-X_C)^2}} = \frac{\dot{V}}{\sqrt{R^2+\left(wL-\frac{1}{wC}\right)^2}}$$

③ 임피던스(Z)

$$Z = \sqrt{R^2+(X_L-X_C)^2} = \sqrt{R^2+\left(wL-\frac{1}{wC}\right)^2}$$

④ 위상

$$\tan\theta = \frac{V_L-V_C}{V_R} = \frac{X_L I - X_C I}{R I} = \frac{X_L-X_C}{R}$$

$$\theta = \tan^{-1}\frac{X_L-X_C}{R} = \tan^{-1}\frac{2f\pi L - \frac{1}{2\pi fC}}{R}\,[\text{rad}]$$

4) 직렬공진

$$Z = \sqrt{R^2+(X_L-X_C)^2} = \sqrt{R^2+\left(wL-\frac{1}{wC}\right)^2}$$

① 공진조건 $wL = \dfrac{1}{wC}$

② 공진임피던스(Z) = R

③ 공진주파수 $\left(f_0 = \dfrac{1}{2\pi\sqrt{LC}}\right)$

5) R-L 병렬회로

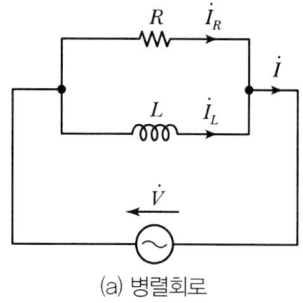

(a) 병렬회로   (b) 벡터 그림

그림 1-44 ▶ R-L 병렬회로

① 전류(I)

$$I = \sqrt{I_R^2 + I_L^2} = \sqrt{\left(\frac{V}{R}\right)^2 + \left(\frac{V}{wL}\right)^2} = V \cdot \sqrt{\left(\frac{1}{R}\right)^2 + \left(\frac{1}{wL}\right)^2}$$

② 임피던스(Z)

$$Z = \frac{1}{\sqrt{\left(\frac{1}{R}\right)^2 + \left(\frac{1}{wL}\right)^2}}$$

③ 위상(θ)

$$\tan\theta = \frac{I_L}{I_R} = \frac{\dfrac{V}{wL}}{\dfrac{V}{R}} = \frac{R}{wL}$$

여기서, $\theta = \tan^{-1}\dfrac{I_L}{I_R} = \tan^{-1}\dfrac{R}{wL}$

6) R-C 병렬회로

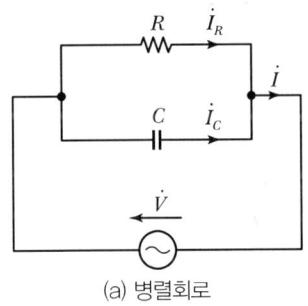
(a) 병렬회로

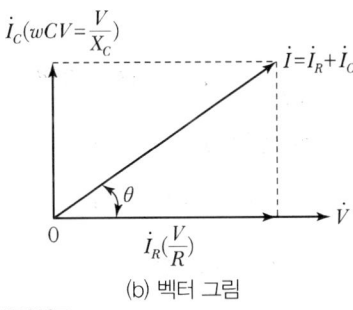
(b) 벡터 그림

그림 1-45 ▶ R-C 병렬회로

① 전류(I)

$$I = \sqrt{I_R^2 + I_C^2} = \sqrt{\left(\frac{V}{R}\right)^2 + (wcV)^2} = V \cdot \sqrt{\left(\frac{1}{R}\right)^2 + (wc)^2}$$

② 임피던스(Z)

$$Z = \frac{1}{\sqrt{\left(\frac{1}{R}\right)^2 + (wc)^2}}$$

③ 위상(θ)

$$\tan\theta = \frac{I_C}{I_R} = \frac{wCV}{\frac{V}{R}} = wCR = 2\pi fCR$$

여기서, $\theta = \tan^{-1}wCR = \tan^{-1}2\pi fCR$ [rad]

7) L-C 병렬회로

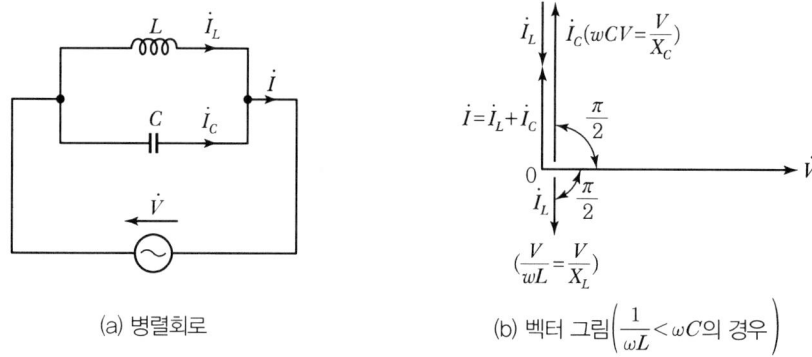

(a) 병렬회로　　　　　　(b) 벡터 그림 ($\frac{1}{\omega L} < \omega C$의 경우)

그림 1-46 ▶ L-C 병렬회로

① $\frac{1}{wL} < wC$인 경우

　㉠ 전류(I)

$$I = I_C - I_L = wCV - \frac{V}{wL} = V\left(wC - \frac{1}{wL}\right)$$

　㉡ 임피던스(Z)

$$Z = \frac{1}{wC - \frac{1}{wL}}$$

　㉢ 위상

$$\frac{1}{wL} < wC \quad \rightarrow I_L < I_C \text{가 되며 } \dot{I} \text{가 } \dot{V} \text{보다 } \frac{\pi}{2} \text{[rad] 앞선 위상}$$

② $\frac{1}{wL} > wC$인 경우

　㉠ 전류(I)

$$I = I_L - I_C = \frac{V}{wL} - wCV = V\left(\frac{1}{wL} - wC\right)$$

ⓒ 임피던스(Z)

$$Z = \dfrac{1}{\dfrac{1}{wL} - wC}$$

ⓒ 위상

$$\dfrac{1}{wL} > wC \quad \rightarrow I_L > I_C \text{가 되며 } \dot{I} \text{가 } \dot{V} \text{보다 } \dfrac{\pi}{2}[\text{rad}] \text{ 뒤진 위상}$$

8) R-L-C 병렬회로

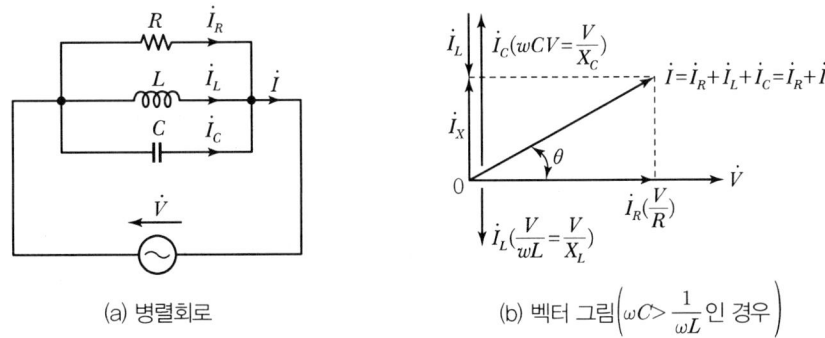

(a) 병렬회로 (b) 벡터 그림$\left(\omega C > \dfrac{1}{\omega L} \text{인 경우}\right)$

그림 1-47 ▶ R-L-C 병렬회로

① 전류

$\dfrac{1}{wL} < wC$ 인 경우

$$I = \sqrt{I_R^2 + (I_C - I_L)^2}$$
$$= \sqrt{\left(\dfrac{V}{R}\right)^2 + \left(wCV - \dfrac{V}{wL}\right)^2} = V\sqrt{\left(\dfrac{1}{R}\right)^2 + \left(wC - \dfrac{1}{wL}\right)^2}$$

② 임피던스

$$Z = \dfrac{1}{\sqrt{\left(\dfrac{1}{R}\right)^2 + \left(wC - \dfrac{1}{wL}\right)^2}}$$

③ 위상

$$\tan\theta = \dfrac{I_C - I_L}{I_R} = \dfrac{wCV - \dfrac{V}{wL}}{\dfrac{V}{R}} = \left(wC - \dfrac{1}{wL}\right)R$$

$$\theta = \tan^{-1}\left(wC - \dfrac{1}{wL}\right)R\,[\text{rad}]$$

9) 병렬공진

① 공진조건 $wc = \dfrac{1}{wL}$

② 공진임피던스(Z) = R

③ 공진주파수 $\left(f_0 = \dfrac{1}{2\pi\sqrt{LC}}\right)$

표 1-3 ▶ 직 · 병렬회로의 구분

구분	직렬공진	병렬공진
회로	(R, L, C 직렬회로)	(R, L, C 병렬회로)
Z(임피던스) Y(어드미턴스)	$Z = R + j\left(wL - \dfrac{1}{wC}\right)$ $\left(wL > \dfrac{1}{wC} \text{ 조건}\right)$	$Y = \dfrac{1}{R} + j\left(wC - \dfrac{1}{wL}\right)$ $\left(wC > \dfrac{1}{wL} \text{ 조건}\right)$
공진조건	$w_0 L = \dfrac{1}{w_0 C}$	$w_0 C = \dfrac{1}{w_0 L}$
공진 각 주파수 (w_0)	$w_0 = \dfrac{1}{\sqrt{LC}}$	$w_0 = \dfrac{1}{\sqrt{LC}}$
공진 주파수 (f_0)	$f_0 = \dfrac{1}{2\pi\sqrt{LC}}$	$f_0 = \dfrac{1}{2\pi\sqrt{LC}}$
공진 시 Z_0, Y_0	$Z_0 = R$(최대)	$Y_0 = \dfrac{1}{R}$(최소)
공진 시 전류 (I_0)	$I_0 = \dfrac{E}{Z} = \dfrac{E}{R}$(최대)	$I_0 = YE = \dfrac{E}{R}$(최소)
선택도(Q) (전압확대도)	$Q = \dfrac{w_0 L}{R} = \dfrac{1}{w_0 CR}$	$Q = \dfrac{R}{w_0 L} = w_0 CR$

6. 교류전력

1) 저항부하의 전력

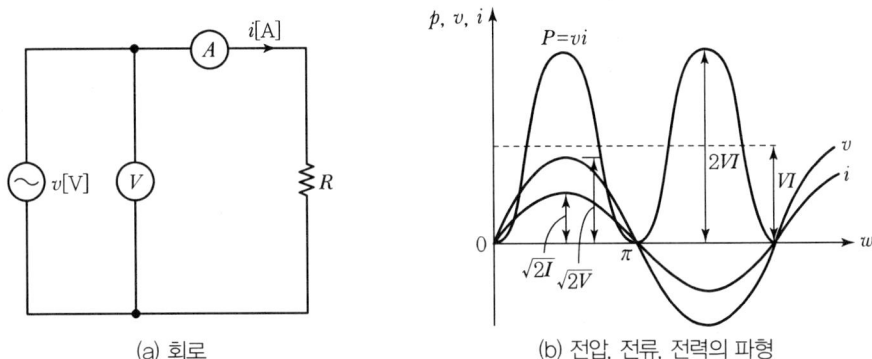

그림 1-48 ▶ 저항부하의 전력

① 순시전력(P_i)

$$P_i = 2\,VI\sin^2 wt = VI(1-\cos 2wt)$$

② 평균전력(P_{av})

$$P_{av} = \frac{1}{T}\int_0^T P_i\,dt = \frac{1}{T}\int_0^T VI(1-\cos 2wt)dt$$

$$= VI = I^2 R = \frac{V^2}{R} = GV^2$$

2) 리액턴스 부하의 전력

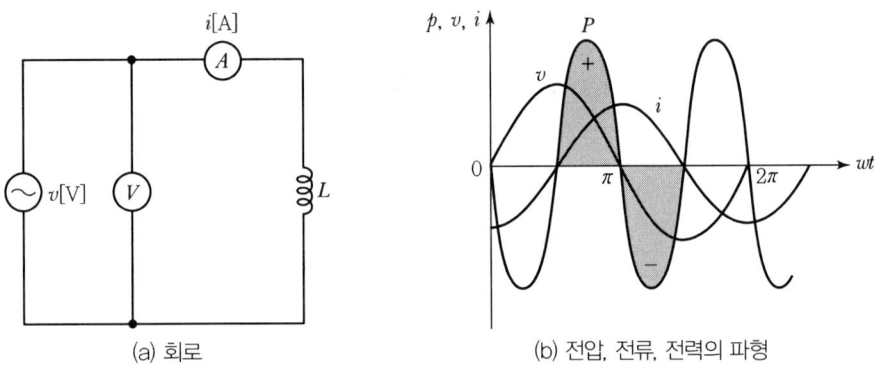

그림 1-49 ▶ 인덕턴스 부하의 전력

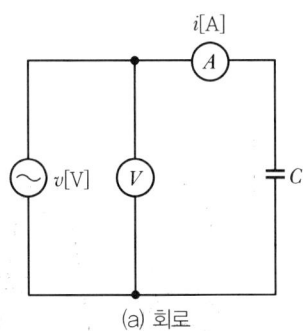
(a) 회로

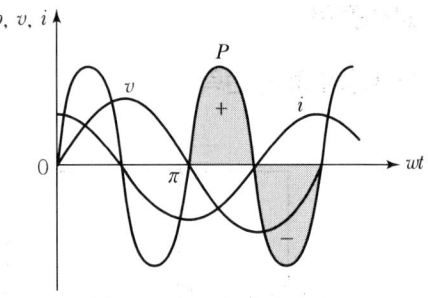
(b) 전압, 전류, 전력의 파형

그림 1-50 ▶ 콘덴서 부하의 전력

① 인덕턴스 회로의 경우
  ㉠ 순시전력(P_i)

  $$P_i = v \times i = \sqrt{2}\ V \sin\left(wt + \frac{\pi}{2}\right) \times \sqrt{2}\ I \sin(wt)$$
  $$= 2\ VI \sin(wt) \cos(wt) = VI \sin 2wt$$

  ㉡ 평균전력(P_{av})

  $$P_{av} = \frac{1}{T}\int_0^T P_i\,dt = \frac{1}{T}\int_O^T VI \sin 2wt\,dt = 0$$

② 콘덴서 회로의 경우
  ㉠ 순시전력(P_i)

  $$P_i = v \times i = \sqrt{2}\ V \sin(wt) \times \sqrt{2}\ I \sin\left(wt + \frac{\pi}{2}\right)$$
  $$= 2\ VI \sin(wt) \cos(wt) = VI \sin 2wt$$

  ㉡ 평균전력(P_{av})

  $$P_{av} = \frac{1}{T}\int_0^T P_i\,dt = \frac{1}{T}\int_O^T VI \sin 2wt\,dt = 0$$

3) 일반부하의 전력과 역률

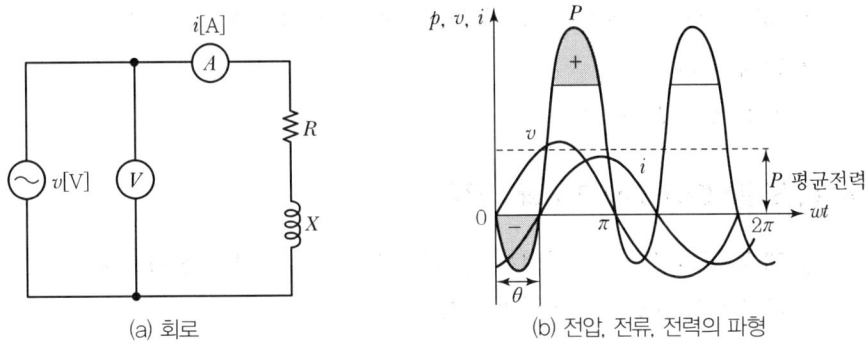

(a) 회로   (b) 전압, 전류, 전력의 파형

그림 1-51 ▶ 일반회로의 전력

① 순시전력(P_i)

$$P_i = v \times i = \sqrt{2}\ V \sin(wt+\theta) \times \sqrt{2}\ I \sin(wt)$$
$$= 2\ VI \sin(wt+\theta) \sin(wt)$$
$$= VI[\cos\theta - \cos(2wt+\theta)]$$

② 평균전력(P_{av})

$$P_{av} = \frac{1}{T}\int_0^T P_i\,dt = \frac{1}{T}\int_O^T VI[\cos\theta - \cos(2wt+\theta)]dt = VI\cos\theta$$

③ 역률(pf : $\cos\theta$)

㉠ $\cos\theta = \dfrac{P}{VI}$

㉡ 크기 : $0 \leq \cos\theta \leq 1$

7. 전력의 구분

1) 유효전력(Active Power : P)

① 개념 : 전원에서 공급된 전력이 부하에 유효하게 소비되는 전력

② 식 : $P = VI\cos\theta$

2) 무효전력(Reactive Power : P_r)

① 개념 : 전원에서 공급된 전력이 부하에 소비되지 않는 전력

② 식 : $P_r = VI\sin\theta$

3) 피상전력(Apparent Power : P_a)

① 개념 : 2단자망에서 단자전압과 전류의 실효치의 적 $P_a = VI$가 피상전력임

② 단위 : [VA]

③ 식 : $P_a^2 = P^2 + P_r^2$

4) 복소전력(Comprex Power : P_S)

① 개념 : 2단자망에 공급되는 유효전력을 실수부로 무효전력을 허수부로 하는 복소수를 그 회로에 대한 복소전력이라 함

② 식 : $P = P + jP_r$

8. 최대전력전송(전달)

Exercise 01

부하 측 임피던스가 R_L, 전원 측 임피던스가 R_S인 회로에서 R_L을 조정시킬 때 R_L에서 소비되는 최대전력을 구하여라.

풀이

$$P = I^2 R_L = \left(\frac{V}{R_L + R_S}\right)^2 R_L$$

$$= \frac{V^2}{R_L + 2R_S + \frac{R_S^2}{R_L}}$$

$R_L + 2R_S + \dfrac{R_S^2}{R_L} = A$라 하면 $\left(\dfrac{dA}{dR_L} = 0\right)$

$$1 + 0 - \frac{R_S^2}{R_L^2} = 0$$

$$\therefore R_L = R_S$$

R_L에서 소비되는 $P_{\max} = \dfrac{V^2}{4R_L} = \dfrac{V^2}{4R_S}$

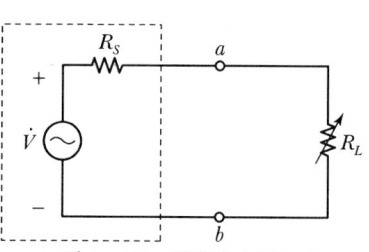

그림 1-52 ▶ 최대전력전달-A

Exercise 02

다음의 그림에서 최대전력을 R에 공급할 때 R에서 소비되는 최대전력을 구하여라.

풀이

$$I = \frac{V}{\sqrt{R^2 + \left(\frac{1}{wc}\right)^2}}$$

$$P = I^2 R = \frac{R V^2}{R^2 + \left(\frac{1}{wc}\right)^2} = \frac{V^2}{R + \frac{1}{R}\left(\frac{1}{wc}\right)^2}$$

P가 최대가 되기 위한 조건으로

$R + \frac{1}{R}\left(\frac{1}{wc}\right)^2 = A$ 라 하면

$$\frac{dA}{dR} = 1 - \left(\frac{1}{R}\right)^2 \left(\frac{1}{wc}\right)^2 = 0, \quad R = \frac{1}{wc}$$

$$P_{\max} = \frac{V^2}{\left(\frac{1}{wc}\right) + wc \times \left(\frac{1}{wc}\right)^2} = \frac{1}{2} wc V^2$$

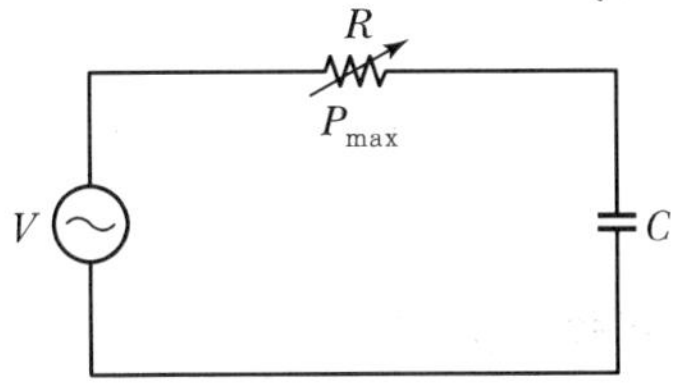

그림 1-53 ▸ 최대전력전달 - B

9. 3상 교류

1) 3상 교류의 발생

[그림 1-54]의 (a)와 같이 코일 A, B, C를 $\frac{2}{3}\pi$ [rad]의 간격을 두고 자기장 내 반시계 방향으로 회전시켜 보면 $\frac{2}{3}\pi$ [rad]만큼씩의 다른 3개의 파형인 3상 교류(Three-phase Alternating Current)가 발생한다.

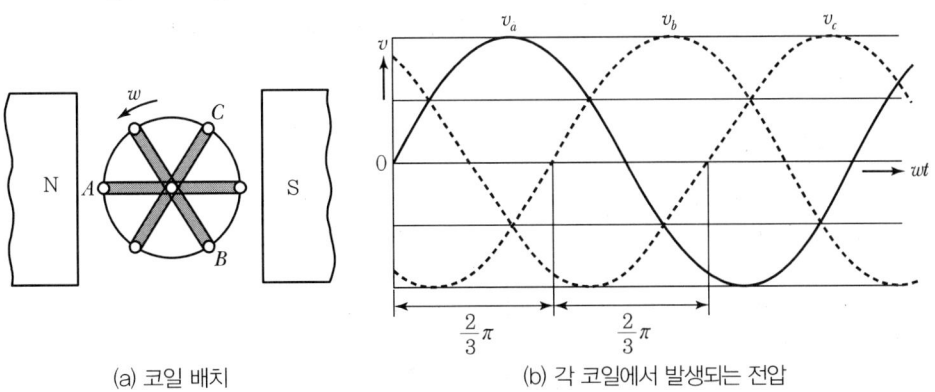

(a) 코일 배치 (b) 각 코일에서 발생되는 전압

그림 1-54 ▸ 3상 교류의 발생

2) 3상 교류의 순시치 표시

① $v_a = \sqrt{2}\, V \sin(wt)\,[\text{V}]$

② $v_b = \sqrt{2}\, V \sin\left(wt - \dfrac{2}{3}\pi\right)\,[\text{V}]$

③ $v_c = \sqrt{2}\, V \sin\left(wt - \dfrac{4}{3}\pi\right)\,[\text{V}]$

3) 3상 교류의 표현

① 극좌표 표현

각 상의 전압의 크기가 V로 동일하고 상회전 방향이 a, b, c인 경우

㉠ $\dot{V}_a = V \angle 0\,[\text{V}]$

㉡ $\dot{V}_b = V \angle -\dfrac{2}{3}\pi\,[\text{V}]$

㉢ $\dot{V}_c = V \angle -\dfrac{4}{3}\pi\,[\text{V}]$

② 벡터합

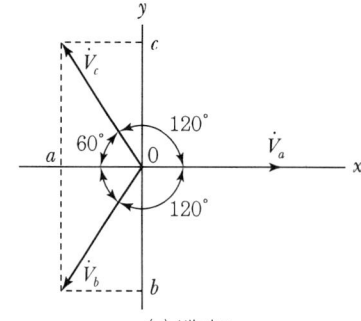 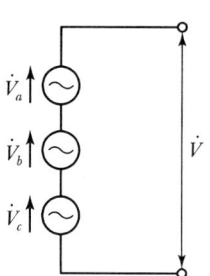

(a) 벡터도　　　　　　　　　(b) 3개의 전압의 직렬접속

그림 1-55 ▶ 대칭 3상 교류의 벡터 표시 및 벡터합

- $\dot{V}_a = \dot{V}\,[\text{V}]$

- $\dot{V}_b = \overrightarrow{oa} + \overrightarrow{ob} = -\left(V\cos\dfrac{\pi}{3}\right) - j\left(V\sin\dfrac{\pi}{3}\right)$

  $= V\left(-\dfrac{1}{2} - j\dfrac{\sqrt{3}}{2}\right)\,[\text{V}]$

- $\dot{V}_c = \overrightarrow{oa} + \overrightarrow{oc} = -\left(V\cos\dfrac{\pi}{3}\right) + j\left(V\sin\dfrac{\pi}{3}\right)$

  $= V\left(-\dfrac{1}{2} + j\dfrac{\sqrt{3}}{2}\right)\,[\text{V}]$

∴ $\dot{V} = \dot{V}_a + \dot{V}_b + \dot{V}_c = 0\,[\text{V}]$

4) 3상 교류의 결선

① Y 결선

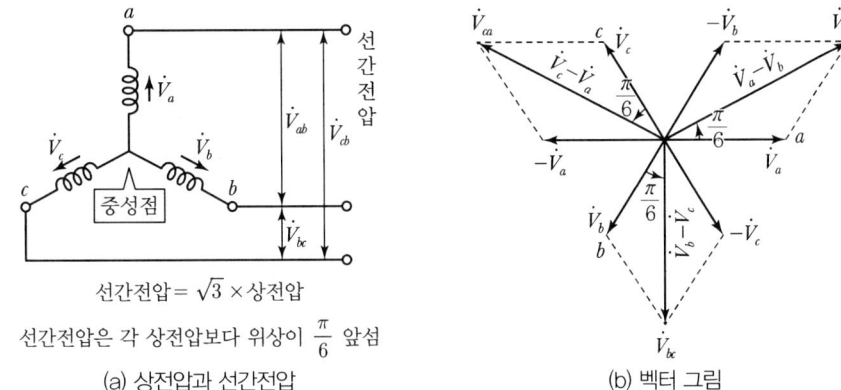

그림 1-56 ▶ Y 결선의 상전압과 선간전압의 관계

㉠ 상전압

$\dot{V}_a = \dot{V}_b = \dot{V}_c = V_p$ 이며 $\frac{2}{3}\pi$ [rad] 만큼의 위상차를 가진다.

㉡ 선간전압

$\dot{V}_{ab} = \dot{V}_{bc} = \dot{V}_{ca} = V_l = \sqrt{3}\ V_p \angle \frac{\pi}{6}$ [V]

② Δ 결선

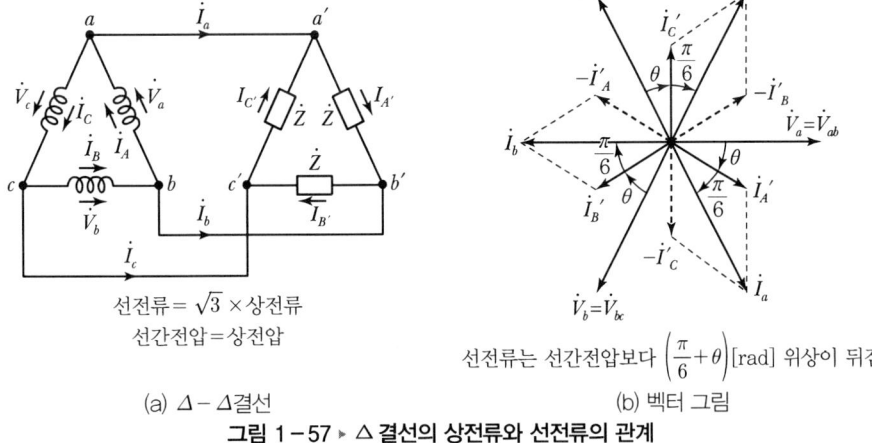

그림 1-57 ▶ Δ 결선의 상전류와 선전류의 관계

가. 선전류 : $\dot{I}_a = \dot{I}_b = \dot{I}_c = \dot{I}_l$

나. 상전류 : $\dot{I}_A = \dot{I}_B = \dot{I}_C = \dot{I}_P$

다. 선전류와 상전류의 관계 : $\dot{I}_l = \sqrt{3}\, \dot{I}_P \angle -\dfrac{\pi}{6}$

③ Y-△ 회로에서 임피던스 관계

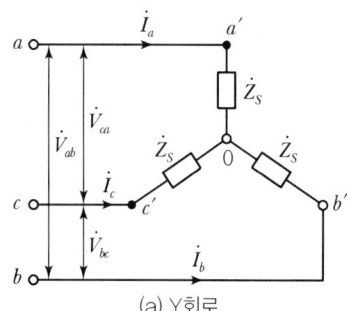 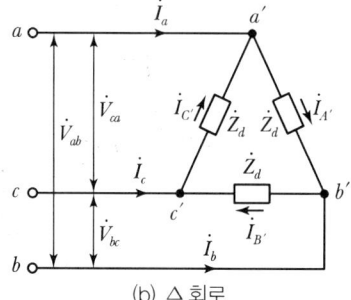

(a) Y회로 　　　　　　　　　　　(b) △회로

그림 1-58 ▶ Y회로와 △회로의 변환관계

㉠ Y회로

$\dot{Z}_{ab} = \dot{Z}_s + \dot{Z}_s = 2\dot{Z}_s$ …… ⓐ

㉡ △회로

$\dot{Z}_{ab} = \dfrac{\dot{Z}_d(2\dot{Z}_d)}{\dot{Z}_d + (2\dot{Z}_d)} = \dfrac{2}{3}\dot{Z}_d[\Omega]$ …… ⓑ

㉢ 식 ⓐ, ⓑ로부터

$2\dot{Z}_s = \dfrac{2}{3}\dot{Z}_d, \quad \dot{Z}_s = \dfrac{1}{3}\dot{Z}_d$

SECTION 10 | 과도현상

저항과 콘덴서 또는 인덕턴스와 같은 회로에서 스위칭에 의해 전원의 투입, 회로소자의 순간적인 인가 또는 제거에 의해 에너지 저장소자의 에너지의 유입 또는 유출이 발생하며 회로의 교란이 일어나는 현상을 과도현상이라 한다.

1. R-L 직렬회로의 과도현상

1) 전류

전압방정식으로부터 $E = L\dfrac{di(t)}{dt} + Ri(t)$

라플라스변환

$\rightarrow E \cdot \dfrac{1}{S} = LSI(S) + RI(S) = (LS + R)I(S)$

$I(S) = \dfrac{E}{S(R + LS)} = \dfrac{E}{LS\left(S + \dfrac{R}{L}\right)}$

$\quad = \dfrac{E}{L} \dfrac{1}{S\left(S + \dfrac{R}{L}\right)} = \dfrac{E}{L}\left(\dfrac{A}{S} + \dfrac{B}{S + \dfrac{R}{L}}\right)$

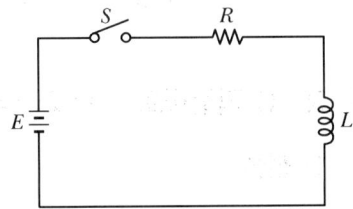

그림 1-59 ▶ R-L 직렬회로

A, B값을 산출하기 위해

$A = \left.\dfrac{1}{S + \dfrac{R}{L}}\right|_{S=0} = \dfrac{L}{R}, \quad B = \left.\dfrac{1}{S}\right|_{S=-\frac{R}{L}} = -\dfrac{L}{R}$

$\therefore I(S) = \dfrac{E}{L} \cdot \dfrac{L}{R}\left[\dfrac{1}{S} - \dfrac{1}{S + \dfrac{R}{L}}\right]$

전류 $i(t) = \dfrac{E}{R}\left(1 - e^{-\frac{R}{L}t}\right) = \dfrac{E}{R}\left(1 - e^{-\frac{1}{\tau}t}\right)$

2) 전압

① $V_R = Ri(t) = E\left(1 - e^{-\frac{1}{\tau}t}\right)$

② $V_L = L\dfrac{di}{dt} = Ee^{-\frac{1}{\tau}t}$

3) 시정수(τ)

전압이 인가된 후 최종 값의 63.2[%]에 도달하는 데 걸리는 시간을 말한다.

① $\tau = \dfrac{L}{R}$

② τ가 클수록 과도현상은 오랫동안 지속된다.

4) 시간 – 전압특성

① $t = 0$인 경우 $V_R = 0$, $V_L = E$

② $t = \infty$인 경우 $V_R = E$, $V_L = 0$

2. R-C 직렬회로의 과도현상

1) 전류

전압방정식으로부터 $E = \dfrac{1}{C}\int i(t)dt + Ri(t)$

라플라스변환 → $\dfrac{1}{CS}I(S) + RI(S) = \dfrac{E}{S}$

$I(S)\left(\dfrac{1}{CS} + R\right) = \dfrac{E}{S}$

$I(S) = \dfrac{E}{S} \cdot \dfrac{CS}{1+RCS} = \dfrac{EC}{1+RCS} = \dfrac{EC}{RC\left(S + \dfrac{1}{RC}\right)}$

$I(S) = \dfrac{E}{R} \cdot \dfrac{1}{\left(S + \dfrac{1}{RC}\right)}$

$\therefore\ i(t) = \dfrac{E}{R} e^{-\frac{1}{RC}t}$

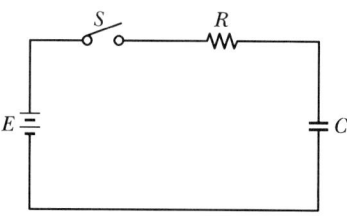

그림 1-60 ▶ R-C 직렬회로

2) 전압

① $V_R = Ri(t) = Ee^{-\frac{1}{RC}t} = Ee^{-\frac{1}{\tau}t}$ [V]

② $V_C = \dfrac{1}{C}\displaystyle\int_0^t i(t)\cdot dt = \dfrac{1}{C}\int_0^t \dfrac{E}{R}e^{-\frac{1}{RC}t}\cdot dt = -\dfrac{1}{C}\dfrac{E}{R}RC\left[e^{-\frac{1}{RC}t}\right]_0^t$

$\quad\ = E\left[1 - e^{-\frac{1}{RC}t}\right]$

3) 시정수(τ)

전압이 인가된 후 최종 값의 63.2[%]에 도달하는 데 걸리는 시간을 말한다.
① $\tau = RC$
② τ가 클수록 과도현상은 오랫동안 지속된다.

4) 시간 – 전압특성

① $t=0$인 경우 $V_R = E$, $V_C = 0$
② $t=\infty$인 경우 $V_R = 0$, $V_C = E$

CHAPTER 02

전원설비

전원설비란 전력공급시설인 수변전설비, 발전설비, 축전지설비 등을 전원설비라 하며 이들 전원설비들은 건축물, 공장 등의 전등, 전열 및 동력 부하설비에 전력을 공급하기 위하여 필요하며, 상용부하는 외부전력회사에서 전력을 받아 수변전설비를 통해 전력을 공급하게 되며, 특히 건축전기설비에서는 방재상, 법적의무 사항으로 예비전원설비를 설치하는 것과 OA 기기, 전화, 방송, 비상제어용전원 등의 무정전을 요구하는 수용가 부하의 특성상 축전지설비를 포함한 무정전 전원장치가 사용되고 있다.

SECTION 01 | 총론

1. 전기설비

전기설비란 전기사업법(2조)에서 발전, 송전, 배전 또는 전기사용을 위하여 설치하는 기계, 기구 댐, 수로, 저수지, 전선로, 보안통신선로 등 기타의 설비를 말한다.

2. 전기설비의 구분

1) 전기사업법에 의한 분류

(1) 일반용 전기설비

① 개념

소규모의 전기설비로써 한정된 구역 내에서 전기 사용을 위해 설치하는 전기설비로 주로 주택, 상점, 소규모 공장 등에 적용된다.

② 범위

㉠ 저압에 해당하는 용량 75[kW](제조업 또는 심야전력을 이용하는 전기설비는 용량 100[kW]) 미만의 전력을 타인으로부터 수전하여 그 수전 장소에서 그 전기를 사용하기 위한 전기설비

㉡ 저압에 해당하는 용량 10[kW] 이하인 발전설비

③ 일반용 전기설비로 보지 않는 전기설비

㉠ 자가용 전기설비의 설치장소와 동일한 수전장소에 설치하는 전기설비

㉡ 다음 각 목의 위험시설에 설치하는 용량 20[kW] 이상의 전기설비
- 화약류(장난감용 꽃불은 제외) 제조 사업장
- 갑종탄광

- 고압가스 제조소 및 저장소
- 위험물 제조소 또는 취급소

ⓒ 다음 각 목의 여러 사람이 이용하는 시설에 설치하는 용량 20[kW] 이상의 전기설비
- 공연장
- 영화상영관
- 유흥주점 · 단란주점
- 체력단련장
- 대규모 점포 및 상점가
- 의료기관
- 호텔
- 집회장

(2) 전기사업용 전기설비

전기사업자가 전기사업을 위해 사용하는 전기설비를 말한다.

(3) 자가용 전기설비

일반용 전기설비와 전기사업용 전기설비 이외의 전기설비를 말하며 빌딩, 공장 등 사용전력이 많은 곳에서 전력회사와 책임분계점을 설정하여 책임한계를 구분하는 설비를 말한다.

2) 기능에 의한 분류

(1) 전원설비

부하설비에 전력을 공급하는 설비

(2) 전력부하설비

조명, 동력 등 전기에너지를 소비하는 설비

(3) 전력공급설비

전원설비의 전력을 부하설비에 공급하게 하는 설비

(4) 감시제어설비

전력 공급상태 및 가동상태 등을 상시 감시, 제어하는 설비

(5) 정보통신설비

음성, 영상, Data 등의 정보를 전달해 주는 설비

(6) 방범, 방재설비

도난, 범죄, 지진, 화재 등의 재해방지를 위해 감시, 통보해 주기 위한 설비

(7) 반송설비

엘리베이터나 에스컬레이터 등으로 사람이나 물품을 운송하는 설비

3. 자가용 전기설비

1) 시설규정

발·송배전, 전기철도 및 배전사업을 목적으로 하지 않는 일반 전기설비를 시설하는 자에게 적용함을 목적으로 하나 전압이 30[V] 이하의 것이나 외부로부터 전력을 공급받지 않는 차량, 선박 등의 전기설비는 자가용 전기설비에서 제외된다.

2) 대상

(1) AC 1,000[V], DC 1,500[V] 초과, 시설용량 75[kW] 이상의 고압 및 특고압

(2) 다음 각 목의 위험시설에 설치하는 용량 20[kW] 이상의 전기설비
  ① 화약류(장난감용 꽃불은 제외) 제조 사업장
  ② 갑종탄광
  ③ 고압가스 제조소 및 저장소
  ④ 위험물 제조소 또는 취급소

(3) 다음 각 목의 여러 사람이 이용하는 시설에 설치하는 용량 20[kW] 이상의 전기설비
  ① 공연장
  ② 영화상영관
  ③ 유흥주점·단란주점
  ④ 체력단련장
  ⑤ 대규모 점포 및 상점가
  ⑥ 의료기관
  ⑦ 호텔
  ⑧ 집회장

3) 특징

(1) 전력공급이 한정된 구역 내에 있음
(2) 건축물의 용도, 규모, 입지조건, 중요도 등에 따라 자가용 전기설비의 형태가 달라짐
(3) 일반적인 1회선 수전방식 외 부하의 중요도에 따라 2회선, 3회선 수전방식이 검토됨
(4) 감시제어설비가 적용되며, 정전 시 법적규정 외에도 수용가의 필요에 따른 비상전원 설비가 설치됨

4) 설계 시 고려사항

(1) 대상 목적물의 사용목적에 부합할 것
(2) 설비의 고신뢰성 확보 및 조작이 간단할 것
(3) 감전, 화재와 같은 위험성에 대해 안전이 확보될 것
(4) 성능이 우수하며 장수명 특성이 있을 것
(5) 변전실의 면적을 효율적으로 이용할 수 있는 기기 선정
(6) 기기 배치가 합리적이며 유지보수가 용이할 것
(7) 설치비가 저렴하고 유지보수비를 절감할 수 있을 것
(8) 외관이 수려하고 주위와 조화를 이룰 것

5) 구분

(1) 수전전압에 따른 분류

① 고압 변전설비
  3.3~6.6[kV]로 수전하는 변전설비로 일반적으로 고층 이상의 건축물이나 대학교 등 부지가 넓은 수용가의 중간 Sub Station용으로 많이 적용하며 국내에서는 전력회사에서 공급받을 수 없는 변전설비이다.

② 특고압 변전설비
  수전전압이 22.9~154[kV]인 변전설비로 일반건축물에서 22.9[kV]가 많이 적용되며 폐쇄형의 큐비클을 사용한다.

(2) 설치장소에 따른 분류

① 옥내변전실
  변압기, 차단기 등 수변전설비의 기기들을 모두 건축물 내에 설치하는 방식으로 일반적으로 건축물, 공장 등에 많이 적용되는 방식이다.

② 옥외변전실

수변전설비를 옥외에 설치하고 배전반 축전지 등의 제어용기기는 옥내에 설치하는 방식으로 공장이나 플랜트 등의 변전실에 이 방식을 적용한다.

SECTION 02 | 수변전설비의 계획

1 수변전설비 용어 정리

1. 수전전압

1) 저압 : DC 1,500[V] 이하, AC 1,000[V] 이하
2) 고압 : DC 1,500[V] 초과 7,000[V] 이하, AC 1,000[V] 초과 7,000[V] 이하
3) 특고압 : 7,000[V] 초과

2. 수전용량과 수전전압

1) 계약전력이 1,000[kW] 미만 : 저압수전(AC 1상 220[V], AC 3상 380[V])
2) 계약전력이 1,000[kW] 이상 10[MW] 이하 : AC 3상 22.9[kV]
3) 계약전력이 10[MW] 초과 400[MW] 이하 : AC 3상 154[kV]
4) 계약전력이 400[MW] 초과 : AC 3상 345[kV] 이상

3. 수전방식

1) 가공인입

   (1) 방사식 : 나뭇가지식

   (2) Loop식 : ① Banking 방식   ② Loop식(환상식)

2) 지중인입

   (1) 방사식 : ① 1회선 수전방식   ② 평행 2회선 수전방식
              ③ π인입방식   ④ 본선 예비회선방식

   (2) Loop식 : Loop 회선방식

   (3) Spot-network 방식

4. 수전선

1) 선정 시 고려사항

(1) 최대부하 시 말단전압이 규정전압 범위 내에 있을 것
(2) 연속허용전류, 순시허용전류, 단락 시 허용전류를 고려할 것
(3) 장래 부하증가 및 전압강하 고려
(4) 기계적 강도 고려
(5) 부하와의 융통성 고려

2) 종류

(1) 가공선

① ACSR(강심알루미늄연선) : 일반적으로 송전선로 등에 많이 사용되며, 해풍지역은 중방식 처리, 염소지역은 경방식 처리한다.
② HDC(경동선) : 시공장소의 제한이 없으나 유화수소지역은 사용을 금한다.

(2) 지중케이블

① 지절연케이블
　㉠ 솔리드 케이블
　　• 벨트지 케이블(600[V]~15[kV])
　　• H지 케이블(11~33[kV])
　　• SL지 케이블(11~33[kV])
　㉡ 압력케이블
　　• OF 케이블(66~500[kV]급)
　　• POF 케이블(66~500[kV]급)

② 고무 · 플라스틱 케이블
　㉠ CNCV-W(동심중성선 수밀형 전력케이블) → 지중전선로에 적용
　㉡ TR-CNCV-W(동심중성선 수밀형 트리억제형 전력케이블) → 지중전선로에 적용
　㉢ FR-CNCO-W(동심중성선 수밀형 무독성 난연 전력케이블) → 전력구, 방화구획관통 수전회로 등에 적용

3) 수전선 분담전력과 긍장

표 2-1 ▶ 선로긍장에 따른 전압 및 용량

구분 전압[kV]	분담전력 / 회선[kVA]	상시최대부하	긍장[Km]
3.3	1,500	1,050	20
6.6	3,000	2,100	20
22.9	10,000	7,000	50

5. 책임분계점

1) 정의

수용가와 한전의 전기수급이 이루어지는 지점

2) 특고압수전 시 차단기시설

(1) 계약전력이 3,000[kW] 미만 : COS

(2) 계약전력이 3,000[kW] 이상, 7,000[kW] 미만 : 3상동 시 개폐 INT SW 설치

(3) 계약전력이 7,000[kW] 초과 14,000[kW] 까지

    ① 일반적으로 Sectionalizer

    ② 긍장 1[km] 초과 시 충전전류에 의한 오동작 방지를 위해 전동식 INT SW 설치

2 수변전설비의 계획

1. 수전방식

1) 개요

(1) 정의

① 빌딩, 공장 등의 부하설비에 전력을 공급하기 위해 외부 S/S에서 전력을 공급받는 방식으로, 건물의 용도, 부하의 중요도에 따라 수전방식이 검토되어야 한다.
② 일반적으로 중요한 부하설비의 경우 2회선 수전방식을 적용한다.
③ 국내의 경우 일부 장소에 Spot-network 방식을 적용하고 있는 실정이다.

(2) 검토사항

① 건물의 용도 및 부하의 중요도
② 예비전원 설비의 유무
③ 전원의 공급 신뢰도(사고 발생률, 평균정전시간)
④ 경제성
⑤ 고품질의 전원대책(유도장해, 고조파, 전자파, 순시전압강하 등)
⑥ 환경대책(잡음, 소음, 진동, 대기오염 등)
⑦ 에너지 Saving 대책의 적극 수용

2) 수전방식

(1) 1회선 수전방식

① 정의
    전력회사로부터 1회선만 배선하여 전력을 공급받는 방식으로 1회선 전용수전방식과 1회선 T분기 수전으로 구분된다.

② 구성도 및 특징
    ㉠ 경제성 : 가장 우수
    ㉡ 신뢰성 : 가장 나쁨
    ㉢ 정전시간 : 길다
    ㉣ 특징
        • 소규모, 중규모 빌딩에 적합
        • 배전선 사고 시 정전 불가피

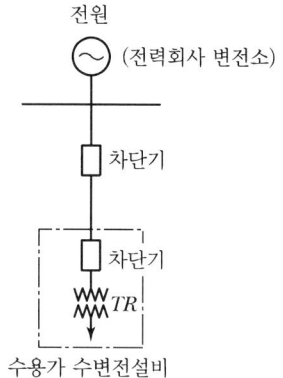

그림 2-1 ▶ 1회선 수전방식

- T분기 수전의 경우 타 수용가에 영향을 받음

(2) 2회선 상용예비 수전방식

① 정의

전력회사로부터 2회선을 배선하며 전력회사는 항시 2회선을 송전, 수용가 측에서는 한쪽 차단기는 항시 개방하고(예비선) 다른 한 선으로 수전하는 방식으로 상용선의 사고로 인한 정전 시 상용 측 차단기를 개방하고 예비 측 차단기를 투입하여 짧은 시간에 수전을 계속할 수 있는 방식이다.

② 구성도

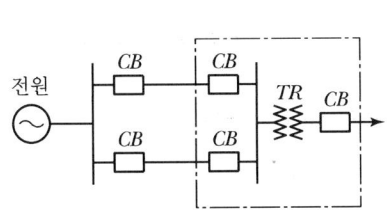

그림 2-2 ▶ 동계통 상용 예비 수전방식

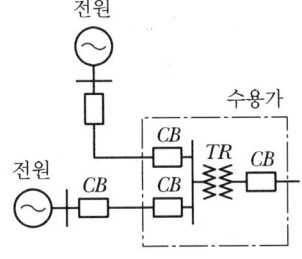

그림 2-3 ▶ 이계통 상용 예비 수전방식

③ 특징

㉠ 경제성 : 나쁨(1회선 수전방식 대비)

㉡ 신뢰성 : 높음

㉢ 정전시간 : 단시간(1회선 대비)

㉣ 특징
- 보호계전 방식이 복잡함
- 동계통 : 한전정전 시 정전 불가피
- 이계통
  - 공급신뢰도는 높음
  - 도심지 지중선로가 긴 경우 고비용

㉤ 적용 : 1,000~10,000[kVA]

(3) Loop 수전방식

① 정의

전수용가를 1개의 배전선로로 Loop화시킨 방식이다.

② 종류 및 구성도

㉠ 개방 Loop 방식

Loop 내 사고 발생 시 순간 정전되며 CB-T가 재투입되어 수전한다.

㉡ 폐 Loop 방식

상시 수전이므로 사고발생 시 사고 구간에 양 차단기가 자동 차단하여 고장구간을 제거하며 무정전 전원 공급이 가능하다.

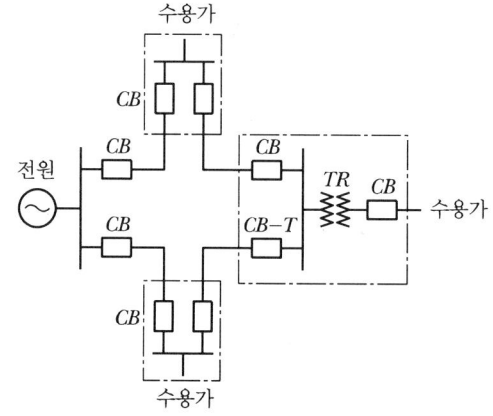

그림 2-4 ▶ Loop 수전방식

③ 특징

㉠ 경제성 : 나쁨(고가)

㉡ 신뢰성 : 높음

㉢ 정전시간 : 단시간

㉣ 특징

- 국내에서 많이 적용
- 단락용량이 증대
- 인근에 Loop 수용가가 없는 경우 채택 곤란
- 전압변동률이 적어 배전선 손실이 감소
- 고장 검출을 위한 보호계전시스템이 복잡

(4) Spot Network 방식

① 정의

전력회사로부터 하나의 수용가에 22.9kV-Y, 2~4회선(3회선 이상)을 공급받고 TR 2차를 병렬로 운전하는 방식으로 고품질의 전원을 요구할 경우 채택하는 방식이다.

② 구성

㉠ TR 1차 측에 차단기를 생략하고 TR의 여자전류를 개폐 가능한 부하개폐기를 설치하고 TR 2차 측에 Protector-Fuse와 Protector-CB를 직렬로 연결한 방식이다.

ⓛ TR(변압기) 2차 전압에 따라
- 저압 Spot Network 방식
- 고압 Spot Network 방식

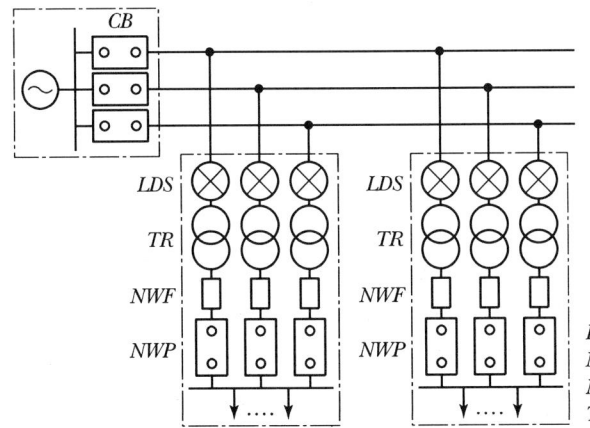

그림 2-5 ▶ Spot Network 수전방식

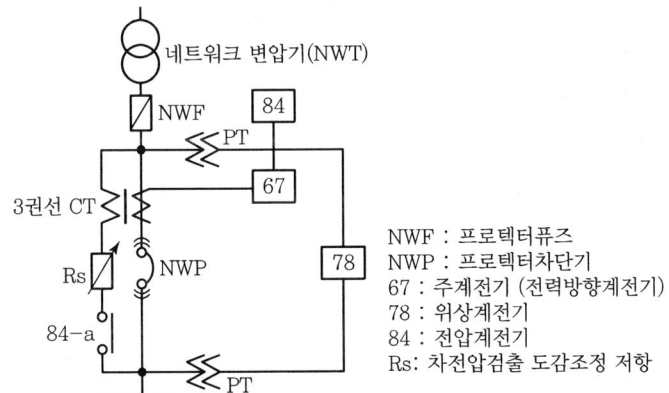

그림 2-6 ▶ 네트워크 프로텍터

③ 주요기기 특징

㉠ 부하개폐기
- 정격
  - 정격전압 : 25.8[kV]
  - 정격전류 : 200[A] 이상
  - 변압기 여자전류 개폐 : 3[A](역률 0.15 이하)
- 종류
  - SF_6개폐기

- 기중부하개폐기
- 특징
  - 변압기(TR)와의 거리를 가능한 짧게 함(변압기와 동일반 또는 인접반)
  - 인터록 장치 : 프로텍트 차단기와 인터록 장치 구비

ⓒ Network TR
- 종류
  - Mold TR
  - 가스절연 TR
- 과부하 특성
  - 1회선 사고 시 공급지장을 초래하지 않는 것을 전제로 하여 85[%] 부하 연속 운전 후 130[%] 부하에서 8시간으로 함
  - 그 빈도는 연 3회로 하며 이에 의한 변압기 수명이 단축되지 않아야 함
- Network 변압기 용량산정방법 : $\dfrac{\text{최대수요전력[kVA]}}{\text{수전회선수}-1} \times \dfrac{1}{1.3}[\text{kVA}]$
- Network 변압기 용량(3상 기준)
  500[kVA], 750[kVA], 1,000[kVA], 2,000[kVA], 2,500[kVA]

ⓒ Protector Fuse
- 변압기(TR) 2차 단락사고 보호
- 0.1초 불용단 특성
  - 22.9[KV-Y]측의 단락 시 Protector Fuse에 흐를 수 있는 역전류를 0.1초 동안 통전할 때 열화되지 않아야 함
  - 인터록 장치 : Protector Fuse가 용단되면 Protector 차단기가 자동 차단하도록 시설하여야 함

ⓔ Protector 차단기
- 종류
  - 고압 : VCB
  - 저압 : ACB
- Protector 차단기는 Protector 퓨즈와 동일한 용량을 가져야 함
- Network Relay 특성
  - 역전력 차단
  - 투입특성 : 무전압 투입, 차전압 투입
  - 역전력 차단억제장치

ⓜ Network 변압기 2차 – Network Protector 간 연락모선
- 이 구간에서 최대한 사고가 발생되지 않도록 해야 함

- 내화절연구조로서 단락강도에 견디는 재질을 사용한 신뢰성 높은 Bus-Duct 구조로 함
ⓑ Network 모선
- 신뢰도를 높게 함
- 모선 자체의 사고방지, 파급사고방지를 위해 모선을 절연시킴
ⓢ 저압간선 보호장치(Take Off 퓨즈, Take Off 차단기)
- 고신뢰성의 보호장치로 적당한 분기수로 구성함
- Network 변압기 1대당 간선수는 4회로 이내로 함
- 배선용차단기(MCCB), 기중차단기(ACB) 또는 배선용차단기와 퓨즈의 조합

④ 보호 Relay 특성
㉠ 역전력 차단
- 배전선 또는 수전변압기 1차 측 사고 시 변전소 측 차단기는 차단되나, 네트워크 모선을 통한 역전력으로 인해 변압기의 역여자를 방지하기 위해 67계전기가 동작하여 Protector 차단기를 트립시킴
- Network 모선 측의 사고에서는 트립핑이 되지 않음
- 역전력 차단 순서
Network 모선 측에서 사고지점으로 역전류 발생 → CT 2차 전류에 의해 주계전기가 동작(67) → 주계전기에 의해 Protector CB(NWP) 개방

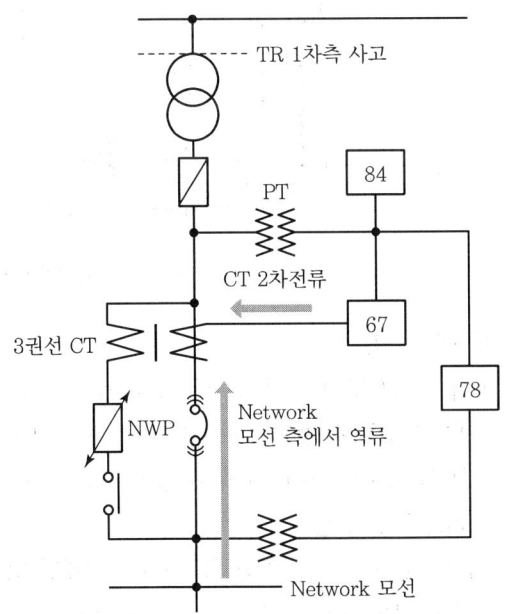

그림 2-7 ▶ **역전력 차단 시 회로**

ⓛ 차전압 투입
- 1대의 Protector 차단기가 개방상태로 Protector 계통이 운전되고 있을 때, 고장선로가 재송전되어 Network 변압기가 충전된 경우 Network 변압기 2차 전압이 Network 모선전압보다 높고, 위상이 앞서는 조건에서 주계전기(67)와 위상계전기(78)에 의해 자동으로 Protector CB를 투입한다.
- 차전압 투입 순서
  TR 1차 모선 측 및 Network 모선 측 전압 확립 → 전원 측과 Network 측의 차전압에 의한 전류가 CT 3차 권선에 유입 → CT 2차 전류의 크기 및 방향에 의해 주계전기(67)가 동작(V1>V2) 되고, V2보다 V1 위상이 앞선 경우 위상계전기(78)가 동작 → 주계전기와 위상계전기에 의해 Protector CB(NWP) 투입

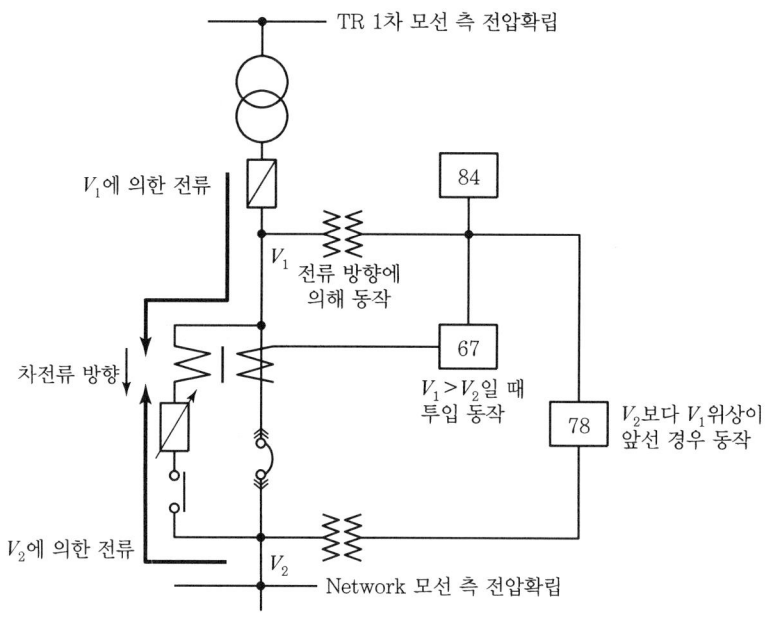

그림 2-8 ▶ **차전압 투입 시 회로**

ⓒ 무전압 투입
- 네트워크 모선 측이 무전압 상태에서 어느 배전선이든 1회선이라도 투입되어 변압기 2차 측 전압이 유기되면 주계전기(67)와 전압계전기(84)가 동작되어 그 회로의 Protector CB를 투입한다.
- 무전압 투입 순서
  Protector TR 측 전압 확립 → 전압계전기(84) 동작 → 84a접점 ON → CT 3차 권선에 전류 유입 → CT 2차 전류에 의해 계전기 동작(67) → Protector CB(NWP) 투입

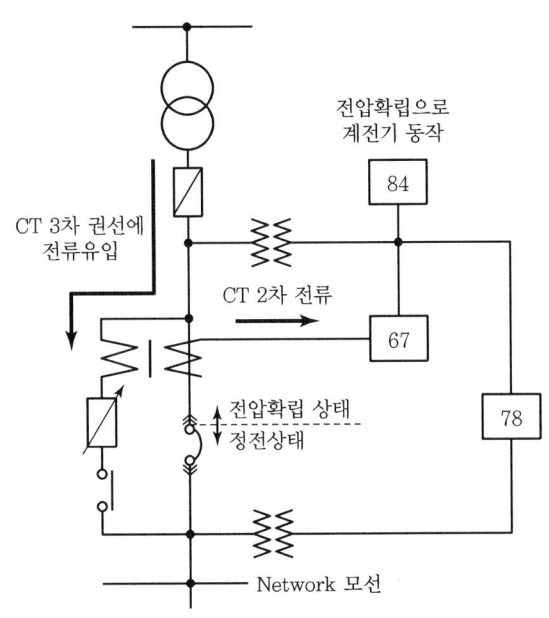

그림 2-9 ▶ 무전압 투입 회로

⑤ 오동작 원인 및 대책

오동작 원인	대책
발전기 병렬운전 : 네트워크 측에 수전전원과 병렬운전하는 발전기가 있는 경우 수전선사고 또는 전압변동에 의해 전뱅크 역전력 차단 우려	부하단 발전기 병렬운전 회피 (인터록 장치를 함)
진상콘덴서 : 진상콘덴서로 네트워크 측이 과보상되면 네트워크 측 전압이 전원 측 전압보다 높아져서 차전압 투입이 불가능하게 됨	각 기기별 개별 콘덴서 시설로 운전 시 콘덴서 투입(진상콘덴서 네트워크 모선 설치 회피)
회생전력 발생 : 전동기가 발전기로 작용하여 회생전력이 발생한 경우 심야 경부하 시 전원 측으로 역류하여 전 뱅크 프로텍트 차단기를 오차단할 우려	전 Bank에 동시 역전류 검출 시 트립핑 회로를 Lock시킴
전동기 기여전류 : 전동기 부하가 많을 때 외부 단락사고 시에 기여전류가 전뱅크로 역류할 우려	상동

⑥ 장·단점

  ㉠ 장점
  - 무정전 운전이 가능
  - 전압변동이 적음
  - 전력손실이 절감
  - 효율적 운전이 가능함
  - 기기의 효율이 증가함
  - 부하 증대에 대한 적응성이 높음
  - 전력공급신뢰도가 가장 우수

ⓒ 단점
- 설치비가 고가
- 국내 설치 실적이 적음
- 보호장치를 전량 수입
- 보호계전 방식이 복잡함

⑦ 수전회로 보호협조
㉠ 배전선 단락사고(부하개폐기 전단)
- F_1점 단락사고 시 고장전류 $2I_S$가 흐를 경우 변전소 과전류계전기(51)와 수용가의 Protector 주계전기(67)가 동작하며, 네트워크 측은 Protector 차단기를 Off시켜 변압기 TR_1을 Bank에서 분리시킴[과전류계전기(51)에 의해 전원 측 차단기를 Trip시킴]
- Protector 퓨즈를 통과하는 $2I_S$는 차단기 차단용량 이하가 되어야 함
- Protector 퓨즈의 용단열화를 방지하기 위해 차단기가 먼저 차단되어야 함

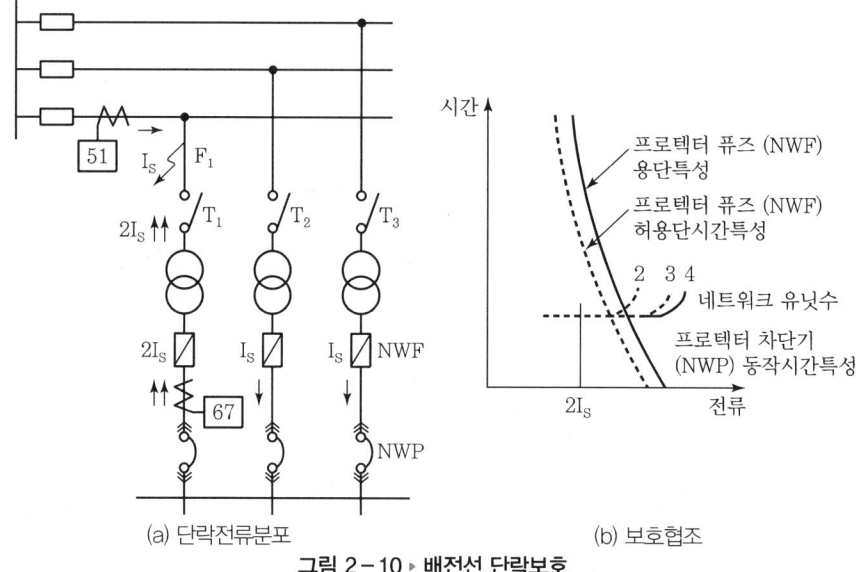

(a) 단락전류분포   (b) 보호협조

그림 2-10 ▸ 배전선 단락보호

㉡ 변압기와 Protector Fuse 간의 사고(F_2)
- F_2점에서 단락사고 발생 시 건전회로와 사고회로의 전류비는 3 Bank의 경우 약 1 : 2이며 사고회로의 퓨즈만으로 선택 차단하는 협조는 보호협조와 동일함
- 전원 측은 변전소 측 과전류 계전기에 의해 보호되지만, 계전기 동작시간에 따라 변압기 과부하 내량의 초과에 대한 우려가 있으므로 주의가 필요함

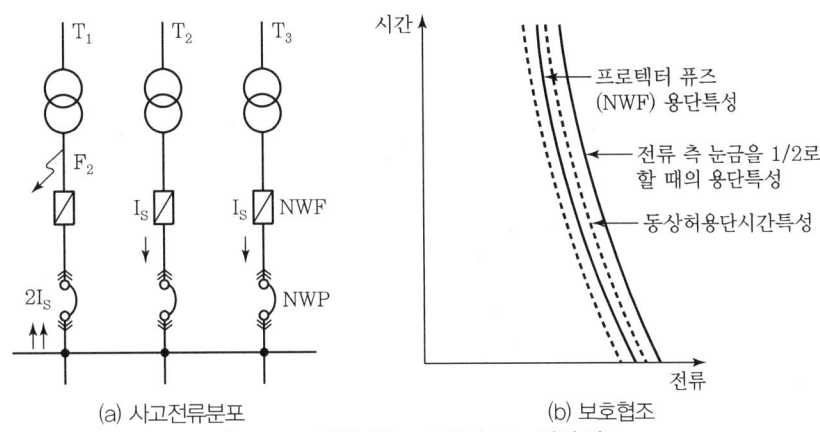

(a) 사고전류분포 (b) 보호협조
그림 2-11 ▶ 변압기와 프로텍터 퓨즈 간의 사고

ⓒ Protector Fuse와 Protector 차단기 간 사고(F_3)

- F_3점 단락사고 시 실제로 보호협조는 불가능함
- 퓨즈나 차단기 중 하나는 선택성 없이 차단됨
- 사고가 발생하지 않도록 짧게 시공하고, 절연을 강화시킴

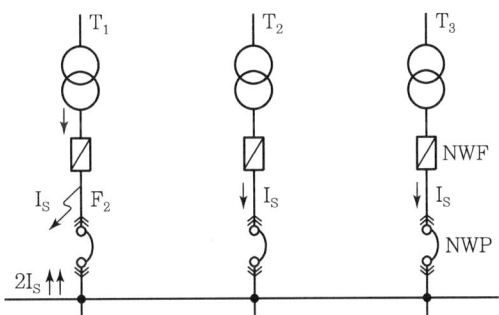

그림 2-12 ▶ 프로텍트 퓨즈와 프로텍터 차단기 간의 사고

ⓓ Take off 장치와의 보호협조(Take off 퓨즈 2차 - F_4)

- F_4점에서 단락사고 발생 시 저전류 영역에서는 Take off 차단기가 동작하고 대전류 영역에서는 Take off Fuse가 차단
- Take off 장치를 Take off 차단기만으로 구성 시 "X" 범위에서 보호협조를 취할 수 없는 부분이 발생함
- Protector Fuse의 용단, 열화를 방지하기 위해 Take off 퓨즈가 Protector Fuse의 허용단시간 전류특성을 초과하지 않는 범위 내에서 차단할 필요가 있음

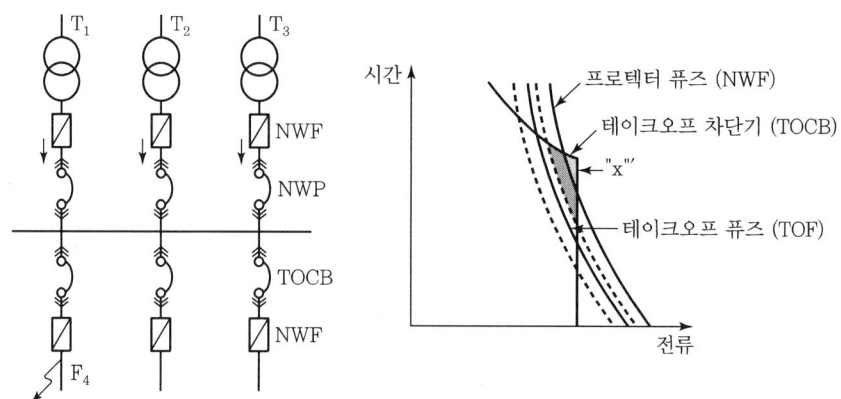

그림 2-13 ▶ 테이크오프 장치와의 보호협조

⑧ 적용
　㉠ 고신뢰도의 중요시설물에 적용
　㉡ 국내의 경우 대전 제2종합청사에 시설됨

2. 154[kV] 수전설비

1) 개요

(1) 건물의 대형화·고층화·첨단화에 따라 수전설비 용량이 크게 증가하여 $22.9[kV-Y]$ 배전선로로 수전이 불가능할 경우 154[kV]로 수전을 받아야 한다.

(2) 154[kV] 수전방법

① 도심지 내 일반건축물 : 지중인입방법(π인입)
② 공장 Plant 설비 : 가공선로

2) 검토사항

(1) 도입단계 시 검토사항

① 인입구 및 변전소 건축문제
② 선방선로 및 한전 변전소 제공문제
③ 수용신청 및 계약
④ 자재구매 및 시공방법
⑤ 환경 영향 평가(철탑)
⑥ 민원문제 검토

(2) 기술적 검토사항

① 고장전류(단락, 지락) 계산
② 보호계전방식 검토 : Digital Relay
③ 기기의 형식 : GCB, GIB MTR
④ 각종 시험 : 입회시험, 현장시험

(3) 건축적 고려사항

① 층고 : 유입 TR(MTR)의 경우 최소 15[m] 이상 확보
② 면적 : $20 \times 30[m^2]$ 확보
③ 공동구 : 가로(2.2[m])×높이(2.3[m])
④ 저유조 탱크 : MTR 근처에 누유에 대비한 저유조 탱크시설
⑤ 하중 : 바닥하중 $600[kg/cm^2]$ 이상

3) 154[kV] 수전과 22.9[kV – Y] 수전비교

구분 \ 전압		154[kV]	22.9[kV]
선로용량		14~400[MVA] 2회선	• 공용선로의 최대 : 10[MVA] • 전용선로의 최대 : 14[MVA]
장 · 단점	장점	• 고신뢰성 전력확보 • 정전시간축소(0.2회/년)	• 초기투자비 저렴 • 유지보수 용이
	단점	• 철탑공사에 따른 민원문제 • 사용부지가 넓음	• 신뢰성 저하 • 정전시간이 김
공사비		고가	저가

4) 154[kV] GIS 선정 시 특징

(1) 소음 발생이 적음
(2) 고신뢰성 확보
(3) 안정성이 우수 : SF_6가스 사용에 의한 무독 · 무취 · 불연특성
(4) 보수 점검이 유리함
(5) 설치 면적이 축소됨 : Swich House 대비 약 40[%] 정도
(6) 운전이 간편함

5) 154[kV] 수전설비 Skeleton

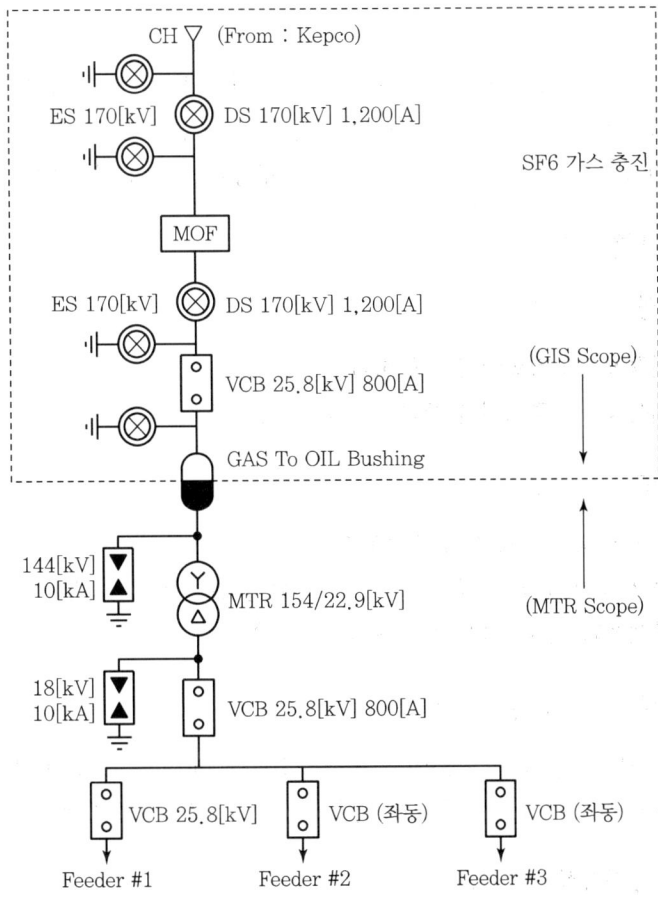

그림 2-14 ▶ 154[kV] 수전설비도

6) 결론

(1) 154[kV] 수전설비는 22.9[kV] 수전방식에 비해 고신뢰성의 전원공급 특징이 있음

(2) 옥외 노출부분은 코로나 방전이나 주변 환경에 영향을 받을 수 있으므로 유지보수에 어려움이 많은 특징이 있음

(3) 국내 154[kV] 수전설비는 산업시설의 중추적 역할을 담당하고 있으며, 정전이나 설비의 고장 또는 사고 시 큰 영향을 줄 수 있어 현장상황에 맞는 최적화된 관리방안이 마련되어야 할 것임

3. (자가용) 수변전설비 계획 및 설계 Flow

1) 개요

자가용 수변전설비는 부하가 요구하는 전기에너지를 효율적으로 공급하는 설비로서 부하의 종류, 크기, 배치상태, 대수 등이 수용가에 따라 각각 달라 표준이 없어 수변전설비 계획 시 건물의 목적, 규모, 경제성, 전력회사의 공급규정 등을 파악해야 한다.

2) 주요검토사항

(1) 안전성

① 인적사항 : 타협이 불가능하다.
② 재산사항 : 경제성을 고려한 타협이 가능하다.

(2) 신뢰도

① 부하의 중요도에 따라 결정된다.
② 중요 부하의 경우 154[kV] 수전, 2회선 수전(22.9[kV]) 등을 채용한다.
③ 경제성과 연계한 타협이 가능하다.

(3) 경제성

① 당초의 건설비 + 운전경비 + 유지보수비를 기준으로 검토된다.
② 향후 증설이 5년 이내가 될 경우 초기 건설공사에 포함된다.

(4) 기타 유의사항

① 조작 및 취급의 용이
② 유지보수
③ 전압변동
④ 환경문제
⑤ 장래 확장성

3) 계획절차

(1) 부하설비용량 산정
부하조사
① 일반동력 전등 추정 및 List
② 특수부하(전기로, 용접기 확인)

↓

(2) 수전설비용량산정
① 부하군별 수용률, 부하율 적용
② 장래 증설을 고려한 용량확보(1~2년 내 증설 시 여유분 고려)
③ 변압기 및 선로손실분 고려(5~10[%] 용량 UP)

↓

(3) 수전전압결정
거의 대부분 22.9[kV]로 수전함

↓

(4) 수전방식결정
① 소규모 설비 : 1회선 수전방식
② 중요규모 : 2회선 수전방식
③ 중요기관 : Spot Network 수전

↓

(5) 수변전실 계획
① 형식 : Cubicle, 시설장소 등
② 위치 및 배치
③ 건축적 고려사항
④ 면적

↓

(6) 주회로 계통구성
① 소규모 설비 : 단일모선
② 중요설비 : 이중모선

↓

(7) 보호방식 결정
① 전력회사 측 파급방지를 위한 보호방식 결정(CB형, PF-CB형, PF-S형)
② 보호계전기 선정 : 정지형, Digital형

↓

(8) 주요기기산정	① 안전성(TR → 몰드형, 차단기 → VCB) ② 주요시방검토 　• 사용조건(온도, 습도, 표고) 　• 정격(전압, 전류, 주파수 등) 　• 사용방법(상용, 예비, 수동, 자동) 　• 사용장소(옥내, 옥외)

↓

(9) 주요기기 배치	① 보수점검이 용이한 방화공간 확보 ② 증설고려 공간 확보 ③ 기기 반출입 통로 검토 ④ 보수점검에 필요한 통로 확보

↓

(10) 설계도 작성	① 단선, 복선 결선도　② 기기배치도 ③ 접지계통도　　　　④ 인입계통도 ⑤ 기타 상세도

↓

(11) 공사발주

4. 변전설비용량(변압기 용량) 산정

변전설비의 용량 산정방법은 기획 및 기본설계 시 부하를 정확히 알 수 없으므로 경험치에 의한 사무실 등급, 인텔리전트 등급을 적용하고 실시설계 단계 시는 부하용량을 알 수 있으므로 부하의 종류별로 합산한 후 수용률, 부하율, 부등률을 적용하여 산정한다.

1) 변전설비 용량 산정 시 고려사항

(1) 부하조사

① 변압기 용량선정 시 가장 먼저 해야 할 사항이다.
② 정확한 Data를 모아야 한다.
③ 추정치에 의한 방법, 각종 통계 Data 및 경험치를 적용한다.

(2) 단락전류 및 차단기 용량 검토

① 변압기 용량으로부터 단락전류를 산정한다.
② TR 2차 측 단락전류를 기준으로 직렬기기의 단락강도를 확인(단락전류[kA] < 직렬기기 강도[kA])한다.
③ 부하 증가 → 변압기 용량 변경 → 차단기 차단용량 확인이 필요하다.

(3) 고조파 내량

고조파 전류의 왜형률을 고려한 변압기 용량을 검토한다.

(4) 급전 방식 및 변압기 Bank 구분

① 1Bank : 1,500[kVA] 미만
② 1~2Bank : 1,500[kVA] 이상 3,000[kVA] 미만
③ 2Bank 이상 : 3,000[kVA] 이상

(5) 전압강하 및 전압변동률

① 전압강하 및 전압변동률은 $\%Z$에 의해 결정된다.
② 전압변동률(ε) = $p\cos\theta + q\sin\theta$, $\%Z = \sqrt{p^2 + q^2}$
③ $\%Z$가 증가 시 전압강하 및 전압변동률이 상승한다.

(6) 부하의 Balance 및 시간정격

① 부하의 불평형률 검토
  ㉠ 3상 4선 : 30[%] 이내

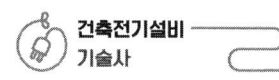

    ⓒ 1상 3선 : 40[%] 이내
  ② 단시간 정격검토

 (7) **주위온도와 발열량**

  ① 주위온도와 과부하운전과의 관계 : 주위온도 30[℃] 기준에서 1[℃] 하강 시 0.8[%] 과부하 운전이 가능하다.
  ② 변압기의 정상 온도하에서 정격용량의 110[%] 단시간 과부하운전이 가능하다.
  ③ 주위온도 상승 시 변압기 수명이 감소하고 손실이 증대된다.

 (8) **기타 사항**

  ① 법적사항 검토(KEC 기준 등)
  ② 여자돌입전류
  ③ 플리커

2) 부하설비 용량 산정

 (1) **기본설계단계 시(부하설비용량을 모르는 경우)**

 부하설비용량[VA] = 부하밀도[VA/m^2] × 연면적[m^2]

표 2-2 ▶ IBS 빌딩의 부하밀도[VA/m^2]

등급	내용	추정표준부하밀도[VA/m^2]
0등급	일반 사무자동화 사무실	110
1등급	IB라 부를 수 있는 최소 건축물	125
2등급	IB로써의 표준 건축물	160
3등급	고도정보화 건축물	250

표 2-3 ▶ 일반건축물의 부하밀도[VA/m^2]

용도	전등	일반동력	냉방동력	전부하용량
대형사무실	40	60	40	140
대형점포	60	70	40	170
호텔	40	50	30	120
종합병원	50	60	50	160
연구소	60	110	50	210
주택	30	10	30	70

(2) 실시설계 시(부하설비 용량을 아는 경우)

부하설비용량[VA] = 전등, 동력별 용량 합산[VA]

① 각 부하설비별 분류(Load List) 및 용량 합산
② 각 입력환산율 적용
    ㉠ 전등 : 형광등 → 정격용량×1.25배, 백열등 → 백열구×1배
    ㉡ 동력 : 저압단상 → 1.33배, 저압3상 → 1.25배, 고압, 특고압 → 1.18배

3) 수용률과 부하율 부등률 적용

(1) 수용률

① 정의 : 일정장소 내 일정시간(1시간) 동안의 전력기기의 동시 사용 정도를 나타낸다.

② 식 : $수용률 = \dfrac{최대수용\ 전력(1시간\ 평균)[kW]}{총설비\ 용량[kW]} \times 100[\%]$

③ 특징
    ㉠ 반드시 1보다 작음
    ㉡ 부하의 종류, 사용시간, 계절에 따라 달라짐
- 전등부하의 간선수용률 : 전등 및 소형기계 기구의 용량 합계가 10[kVA] 이하 시 100[%] 적용

표 2-4 ▶ 10[kVA] 이상분에 대한 적용률

건축물의 종류	수용률
주택, 기숙사, 여관, 호텔, 병원, 창고	50
학교, 사무실, 은행	70

- 빌딩의 수용률

구분 \ 건물	백화점 및 점포[%]	사무실 빌딩[%]
전등부하	75~100	43~78
동력부하	38~63	41~54
공조부하	44~57	56~89
총계	48~62	41~56
적용 예	60	50

- 종합수용률 : 수용률과 부등률을 하나로 묶어서 일괄 적용하는 방식으로 LH 공사에서 사용

(2) 부하율

① 정의 : 전기설비의 유효 사용 여부를 나타내는 비율이다.

② 식 : 부하율 = $\dfrac{\text{부하의 평균 전력}(1\text{시간 평균})[\text{kW}]}{\text{최대수용 전력}(1\text{시간 평균})[\text{kW}]} \times 100[\%]$

부하율 적용시간 단위는 일반적으로 1시간 평균임

③ 특징

　㉠ 부하율의 일부하율, 월부하율, 연부하율이 있으며 기간이 길어질수록 그 값은 낮아짐

　㉡ 부하율은 변압기의 이용률을 나타내는 Factor이며, 변압기 용량을 선정하는 직접적인 Factor는 아님

(3) 부등률

① 정의

한 배전변압기에 접속되는 각 수용가의 부하는 각각의 특성에 따라 변동하므로 최대 전력이 발생하는 시간이 다르며, 이 시간이 다른 정도를 나타내는 것을 부등률이라 하며, 이 부등률은 변압기 용량을 적절하게 계산하기 위해 적용하는 Factor이다.

② 식 : 부등률 = $\dfrac{\text{각각의 최대수용전력의 합}[\text{kW}]}{\text{합성 최대 수용전력}[\text{kW}]} \geq 1$

③ 특징

　㉠ 항상 1보다 큼

　㉡ 백분율로 나타나지 않음

　㉢ 전원 측으로 갈수록 커짐

　㉣ 부등률이 클수록 이용률이 큼

　㉤ 동력부하의 변압기 부등률이 타 부하군의 부등률보다 큼

④ 적용

　㉠ 원칙적으로 Two Step 방식의 Main TR에 적용됨

　㉡ One Step 방식의 경우 사용부하의 종류가 전등, 동력, 냉방부하의 경우 Main 간선에 대한 부등률을 적용함

4) 변전설비 용량산정의 예

(1) 변압기 용량 ≥ 최대부하 = 부하설비용량 합계 × $\dfrac{수용률}{부등률}$

(2) 변압방식에 따른 Factor 적용

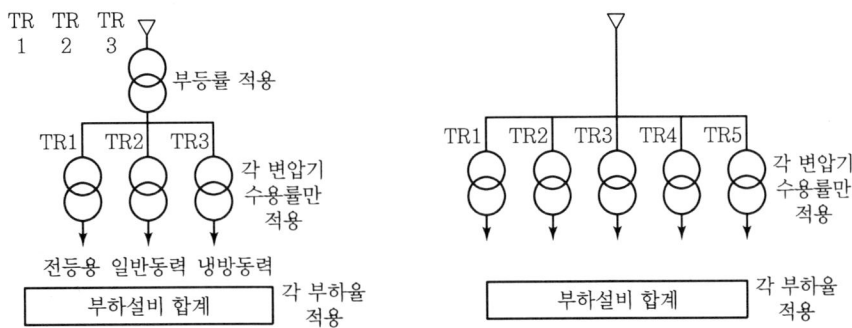

그림 2-15 ▶ **수용률, 부등률 적용**

① One-Step 방식 : 변압기에 수용률만 적용
② Two-Step 방식 : 하위 단 변압기에 수용률을, 상위 단 변압기에 부등률을 적용

5. 변전설비 시스템

1) 개요

전력회사로부터 수전받은 전력을 변압기를 통해 건축물에서 필요한 전압으로 조정하여 구내 부하설비에 공급해 주는 설비와 이들 설비의 보호장치 및 감시제어 장치들을 포함하여 변전설비 시스템이라 하며 부하용량, 공급신뢰성, 경제성, 손실 등을 고려하여 결정해야 한다.

2) 변전설비 구성 방식(모선 구성 방식)

(1) 단일모선 방식

① 계통구성이 가장 간단(경제성이 우수)
② 모선 고장 시 복구까지 많은 정전시간 소요
③ 폐쇄형, 절연모선을 이용하고 모선사고 방지
④ 유지보수가 용이함

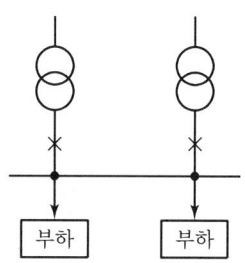

그림 2-16 ▶ 단일모선 방식

(2) 전환 가능 단일모선 방식(Tie 차단기 단일모선 방식)

① Tie 차단기에 의해 급전의 융통성 확보
② 고신뢰성의 Tie 차단기 설치
③ 실용적이고 신뢰성이 높음
④ 평상시 병렬운전
⑤ 고장 시 Tie 차단기 분리 → 단락전류 억제

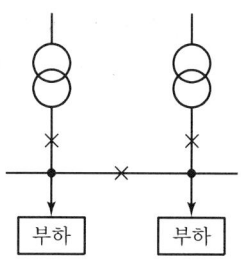

그림 2-17 ▶ 전환 가능 단일모선 방식

(3) 이중모선 방식

① 신뢰성이 높음
② 설비구성이 복잡
③ 설치비가 고가
④ 설치면적이 증대
⑤ 중요부하에 적용
⑥ 정기 점검 시 정전 회피 가능

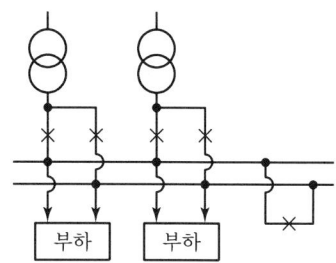

그림 2-18 ▶ 이중모선 방식

(4) 예비모선 방식

① 일반적으로 비상전원계통으로 하는 경우가 많음
② 특수용도에 사용
③ 스위치기어에 수납하는 경우에는 특수설계 처리

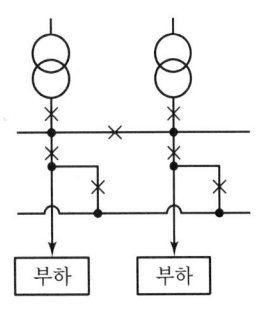

그림 2-19 ▶ 예비모선 방식

(5) 루프모선 방식

① 간단하고 경제적
② 공급신뢰도가 높음
③ 변압기사고, 모선사고 등에 신속히 대응 가능
④ 중요한 설비 계통에 많이 사용

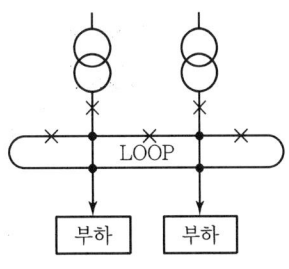

그림 2-20 ▶ 루프모선 방식

3) 변압기 구성 및 결선

(1) 변압기 구성

① 변압기 상수
  ㉠ 과거 : 단상 변압기 채용(단상 변압기 3대 운전 중 1대 고장 시 V결선 운전)
  ㉡ 현재 : 3상 변압기 채용
  ㉢ 3상 변압기 채용 이유
  • 절연설계기술의 향상
  • 설치비와 소요면적의 절감
  • 절연유 열화방지
  • 간단한 설비 구성
  • 품질향상
  • 동일 용량 대비 가격 절감

② 변압기 뱅크수
  ㉠ 뱅크수 : 가급적 줄이고 1대 용량을 크게 함
  ㉡ 용량증가 : 경제성은 향상되나 단락전류가 증대
  ㉢ 뱅크수 구분
  • 1 뱅크 : 1,500[kVA] 미만
  • 1~2 뱅크 : 1,500[kVA] 이상 3,000[kVA] 미만

- 2뱅크 이상 : 3,000[kVA] 이상

※ 빙축열 변압기나 하절기 냉방용 변압기는 별도로 구분하여 설치할 경우 비계절에 변압기 손실절감이 가능하다.

③ 변압기 회로구성

　㉠ 1P 2W(22.9[kV] / 220[V])

　㉡ 1P 3W(22.9[kV] / 220/110[V])

　㉢ 3P 4W($\Delta - Y$)(22.9[kV] / 380 / 220[V])

　㉣ 3P 4W($Y - Y$)(13.2[kV] / 380 / 220[V])

④ 결선방식

결선방식	장점	단점
$\Delta - \Delta$	• 1대 고장 시 $V-V$결선으로 공급 가능, 출력 57.7[%], 이용률은 86.6[%] • 3고조파 여자전류가 순환전류로 되어 열로 상쇄 • 유도기전력의 왜곡현상이 없음 • 상전류가 선전류의 $1/\sqrt{3}$ 배가 되어 대전류에 적합 • 지락전류가 적어 통신선 유도장해가 적음 • 1, 2차 전압전류에 각변위가 없음	• 변압비가 다르면 순환전류가 흐름 • 중성점을 접지할 수 없어 지락전류 검출이 곤란함 • 지락 시 건전상 전위상승이 큼 • 상전압이 선간전압이 되어 고전압 회로에는 부적합함 • 각 상의 권선 임피던스가 다르면 부하 불평형의 원인이 됨
$Y - Y$	• 중성점 접지로 단절연이 가능함 • 중성점 접지가 용이함 • 상전압이 선간전압의 $1/\sqrt{3}$ 배로 고전압에 적합함 • 1, 2차의 각변위가 없음	• 3고조파 여자전류의 통로가 없어 유도기전력에 3고조파 함유 시 중성점접지를 하면 통신선 유도장해가 발생함 • 3고조파 여자전류의 통로를 만들어야 함($Y-Y-\Delta$ 회로) • 중성점 비접지 시 권선의 절연 스트레스가 증가함 • 중성점 전위가 대지에 대해 3배의 주파수를 갖는 전위를 가짐
$\Delta - Y$	• 2차 측 선간전압을 $\sqrt{3}$ 배 높일 수 있어 승압 변압기로 적합함 • $\Delta - \Delta$와 $Y - Y$의 장점을 가짐 • 중성점 접지 가능 • 각 변압기의 변압비나 임피던스가 달라도 순환전류가 흐르지 않음 • 2차 측 전압이 저압의 경우 전등과 동력을 겸용	• 1, 2차 단자에 30° 위상 각변위가 생김 • 변압기 1대 고장 시 송전 불가 • 2차 측 접지 시 통신선 유도장해 발생

결선방식	장점	단점
$Y-\Delta$	• 1차 측 권선전압은 선간전압의 $1/\sqrt{3}$ 배이므로 강압용에 적합 • $\Delta-\Delta$와 $Y-Y$의 장점을 가짐 • 각 변압기의 변압비나 임피던스가 달라도 순환전류가 흐르지 않음 • 3고조파는 2차 Δ회로에서 상쇄	• 1, 2차 단자에 30° 위상 각변위가 생김 • 1차 중성점 접지로 유도장해 발생 • 1상 고장 시 $V-V$ 결선 불가
$V-V$	• $\Delta-\Delta$결선에서 1대 고장 시 2대의 변압기로 3상 전원공급 • 장래 증설이 예상되는 곳에 적합	• 이용률이 86.6[%]로 낮음 • 출력이 57.7[%]로 낮음 • 현재 잘 사용되지 않는 방식 • 부하 시 두 단자 간의 전압강하가 불평형하며 중부하 시 더욱 증가됨

⑤ 변압기 병렬 운전조건

　㉠ 1, 2차 전압이 동일해야 함 : 전압이 동일하지 않으면 순환전류가 흘러 변압기 과열 소손의 원인

　㉡ 임피던스 전압의 동일 : 임피던스 전압이 동일하지 않으면 적은 쪽에 과부하 운전됨

　㉢ 저항과 리액턴스비가 같아야 함 : 같지 않을 경우 분로전류 변동에 따른 위상차 발생으로 순환전류가 발생

　㉣ 단상 변압기의 경우 극성이 동일해야 함 : 극성이 동일하지 않으면 등가적으로 단락

　㉤ 3상 변압기의 경우 상회전과 각변위가 동일해야 함

　　• 각변위가 다르면 변압기 Vector 차에 의한 순환전류가 흘러 온도상승으로 인한 고장의 원인이 됨

　　• 상회전이 다르면 등가적으로 단락회로가 구성됨

6. 수변전실 기획

1) 개요

수변전실은 전력의 수전 및 변전을 위한 설비를 보관하는 곳으로 보관형태, 수전전압 절연물, 시설장소 등에 따라 구분되며 공장 등에서는 부지, 경제성 등으로 옥외식이 많이 적용되며 최근 건축물에서는 안전성을 고려한 옥내식이 많이 적용되고 있다.

2) 수변전실의 분류

(1) 형태

① 개방형 ② 폐쇄형 ③ 병용형

(2) 수전전압

① 특고변전실 ② 고압변전실

(3) 절연물

① 유입형 ② 건식 ③ 병용형

(4) 주차단기

① CB형 ② PF-CB형 ③ PF-S형

3) 수변전실의 기능

(1) 전력기기의 계기상태를 파악하고 측정
(2) 기기의 이상 발생 시 수동, 자동제어
(3) 측정한 Data를 자동기록하며 전력량 등을 파악함
(4) 각종 전력기기 등을 수해, 쥐, 동물 등 각종 환경장애 요소로부터 보호함

4) 위치선정 및 배치

(1) 위치선정(KDS 전기설비 관련 시설 공간 기준)

구분	내용
전기적 고려사항	• 외부로부터 인입이 편리한 위치일 것 • 사용부하의 중심에 가깝고, 간선의 배선이 용이할 것 • 용량의 증설에 대비한 면적을 확보할 수 있는 장소일 것 • 수전 및 배전 거리를 짧게 하여 경제성을 고려할 것

구분	내용
건축적 고려사항	• 장비 반입 및 반출 통로가 확보될 것 • 충분한 넓이와 유효높이가 확보될 것 • 수변전 관련 설비실(발전기실, 축전지실, 무정전전원장치실 등)이 있는 경우 가능한 수변전실과 인접될 것 • 수변전실은 불연 재료를 사용하여 구획하고, 출입구는 방화문일 것(출입구 방화문은 우수 유입 대비한 차수벽 역할을 하므로 전기실 등의 내부에서 볼 때 바깥 열림식으로 설치할 것) • 전기실을 건축물 지하(다층)에 설치할 경우 최하층에 설치하지 말 것
환경적 고려사항	• 환기가 잘 되어야 하고 고온 다습한 장소에는 설치하지 말 것 • 폭발 위험이 있는 장소에서 변전실을 설치하지 말 것 • 건축물 외부로부터의 침수 또는 내부의 배관 누수사고 등으로부터 안전한 위치에 설치할 것. 특히 상부 층의 누수로 인한 사고가 발생하지 않도록 할 것 • 수변전실의 위치 결정은 지하 공간침수방지를 위한 수방기준을 따를 것 • 수전실은 자중, 적재 하중, 적설 또는 풍압 및 지진, 그 밖의 진동과 충격에 대하여 안전한 구조일 것

(2) 수변전실 배치

① **집중식** : 소규모 전력부하용
② **중간식** : 중규모 전력부하용
③ **분산식** : 대규모 전력부하용

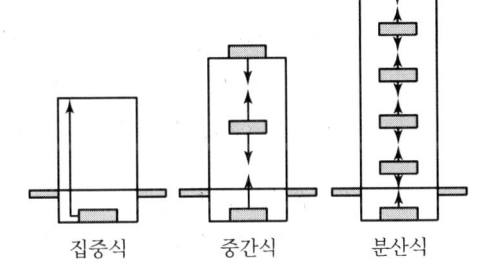

그림 2-21 ▶ 변전실 배치

(3) 수변전실의 기기배치

① 변전실의 넓이를 효과적으로 이용
② 관리에 편리한 동선배치
③ 큐비클의 경우 전면 조작 공간으로 2~2.5[m] 필요
④ 제어실, 축전지실, 발전기실은 가능한 근접배치
⑤ 기기와 벽, 기둥 등 조영재 사이의 충분한 공간 확보(1~1.5[m])

5) 건축적 고려사항

건축설계 시 발주자, 건축설계자, 설비설계자와 여러 번의 설계 Meeting을 거쳐 결정되어야 할 중요한 사항이다.

(1) 일반적 사항

① **천장높이**
  ㉠ 특고압 : 4.5[m] 이상
  ㉡ 고압 : 3.0[m] 이상

② 바닥
  ㉠ 변압기 등 중량물에 견디는 구조
  ㉡ 200~500[kg/cm^2]
  ㉢ 케이블 Bit 등의 고려
  ㉣ 변압기 및 발전기 진동에 견딜 것
  ㉤ 기타 적절한 내진 검토

③ 면적 : 향후 증설, 확장에 필요한 공간 확보
④ 기타
  ㉠ 변전실 직상층의 물탱크, 화장실 회피
  ㉡ 출입문은 갑종, 을종 방화문 및 내부방화처리

(2) 전기설비 관계실 사항

① 변압기실
  ㉠ 유입 TR의 경우 타실과 격벽(소화설비 내장 시 제외)
  ㉡ 방음 및 방화처리
  ㉢ 충분한 배기 및 소화장치 시설
  ㉣ 기기반입을 위한 충분한 공간 확보
  ㉤ 내진에 대한 검토

② 모선 및 차단기실
  ㉠ 가능한 타실과 격벽처리
  ㉡ 기기반입 및 작업에 필요한 공간 확보
  ㉢ 분출유의 배기구 설치

③ 배전반 및 감시제어실
  ㉠ 공기조절, 조명, 음향설비 등 쾌적한 환경구성
  ㉡ 운전, 감시에 필요한 충분한 공간 확보
  ㉢ 벽과의 이격거리 확보
    • 전면 : 3~4[m] (최소 1.5[m] 이상)
    • 측면 : 1~2[m] (장래 증설 고려)
    • 배면 : 1.5~2[m] (최소 문 개폐거리 확보)

④ 축전지실
  ㉠ 가능한 배전반과 근접 배치
  ㉡ 직사일광의 회피

ⓒ 실내마감의 경우 내산성 확보
ⓔ 환기(수소)배수에 유의
ⓜ 축전지와 벽과의 이격거리
- 벽 : 1.6[m] 이상
- 입구 : 1[m] 이상
- 비보수 벽 : 0.1[m] 이상
- 천장높이 : 2.6[m] 이상
- 부속기기 : 1[m] 이상

⑤ 발전기실(KDS 전기설비 관련 시설 공간 기준)

구분	내용
건축적 고려사항	• 장비반입 및 반출통로가 있어야 함 • 장비배치에 용이하고 유지보수가 용이한 면적을 갖고 장비에 대해 충분한 유효 높이와 구조적 강도로 함 • 운전 시 소음 및 진동을 고려하여 거실부분 및 건축물 코어부에서 가급적 떨어진 위치로 함 • 발전기실의 벽, 기둥, 바닥은 내화구조로 하고, 출입구는 방화문일 것
환경적 고려사항	• 발전기와 굴뚝 또는 배기관 사이의 길이는 가능한 한 짧게 하며, 길이가 길어지는 경우는 배압(Back Pressure)을 고려하여 단면적을 정함 • 급기 및 배기 덕트는 가능한 한 짧게 하고, 배기된 공기가 재급기되지 않도록 충분히 이격하며, 디젤기관의 라디에이터 냉각방식이나 가스터빈 발전기인 경우 다량의 공기를 필요로 하므로 외기 유입이 용이한 위치에 설치함 • 급유 및 통기관의 인출이 용이한 장소로 함 • 수랭식 엔진을 사용하는 경우 냉각수의 보급 및 배수가 쉬운 장소일 것 • 발전기실에는 발전기에 사용하는 것 이외에 가스, 물, 연료 등의 배관을 설치하지 않을 것 • 화재, 폭발, 염해의 우려가 있거나 부식성, 유독성 가스가 체류하는 장소는 배제될 것 • 발전설비의 배기관, 배기 덕트의 소음이 거실이나 다른 건축물에 영향을 주지 않을 것
전기적 고려사항	• 수변전실과 인접하게 하여 전력공급이 원활할 것 • 발전설비의 유지보수 및 안전관리를 고려할 것

6) 수변전실의 넓이

(1) 수변전실의 넓이에 영향을 주는 요소(KDS 전기설비 관련 시설 공간 기준)

① 수전전압 및 수전방식
② 변전설비 변압방식, 변압기 용량, 수량 및 형식
③ 설치기기와 큐비클의 종류 및 시방
④ 기기의 배치방법 및 유지보수 필요면적
⑤ 건축물의 구조적 여건

(2) 면적 계산방법

① 방법 1

변전실 면적$[m^2] = 3.3\sqrt{\text{변압기용량}[kVA]} \times a$

a : 건축면적 : 6,000$[m^2]$ 이하 → 2.66
　　　　　　　10,000$[m^2]$ 이하 → 3.55
　　　　　　　10,000$[m^2]$ 이상 → • 큐비클식 : 4.3
　　　　　　　　　　　　　　　　　• 형식에 무관 : 5.5

② 방법 2

변전실 면적$[m^2] = K(\text{변압기용량}[kVA])^{0.7}$

K값 : 특고압 → 고압 : 1.7
　　　 특고압 → 저압 : 1.4
　　　 고압 → 저압 : 0.98

③ 방법 3

변전실 면적$[m^2] = 2.15(\text{변압기용량}[kVA])^{0.52}$

④ 방법 4

변전실 면적$[m^2] = 5.5\sqrt{\text{변압기용량}[kVA]}$

⑤ 실측에 의한 방법

(3) 기기 배치 시 최소 이격거리(mm)

부위별 기기별	앞면 또는 조작, 계측면	뒷면 또는 점검면	열 상호 간 점검면	기타의 면
특고압반	1,700	800	1,400	–
고압 배전반	1,500	600	1,200	–
저압 배전반	1,500	600	1,200	–
변압기 등	1,500	600	1,200	300

7) 수변전실 높이

(1) 수변전실의 높이는 실내에 설치되는 기기의 최고높이, 바닥트렌치 및 무근콘크리트 설치 여부, 천장 배선방법 및 여유율을 고려한 유효높이로 함

(2) 폐쇄형 큐비클식 수변전 설비가 설치된 변전실인 경우로서 특고압 수전 또는 변전기기가 설치되는 경우 4.5[m] 이상, 고압의 경우 3[m] 이상의 유효높이로 함

8) 설비 및 소방설계자와의 협의

(1) 설비설계자 협의사항

① 발열량이 큰 대용량 수변전실의 자체 발열로 인해 실온 상승이 40[℃] 이하가 되도록 강제 혹은 자연 환기가 필요하다.

㉠ 변압기 발열량(Q)

$$Q = T \times \psi \times (1-\eta) \times 860 \times \eta \times a [\text{kcal}]$$

여기서, T : 변압기용량[kVA], η : 변압기 효율
ψ : 변압기 역률, a : 변압기 수용률(약 90[%])

㉡ 수변전실 내 환기량(V)

$$V = Q \times \frac{1}{\Delta t} \times \frac{1}{cp \cdot r} [\text{m}^3/\text{h}]$$

여기서, Δt : 실내의 온도차(=8)
cp : 공기의 정압비율(0.24[kcal/kg℃])
r : 공기의 비중량(1.14[kg/m³])

② 급배수시설물의 전기실 관통 회피

(2) 소방설계자와의 협의사항

바닥면적 300[m²] 이상 발전기, 전기실, 축전지실, 통신실, 전산실에 불활성 Gas 소화설비 검토

7. 수변전설비 계획 시 고려해야 할 환경문제

1) 개요

수변전설비의 위치에 따라 도심지의 경우 발전기 등에 의한 소음이, 해안 근처의 경우 염분해가 직접 문제가 되며 기타 대형발전기에 의한 대기오염 등의 문제가 주요 고려사항이 된다.

2) 수변전설비의 환경장해 요인과 영향

장해요인	영향
소음	소음 기준치 이상 시 민원 발생 • 발전기 실내 : 100[Phone] • 외부 : 60[Phone]
대기오염	• CO_2 → 지구온난화 • NO_x → 오존층 파괴, 스모그, 산성비 • SO_x → 산성비 및 건축물 부식
전자파 장해	인체의 유해한 장해유발 가능성
침수	변전실 정전 및 감전
소동물 침입	정전, 전력공급 신뢰도 저하
염분해	기기절연 및 수명 저하

3) 소음대책

디젤발전기의 기관음과 배기음이 가장 큰 문제이다.

(1) 발전기 소음

① 기관음
  ㉠ 장시간 사용 시 저속형 발전기 채용(400~900[rpm])
  ㉡ 지하실 이용으로 주변 소음 경감(70~75[phone])
  ㉢ 방음 커버, 지하벽 흡음재 사용

② 배기음
  ㉠ 소음기 부착으로 배기관 출구소음을 55~60[phone]으로 저감시킴
  ㉡ 소음기 종류 : 팽창식, 공명식, 흡음식

(2) 변압기 소음

① 본체소음 저감

표 2-5 ▶ 변압기 소음대책

구분	대책	저감효과
자속밀도(Bm) 저감	가장 근본적인 대책	2~3[phone] / 1,000[가우스]
철심과 탱크 사이	방진고무 삽입	3[phone] 억제
변압기 탱크 주위	방음차폐판 설치	10[phone] 억제
변압기 주위 둘레	콘크리트벽 시설	30[phone] 억제
큐비클 내 설치		

② 거리에 의한 소음 감소

$$L = 10\log_{10}\left(\frac{r}{R}\right)^2 \text{[dB]}$$

여기서, L : R과 r 간의 소음레벨 저하[dB]
　　　　R : 변압기 중심에서 기준 측정점까지의 거리[m]
　　　　r : 변압기 중심에서 환경계까지의 거리[m]

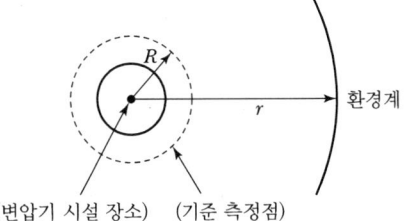

그림 2-22 ▶ 거리에 의한 감쇄

(3) 차단기 소음

① 차단기를 실내설치 혹은 큐비클 내 수납
② 가스차단기, VCB로 변경
③ 공기차단기의 경우 배기구에 소음기 부착

4) 기타 대책

구분	대책
침수	• 기초를 높게 함 • 배수시설을 완벽히 함
대기오염	• 사용연료의 개선 • 연소기술의 발전
염분해	• 실내설치(외부환경에 노출방지) • 절연보강(애자세척, 발수성물질 도포)
소동물 침입	공간의 밀폐화

8. 공급신뢰도

1) 고장률과 고장정지시간

수변전설비의 공급신뢰도를 예상하는 경우 설비를 구성하고 있는 각 요소의 사고확률 및 정전시간을 과거의 실적 등을 통해서 구해야 한다.

(1) 사고확률

보수를 위한 작업정전 외 우발적인 사고로 인한 사고정전이 신뢰도 검토대상 항목이다.

① 운전확률(P) : $P = \dfrac{R}{R+S}$

② 사고확률(q) : $q = \dfrac{S}{R+S}$

여기서, R : 대상기간 중의 운전시간의 누계
S : 대상기간 중의 사고정지시간의 누계

(2) 사고발생률(λ)

운전단위시간당 사고발생횟수(λ) = $\dfrac{1}{\overline{R}}$

여기서, $\overline{R}$: 평균운전계속시간

2) 공급신뢰도 계산

(1) 각 설비가 직렬로 접속되어 있는 경우

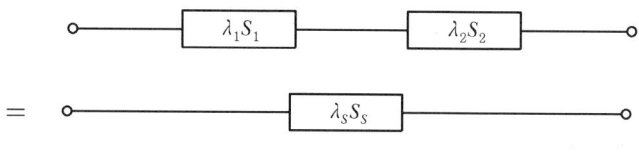

그림 2-23 ▸ 각 설비의 직렬 접속도

$\lambda_S = \lambda_1 + \lambda_2$

$\lambda_S S_S = \lambda_1 S_1 + \lambda_2 S_2$

$\therefore S_S = \dfrac{\lambda_1 S_1 + \lambda_2 S_2}{\lambda_1 + \lambda_2}$

(2) 각 설비가 병렬로 접속되어 있는 경우

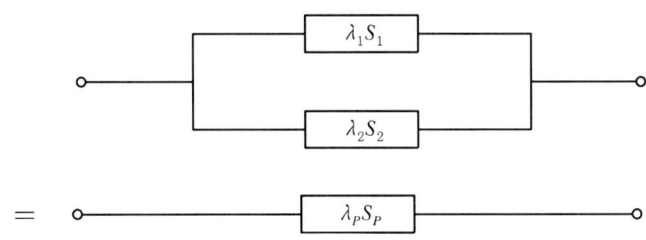

그림 2-24 ▸ 각 설비의 병렬 접속도

$\lambda_P = \lambda_1 \lambda_2 (S_1 + S_2)$

$\lambda_P S_P = (\lambda_1 S_1)(\lambda_2 S_2)$

$\therefore S_P = \dfrac{S_1 S_2}{S_1 + S_2}$

3) 신뢰도 비교

구분	직렬접속	병렬접속
신뢰도 비교 ($S_1 = S_2$ 인 경우)	$S_S = \dfrac{S_1(\lambda_1 + \lambda_2)}{(\lambda_1 + \lambda_2)} = S_1$	$S_P = \dfrac{S_1^2}{2S_1} = \dfrac{S_1}{2}$
	병렬접속이 직렬접속보다 정전시간이 $\dfrac{1}{2}$ → 신뢰도가 우수함	
적용	일반 전력 시설물	고신뢰도 전력시설물(병원, 전산센터 등)

SECTION 03 | 수변전설비 기기

1. 변압기

1) 개요

변압기는 교류전압 및 전류를 전자유도작용에 의해 동일주파수의 전압과 전류로 변화시키는 기기로서 규소강판으로 성층한 철심에 2개의 권선을 감은 형태이며 1차, 2차 권선으로 구분된 기기이다. 수변전설비에서 전력용 변압기는 전력공급의 안정, 고품질화 등에 변압기가 차지하는 비중이 대단히 크므로 기획 및 설계 시 가장 중요한 사항이다. 따라서 변압기 선정 시 신뢰성, 내구성, 경제적 비용, 고장에 따른 피해 등을 다각도로 검토해야 하므로 변압기의 구조와 원리 결정 시 고려사항 등에 대해 설명하고자 한다.

2) 구조

(1) 철심
  ① 투자율이 높고 히스테리시스손과 와류손을 적게 한다.
  ② 철심의 종류 : 규소강판(규소 함유율 3~3.5[%]), 아몰퍼스합금
  ③ 철심의 두께 : 0.35[mm]가 주로 많이 사용된다.

(2) 권선
  ① 직권(Direct Wound)
    ㉠ 철심에 절연을 실시하고 그 위에 피복권선으로 저압권선, 절연, 고압권선의 순으로 권선을 감는 방식
    ㉡ 주로 소형 변압기에 적용됨

  ② 형권(Fomer Wound)
    ㉠ 목재의 형틀 또는 절연통 위에 코일을 감고 거기에 절연을 하여 조립함
    ㉡ 주로 중·대용량의 변압기에 적용됨

(3) 절연유
  ① **역할** : 절연 및 냉각매질의 역할
  ② **성능**
    ㉠ 절연내력이 클 것
    ㉡ 변질되지 말 것

ⓒ 인화점이 높고 응고점이 낮을 것
ⓔ 점도가 낮을 것
ⓜ 타 물질과 화학작용을 일으키지 않을 것

③ 종류 : 1종 광유4호, 1종 광유2호
④ 열화원인 : 수분흡수에 의한 산화작용, 절연재료 성능 저하, 직사광선, 2종 절연유의 혼합 등
⑤ 콘서베이터(Conservator)
변압기 주위온도나 부하의 변동으로 온도가 변화하면 절연유가 수축 팽창되며 변압기 내부압력이 변동하여 개구부가 있으면 호흡작용에 의해 외부의 공기가 변압기 내부로 출입하여 기름에 흡수되면 절연강도와 냉각작용을 저하시키는데 이를 방지하기 위해 기름 팽창실이란 콘서베이터를 설치하는 방식
㉠ 흡습 호흡기형 : 실리카겔이나 활성알루미나 등의 흡습 호흡기를 설치한 형태
㉡ 질소 봉입형 : 기름이 직접공기와 접촉하지 않도록 불활성 가스인 질소를 봉입한 형태
㉢ 고무 튜브형 : 유면상에 가스실을 설치하지 않고 콘서베이터 내부에 유연한 고무를 설치하여 기름을 외기와 차단하는 방식으로 보수가 간단함

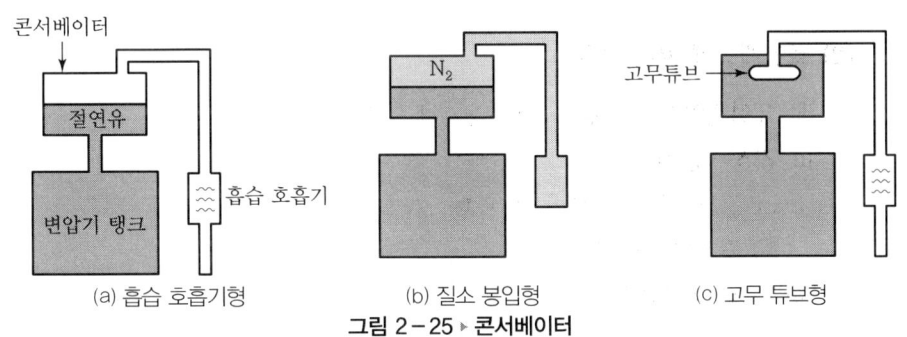

그림 2-25 ▶ 콘서베이터

(4) 부싱

① 단일형(Single Bushing)
도체 주위에 일체의 구조로 된 자기제 애관을 씌운 것으로 25.5[kV] 이하에 사용된다.

② 유입부싱(Oil Filled Bushing)
도체와 애관사이에 전압에 따라서 여러 개의 절연통을 동심 모양으로 배치하고 절연유를 충전하여 밀봉한 것으로 주로 33[kV] 이하에서 적용된다.

③ 콘덴서형(Condenser Bushing)
  ㉠ 절연물 속에 다수의 도체를 동심원으로 배치하고 절연물과 도체를 직렬콘덴서로 형성시킨 부싱
  ㉡ 저압에서 고압까지 널리 사용됨

3) 종류

(1) 철심 배치에 따른 분류

구분	내철형	외철형
구조	외철형 대비 철심단면적이 적고, 권선의 평균길이가 길다.	내철형 대비 철심단면적이 크고, 권선의 평균길이가 짧다.
전압변동률(ε)	큼	작음
전압강하(ΔV)	큼	작음
단락용량	작음	큼
중량	가벼움	무거움
전력손실	동일출력, 정격전압에서 철손이 적고, 동손이 큼 → 동기기	동일출력, 정격전압에서 철손이 크고, 동손이 작음 → 철기기
적용	용량이 크지 않는 변압기	고전압, 대용량 변압기

(2) 절연재료에 따른 분류

① 유입변압기(옥외용 → 소용량~대용량)
② 건식변압기
  ㉠ 몰드변압기(옥내용 B, F종)
  ㉡ 건식변압기(H종)
③ 가스변압기(SF_6)

(3) 상수에 따른 분류

① 단상 변압기(단상 부하인 전등, 콘센트용에 사용)
② 3상 변압기(3상 부하인 동력과 단상 부하인 전등 등이 같이 있는 부하에 사용)

(4) 권선수에 따른 분류

① 단권 변압기(권선이 1개인 변압기 → 승압용, 강압용, 기동보상기용)
② 2권선 변압기(1, 2차 권선이 분리된 변압기 → 일반 수변전용)
③ 3권선 변압기(권선이 3개인 변압기 → 안정권선[변압기 3고조파 제거] 및 소내전원용)

(5) 탭 절체 방식에 따른 분류

① 부하 시 전압조정 변압기(부하 공급을 중단하지 않고 공급전압을 단계적으로 조정하기 위해 탭 권선과 전압조정기(OLTC) 설치된 변압기)
② 무부하 시 전압조정 변압기(부하 중단 후 공급전압을 조정하는 변압기)

(6) 용도에 따른 분류

① 배전용 변압기
② 접지용 변압기
③ 정류기용 변압기
④ 선박용 변압기
⑤ 방폭용 변압기
⑥ 용접기용 변압기 등

구분	유입식 TR	Mold TR	아몰퍼스 TR	GAS TR
철심	방향성 규소강판	방향성 규소강판	아몰퍼스 합금	방향성 규소강판
권선	직권, 형권	직권, 형권	직권, 형권	직권, 형권
권선배치	교호배치	동심배치	동심배치	동심배치
절연방식	절연유	고체절연	고체절연	가스절연
절연종류		F종, B종	F종, B종	

변압기의 종류

1 몰드(Mold)변압기

1. 개요

(1) 몰드변압기는 저압, 고압 권선을 모두 에폭시 수지로 고절연시킨 변압기이다.
(2) 산업의 고도화, 도시기능의 복잡, 다양화 등으로 수배전반설비의 방재화, 고안전성 무공해성, 고신뢰성 제품의 요구, 수배전반의 건식화 등의 요구와 함께 자원 및 에너지절약 측면에서 소형경량, 저전력손실 및 보수점검의 용이성으로 몰드변압기 제조가 활발히 이루어져 왔으며 최근에 건축물에 적용되는 대부분의 변압기는 몰드변압기이다.

2. 특징

장점	단점
• 고효율, 저손실특성 • 무공해 운전(절연유 처리 불필요) • 난연성특성(무기질 충진제에 의한 자기소화성) • 소형 Compact한 구조 • 유지보수의 용이 • 절연의 신뢰성 • 단시간 과부하 운전(15분 200[%]) • 저소음특성 • 변전실 내 반입이 용이	• 가격이 고가 • 전압(95[KV])이 낮아 VCB와 같이 설치 시 Surge에 대한 보호대책 필요 • 옥외설치 및 대용량 제작의 한계 • 500[kVA] 이상 시 잔류응력, 집중응력의 발생이 쉽고 발열에 의한 Crack 우려 • 1,500[kVA] 이상 시 별도소음 대책 • 에폭시 수지면의 전위가 13,200[V]로 수지 표면의 접촉 시 충격문제 발생

3. 종류

내용＼종류	금형	비금형
절연방식	금형 내에서 에폭시 수지로 고진공으로 압축	비금형틀에서 에폭시 수지를 함침시킴
특징	• 외관이 수려 • BIL이 큼 • 대량생산 가능 • 특수시방에 비경제적임	• 외관이 나쁨 • BIL이 낮음 • 절연두께가 커짐 • 특수사양에 적용
종류	주형법, 함침법, 함침주형법, FRP주형법	후리-후레그 절연법, 디핑법, 필라멘트 와인딩법, 부유경화법
적용	표준변압기로 옥내의 전 부분에 적용	

4. 선정 시 고려사항

종류＼구분		기본절연	절연방식	온도상승 한도(℃)	내열계급 [℃]	내진내습 코로나	방재성 (난연성)
건식	Mold B종 F종	고체	에폭시 수지 무기질 유리섬유	권선 75(80) 95(100)	B : 130 F : 155	양호	불연성
	H종 바니스	기체	공기, 마이카 바니스, 노맥스	120(125)	180	불량	불연성
유입식 A종		액체	광물류	권선 55 절연유 50	105	양호	가연성

[비고] 몰드변압기 B. F종 특성 구분
　　① 손실 및 고효율특성 : B종이 우수
　　② 전류밀도[A/m^2] : F종이 우수
　　③ 절연비 : B종이 우수

2 아몰퍼스변압기

1. 개요

변압기의 철심재료를 규소강판에서 $F_e - S_i - B - C$의 아몰퍼스 합금의 비정질 구조로 변성시켜 무부하손을 크게 감소시킨 변압기로 유입형과 몰드형으로 구분된다.

2. 원리

1) 아몰퍼스 합금을 1,250[℃]에서 15[℃]로 급랭시켜 히스테리시스손을 크게 절감시킨다.

2) 히스테리시스손

$$P_h = f_h \times \frac{f}{100} \times B_m^2$$

① 규소강판 TR : B_m^2
② 아몰퍼스 TR : 규소강판 TR 자속밀도의 약 60~70[%](규소강판 변압기 대비 무부하손이 약 20[%] 정도임)

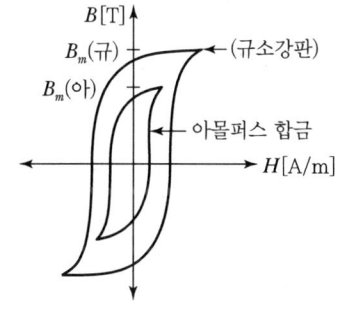

그림 2-26 ▶ 히스테리시스 곡선

3. 특징

1) 장점

① 무부하손 감소　　② 고효율
③ 에너지 절감효과가 큼　　④ 고조파 손실 개선
⑤ 우수한 내식성

2) 단점

① 재료의 경도가 높음　　② 부러지기 쉬움
③ 가공의 애로　　④ 낮은 점적률
⑤ 중량의 증가　　⑥ 소음이 큼

4. 적용배경

1) 국내의 경우 하절기(또는 동절기) Peak 용량을 기준으로 변압기 용량이 결정됨
2) 변압기 용량의 과대 선정에 따른 전력손실량 증대
3) 변압기 연간 운전율이 10~15[%]
4) 손실비중 측면 : 철손 ≫ 동손

5. 향후 개발방향

1) 자속밀도 증가 : 소형화, 저중량화 추진
2) 철손저감 증대 : 에너지 절약의 증대
3) 자기왜곡 억제 : 저소음화
4) 경년 열화 억제 : 장수명 가능

3 SF_6 GAS 변압기

1) 개요

SF_6 GAS 변압기는 SF_6의 불활성 특성을 이용한 변압기로서 최근 건축물이 대형화됨에 따라 수변전설비의 방재성, 안전성의 요구로 채용된다.

2) SF_6 GAS의 특징

표 2-6 ▶ 물리 · 화학적, 전기적 특징

물리적, 화학적	전기적

• 열전도율이 좋음
  - 대류 시 : 공기의 1.6배
  - 강제통풍 시 : 공기의 4배
• 불활성 특성
• 화학적으로 안정
• 무독성
	• 절연내력이 큼
	  - 1기압 시 공기의 2.5~3.5배
	  - 3기압 시 절연유 특성과 유사
	• 소호능력이 큼 : 공기의 약 100배
	• 아크의 안정성

표 2-7 ▶ 공기, 절연유와의 비교

SF$_6$	공기와 비교	절연유와 비교
유전율	동일	절연유보다 불리
중량	공기의 5배	약 1/140배
냉각성	공기보다 우수	약 1/5~1/10배
안정성	공기보다 우수	절연유보다 우수
불연성	(-)	기름은 140[℃]에서 인화

3) SF$_6$ GAS 변압기의 특징

(1) 장점

① Oiless화
② 유입변압기와 전기적 특성이 동일
③ 방재성이 우수
④ 내진성, 내습성이 우수

(2) 구조적 특징

① 유입변압기와 동일한 구조로써 절연재료를 절연유 대신 SF$_6$를 사용한다.
② SF$_6$ GAS의 절연내력은 전계에 의존하므로 국부적인 전계가 집중하지 않도록 한다.
③ 탱크
  ㉠ SF$_6$의 절연내력은 압력이 높을수록 증가함
  ㉡ 적정한 봉입가스의 압력을 유지해야 함

④ 냉각방식
  ㉠ SF$_6$ 가스의 열전도율은 공기에 비해 높으나 절연유에 비해 낮음
  ㉡ 냉각효과를 위해 SF$_6$ 가스의 순환이 효율적일 것
  ㉢ 강제순환 장치 채용

⑤ 보호장치
  ㉠ 가스압력 상승, 저하에 대한 보호장치 필요
  ㉡ 가스밀도 저하, 냉각팬, Compressor 기능 감시

4) 원리

(1) 무부하 상태의 이상변압기

① 이상변압기 조건
- ㉠ 철심에 발생되는 자속이 누설 없이 모두 두 권선을 쇄교함
- ㉡ 철심의 투자율은 매우 높고 포화가 없음
- ㉢ 두 권선의 저항은 무시함
- ㉣ 철손은 무시
- ㉤ 권선 간의 정전용량을 무시함

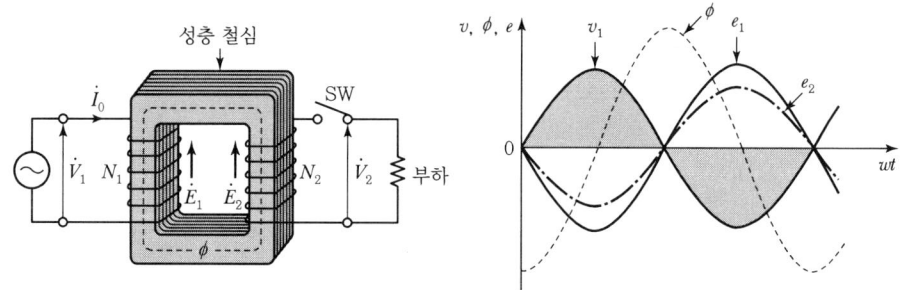

그림 2-27 ▶ 무부하 시 이상 TR   그림 2-28 ▶ 이상 TR 무부하 시 전압, 전류, 자속

② 유기기전력
- ㉠ 이상변압기의 2차 측을 개방하고 1차 측에 정현파 전압을 가하면 위상이 v_1보다 90° 뒤지는 여자전류(i_0)가 흐르고 이전류에 의해 이전류와 동상인 자속(ϕ)이 철심 속에서 발생한다.

$v_1 = \sqrt{2}\, V_1 \sin wt$ ················ 식 ㉠ : 리액턴스 인가전압[V]

$i_0 = \sqrt{2}\, I_0 \sin(wt - 90°)$ ········ 식 ㉡ : 리액턴스 인가전류[A]

$\Phi = \Phi_m \sin(wt - 90°)$ ·············· 식 ㉢ : 리액턴스 인가자속[WB]

- ㉡ 권수가 N_1, N_2인 권선에 자속(Φ)의 변화에 의해 유도되는 기전력 e_1, e_2

$e_1 = -N_1 \dfrac{d\Phi}{dt} = -N_1 w\Phi_m \cos(wt - 90°) = -N_1 w\Phi_m \sin(wt)$

$e_2 = -N_2 \dfrac{d\Phi}{dt} = -N_2 w\Phi_m \cos(wt - 90°) = -N_2 w\Phi_m \sin(wt)$

- ㉢ 1, 2차 권선의 유도기전력의 최댓값(E_{1m}, E_{2m})과 실횻값 E_1, E_2

$E_{1m} = N_1 w\Phi_m,\ E_{2m} = N_2 w\Phi_m$

$E_1 = \dfrac{1}{\sqrt{2}} N_1 w\Phi_m = \dfrac{2\pi}{\sqrt{2}} f N_1 \Phi_m = 4.44\, f N_1 \Phi_m$

$$E_2 = \frac{1}{\sqrt{2}} N_2 w \Phi_m = \frac{2\pi}{\sqrt{2}} f N_2 \Phi_m = 4.44 f N_2 \Phi_m$$

③ 전압 권수비

$$a = \frac{E_1}{E_2} = \frac{N_1}{N_2} \quad a > 1 : \text{강압용}, \quad a < 1 : \text{승압용}$$

(2) 부하상태의 이상변압기

① 이상변압기 2차 측에 2차 전류 $I_2 = \dfrac{E_2}{Z}$ 가 흐르면 2차 권선에 기자력 $N_2 I_2$가 생기고 자속 ϕ_2가 자기회로에서 발생(Z : 부하임피던스)한다.

② 철심 내의 자속 $\Phi' = \Phi + \Phi_2$로 변하므로 원래의 자속 Φ를 유지해 주기 위해서는 1차 권선에 자속 Φ_2를 상쇄하는 전류 I_1'가 흘러야 하며
$N_1 I_1' + N_2 I_2 = 0$이다.
$I_1 = I_0 + I_1'$에서 I_1(1차 총전류), I_0(여자전류), I_1'(부하전류)
I_0는 I_1'에 비해 매우 작은 값이므로 무시하면

③ 전류 권수비 $\dfrac{I_1}{I_2} = -\dfrac{N_2}{N_1} = -\dfrac{1}{a}$

(3) 변압기 등가회로 및 벡터도

① 등가회로

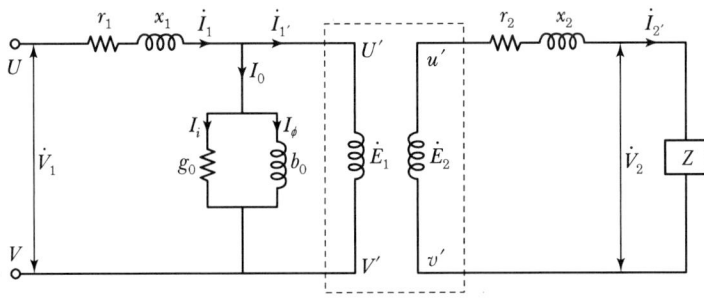

그림 2-29 ▶ 등가회로

② 2차를 1차로 환산한 등가회로

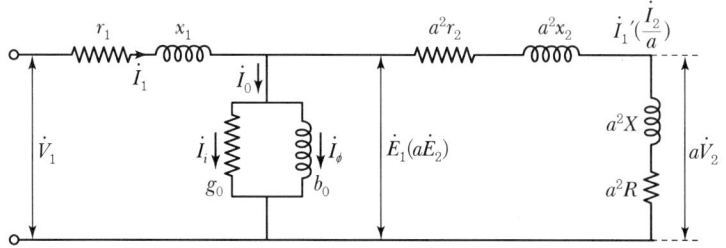

그림 2-30 ▶ 2차를 1차로 환산한 등가회로

③ 벡터도

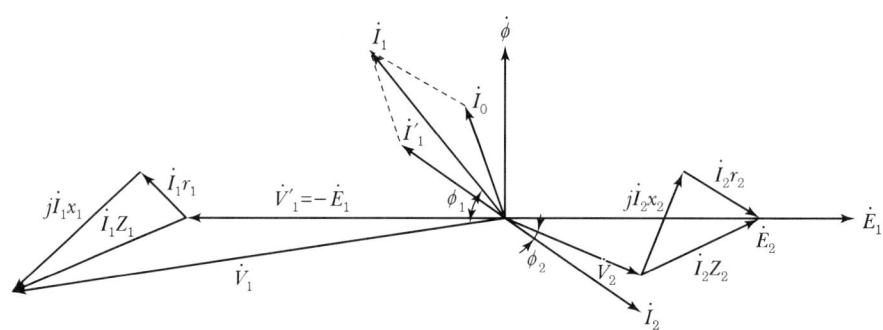

그림 2-31 ▶ 변압기 벡터도

(4) 3상 변압기의 출력

$$P_3 = \sqrt{3}\ V_l I_l \cos\theta = 3 V_p I_p \cos\theta$$

5) 임피던스전압이 변압기 특성에 영향을 주는 항목

(1) 개요

① 임피던스전압의 정의

변압기 2차 측을 단락시킨 상태에서 1차 측에 정격 주파수의 저전압을 인가 시 1차 측, 2차 측에 정격의 전류가 흐를 때의 1차 측 전압을 말한다.

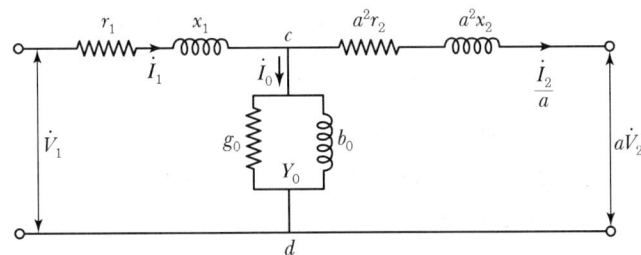

그림 2-32 ▸ 변압기 등가회로

② % 임피던스전압(%IZ)

㉠ % 저항전압(%IR)

$$\%IR = \frac{IR}{V_1} \times 100 = \frac{I_1(r_1 + a^2 r_2)}{V_1} \times 100$$

㉡ % 리액턴스전압(%IX)

$$\%IX = \frac{IX}{V_1} \times 100 = \frac{I_1(x_1 + a^2 x_2)}{V_1} \times 100$$

㉢ % 임피던스전압(%IZ)

$$\%IZ = \sqrt{(\%IR)^2 + (\%IX)^2}$$

③ % 임피던스(%Z)

$$\%Z = \frac{I_n Z}{E} \times 100 = \frac{P[\text{kVA}]Z}{10\,V^2[\text{kV}]}\,[\%]$$

I_n : 정격전류[A]
E : 회로전압 = 정격전압[V]
Z : 임피던스

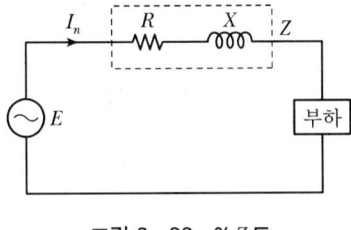

그림 2-33 ▸ %Z 도

④ 임피던스전압이 변압기 특성에 영향을 주는 요소

㉠ 전압변동률

㉡ 무부하손과 부하손의 손실비

㉢ 계통의 단락용량

ㄹ 변압기 병렬운전
　　ㅁ 단락 시 권선에 작용하는 전자기계력

(2) 전압변동률(ε)

$$\varepsilon = \frac{V_{20} - V_{2n}}{V_{2n}} \times 100 = p\cos\theta + q\sin\theta$$

여기서, V_{20} : 2차 측 무부하전압, V_{2n} : 2차 측 정격전압
p : % 저항강하, q : % 리액턴스 강하, $\%Z = \sqrt{p^2 + q^2}$

① $\%Z$가 증가하면 전압 변동률은 증가한다.
② $\%Z$의 경우 변압기 용량이 증가할수록 리액턴스에 영향을 받는다.
③ 실부하 운전 시 역률이 저하되면 전압변동률은 증가된다.

(3) 무부하손과 부하손의 손실비

① 변압기의 손실
　ㄱ 부하손 : 저항에 영향을 받음
　ㄴ 무부하손 : 리액턴스에 영향을 받음

② $\%Z = \sqrt{p^2 + q^2}$　　$\%Z$가 증가하면 변압기 손실은 증가함

③ 손실비 $= \dfrac{\text{부하손}}{\text{무부하손}}$

　ㄱ 임피던스전압 증가 시 : 부하손 증가, 손실비 증가
　ㄴ 임피던스전압 저하 시 : 부하손 감소, 손실비 감소

(4) 계통의 단락용량

① 동일한 변압기 용량기준으로 $\%Z$가 증가하면 단락용량은 감소한다.
② 단락용량(P_S)

$$P_S = \frac{100}{\%Z} \times P_n (\text{정격용량})$$

(5) 변압기 병렬운전

① 운전조건
　ㄱ 1, 2차 전압이 동일할 것
　ㄴ $\%Z$(전압)이 동일할 것
　ㄷ 저항, 리액턴스비가 동일할 것

ⓔ 단상은 극성, 3상은 상회전 및 각변위가 동일할 것
　　ⓜ 권수(선)비가 일치할 것

② 병렬 운전 시 %Z에 의한 부하분담

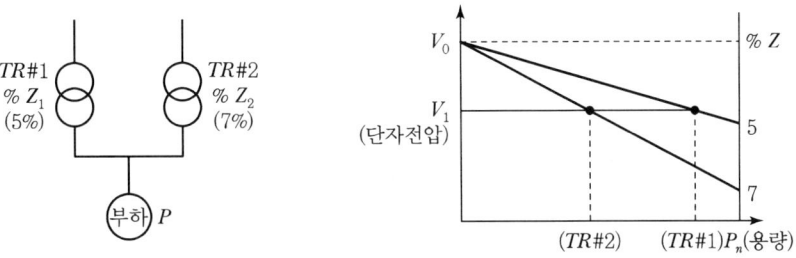

그림 2-34 ▶ 병렬 운전 시 부하분담

　ⓐ %Z가 낮은 쪽의 변압기가 과부하 운전됨
　ⓑ $TR_1(\%Z \to 5[\%])$ $TR_2(\%Z \to 7[\%])$인 경우 변압기의 부하분담

$$TR_1 = \frac{7}{5+7} \times P(\text{부하용량}), \quad TR_2 = \frac{5}{5+7} \times P(\text{부하용량})$$

(6) 단락 시 권선에 작용하는 전자기계력

① 임피던스 Z에 의해 단락전류(I_s)가 변한다.
② 단락전류의 크기에 의해 변압기 권선 상호 간, 권선과 철심 사이의 전자기계력의 차이가 발생한다.

(7) 기타

① 임피던스 전압이 낮은 변압기 : 철기기가 되어 부하손은 적지만 중량은 무거워지는 경향이 있다.
② 임피던스 전압이 높은 변압기 : 동기기가 되어 부하손은 많아지나 중량은 가벼워지는 경향이 있다.

6) 변압기의 효율 및 손실

(1) 손실

$$전손실(P) = P_i + m^2 P_c \left\{ P_i : 철손, \ P_c : 동손, \ m\left(\frac{부하용량}{변압기용량}\right) : 부하율 \right\}$$

① 철손
  ㉠ 정의 : 부하의 유무에 관계없이 전압만 인가되고 있으면 발생
  ㉡ 종류
  - 히스테리시스손 $\left(P_h = f_h \ \dfrac{f}{100} B_m^2 \ [\text{W/kg}] \right)$

    여기서, f : 전원주파수[Hz], B_m : 자속밀도의 최댓값, f_h : 재질계수
  - 와류손 $\left(P_e = fe \left[t \dfrac{f}{100} r_f B_m \right]^2 [\text{W/kg}] \right)$

    여기서, f_e : 재질계수, t : 철판의 두께, r_f : 전원전압의 파형률(정현파 → 1.1)

② 동손 : 권선에서 생기는 저항손으로 부하변동에 따라 $i^2 R$로 발생한다.

③ 손실저감 대책

동손 저감 대책	철손 저감 대책
• 권선수 저감 • 권선의 단면적 증가 • 변압기의 소형화	• 자속밀도 감소 • 저손실 철심재료 채용 • 철심두께 감소

(2) 변압기 효율

① 정의 : 변압기 입력에 대한 출력의 비

$$효율(\eta) = \frac{출력\,[\text{kW}]}{입력\,[\text{kW}]} \times 100 = \frac{출력\,[\text{kW}]}{출력 + 손실\,[\text{kW}]} \times 100$$
$$= \frac{입력 - 손실\,[\text{kW}]}{입력\,[\text{kW}]} \times 100$$

② 종류
  ㉠ 실측효율 : 출력과 입력을 측정해서 구하는 효율을 말함
  ㉡ 규약효율 : 규약에 의해 손실을 결정하여 계산식을 이용해서 구하는 효율로서 변압기의 효율은 규약효율을 표준으로 함
  ㉢ 변압기 최대효율

$$효율 \eta = \frac{출력}{출력 + 철손 + 동손} \times 100\,[\%] \text{에서}$$

부하율이 m일 때 정격전압 V_{2n}, 정격전류 I_{2n}, 역률 $\cos\theta_2$, 철손 P_i, 전부하동손 P_c를 대입하면

$$\eta = \frac{mV_{2n}I_{2n}\cos\theta_2}{mV_{2n}I_{2n}\cos\theta_2 + P_i + m^2P_c} = \frac{V_{2n}I_{2n}\cos\theta_2}{V_{2n}I_{2n}\cos\theta_2 + \frac{1}{m}P_i + mP_c}$$

공급전압 및 주파수가 일정하면 $P_l = \frac{1}{m}P_i + mP_c$가 최소일 때 효율이 최대임

$$\frac{dP_l}{dm} = -\left(\frac{1}{m}\right)^2 P_i + P_c = 0$$

$P_i = m^2 P_c$ (동손 = 철손일 때 최대효율이 됨) $m = \sqrt{\frac{P_i}{P_c}}$

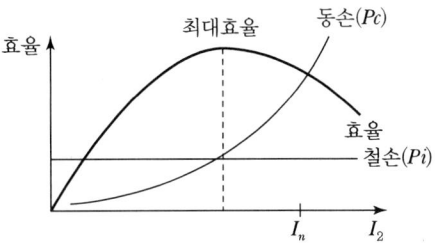

그림 2-35 ▶ 최대 효율의 조건

ㄹ 전일효율

변압기의 1차 측은 항상 전원에 접속되어 부하에 관계없이 철손(P_i)가 소비된다. 이에 비하여 동손은 부하가 걸리는 시간(h)만 발생하므로 1일간의 종합 효율인 전일효율은 다음과 같다.

$$\text{전일효율} = \frac{\sum h V_2 I_2 \cos\theta_2}{\sum h V_2 I_2 \cos\theta_2 + 24P_i + \sum h P_c}$$

전일효율이 최대가 되는 조건 $P_c = \frac{24}{\sum h}P_i$

변압기의 사용시간이 짧으면 짧을수록 동손에 비해 철손이 적은 쪽이 전일효율이 높다.

7) 변압기의 경제적 운전

(1) 과전압억제
① 변압기의 과전압은 철심의 자속수를 증가시켜 무부하손과 여자돌입전류를 증가시킨다.
② 소음 증가 및 수명단축의 원인이 된다.
③ 변압기에 10[%] 이상 과전압이 되지 않게 한다.

(2) 역률개선
역률개선 시 변압기 용량의 여유를 증가시킨다.

(3) 과부하 억제
① 과부하 시 권선의 온도상승에 의한 수명단축의 원인을 제공한다.
② 강제 냉각작용으로 온도상승을 시험값과 동일수준으로 억제 시 약 20[%] 연속 과부하 운전이 가능하다(여러 조건이 동시에 발생한 경우 과부하 한도).
③ 변압기 종류별 과부하율
  ㉠ 유입 TR : 15분간 150[%]
  ㉡ 몰드 TR : 15분간 200[%]
  ㉢ 건식 TR : 15분간 150[%]

(4) 병렬운전
① 각 변압기의 부하율이 높을수록 변압기를 병렬운전하는 것이 손실이 감소된다.
② 변압기의 부하율이 낮을수록 1대로 통합 운전하는 것이 손실이 감소된다.

(5) 손실 비교
500[kVA] 변압기의 철손이 1.3[kW], 동손이 7.5[kW]인 경우

부하율	2대 병렬운전	1대 단독운전
80[%]	$(P_i + m^2 P_C) \times 2$대 $= [1.3 + (0.4^2) \times 7.5] \times 2 = 5[kW]$ ※ 병렬운전이 유리	$1.3 + (0.8^2) \times 7.5 = 6.1[kW]$
40[%]	$(P_i + m^2 P_C) \times 2$대 $[1.3 + (0.2^2) \times 7.5] \times 2 = 3.2[kW]$	$1.3 + (0.4^2) \times 7.5 = 2.5[kW]$ ※ 단독운전이 유리

8) 변압기 과부하운전

(1) 정의

변압기 정격용량보다 초과하여 변압기를 가동시키는 것으로 통상 상태보다 사고 등 비정상적인 상황에서 적용된다.

(2) 과부하운전과 수명과의 관계

① 주위온도 25(℃)기준 하에서 권선최고온도가 95(℃)인 경우 정격부하로 연속운전 시 30년 정도 사용 가능하다.
② 과부하운전 시 수명은 반비례로 감소한다.
③ 절연물의 수명 $Y = ae^{-b\theta_H}$
　여기서, a, b : 정수
　　$\theta_H = \theta_a + \theta_m$
　　θ_a : 주위온도, θ_m : 최고점온도상승

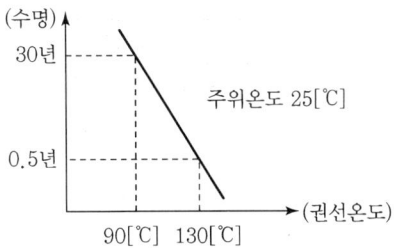

그림 2-36 ▶ 과부하운전과 수명

(3) 과부하운전 가능 조건과 불가한 조건

가능조건	불가한 조건
• 주위온도 저하 시 　(최고온도 30[℃] 기준 이하 시) • 온도상승 시험치가 기준온도 미만 시 • 단시간 과부하 운전 시 　(수명에 영향을 미치지 않는 조건)	• 주위온도가 40[℃] 초과 시 • 유중가스 분석치가 700[ppm]초과 시 • 과부하 시 직렬기기(CB, CT 등) 등의 정격초과 시 • 절연물의 수리실적이 있는 경우 • 사용 년수가 15년 이상인 변압기

(4) 과부하와 온도 특성과의 관계

① 주위온도(30[℃] 기준)
　㉠ 온도상승 → 부하 감소 운전(기준온도(30[℃])에서 1[℃] 상승 시마다 약 2[%] 부하 감소 시 안전 운전이 가능함)
　㉡ 온도하강 → 과부하 운전율이 증가(기준온도(30[℃])에서 1[℃] 하강 시마다 약 0.8~1[%] 과부하 운전이 가능함)

② 온도상승 시험치에 의한 과부하운전
　㉠ 규정의 권선 온도상승한도가 55[℃]인 경우
　㉡ 시험상의 평균 권선 온도상승한도가 45[℃]인 경우
　　 55 - 45 - 5 = 5[%] 과부하 운전이 가능

ⓒ 강제냉각 등으로 온도를 시험치 온도와 같이 맞출 경우 약 20[%] 과부하 운전이 가능

③ 단시간의 과부하

24시간 이내에 일어나는 1회의 단시간 과부하에 대해서는 아래 표의 값만큼 과부하를 할 수 있다.

표 2-8 ▶ 단시간 과부하

냉각방식		자랭식 및 수랭식			송유식 및 송풍식		
과부하 전의부하[%]		90	70	50	90	70	50
시간	1/2	1.47	1.50	1.50	1.39	1.45	1.50
	1	1.33	1.39	1.45	1.26	1.30	1.32
	2	1.20	1.25	1.29	1.16	1.18	1.21
	3	1.10	1.14	1.15	1.08	1.10	1.12

④ 부하율 저하로 인한 과부하

24시간 이내의 시간주기를 가진 부하의 부하율이 90[%]보다 낮은 경우 90[%]와의 차이 1[%]마다 아래 표의 수치만큼 과부하 운전이 가능하다.

표 2-9 ▶ 부하율 저하에 따른 과부하

냉각방식	정격출력에 대한 증가의 비율	최고[%]
자랭식, 수랭식	0.5	20
송풍식, 송유식	0.4	16

⑤ 여러 가지 조건이 중복된 경우의 과부하

㉠ 주위온도의 저하로 인한 과부하, 온도상승 시험치에 의한 과부하 및 부하율 저하로 인한 과부하는 그 과부하 백분율을 가산할 수 있음(단 백분율은 정격출력에 대한 것을 취할 것)

㉡ 그러나 연속적으로 과부하로 하는 경우 아래 표 이상의 과부하로 해서는 안 되며, 단시간 과부하의 경우는 150[%] 이상의 과부하로 해서는 안 됨

표 2-10 ▶ 여러 조건이 중복된 경우의 과부하

냉각방식	최고 허용부하[%]
자랭식, 송풍식, 송유풍냉식	125
수식, 송유수랭식	120

9) 변압기 냉각방식

변압기 철심의 철손과 권선의 동손은 모두 열이 되어 변압기 온도를 상승시켜 절연물을 열화시키고 변압기 수명을 단축시킴으로써 권선과 철심을 냉각시켜야 하므로 적절한 냉각방식을 취하여 절연물의 온도상승을 규정의 일정한 온도 값 이하로 억제 관리하여야 한다.

(1) 변압기 종류별 냉각방식

① 건식
  ㉠ 건식 자랭식(AN) : 방사와 공기의 대류에 의해 냉각 → 소용량 변압기
  ㉡ 건식 풍냉식(AF) : 권선 하부에 통풍구를 설치하고 송풍기로 바람을 불어 냉각
     → 대용량(500[kVA]) 이상에 경제적임

② 유입식
  ㉠ 유입 자랭식(ONAN) : 가열된 기름이 대류와 방사에 의해 냉각 → 소용량 변압기
  ㉡ 유입 풍냉식(ONAF)
    • 열방산을 증가시키기 위해 외함에 주름을 잡아 표면적을 크게 하거나 송풍기로 냉각하는 방식 → 대용량 변압기(10~60[MVA])
    • 기설 자랭식에 송풍기를 부착 시 약 20[%] 단시간 과부하 운전이 가능
  ㉢ 유입 수랭식(ONWF)
    • 외함 내부에 설치된 냉각관에 물을 통과시켜 냉각하는 방식
    • 양질의 물을 풍부하게 필요로 하며 수질이 나쁠 경우 관부식 문제로 최근 이 방식은 잘 사용되지 않음

③ 송유식
  펌프를 이용하여 온도가 높은 상부로부터 기름을 배출하여 냉각한 후 하부를 통해 외함에 공급하는 방식
  ㉠ 송유 자랭식(OFAN) : 순환하는 기름을 방열기로 자연히 냉각하는 방식
  ㉡ 송유 풍냉식(OFAF) : 방열기와 송풍기로 냉각시키는 방식 → 30[MVA] 이상 대용량 변압기
  ㉢ 송유 수랭식(OFWF) : 방열기를 물로 냉각하는 방식

(2) 변압기 냉각방식의 종류 및 기호표시

변압기 냉각방식의 종류 및 적용 규격별 기호표시는 다음과 같으며 변압기 용량 및 특성에 따라 적절한 방식을 채택하여 사용한다.

표 2-11 ▸ 변압기 냉각방식 및 규격별 표시기호

냉각방식		규격별 기호표시		권선, 철심의 냉각매체		주위 냉각매체	
		JEC 2200 IEC 76	ANSI C57.12	종류	순환 방식	종류	순환 방식
유입 변압기	유입자랭식	ONAN	ONAN	기름	자연	공기	자연
	유입풍냉식	ONAF	ONAF	기름	자연	공기	강제
	유입수랭식	ONWF	(-)	기름	자연	물	강제
	송유자랭식	OFAN	(-)	기름	강제	공기	자연
	송유풍냉식	OFAF	OFAF	기름	강제	공기	강제
	송유수랭식	OFWF	OFWF	기름	강제	물	강제
몰드 변압기	건식자랭식	AN	AA	공기	자연	-	-
	건식풍냉식	AF	AFA	공기	강제	-	-
	건식밀폐자랭식	ANAN	GA	공기	자연	공기	자연
	건식밀폐풍냉식	ANAF	(-)	공기	자연	공기	강제

BS 171은 JEC 2200 또는 IEC 76과 동일함
- 유입 자랭식을 유입풍냉식으로 대체하면 20~30[%]의 용량 증가를 기대할 수 있음
- 건식 자랭식을 건식풍냉식으로 대체하면 33[%] 이상의 용량 증가를 기대할 수 있음

[주요 용어설명]
- ONAN : Oil Natural Air Natural
- ONAF : Oil Natural Air Forced
- ONWF : Oil Natural Water Forced
- OFAN : Oil Forced Air Natural
- OFAF : Oil Forced Air Forced
- OFWF : Oil Forced Water Forced
- AN(AA) : Air Natural
- AF(AFA) : Air Forced
- ANAN(GA) : Air Natural Air Natural
- ANAF : Air Natural Air Forced

10) 단권변압기

(1) 정의

단권변압기란 1차, 2차 권선이 절연되지 않고 권선의 일부를 공동으로 가지는 변압기를 말한다.

(2) 용도

승압용, 강압용, 기동보상기, 계통연결 등에 사용된다.

(3) 단권변압기와 2권선 변압기

① 회로도

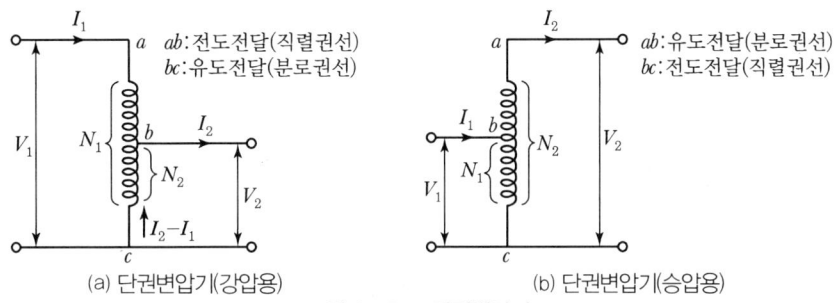

(a) 단권변압기(강압용) (b) 단권변압기(승압용)

그림 2-37 ▶ 단권변압기

② 자기용량과 부하용량

단권변압기	2권선변압기
부하용량$(P_2) = V_2 I_2 = V_2(I_2 - I_1) + V_2 I_1$ 자기용량$(P_1) = V_2(I_2 - I_1)$	자기용량(P_1) 부하용량$(P_2) = V_1 I_1 = V_2 I_2$

㉠ 강압용 단권변압기

$$\frac{자기용량(P_1)}{부하용량(P_2)} = \frac{V_2(I_2 - I_1)}{V_2 I_2} = 1 - \frac{I_1}{I_2} = 1 - \frac{V_2}{V_1} = 1 - \frac{V_L}{V_H}$$

권수비 $\alpha > 1$

㉡ 승압용 단권변압기

$$\frac{자기용량(P_1)}{부하용량(P_2)} = \frac{(V_2 - V_1)I_2}{V_2 I_2} = 1 - \frac{V_1}{V_2} = 1 - \frac{V_L}{V_H}$$

권수비 $\alpha < 1$

㉢ 강압용 단권변압기, 승압용 단권변압기 모두 $\dfrac{자기용량(P_1)}{부하용량(P_2)} = 1 - \dfrac{V_L}{V_H}$

여기서, V_H는 고압, V_L은 저압

ⓔ 2권선변압기 : 자기용량(P_1)=부하용량(P_2)= $V_1 I_1 = V_2 I_2$

(4) 장·단점

장점	단점
• 소형이고 가격이 저렴	• 임피던스가 적어 단락전류가 큼
• 동손이 적어 효율이 좋음	• 1, 2차가 완전히 절연되지 않음
• 전압변동이 작고 안정도가 증가	• 1차 고장 시 2차로 파급이 용이함
• 여자전류가 적음	• 1차 측 Surge가 2차로 이행이 용이함

11) 변압기 이행전압

(1) 정의

① 변압기 1차에 가해진 Surge가 정전적, 전자적으로 2차 측에 이행하는 전압을 말한다.
② 변압기 2차 권선 및 2차 권선 접속기기의 절연에 악영향을 주며 특히 변압기가 큰 변압기에 대해 이행전압이 2차 BIL을 상회할 경우에 대비한 보호장치가 필요하다.

(2) 종류

① 정전이행전압

1, 2차 양권선 간 정전용량(C_{12}) 및 2차 권선의 대지 간 정전용량에 의해 Surge 전압이 분압되어 발생되는 전압을 말한다.

정전이행전압(e_2) = $\dfrac{C_{12}}{C_{12} + C_{2e}} \times ae_1$

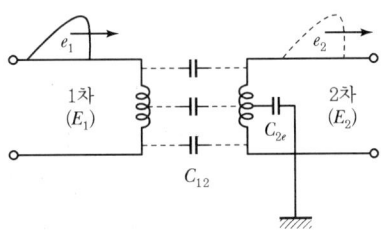

여기서, C_{12} : TR 1, 2차 간 정전용량
C_{2e} : TR 2차 권선과 대지 간 정전용량
e_1 : 1차 권선에 가해진 Surge 전압
α : 변압기구조에 따른 정수
(보통 중성점 개방 시 : 1.3~1.5,
중성점 접지 시 : 0.6)

그림 2-38 ▶ 변압기 이행전압

② 전자이행전압
㉠ 1차 권선을 흐르는 Surge 전류에 의한 자속이 2차 권선과 쇄교하여 유기되는 전압
㉡ 단상변압기의 전자이행전압

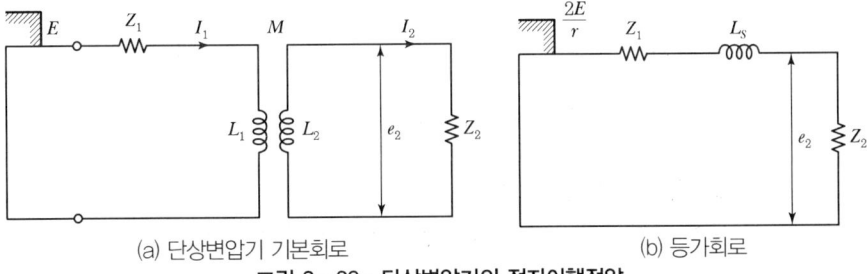

(a) 단상변압기 기본회로   (b) 등가회로

그림 2-39 ▶ 단상변압기의 전자이행전압

2차 권선으로의 전자이행전압 $e_2 = \dfrac{E}{r} \cdot \dfrac{Z_2}{Z_1 + Z_2}\left(1 - \varepsilon^{-\frac{Z_1 + Z_2}{Ls}t}\right)$

여기서, r : 권선비
E : 1차 측 Surge 전압파고치
Z_1 : 1차 권선 측의 Surge 임피던스
Z_2 : 2차 권선에 접속된 임피던스의 1차 측 환산치($r^2 \cdot Z_2'$)

L_S : 변압기 권선의 임피던스($L_S = L_1 + L_2 - 2M$)
L_1 : 1차 권선의 임피던스
L_2 : 2차 권선 임피던스의 1차 측 환산치
M : 상호임피던스

ⓒ 3상 변압기의 전자이행전압

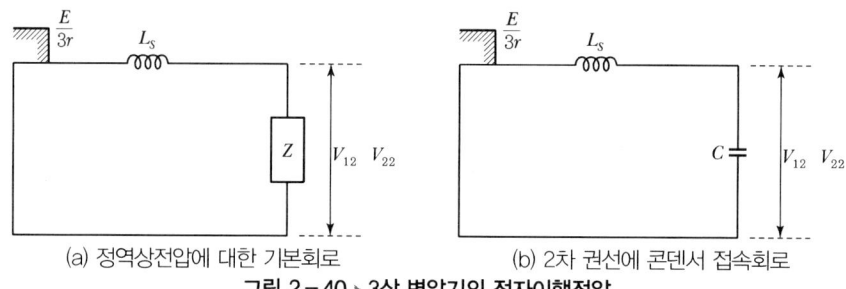

(a) 정역상전압에 대한 기본회로   (b) 2차 권선에 콘덴서 접속회로

그림 2-40 ▶ 3상 변압기의 전자이행전압

- 3상 변압기의 경우 1차 권선의 인가전압을 정상, 역상, 영상분으로 나눠서 검토함
- 영상전압에 대한 전자이행전압
  - 1차 권선이 △결선 또는 Y결선이고 중성점 비접지인 경우에는 1차 측에 Surge성 전류가 흐르지 않으므로 발생하지 않음
  - 2차 측이 △결선인 경우에는 영상전압에 대해 단락회로가 되므로 발생하지 않음
- △-△, Y-Y 변압기의 전자이행전압의 정상분 및 역상분에 의한 전자이행전압

  $V_{a2} = V_{12} + V_{22}$, V_{12} : 전자이행 전압의 정상분

  $V_{b2} = a^2 V_{12} + a V_{22}$ V_{22} : 전자이행 전압의 역상분

  $V_{c2} = a V_{12} + a^2 V_{22}$

③ 2차 권선 고유진동전압

　상기 정전이행전압, 전자이행전압을 통해 변압기 2차 측에 유기되는 고유진동전압

(3) 이행전압의 크기

① 정전이행전압($C_{12} \simeq \frac{1}{2} C_{2e}$ 라 하면)

　㉠ 단상 TR

　　1차 권선에 가해진 Surge 전압의 40~50[%]가 이행함

ⓒ 3상 TR
- 중성점 접지($a = 0.6$) → 20[%] 이행
- 중성점 개방($a = 1.5$) → 52[%] 이행

② 전자이행전압
㉠ 권선비에 의해 정해지며 부하임피던스가 클수록 커짐
㉡ 특별한 경우 외에는 보호대상이 아님

(4) 이행전압 대책

① 정전이행전압 대책
㉠ 2차 측에 피뢰기를 설치함
㉡ 2차 측에 보호콘덴서를 설치
㉢ 2차 측의 BIL을 높임

② 전자이행전압 대책
㉠ 전자이행전압은 대체로 권선비대로 이행하므로 특수한 경우가 아니면 보호장치는 불필요함
㉡ $Y-\triangle$ 결선에서 저압 측 $\triangle$ 권선의 정격전압이 높은 경우 저압 측 상간절연을 강화할 필요가 있음

12) 변압기 여자돌입전류

(1) 정의

변압기를 무부하상태에서 투입하거나 급격한 전압상승이 있을 경우 철심포화에 의해 과도적으로 발생하는 전류로서 정격전류의 약 10배의 전류가 0.5~수 초간 발생하는 전류를 말한다.

(2) 영향

① 보호계전기 오동작
② TR 권선의 스트레스 증가
③ 일시적 전압강하 발생

(3) 발생원리

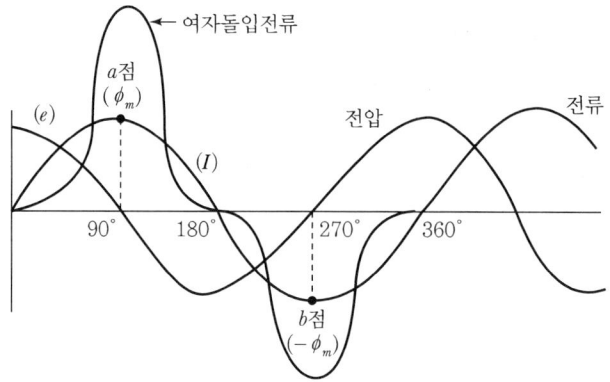

그림 2-41 ▸ 여자돌입전류도

① **부하상태** : 여자전류는 부하에 비례해서 증감되어 여자돌입전류는 발생하지 않는다.
② 무부하 상태에서 발생된다.
　㉠ 전압 0점(90° 지점)에서 차단기 투입
　㉡ 전압 0점에서 전류 → I_m, 자속 $\phi \to \phi_m$
　㉢ $\dfrac{3\pi}{2}$ 에서 전류 → $-I_m$, 자속 $\phi \to -\phi_m$
　㉣ a점과 b점 사이의 자속($2\phi_m + \phi_r$)이 포화점을 넘을 경우 여자돌입전류가 발생함
③ 시간이 경과함에 따라 여자돌입전류는 서서히 감소한다.

(4) 영향을 주는 요인(발생 요인)

① 잔류자속(B_r)
② 전압크기 및 투입위상
③ 자속밀도의 크기
④ 철심의 재료 및 포화특성
⑤ 변압기의 크기
⑥ 계통에서 변압기에 이르는 저항분

(5) 크기

① 냉간압연 TR > 열간압연 TR
② 단상 TR > 3상 TR
③ 승압용 TR > 강압용 TR
④ 저전압 소용량 TR > 고전압 대용량 TR

(6) 특징

① 여자돌입전류는 제1파에서 최대가 되고, 그 후에는 회로의 시정수 $\dfrac{L}{R}$ 값에 따라 감쇠한다.

② 일반적으로 전압이 높고, 용량이 클수록 $\dfrac{L}{R}$ 값이 커지는 경향이 있으므로 여자돌입전류는 변압기의 용량이 커짐에 따라 배수는 적고 시정수는 길어지는 경향이 있다.

(7) 오동작 방지대책

① 감도 저하식(30[MVA] 이하) : 변압기 투입 시 순간적으로 비율차동계전기의 감도를 저하시켜 오동작을 방지한다.

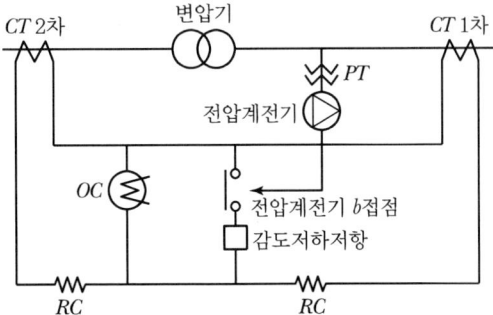

그림 2-42 ▶ 감도 저하식

② Trip Lock식 : 변압기 투입 후 일정시간 동안 Trip Lock 회로를 구성한다.
③ 고조파 억제식(30[MVA] 이상) : 여자돌입전류에 포함된 제2고조파 전류가 15~20[%] 이상인 경우 제2고조파 전류를 계전기 억제력으로 이용하여 여자돌입전류에 대한 오동작을 방지한다.

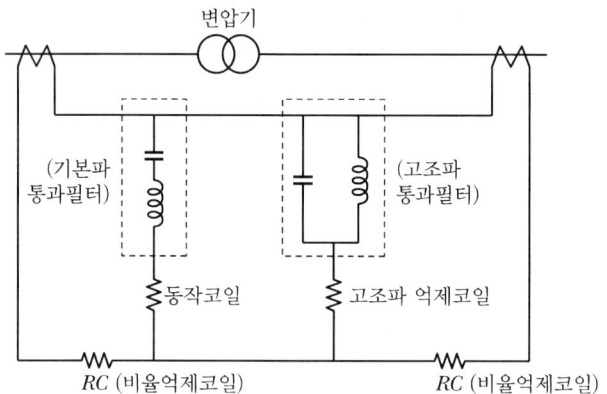

그림 2-43 ▶ 고조파 억제식

④ 비대칭 저지법
  ㉠ 여자돌입전류의 비대칭 특성 이용
  ㉡ 정(+)부(-)파형 차가 클 경우 트립회로를 개방함

13) 변압기에서 철심포화에 의한 3고조파(전압, 전류)의 발생원리

(1) 개요

변압기 철심에 자기포화가 없으면 여자전류, 자속, 유기전압이 모두 정현파이나 실제변압기에는 철심포화에 의한 히스테리시스가 있기 때문에 여자전류와 자속 중에 어느 한쪽이 정현파이면 다른 쪽은 반드시 왜형파가 되며 철심포화에 의해 제 3 고조파 외 5, 7, 9 등의 고조파도 발생되나 고차수일수록 그 절대값이 작아 제3고조파만 고려한다.

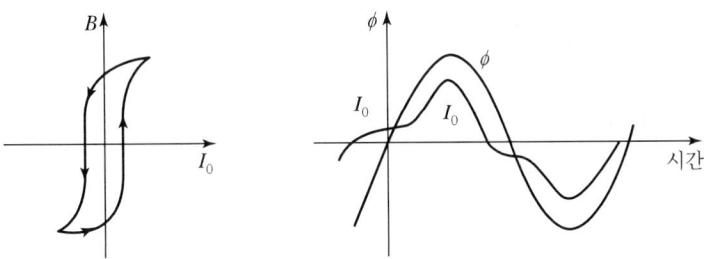

그림 2-44 ▶ 히스테리시스 특성과 왜곡

(2) 3고조파 발생원리

① 여자전류(I_0)가 1차 도체에 흐를 경우 자속 Φ가 발생되고 철심포화에 의한 히스테리시스로 자속이 $\Phi_1 + \Phi_3$로 변화된다.

② 자속 Φ_3에 의해 2차 도체에 3고조파 전압, 전류가 발생한다.

(3) 3고조파전압 및 전류의 형태

① 각 상 기본파전압과 제3고조파 전압(Y결선 변압기에 정현파 여자전류가 인가 시)

$$\dot{E}_a = E_1 \sin wt + E_3 \sin 3(wt - \phi)$$

$$\dot{E}_b = E_1 \sin(wt - 120°) + E_3 \sin 3(wt - \phi - 120°)$$

$$\quad\quad = E_1 \sin(wt - 120°) + E_3 \sin 3(wt - \phi)$$

$$\dot{E}_c = E_1 \sin(wt - 240°) + E_3 \sin 3(wt - \phi - 240°)$$

$$\quad\quad = E_1 \sin(wt - 240°) + E_3 \sin 3(wt - \phi)$$

㉠ 기본파전압은 평형3상 전압

㉡ 제3고조파전압 : 각 상 간에 상차가 없는 $E_3 \sin 3(wt - \phi)$

㉢ ϕ : 기본파와 3고조파의 상차각

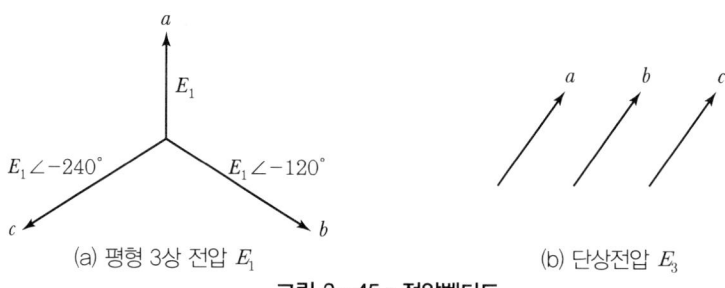

(a) 평형 3상 전압 E_1　　(b) 단상전압 E_3

그림 2-45 ▶ 전압벡터도

② 각 상 기본파 전류와 제3고조파 전류

제3고조파 단상 전압인 $E_3\sin3(wt-\phi)$가 발생되고 중성점을 접지하면 선로대지 정전 용량을 통해 제3고조파 영상분(단락전류)이 흐른다. 각 상을 흐르는 여자전류 $\dot{I}_{0a}$, $\dot{I}_{0b}$, $\dot{I}_{0c}$는 120°의 위상차를 가지고 제3고조파만 포함될 경우 아래와 같다.

$\dot{I}_{0a} = I_{01}\sin wt + I_{03}\sin3(wt-\phi)$

$\dot{I}_{0b} = I_{01}\sin(wt-120°) + I_{03}\sin3(wt-\phi-120°)$

$\quad = I_{01}\sin(wt-120°) + I_{03}\sin3(wt-\phi)$

$\dot{I}_{0c} = I_{01}\sin(wt-240°) + I_{03}\sin3(wt-\phi-240°)$

$\quad = I_{01}\sin(wt-240°) + I_{03}\sin3(wt-\phi)$

이때 중성점을 통해 흐르는 중성선 전류 $\dot{I}_N = \dot{I}_{0a} + \dot{I}_{0b} + \dot{I}_{0c} = 3I_{03}\sin3(wt-\phi)$ 은 제3고조파 단상분이다.

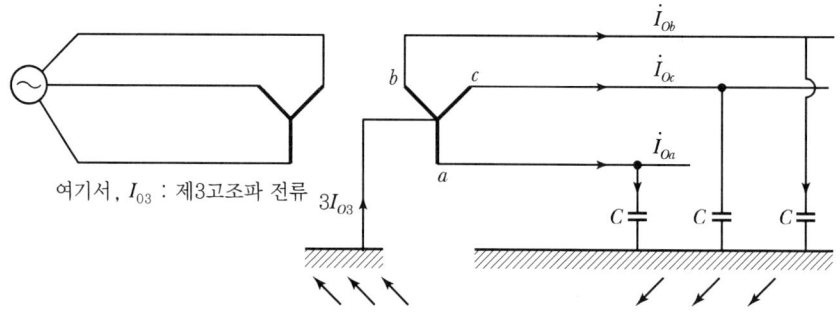

그림 2-46 ▶ $Y-Y$ 중성점 접지

(4) 중성점 접지 시 문제점

$Y-Y$ 접지계통에서 중성점을 접지하면 중성선 전류 $\dot{I}_N = 3I_{03}\sin3(wt-\phi)$은 부하에 관계없이 선로의 대지 정전용량을 통해서 상시 대지로 흘러 통신선에 유도장해를 발생시키며 이로 인한 문제로 중성점을 접지하고 싶어도 하지 못하는 경우가 발생된다.

(5) 대책

$\Delta-Y$, $Y-\Delta$, $Y-Y-\Delta$ 결선방식을 채용한다.

14) 중성점 잔류전압

(1) 개념

① 3상 대칭 송전선로에서 보통 중성점의 전위는 0 이며 이때 접지를 하더라도 중성점으로 전류가 흐르지 않으나 실제 각 선의 정전용량의 차이에 의해 중성점은 다소의 전위를 가지며 이 때문에 접지 시 전류가 흐르며 이전류는 기본파 단상 전류이다.
② 저항접지계통에는 큰 문제가 되지 않으나 소호리액터 접지방식에서는 큰 문제가 된다.
③ 보통의 운전상태에서 중성점을 접지하지 않을 경우 중성점에 나타나는 전위를 중성점 잔류전압(E_n)이라 한다.

(2) 발생원인

① **정상상태** : 송전선의 연가의 불충분으로 각 상의 대지 정전용량의 불평형인 경우
② **과도상태**
　㉠ 단선사고
　㉡ 차단기 개폐가 3상 동시에 이루어지지 않아서 3상 간 불평형상태인 경우

(3) 영향

① 중성점 불안정 현상 발생　② 보호계전기 Setting점 변경
③ 계측 전압, 전류가 변동됨　④ 이상전압 발생
⑤ 통신선 유도장해

(4) 잔류전압(E_n)의 크기

$$E_n = \frac{\sqrt{C_a(C_a - C_b) + C_b(C_b - C_c) + C_c(C_c - C_a)}}{C_a + C_b + C_c} \times \frac{V}{\sqrt{3}}$$

(5) 대책

① 충분한 연가 실시
② 각 상 정전용량의 일치($C_a = C_b = C_c$)

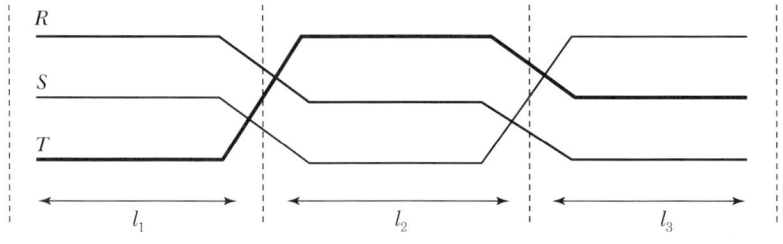

그림 2-47 ▶ 선로 연가 방법

15) 변압기 절연 종류

외부 이상전압에 대해서는 피뢰기 제한전압 이하로 억제시켜 절연협조를 시키고 내부 이상전압인 개폐 서지, 상용주파 과전압 등은 기기 자체의 절연레벨로 견디는 강도가 되어야 하며 변압기의 절연 종류는 아래와 같다.

(1) 전절연

① 개념
  ㉠ 계통의 공칭전압[kV]을 1.1로 나눈 값과 절연계급의 수치가 일치하는 절연 방식
  ㉡ 전절연의 절연계급
   • 3.3[kV] → 절연계급 : 3
   • 6.6[kV] → 절연계급 : 6
   • 110[kV] → 절연계급 : 100
   • 154[kV] → 절연계급 : 140

② 특징
  ㉠ 절연비 및 계통 구성비가 고가임
  ㉡ 비경제적임
  ㉢ 154[kV] 계통의 절연레벨(BIL)
   • 전절연 : 140호×5+50 → 750[kV] 이상(FULL Wave 충격시험전압)
  ㉣ 적용 : 비유효접지계통 또는 비접지계통에 접속되는 권선에 적용되는 방식임

(2) 균등절연

① 개념 : 변압기 중성점 단자의 절연강도가 선로단자와 같은 경우 및 △ 결선 시 권선 절연을 균등절연이라 한다.
② 특징 : 단절연에 비해 절연비가 고가이다.

(3) 저감절연

① 개념
  ㉠ 유효접지계통에서 1선 지락 시 건전상의 대지전압이 비접지계통이나 비유효접지계통보다 낮아 변압기 절연강도를 낮출 수 있는 절연방법을 말한다.
  ㉡ 저감절연은 절연계급(호)이 공칭전압[kV]을 1.1로 나눈 값보다 낮은 것을 말한다.
  ㉢ 절연계급의 수치는 공칭회로전압의 약 80[%] 정도이다.
   • 110[kV] → 절연계급 : 80
   • 154[kV] → 절연계급 : 120

② 특징
　㉠ 정격전압이 낮은 피뢰기 사용이 가능함
　㉡ 전절연에 비해 절연레벨이 낮음

③ 154[kV]계통의 절연레벨(BIL)
　• 저감절연 → 120호×5+50 → 650[kV] 이상(FULL Wave 충격시험전압)

(4) 단절연

① 개념

변압기 중성점을 기준으로 계단식으로 절연레벨을 정하는 것으로써 중성점으로 갈수록 절연레벨이 낮아지며 기기의 이상전압 억제를 통해 경제적 계통구성이 가능하다.

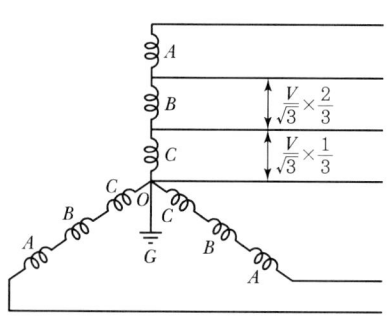

그림 2-48 ▶ 변압기 단절연

② 특징
　㉠ 절연강도는 선로 쪽은 강하고 중성점 쪽으로 갈수록 약함
　㉡ 변압기의 치수, 중량이 경감됨
　㉢ 경제적 설계가 가능함

16) 변압기의 절연방식

(1) 유입변압기

① **절연재료** : 절연유를 이용하여 절연 및 냉각매질로 사용한 변압기이다.

② **특징**
- ㉠ 화재의 우려가 있어 옥외용으로 사용
- ㉡ 기준충격절연강도(BIL)가 높음
- ㉢ 신뢰성이 높고 가격이 저렴함
- ㉣ 소용량에서 대용량에 이르기까지 사용됨

(2) 몰드변압기

① **절연재료** : 저압, 고압 권선을 모두 에폭시 수지로 고절연시킨 변압기이다.

② **특징**

장점	단점
• 고효율, 저손실특성 • 무공해 운전(절연유 처리 불필요) • 난연성 특성 • 소형 Compact한 구조 • 유지보수의 용이 • 절연의 신뢰성 • 저소음특성 • 변전실 내 반입이 용이	• 가격이 고가 • 내전압(95[kV])이 낮아 VCB와 같이 설치 시 Surge에 대한 보호대책 필요 • 옥외 설치 및 대용량 제작의 한계 • 500[kVA] 이상 시 잔류응력, 집중응력의 발생이 쉽고 발열에 의한 Crack 우려 • 1,500[kVA] 이상 시 별도소음 대책 • 에폭시 수지면의 전위가 13,200[V]로 수지 표면의 접촉 시 충격문제 발생

(3) 가스절연변압기

① **절연재료** : SF_6 가스를 절연재료로 사용한 변압기이다.

② **특징**
- ㉠ Oiless화가 가능함
- ㉡ 유입변압기와 전기적 특성이 동일
- ㉢ 방재성이 우수
- ㉣ 내진성, 내습성이 우수

(4) H종 건식변압기

① **절연재료** : 기름을 사용하지 않고 H종 절연재를 사용한 변압기이다.

② 특징

장점	단점
• 화재의 위험성이 없음 • 유지보수가 용이 • 유입식 대비 소형, 경량화	• 유입식 대비 고가 • 흡습에 의한 절연 저하

17) ANSI / IEEE와 IEC 규격에 따른 변압기 단락시험 비교

(1) 개요

국내에서 주로 실시하는 변압기 단락시험은 IEEE std c57.12.00-2000, ES 148, KSC 4309, IEC 60076-5의 규격에 따르고 있으나 ES 148은 IEEE std c57.12.00-2000와 거의 동일하며 ANSI / IEEE는 KS와 상당부분 일치하고 IEC는 JEC 규격과 매우 유사하다.

(2) 단락시험의 목적

변압기 2차 측에 단락사고 등이 발생 시 정격전류보다 훨씬 높은 단락전류가 발생되며 이때 변압기가 단락전류에 견디지 못하면 인사사고 등의 제2의 사고가 유발될 수 있으므로 변압기에 단락전류를 통전시켜 변압기의 권선과 철심 등이 열적, 기계적인 Stress에 견디는 정도를 측정하기 위함이다.

(3) ANSI / IEEE std c57.12.00-2000에 의한 단락시험 방법

① 변압기의 분류

카테고리	단상[kVA]	삼상[kVA]
I	5~500	15~500
II	501~1,667	501~5,000
III	1,668~10,000	5,001~30,000
IV	10,000 이상	30,000 이상

② 시험조건

㉠ 2권선 변압기의 단락전류

- 대칭단락전류 $I_{sc} = \dfrac{100 \times I_R}{(Z_T + Z_s)}$

  여기서, I_R : 변압기 Tap 전류(교류분 실횻값)
  Z_T : 상기 Tap에서의 변압기 임피던스(% Impedance)
  Z_S : 계통임피던스(정격용량 기준으로 한 % Impedance)
  (Z_S : 제시되지 않고, 알 수 없어 무시함)

- 비대칭 단락전류 $I_P = k \cdot I$

  여기서, $I = \dfrac{I_{sc}}{I_R}$ (기준전류에 대한 대칭단락전류의 배수)

- $\dfrac{x}{r}$에 따른 계수 k의 값

  여기서, x : 변압기와 계통의 리액턴스[Ω]
  r : 변압기와 계통의 저항합[Ω])

$\dfrac{x}{r}$	k	$\dfrac{x}{r}$	k
16.70	2.588	1.67	1.669
14.30	2.552	1.43	1.611
12.50	2.518	1.25	1.568
11.10	2.484	1.11	1.534
10.00	2.452	1.10	1.509

- 변압기의 최대 대칭단락전류가 초과하지 않을 범위

단상[kVA]	3상[kVA]	대칭단락전류 (기준전류의 배수)
5~25	15~75	40
37.5~110	112.5~300	35
167~500	500	25

ⓒ 시험횟수
- 대칭단락전류(I_{sc}) : 4회
- 비대칭단락전류(I_P) : 2회

ⓒ 시험시간
- 시험시간은 0.25[s]를 기준으로 하되 대칭단락전류 4회 중 1회는 아래의 조건을 만족하는 시간의 시험(장시간)을 1회 실시하여야 함
- 장시간 비대칭전류시험
  - 분류 Ⅰ에 속하는 변압기

    $$t = \dfrac{1250}{I^2}\ [\text{s}] \{I : \text{기준전류에 대한 대칭단락전류의 배수}\left(\dfrac{I_{sc}}{I_R}\right)\}$$

  - 분류 Ⅱ에 속하는 변압기 1.0[s]
  - 분류 Ⅲ, Ⅳ에 속하는 변압기 0.5[s]
- 허용오차
  - 시험전압 : 95~105[%]
  - 시험전류 : 95[%]

③ 임피던스 변화 허용치[판정기준]

한전 표준구매 시방서 ES148을 기준으로 한 시험 전후의 % 임피던스의 허용범위

㉠ 분류 Ⅰ에 속하는 변압기

표 2-12 ▶ % 임피던스의 허용범위 [단위 : %]

임피던스(Z_T)	변화율 허용 오차
2.99 이하	22.5~($5 \times Z_T$)
3.0 이상	7.5

㉡ 분류 Ⅱ, Ⅲ에 속하는 변압기는 권선이 동심배치인 경우 2[%], 비원통형 동심배치인 경우 7.5[%]

㉢ 분류 Ⅳ에 속하는 변압기 : 2[%]

(4) IEC 60076-5에 의한 단락시험 방법

① 변압기의 분류

카테고리	정격용량[kVA]
Ⅰ	2,500
Ⅱ	2,501~100,000
Ⅲ	100,000 이상

② 시험조건

㉠ 2권선 변압기의 단락전류

- 대칭단락전류 $I_{sc} = \dfrac{U}{(Z_T + Z_s)\sqrt{3}}$ [kA]

여기서, Z_s(계통단락임피던스) $= \dfrac{U_S^2}{S}$ [Ω](Z_s : 무시함)

(U_S : 계통 정격전압[kV], S : 계통 단락용량[kVA])

$Z_T = \dfrac{(U_Z \times U_n^2)}{100 \times S_n}$

Z_T : 변압기권선 단락임피던스[Ω], U : Tap 전압[kV]
S_n : 변압기 정격용량[MVA], U_n : 상전압[kV]
U_Z : % 임피던스

- 비대칭 단락전류
2권선 변압기의 시험전류의 최댓값(I_p)

- Peak Factor : $K \times \sqrt{2}$

여기서, $K = \dfrac{X}{R}$ (X : 시스템과 변압기 리액턴스의 합, R : 시스템과 변압기 저항의 합)

표 2-13 ▶ $K \times \sqrt{2}$ 값

$\dfrac{X}{R}$	1	1.5	2	3	4	5	6	8	10	14
$K \times \sqrt{2}$	1.51	1.64	1.76	1.95	2.09	2.19	2.27	2.38	2.46	2.56

[비고] 위의 예에 없는 경우는 선형 보간을 통해 얻을 수 있음

- 시험전류의 최댓값 $I_P = I_{sc} \times (K \times \sqrt{2})$

여기서, I_{sc} : 대칭단락전류

② 시험횟수

㉠ 카테고리 Ⅰ, Ⅱ 단상변압기 : 3번

㉡ 카테고리 Ⅰ, Ⅱ 삼상변압기 : 9번

③ 시험시간

㉠ 카테고리 Ⅰ : 0.5[S]±10[%]

㉡ 카테고리 Ⅱ, Ⅲ 제작자와 사용자 간 협의에 따름

④ 허용오차

㉠ 시험전압 : 정격의 1.15배를 초과하지 않도록 함

㉡ 시험전류
- 비대칭전류 : 95~105[%]
- 대칭전류 : 90~110[%]

18) 변압기 병렬운전

(1) 병렬운전조건

① 1, 2차 전압이 동일해야 한다.
② 임피던스 전압의 동일(%Z가 동일)해야 한다.
③ 저항과 리액턴스비가 같아야 한다.
④ 단상 변압기의 경우 극성이 동일해야 한다.
⑤ 3상 변압기의 경우 상회전과 각변위가 동일해야 한다.
⑥ 용량이 다른 변압기의 용량비 범위는 1 : 3 이내여야 한다.

(2) 검토사항

① 부하용량이 변압기용량 이내일 것
② 임피던스전압의 허용범위는 ±10[%] 이내일 것(단, 동일 용량 변압기에 한함)
③ 무부하 순환전류의 범위는 10[%] 이내일 것(실용상 지장이 없도록 제한)
④ 변압기 결선방법이 적합할 것

표 2-14 ▶ 병렬운전이 가능한 결선

병렬운전 가능 결선		병렬운전 불가능 결선	
변압기(Ⅰ)	변압기(Ⅱ)	변압기(Ⅰ)	변압기(Ⅱ)
$\Delta-\Delta$	$\Delta-\Delta$		
$Y-Y$	$Y-Y$		
$\Delta-Y$	$\Delta-Y$	$\Delta-\Delta$	$\Delta-Y$
$Y-\Delta$	$Y-\Delta$	$\Delta-Y$	$Y-Y$
$\Delta-\Delta$	$Y-Y$		
$\Delta-Y$	$Y-\Delta$		

(3) 병렬운전 조건에 부적합한 경우

① 1, 2차 전압이 다른 경우(2차 측 병렬운전기준)

$$I_C = \frac{\text{기전력의차}}{\text{임피던스벡터합}} = \frac{E_{12} - E_{22}}{Z_1 + Z_2}$$

여기서, E_{12} : A변압기 2차 전압, E_{22} : B 변압기 2차 전압
Z_1 : A변압기 2차 임피던스, Z_2 : B변압기 2차 임피던스

• 순환전류(I_C) 발생 → 동손증가 → 출력감소 및 과열에 의한 소손 우려

② 임피던스 전압이 다른 경우(%임피던스가 다를 경우) : 부하가 P, 임피던스가 $\{Z_1(TR_1) > Z_2(TR_2)\}$인 경우 $Z_2(TR_2)$ 변압기가 과부하 운전된다.

$$TR_1 = \frac{Z_2}{Z_1 + Z_2} \times P, \quad TR_2 = \frac{Z_1}{Z_1 + Z_2} \times P$$

여기서, P : 부하용량

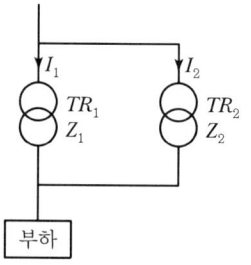

그림 2-49 ▶ 임피던스가 다른 병렬운전

③ 저항과 리액턴스비가 다른 경우
  ㉠ 무부하 순환전류 발생 및 권선의 과열
  ㉡ 전류 벡터합에 따른 동손증가, 변압기 출력감소[저항과 리액턴스비가 같을 경우 각변압기에 흐르는 전류(I_a, I_b)가 최소이고 동손이 최소가 됨]

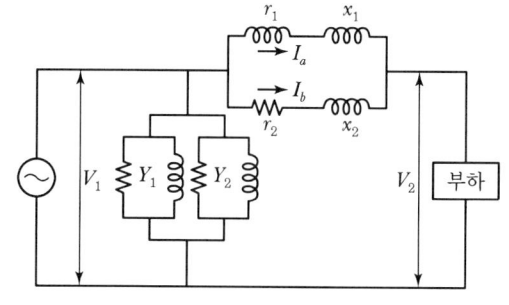

그림 2-50 ▶ 저항 리액턴스 등가회로

  ㉢ 부하역률에 따라 변압기 부하분담의 변화
  ㉣ 소손의 가능성

④ 단상변압기에서 극성이 다른 경우
  ㉠ 극성이 다른 경우 등가적으로 단락상태
  ㉡ 큰 순환전류(I_C) 발생

⑤ 3상 변압기의 상회전과 각변위가 다를 경우
  ㉠ 각변위차 발생 → 순환전류 발생
  ㉡ 상회전이 다른 경우 → 단락회로 구성

(4) 병렬운전의 장점

① 부하변동에 대한 대수제어로 효율적인 변압기 이용이 가능하다.
② 전압변동률이 저감된다.
③ 부하에 대한 전원공급의 신뢰도가 높다.

(5) 병렬운전의 단점

① 단락용량이 증대한다.
② 보호계전 시스템이 복잡하다.

19) 변압기 병렬운전 시 서로 다른 임피던스의 경우 부하분담

Exercise 01

%Z가 다르고 용량이 같은 2대 변압기 병렬운전 시

🔍 풀이 ① $TR-1$ 부하분담(P_{TR-1})

$$P_{TR-1} = \frac{6}{5+6} \times 2{,}000$$
$$= 1{,}090[\text{kVA}]$$

② $TR-2$ 부하분담(P_{TR-2})

$$P_{TR-2} = \frac{5}{5+6} \times 2{,}000$$
$$= 910[\text{kVA}]$$

③ $TR-1$이 과부하가 되지 않기 위한 부하 용량[kVA]

$$\frac{6}{5+6} \times P = 1{,}000[\text{kVA}],$$
$$P = 1{,}000 \times \frac{5+6}{6} \fallingdotseq 1{,}833[\text{kVA}]$$

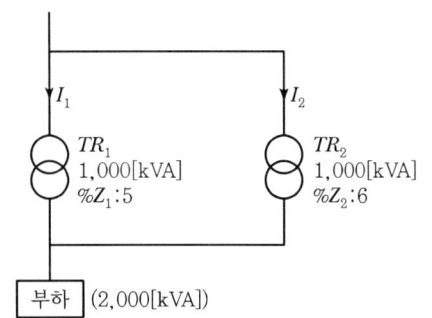

그림 2-51 ▸ 2대 변압기 병렬운전도

Exercise 02

%Z 및 용량이 각각 다른 3대의 변압기 병렬운전 시 부하분담

🔍 풀이 ① 최대부하용량식($P_{\max}$)

$$P_{\max} \leq 최소\%Z \left(\frac{TR-1}{\%Z_a} + \frac{TR-2}{\%Z_b} + \frac{TR-3}{\%Z_c} \right),$$

$$P_{\max} \leq 5 \left(\frac{750}{5} + \frac{1{,}000}{6} + \frac{1{,}250}{7} \right)$$
$$= 2{,}476.19[\text{kVA}]$$

② 각 변압기별 부하분담

㉮ $TR-1(750[\text{kVA}]) = 5 \times \frac{750}{5}$
$$= 750[\text{kVA}]$$

㉯ $TR-2(1{,}000[\text{kVA}]) = 5 \times \frac{1{,}000}{6}$
$$= 833.33[\text{kVA}]$$

㉰ $TR-3(1{,}250[\text{kVA}]) = 5 \times \frac{1{,}250}{7}$
$$= 892.86[\text{kVA}]$$

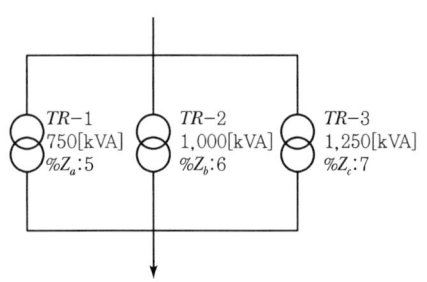

그림 2-52 ▸ 변압기 3대 병렬 운전도

Exercise 03

정격전압이 같은 A, B 2대의 단상변압기가 있다. A변압기는 용량이 100[kVA], 퍼센트 임피던스는 5[%]이고, B변압기는 용량 300[kVA], 퍼센트 임피던스는 3[%]이다. 이 두 변압기를 병렬로 운전하여 360[kVA]의 부하를 접속하였을 때 각 변압기의 부하분담을 구하고 퍼센트 임피던스가 같은 경우와 비교하시오.

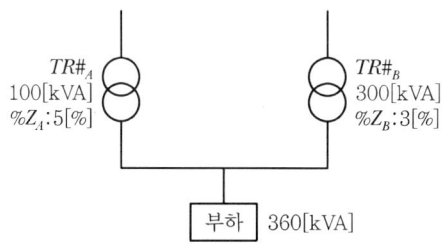

그림 2-53 ▸ 변압기 2대 병렬운전도

풀이 ① %Z가 다른 경우 각 변압기가 분담하는 전력

- TR #A = $3 \times \dfrac{100}{5} = 60[kVA]$

- TR #B = $3 \times \dfrac{300}{3} = 300[kVA]$

② %Z가 같은 경우 각 변압기가 분담하는 전력 : %Z가 동일하면 분담부하는 각각의 변압기 용량에 비례함

- TR #A = $360 \times \dfrac{100}{100+300} = 90[kVA]$

- TR #B = $360 \times \dfrac{300}{100+300} = 270[kVA]$

20) 변압기 열화진단

(1) 개요

① 대용량 변압기는 전력의 안정 공급과 관련된 중요설비로서 사고를 예방하기 위한 보수관리 및 절연진단이 필요하다.

② 최근 변압기 이상 징후를 ON-Line에서 상시 감시하여 사고를 예방하는 기술로 변모하고 있다.

(2) 변압기 열화의 원인

① 전기적인 요인
  ㉠ 과부하 운전
  ㉡ 외부 단락에 의한 열적 열화, 기계적 손상
  ㉢ 부분 방전 열화

② 일반적 요인
  ㉠ 유입변압기
    - 공기 중의 산소와 화학작용
    - 햇빛의 자외선
    - 공기 중의 흡습작용
  ㉡ Mold 변압기
    - 에폭시 수지 제조상의 Void 및 공극
    - 공극 및 Void에 고전계 집중

(3) 유입변압기 열화진단

① 활선상태
  ㉠ 유중가스 분석법

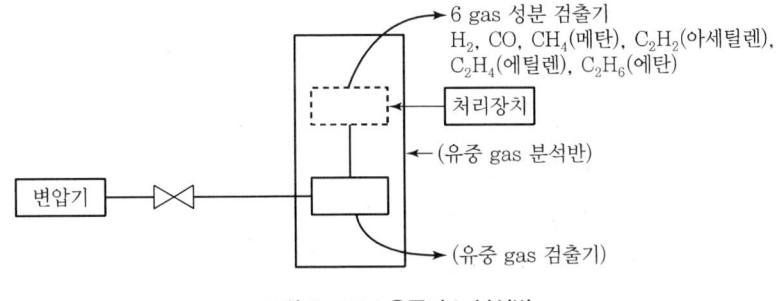

그림 2-54 ▶ 유중가스 분석법

- 원리 : 변압기 내부 이상 그 부분의 과열로 절연유가 분해되어 가스가 발생되며 절연유속에 함유된 가스의 성분을 분석하여 열화를 진단함
- 목적
    - 변압기 내부 이상 유무 분석
    - 운전 계속 여부 판단
    - 내부 이상상태 진단
    - 해체, 점검 여부의 판단
- 크로마토그래프를 이용한 유중가스 분석
    - 도체가열 : CO, CO_2 생성, CO_2/CO의 체적이 높을수록 높은 온도 발생
    - 절연유 파괴 : C_2H_2
    - 부분 방전 : H_2
    - 아킹 : C_2H_2, H_2
- 유중가스 추출법
    - 토리첼리 진공법
    - 도플러법

ⓒ 부분 방전 측정법

- 접지선 전류법 : 변압기 내부에서 부분 방전 발생 시 Pulse성의 방전전류가 환류하는데, 이를 검출하여 열화진단에 이용함

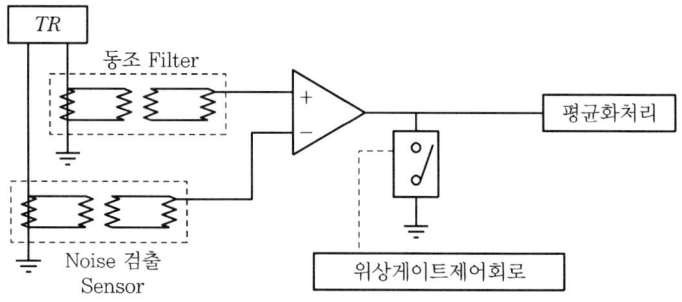

그림 2-55 ▶ 접지선 전류법

- 초음파 진단법 : 변압기 내부에 부분 방전 발생 시 생기는 음향 신호를 탱크 외벽에 밀착 설치된 초음파 Sensor로 압력 진동파를 검출하여 전기신호로 변환시켜 열화진단에 이용함
- 적외선 진단기법
    - 적외선 카메라로 열을 영상으로 변화시켜 열화를 진단함
    - 주로 배전용 변압기의 과부하 또는 열화 정도를 파악하는 데 사용함

② 정전상태
　㉠ 절연유 시험법이 주로 사용됨
　㉡ 원리 : 구상전극에 30[kV]의 시험전압을 인가 시 Flash Over가 발생하거나 산가가 0.4[pH] 이상 시 절연유를 교체하는 방법

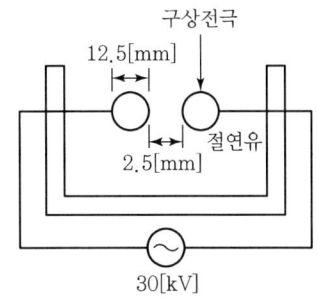

그림 2-56 ▶ 절연유 시험법

(4) 예방 보전 System

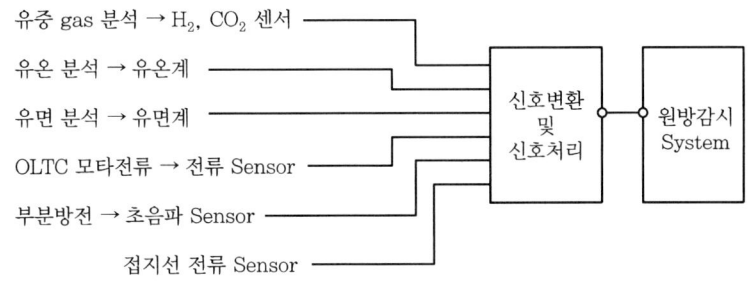

그림 2-57 ▶ 예방 보전 구성도

(5) 결론
① 현재 변압기를 운전 중에 진단이 가능한 On-Line 방식을 많이 적용하고 있다.
② 이상 징후를 운전상태에서 상시 감시하여 절연파괴 이전에 처리하는 예방 보전 기술 중심으로 변하고 있다.

21) K-Factor 적용 변압기(와류손 pu = 13, K-Factor = 20)

(1) 개요

① K-Factor란 부하 측 고조파 전류에 대한 변압기용량 산정 시 저감식과 관련한 Factor로 고조파의 영향에 대해 변압기가 과열없이 안정적으로 전력을 공급할 수 있는 능력을 말한다.

② 고조파 부하가 많은 변전설비에서 K-Factor가 고려되지 않을 경우 변압기용량을 초과하게 되는 경우 과열 및 손실, 수명 등의 악영향이 발생된다.

③ K-Factor 적용 변압기와 허용용량 계수[와류손(pu)= 13, K-Factor = 20]를 적용하여 산출하는 예를 아래와 같이 설명할 수 있다.

(2) K-Factor 변압기

① 개념

고조파의 영향을 고려하여 설계된 변압기로 변압기의 과열을 방지하기 위한 변압기 용량 저감과 관련한 계산식이 적용된다.

② 적용방법

㉠ 변압기의 부하전류 중 고조파 함유량을 직접 실측, 평가하여 변압기가 과열되지 않는 허용부하율을 결정하여 용량을 저감시키는 방법과

㉡ 설계단계에서 이 K-Factor를 고려하여 변압기를 설계하는 방법으로 구분됨

③ K-Factor 계산법 : ANSI C 57. 110-1998

$$\text{K-Factor} = \frac{\sum_{h=1}^{50} h^2 \times [I_h/I_1]^2}{\sum_{h=1}^{50} [I_h/I_1]^2}$$

여기서, h : 고조파차수, I_h : 고조파 전류[A], I_1 : 기본파 전류[A]

④ 일반 변압기와의 차이점

㉠ 손실과 권선온도보상
- 권선의 도체에서 발생하는 Eddy Current Loss는 전류의 주파수의 제곱에 비례하여 증가하며 변압기의 온도상승이 증가함
- 권선의 온도상승 시 적절한 내량을 갖게 함

㉡ 절연내력 증가
- 정류기 회로에서 Commutating 순간에 변압기의 단자전압은 심한 Notching 및 Oscillation이 발생되며 Pulse가 발생되는 것과 동일함

- 이 Pulse에 의한 Peak치가 변압기의 저압 권선 절연에 손상의 우려가 있음
- 실제 Peak Voltage는 정격전압의 최대 115[%] 까지 발생될 수 있으므로 일반 부하용 변압기에 비해 내부적인 절연보강이 필요할 수 있음

ⓒ 철손과 이상소음
- 부하단에서 발생되는 고조파 전류는 변압기 철심 자속 파형을 왜곡되게 하여 소음의 증가와 철심내부의 Eddy Current Loss를 증가시킴
- Rectifier용 변압기에서는 2차 전류의 특성상 철심 내부에 잔류 Reactance가 존재하게 되어 변압기 철심 내부의 자속밀도가 증가하게 됨
- Rectifier용 변압기에서는 자속밀도를 일반몰드변압기보다 적게 함

(3) 변압기 최대 이용률 산출

① 저감용량(Derating Power)[kVA] = Name plate kVA × THDF

　THDF = Transformer Harmonics Derating Factor(변압기 고조파 저감계수)

$$\text{THDF} = \sqrt{\frac{P_{LL-R}(PU)}{P_{LL}(PU)}} \times 100[\%]$$

여기서, $P_{LL-R}(PU) : 1 + P_{EC-R}(PU)$,　P_{LL-R} (정격기준 Load Loss)

　　　$P_{LL}(PU) : 1 + K-Factor \times P_{EC-R}(PU)$,　P_{LL}(Load Loss)

　　　P_{EC-R} : $Eddy\ Current\ Loss$

② 용량산출 예

　㉠ P_{EC-R}(와류손)이 변압기 손실의 13[%] 이고 K-Factor가 20인 경우

$$\text{THDF} = \sqrt{\frac{1+0.13}{1+20 \times 0.13}} \times 100[\%] \simeq 56[\%]$$

　㉡ THDF를 고려한 실제 변압기 용량 산정(변압기 정격용량이 1,000[kVA]인 경우)

　　실제 변압기 용량 = 1,000[kVA] × 56[%] = 560[kVA]

(4) 결론

고조파가 많은 부하의 경우 일반 변압기 용량선정과 달리 K-Factor 및 Eddy Current Loss를 고려한 용량저감계수인 THDF를 적용하여 변압기 용량이 적정하게 선정되어 고조파 부하에 대한 변압기 손실과 온도상승 및 이상소음, 수명저하를 방지해야 한다.

22) 전력용 변압기 전압조정방법

(1) 개요

① 154[kV] 이상의 수용가에서 전력용 변압기의 전압조정방법이 적용되고 있고 최근에는 거의 OLTC(ULTC)에 의한 전압조정이 적용된다.

② 전압조정방법(OLTC 동작), TAP 변환기 등을 중심으로 다음과 같이 설명할 수 있다.

(2) 전압조정방법

① **프로그램 제어** : 부하상태에 따른 송전전압을 미리 산출한 후 타이머를 이용하여 시간대별, 송전예정전압을 조정하는 방법이다.

② LDC법

　㉠ 목적

　　부하곡선이 변동하여 프로그램 제어를 채용할 수 없는 경우 시시각각 변하는 부하전류에 의한 임피던스 강하를 전압계전기로 귀환시켜 기준전압을 조정하는 방법이다.

　㉡ 회로 설명
- 전압계전기 입력＝PT 2차 전압－LDC 전압으로 동작됨
- 부하전류 증가로 LDC 전압 증가 시 PT 2차 전압을 상승시키는 방향으로 절환시켜 전압을 규정치로 유지시킴

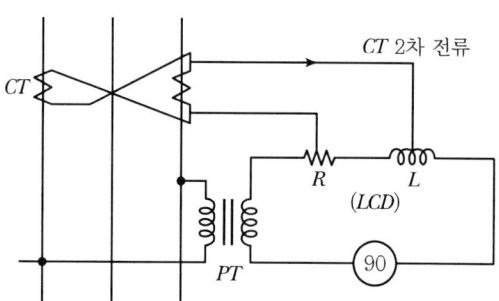

그림 2-58 ▶ 3상 회로 LDC 접속도

(3) OLTC 동작

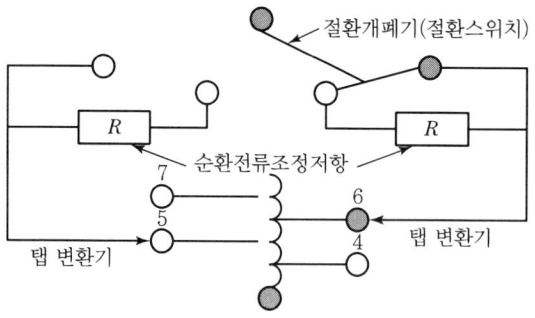

그림 2-59 ▶ ULTC TAP 구조도

① 동작원리
　㉠ 구동장치에 의해 탭 변환기(탭 절환기)가 다음 단계 희망하는 위치로 옮겨감
　㉡ 절환스위치가 동작하여 탭 변환기에 의해 선정된 다음 탭으로 전기적으로 연결됨
　㉢ 절환스위치가 동작 시 스텝전압에 의한 순환전류가 흐름
　㉣ 순환전류 제한 조정저항이 사용됨

② 전압조정범위

전압[kV]	총탭수	전압조정범위	탭 간 전압
765	23탭(승압10, 강압12)	±7[%]	각 탭별 상이함
345	17탭(승압8, 강압8)	±10[%]	±1.25[%]
154	21탭(승압10, 강압10)	±12.5[%]	±1.25[%]

(4) TAP 변환기

① NLTC 변환기
　㉠ 변압기 무여자 상태에서 TAP을 변환시킴
　㉡ 정전 후 작업이 가능하여 중요부하에 적용이 곤란함

② OLTC(ULTC) 변환기 : 변압기 여자상태에서 TAP 변경이 가능한 장치로 주로 많이 적용되는 방식이다.
　㉠ 직접식
　　• 주권선에 직접 TAP을 두어 전압을 조정함
　　• 장점 : 구조가 간단함
　　• 단점 : 선로의 절연계급에 대응하는 변환기가 필요함

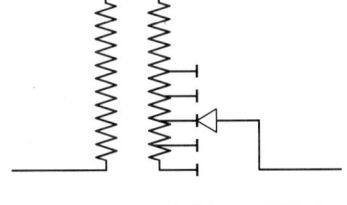

그림 2-60 ▶ 직접식 TAP 변환기

　㉡ 간접식
　　a) 독립회로식
　　　• 주권선과 별도의 TAP을 구성하여 조정된 전압을 직렬변압기를 통해 선로에 삽입함
　　　• 장점 : 선로의 절연계급에 무관한 탭 변환기를 사용
　　　• 단점 : 구조가 복잡하고 손실이 증대됨

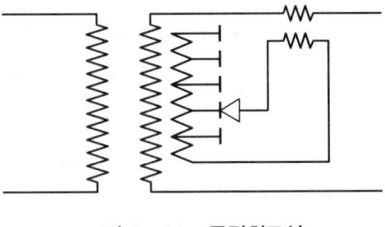

그림 2-61 ▶ 독립회로식

b) 탭권선 공용식
- 주권선에 TAP을 두고 조정된 전압을 직렬변압기를 통해 선로에 삽입함
- 장점 : 선로전류보다 저감된 전류의 TAP 변환기를 사용
- 단점
  - 구조가 복잡함
  - 대형화
  - 선로의 절연계급에 대응하는 변환기가 필요함

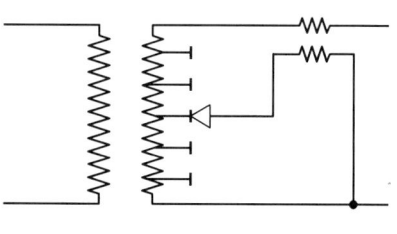

그림 2-62 ▶ TAP권선 공용식

(5) 표준부하 시 탭변환기의 정격

① 절연계급(E_L)
  ㉠ 탭 변환기가 어느 정도의 절연계급의 회로에까지 사용할 수 있는가를 나타냄
  ㉡ 탭 변환을 하고자 하는 권선 부분의 절연계급이 적용하는 탭변환기의 최고 절연계급을 초과할 때는 그 탭변환기는 직접식으로 사용할 수 없음
  ㉢ 이때에는 절연계급이 높은 탭변환기를 사용하거나 간접식(독립회로)을 적용해야 함

② 통과전류(I_r)
  ㉠ 사용하는 탭변환기는 몇 암페어까지 흐르게 할 수 있는가를 나타냄
  ㉡ 몇 암페어 전류까지 연속부하개폐가 가능한가의 한도임

③ 변압기가 요구하고 있는 전류에 탭변환기가 견디지 못할 때에는 직접식을 사용할 수 없으므로 직렬변압기를 삽입한 간접식으로 해야 함

④ 탭간 전압(E_L)
  ㉠ 탭권선의 1탭의 전압의 한계를 나타냄
  ㉡ 1탭의 전압이 높으면 탭변환 도중에 부하전류를 차단할 때 접점 간의 회로전압이 커져서 변환이 어렵게 됨
  ㉢ 탭간 전압이 변압기가 요구하는 1탭 조정전압에 미치지 못할 때에는 직접식으로 하지 않고 직렬변압기를 삽입하여 조정전압을 승압할 필요가 있음

⑤ 탭 점수
리액터식 병렬회로형에서는 일반적으로 중간위치에서 사용하여 탭 점수를 (2N − 1)로 증가시킬 수 있는데 이때에는 탭변환기에는 부하전류 외에 리액터를 흐르는 순환전류가 서로 겹쳐지기 때문에 리액터를 특수 설계하여 탭변환기의 허용통과전류를 미리 낮추어 놓아야 한다.

(6) 탭변환기의 적용한계

① 선로용량, 조정용량이 그 탭변환기의 최대선로용량, 최대조정용량 이하일 것
② 최고회로전압, 통과전류, 탭간 전압, 1스텝 용량이 그 탭변환기의 정격용량 이하일 것
③ 탭 점수가 사양에 일치할 것

(7) 결론

전력용 변압기의 전압조정은 현재 거의 ULTC방식에 의한 전압조정이 되고 있으며 전압강하에 의한 손실증대, 기동전류가 큰 부하에 대한 기동실패의 원인이 되지 않는 최적의 회로 전압으로 탭이 조정되어야 한다.

23) 초전도 변압기

(1) 개요

① 초전도 변압기는 일반변압기의 구리권선을 초전도 선재로 대체한 변압기이다.

② 현재 2세대 고온 초전도 선재인 YBCO CC가 본격 생산되면서 초전도 변압기를 중심으로 연구가 활발히 진행되고 있다.

③ 특징적 요소로는 초전도 권선을 액체질소로 냉각시키기 위해 비전도성의 극저온 용기 내에 설치되며 동일면적 구리보다 100배 이상의 전류를 통전시킬 수 있다.

(2) 초전도 현상(원리)

① 임계온도, 임계전류밀도, 임계자기장의 조건하에서 초전도 현상이 발생된다.

② 초전도현상

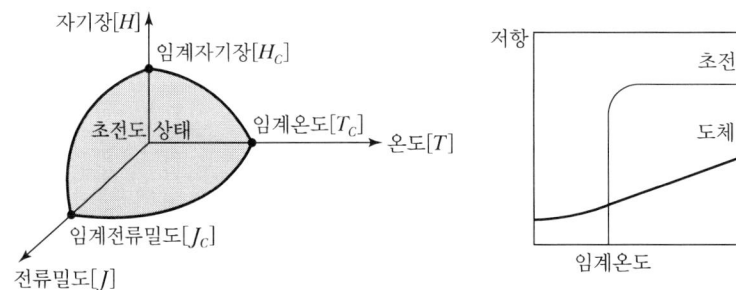

그림 2-63 ▶ 초전도특성   그림 2-64 ▶ 온도에 따른 저항변화

㉠ 임계온도 특성
- 일반도체의 저항은 온도감소와 더불어 서서히 감소
- 초전도체의 저항은 임계온도에서 0이 됨

㉡ 임계 자기장 특성
- 일반도체는 자기장을 투과함
- 초전도체는 자기장을 밖으로 밀어냄
- 자기장이 초전도체에 인가되면 초전도체 표면에는 초전류가 흐르고 이 초전류가 발생하는 자기장이 외부자기장을 상쇄시켜 표면을 제외한 초전도체 내부에는 자기장이 0이 됨
- 외부자기장이 초전도체 내부로 침투하지 못하는 마이스너 효과가 발생

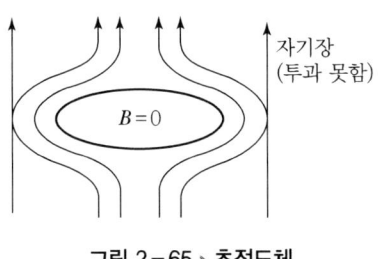

| 그림 2-65 ▸ 초전도체 | 그림 2-66 ▸ 일반도체 |

③ 임계전류 밀도 특성(조셉슨 효과)

바이어스가 걸리지 않은 상태임에도 2개의 초전도체 사이의 절연층을 통과하는 전류의 흐름이 가능함. 전압이 0임에도 조셉슨 전류 I_C가 나타난다.

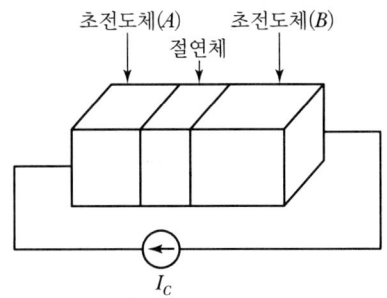 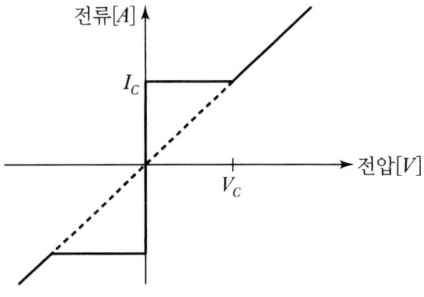

| 그림 2-67 ▸ 초전도체-절연체 접합도 | 그림 2-68 ▸ 조셉슨 접합에서의 I-V 곡선 |

(3) 초전도 변압기 핵심기술

① 극저온 냉각특성
② 극저온 고전압 절연특성
③ 대전류 저손실특성

(4) 기술적 특징

① 효율이 향상된다.
② 소형화가 가능하다(전류용량이 큰 초전도체를 사용함).
③ 절연유를 사용하지 않는다.
④ 화재나 폭발의 위험이 없다.
⑤ 환경오염을 감소시킬 수 있다.
⑥ 저온 초전도 변압기는 액체 헬륨을 사용하기 때문에 냉각비용의 부담이 커서 상용화가 어렵다.

⑦ 교류 손실이 적은 고온 초전도체가 개발되면서 가격이 저렴한 액체질소를 사용할 수 있는 고온 초전도 변압기 개발이 활발히 진행되고 있다.
⑧ 과부하 내량이 증가한다.

(5) 개발효과

① 전력손실 경감
② 고효율 변압기 운전
③ 경제성 상승
④ 전력요금 경감
⑤ 변압기 설치면적 감소
⑥ 친환경 효과 증가

(6) 향후 전망

① 현재 2세대 고온 초전도 선재 손실보다 $\frac{1}{10}$ 정도 저감 기술개발
② 극저온 냉각기의 효율개선 및 가격저감
③ 극저온 절연재료의 개발
④ 저손실 고온 초전도 선재화 및 표면 부식방지기술 개발

24) 3권선 변압기

(1) 정의

변압기 1차, 2차 권선에 3차 권선을 설치하여 권수비에 따라 1조의 변압기로 2종의 전압과 용량을 얻을 수 있는 변압기이다.

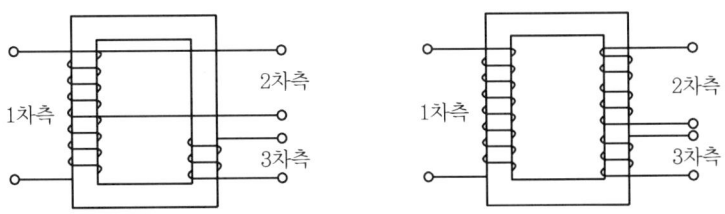

그림 2-69 ▶ 3권선 변압기 결선

(2) 임피던스의 표현

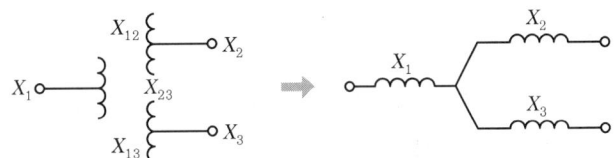

그림 2-70 ▶ 3권선 변압기 등가회로

① 상호임피던스

  ㉠ 1~2차 간 : $X_{12} = X_1 + X_2$ (3차 측 개방 시)

  ㉡ 2~3차 간 : $X_{23} = X_2 + X_3$ (1차 측 개방 시)

  ㉢ 3~1차 간 : $X_{13} = X_1 + X_3$ (2차 측 개방 시)

② 위 식을 연립방정식으로 정리하면 아래와 같다.

  ㉠ $X_1 = \dfrac{X_{12} + X_{13} - X_{23}}{2} = 0$

  ㉡ $X_2 = \dfrac{X_{12} + X_{23} - X_{13}}{2} \neq 0$

  ㉢ $X_3 = \dfrac{X_{13} + X_{23} - X_{12}}{2} \neq 0$

③ 사용 형식

  ㉠ 345[kV] 계통 : Y-Y-△, 345/154/23[kV], 3차 △결선에는 조상설비를 접속하고 변전소 소내 전원용으로 사용

ⓒ 154[kV] 계통 : Y−Y−△, 154/23/6.6[kV], 3차 측은 단자를 외부로 인출하여 폐회로를 구성해서 외함에 접지하고 부하를 접속하지 않는 안정권선으로 사용 (3고조파 제거)

④ 3권선 변압기 통한 Y−Y−△ 결선 이유

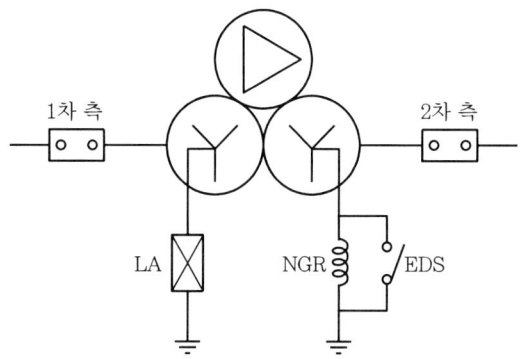

그림 2−71 ▸ 변압기 Y−Y−△ 결선

㉠ △권선에 따른 이점
- 3고조파 제거, 유기기전력 파형이 정현파를 유지
- 조상설비 설치를 통한 전압조정 용이
- 소내동력 확보

㉡ Y−Y결선에 따른 이점
- 접지할 수 있어 지락보호가 용이
- 절연레벨 경감
  - 상전압이 계통전압의 $\frac{1}{\sqrt{3}}$ 배
  - 중성점 0전위 유지, 단절연 가능
  - 지락 시 건전상의 전위상승 억제

㉢ 각변위 보정 불필요

㉣ 중성점 Tap 절환 용이

㉤ 단상변압기 3대 이용 시 각상 임피던스(Z)나 권수비가 달라도 순환전류가 흐르지 않음

2. 차단기

1) 설치목적

차단기는 보통의 상태의 전로를 개폐하는 것 외에도 이상상태 특히 단락상태에서 계전기와 함께 전로를 자동적으로 개방해서 기기를 보호하고 계통의 안전성을 유지하기 위해 사용한다.

2) 차단기의 구비조건

(1) 투입상태에서 양호한 도체로, 정상 또는 단락고장 상태와 같은 이상조건에서도 열적·기계적으로 견딜 것
(2) 개방상태에서 양호한 절연체로 상 간 또는 상과 대지 간 절연이 유지될 것
(3) 차단기 투입 시에는 이상전압 발생이 없이 정격 또는 그 이하의 발생전류를 정상적으로 차단할 것
(4) 차단기 개방 시에는 접촉자 손상이 없이 신속, 안전하게 회로를 분리할 것

3) 종류

(1) 차단기의 구분

구분	종류
사용회로	직류용, 교류용
소호방법	자력식, 타력식
소호매질	유입차단기(OCB), 공기차단기(ABB), 자기차단기(MBB) 진공차단기(VCB), 가스차단기(GCB), 기중차단기(ACB),
사용목적	발전기용, 선로용, 콘덴서용, 분로리액터용
소호효과	• 냉각소호 : 아크에 의해 전리된 Gas의 도전율을 냉각→ 아크 억제 및 아크 소멸 후의 절연 회복(OCB, MBB) • 확산소호 : 아크로 인해 발생하는 금속증기를 그 주위의 이온밀도가 낮은 진공 중으로 확산시켜 증기의 밀도를 감소시키는 소호(VCB) • 가압소호 : 아크 주위의 소호매질의 압력을 높임으로써 열전도에 대한 냉각효과 증대 및 소호매질의 절연내력을 높여서 소호(OCB, ABCB, GCB) • 치환소호 : 아크 발생 시 새로운 매질을 불어넣어 전극 간 새로운 매질로 치환해 절연내력을 높이는 소호(GCB) • 벽면효과소호 : 전자력을 이용하여 아크를 절연물의 좁은 틈에 넣어 온도가 낮은 절연물 표면에서 냉각으로 절연이 회복되는 소호(MBB)

[비고] 상기의 차단기 중 수변전설비에서는 주로 특/고압 차단기로 VCB가 많이 적용된다.

(2) 특/고압 차단기

아크를 소호하는 매질에 따라 차단기의 종류가 구분되며 아크를 소호하는 방법으로는 냉각소호, 확산소호, 가압소호, 치환소호, 벽면효과소호가 있다.

① 유입차단기(OCB : Oil Circuit Breaker)
  ㉠ 절연유를 절연 및 소호매질로 사용하는 차단기
  ㉡ 소전류영역에서는 피스톤에 의해 유류를 분사시켜 소호하고, 대전류에서는 아크에 의해 절연유가 수소(H_2), 메탄(CH_4) 등의 탄소화합물로 분해되고, 압력상승으로 절연유가 치환되며, 분해가스 중 70[%] 정도를 차지하는 수소가스의 열전도 특성에 따라 아크열을 소호실 외부로 전달, 냉각시키면서 아크를 소호함
  ㉢ 대지절연방식에 따라 탱크형과 애자형 2종류가 있음
    • 탱크형 : 110[kV] 이하의 계통
    • 애자형 : 33[kV] 이하의 옥내용

② 공기차단기(ABCB : Air Blast Circuit Breaker)
  ㉠ 10~30[$kg/cm^2 \cdot g$] 정도의 압축공기를 아크에 불어넣어 소호하는 방식
  ㉡ 사용장소에 따라 옥내용과 옥외용으로 구분
    • 옥내용 : 3.3~33[kV]
    • 옥외용 : 33~500[kV]

③ 자기차단기(MBB : Magnetic Blast Circuit Breaker)
  ㉠ 차단기의 아크와 직각자계를 아크 슈트 안에 밀어 넣어 아크를 확대, 냉각에 의한 소호방식으로 11[kV] 이하의 회로에 적용
  ㉡ 종류 : 불어끄기 코일방식, 루프(Loop)아크방식

④ 진공차단기(VCB : Vacuum Circuit Breaker)
  ㉠ 고진공영역에서의 절연특성을 이용한 것으로 아크시간이 짧고(0.5[Cycle]) 아크에너지를 낮게 억제할 수 있기 때문에 접점의 소모가 적은 특성으로 인해 전기적인 수명이 길어 개폐 조작을 자주 하는 곳에 적합
  ㉡ 고압, 특고압 수변전설비에서 많이 적용

⑤ SF_6 가스차단기(GCB : Gas Circuit Breaker)
  ㉠ 절연내력과 소호력이 뛰어난 SF_6 압축가스를 약 2[$kg/cm^2 \cdot g$] 정도로 뿜어서 소호하는 차단기로 전기적, 물리화학적 성질이 우수하여 소호능력 및 아크안전성이 우수하고 절연회복이 빨라 고전압, 대전류 차단에 적합하며, 변압기 여자전류 차단에도 우수하며 공기차단기와 달리 소음공해가 없고 보수점검이 용이함
  ㉡ 초고압계통에서 많이 적용됨

표 2-15 ▶ 차단기 분류

구분	OCB	ABCB	MBB	VCB	GCB
소호방식	오일 냉각작용 및 분사	압축공기를 불어소호	직각 아크 자계 작용	진공 중의 아크 확산	SF_6 가스 확산
정격전압 [kV]	3.6~300	12 이상	3.6~12	3.6~36	3.6~550
차단시간 [HZ]	8 or 5	5 or 3	8 or 5	5 or 3	5 or 3
단락전류 [kA]	대전류 차단	대전류 차단	대전류 차단	소전류 차단	중전류 차단
차단 시 소음	큼	매우 큼	큼	작음	작음
연소성	가연성	난연성	난연성	불연성	불연성
서지전압	약간 높음	낮음	낮음	매우 높음	매우 낮음
경제성	저렴	중간	중간	고가	고가

4) 차단기정격

(1) 정격전압(V_n)

① 차단기가 설치되는 회로의 최고전압의 한도(선간전압의 실효치로 나타냄)

② 식 : $V_n = 공칭전압 \times \dfrac{1.2}{1.1}$ [V]

③ 회로별 전압 구분

기준전압[V]	3.0[kV]	6.0[kV]	20[kV]
공칭전압[V]	3.3[kV]	6.6[kV]	22.9[kV]
정격전압[V]	3.6[kV]	7.2[kV]	25.8[kV]

(2) 정격전류(I_n)

① 정격전압, 정격주파수하에서 차단기 각 부의 온도상승 한도를 초과하지 않고 차단기에 통전시킬 수 있는 전류의 한도를 말한다.

② 식 : $I_n = \dfrac{P}{\sqrt{3}\, V_n \cos\theta}$

여기서, P : 설비용량, $\cos\theta$: 역률, V_n : 정격전압

③ 적용

㉠ 일반회로(전등, 전열) : 부하전류의 1.2배

ⓒ 전동기회로 : 부하전류의 3배
ⓒ 콘덴서회로 : 부하전류의 1.5배

④ KS 및 ESB 규정
  ㉠ KS : 200[A], 400[A], 600[A] 1,200[A], 2,000[A]
  ㉡ ESB : 600[A], 1,200[A], 2,000[A], 3,000[A], 4,000[A]

(3) 정격차단전류(I_S)

① 정격전압, 재기전압, 조작기구의 정격조건하에서 표준동작책무를 수행하는 경우 차단기가 차단할 수 있는 지상역률의 단락전류의 한도로서 교류분의 실효치 전류를 말한다.

② 식 : $I_S = \dfrac{100}{\%Z} I_n$ [kA]

  여기서, $\%Z$: % 임피던스, I_n : 정격전류[A]

③ 계통전압별 정격차단전류[kA, rms]
  ㉠ 7.2[kV] : 12.5, 25, 31.5, 40
  ㉡ 25.8[kV] : 25, 30

(4) 정격투입전류

① 모든 정격 및 규정의 회로조건하에서 규정의 동작책무에 따라 투입할 수 있는 투입전류의 한도를 말한다.
② 고장이 회복되지 않은 회로에서 차단기를 재투입 시 차단기의 접촉자에 고장전류가 흐르며 이 전류에 의한 전자반발력을 이기고 투입될 수 있는 전류의 최댓값
③ 투입전류의 최초 주파수의 순시치의 최댓값으로 표현됨
④ 정격투입전류=정격차단전류(실횻값)의 2.5~2.6배
⑤ 직렬기기의 절연내력 설계 시 적용됨

(5) 정격차단용량(P_S)

① 식 : $P_S = \sqrt{3}\, V_n I_s$

  여기서, V_n : 정격전압[kV], I_S : 정격차단전류[kA]

② 22.9[kV-Y] 회로의 표준용량
  ㉠ 정격전압 25.8[kV](ANSI 기준), 정격차단전류 12.5[kA] 기준
    $P = \sqrt{3} \times 25.8[kV] \times 12.5[kA] = 558.57[MVA] \rightarrow 560[MVA]$ 선정
    ※ 표준품 : 정격전압 25.8[kV], 차단용량 560[MVA] 적용

ⓒ 정격전압 24[kV](IEC 기준), 정격차단전류 12.5[kA] 기준

$P = \sqrt{3} \times 24[kV] \times 12.5[kA] = 519.6[MVA] \rightarrow 520[MVA]$ 선정

※ 표준품 : 정격전압 24[kV], 차단용량 520[MVA] 적용

③ 산출식 : $P_S = \dfrac{100}{\%Z} P_n$ (정격용량)

④ 차단용량 산출 Flow

  ㉠ 각 기기의 %Z 산출
  ㉡ 기준용량(100[MVA]) 대비 %Z 환산
  ㉢ 임피던스 MAP 작성 및 합성 %Z 산출
  ㉣ 정격차단전류 산출

  $I_S = \dfrac{100}{\%Z} I_n [kA]$

  여기서, %Z : % 임피던스, I_n : 정격전류[A]

⑤ 차단용량 산출

  $P_S = \sqrt{3} \, V_n \, I_s$

  여기서, V_n : 정격전압[kV], I_S : 정격차단전류[kA]

⑥ 표준용량의 차단기 산출

(6) 정격투입용량

고장회로에서 고장전류를 이기고 투입할 수 있는 용량의 한도를 말한다.

(7) 정격 개극시간 및 차단시간

① 규정의 정격하에서 표준동작 책무를 수행하여 정격 차단전류를 차단할 때 접촉자 개극과 소호가 완료되는 시간을 말한다.

② 구분

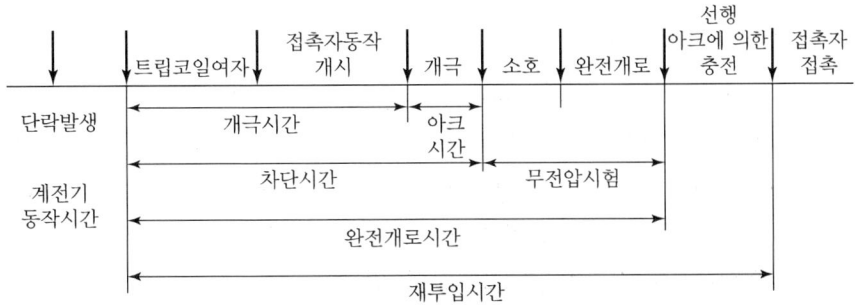

그림 2-72 ▶ 개극시간과 Arc시간

㉠ 개극시간 : 트립코일여자 → 개극
㉡ 차단시간 : 개극시간+Arc 시간

③ 차단기 종류별 차단시간

정격전압[kV]	7.2	25.8	170
차단시간[Cycle]	8	5	3

(8) 표준동작책무

① C(투입), O(차단), CO(투입 후 즉시차단)의 일련의 동작이 일정한 시간간격으로 연결되는 단위동작을 동작책무라 하고 이를 기준으로 차단기의 투입성능, 차단성능을 규정하는 동작책무를 표준동작책무라 한다.

② ESB 규정

일반용(7.2[kV])	CO-15초-CO
고속도 재폐로용(25.8[kV])	O-0.3초-CO-3분-CO

③ KS 규정

전동조건	기호 A	O-1분-CO-3분-CO
	기호 B	CO-15초-CO
수동조건	기호 M	O-2분-CO 및 O

5) 수전용 차단기와 분기용 차단기의 선정

(1) 수전용 차단기

수전용 차단기 2차 측에 단락사고가 발생 시 단락전류를 차단할 수 있어야 한다. 이 단락 전류는 전원 측 전력회사 변전소의 용량 및 전선로에 의해 계산되므로 전력회사가 산정하며 이 값으로 수전용 차단기 정격차단전류를 채택함이 바람직하다.

(2) 분기용 차단기

고압전동기 또는 구내배전선 분기용 차단기의 정격차단전류는 수전용 차단기와 동급 또는 동급 이하로 선정하며 일반적으로 경제성을 고려하여 수전용보다 소용량을 선정한다. 이 경우 후비보호방식으로 분기용 차단기 이상의 사고 전류에 대해 보호계전기와의 동작협조에 의해 분기용 차단기 동작 이전에 수전용 차단기로 사고전류(단락전류)를 차단하므로 정전범위가 넓어질 수 있다.

6) 차단기 투입방식과 트립(Trip)방식

(1) 개요

차단기는 통상전류를 개폐하고 사고 시 사고전류를 신속히 차단시킴으로써 전기설비를 보호하는 장치로써 일반적으로 투입보다 트립이 중요하다.

① 투입방식
- ㉠ 수동투입
- ㉡ 스프링투입
- ㉢ 전기투입
- ㉣ 공기투입

② 트립방식
- ㉠ 과전류트립
- ㉡ 직류전압트립
- ㉢ 부족전압트립
- ㉣ 콘덴서트립

(2) 투입방식

① 고려사항
- ㉠ 정격투입전류 : 정격차단전류의 2.5배
- ㉡ 조작전원
  - DC방식(많이 적용)
  - AC방식

② 종류
- ㉠ 전기투입 방식
  - 큐비클 전면 혹은 원방스위치에 의해 투입
  - 구동원 : 전동기 또는 전자솔레노이드
  - 조작전원 : DC방식(많이 사용), AC방식
- ㉡ 수동투입 방식
  인력에 의해 투입되며 고장전류는 16[kA] 이하에 적용되며, 통상 수동레버가 적용됨

(3) 트립방식

① 과전류 트립방식
- ㉠ CT 2차 측 전류가 정해진 값보다 초과 시 트립
  - OCR 순시부(50) → 정상단락전류×150[%] 시 동작
  - OCR 한시부(5(1) → 정격전류×150~170[%] 시 동작
  - 부하상황에 동작범위는 조정 가능

ⓒ 종류별 특징

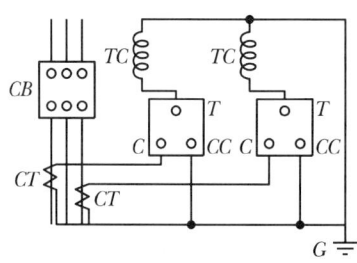
그림 2-73 ▶ 상시 여자식

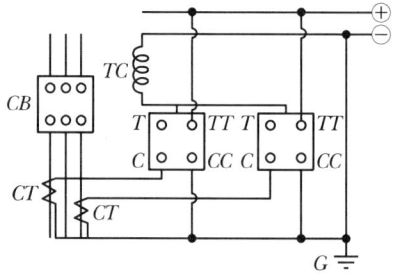
그림 2-74 ▶ 순시 여자식

- 상시 여자방식
  - 트립용 전원을 별도 공급하지 않음
  - CT 2차 전류로 TC(트립코일)을 상시 여자해 두는 방식
  - 계전기에 전류가 흐르면 C단자와 T단자가 폐로됨
- 순시 여자방식
  - 트립회로의 전원은 직류를 사용함
  - 보호계전기를 통해서 동작 시만 TC이 순시여자됨

② 직류전압 트립방식

ㄱ 직류전압을 트립코일에 인가하여 트립시키는 방식, 일반적으로 많이 사용하는 방식임

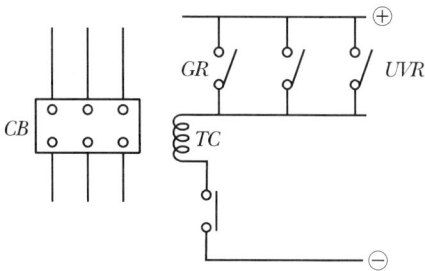
그림 2-75 ▶ 직류전압 트립방식

ⓒ 특징
- 신뢰성이 높음
- 직류전압이 상시 필요(단점)

③ 부족전압 트립방식
　㉠ PT 2차 전압을 항상 트립코일에 인가해 두고 1차 측 전압이 정해진 값 이하로 저하 시 트립하는 방식

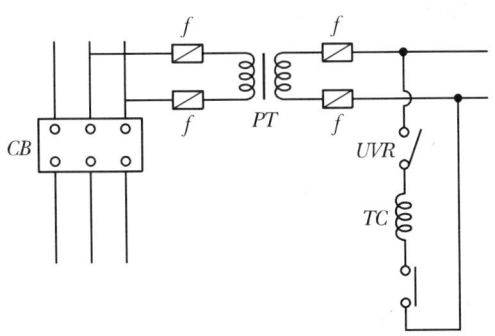

그림 2-76 ▶ 부족전압 트립방식

　㉡ 특징
　　• PT 2차 전압이 80[%] 이하 → 트립
　　• PT 1차 퓨즈(1[A]) → PT 고장 시 선로 파급방지
　　• PT 2차 퓨즈(3, 5, 10[A]) → 오접속, 부하 고장 시 PT로 파급방지

④ 콘덴서 트립방식
　㉠ PT 2차에 정류기를 설치하여 콘덴서를 충전하고 이를 트립코일을 통해 방전시켜 차단함

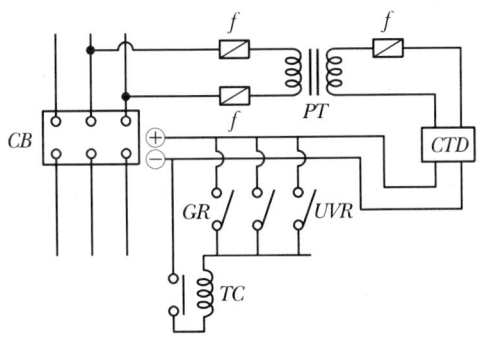

그림 2-77 ▶ 콘덴서 트립방식

　㉡ 특징
　　• 1차 측이 무전압이 되어도 일정시간 콘덴서 단자전압이 유지되어야 함
　　• 규모가 적은 큐비클식 고압 수전설비에서 간단히 DC 전원을 얻을 수 있음
　　• 손상의 우려가 없음
　　• 알루미늄 전해콘덴서의 경우 연간 점검 실시 및 일정시간 주기적 교환이 필요

7) 차단기 소호 Mechanism

(1) 유입차단기

① 대전류차단 시 : Load가 많이 걸린 상태에서 차단성능이 우수하다.

Arc(아크) 열(4,000°K)
↓
㉠ 절연유 → ㉡ 열화학적 분해 → ㉢ 분해가스 발생(다량의 수소가스, 메탄, 아세틸렌 등) → ㉣ 수소가스 냉각작용 → ㉤ 아크 소호(온도 저하 → 저항 증가 → 전류 감소)

② 소전류차단 시 : 경부하 시 차단능력이 저하됨
  ㉠ 아크열이 적어 절연유 분해 불가
  ㉡ 고정자, 가동자에 의한 유류분사로 소호

③ 특징
  ㉠ 절연유를 사용하여 화재의 위험성이 있음
  ㉡ 설치면적이 넓음
  ㉢ 절연유 유지보수 및 점검이 필요함

(2) 공기차단기(ABCB)

① 소호원리
접촉자의 개방 시 아크를 강력한 압축공기($30\,kg/cm^2 \cdot g$)로 불어 온도를 저하시키면 저항이 증가하여 전류가 감소되며 전류 0점에서 차단된다(아크 소호).

② 특징
  ㉠ 압축공기를 이용하므로 화재의 위험이 없음
  ㉡ 압축공기를 위한 콤푸레셔가 필요함
  ㉢ 동작 시 폭발음으로 소음기가 필요함

(3) 자기차단기(MBB)

① 소호원리
  ㉠ 아크의 소호실 이행과 동시에 차단전류에 의한 자계와의 사이의 전자력으로
  ㉡ 아크를 소호실에 강제로 밀어넣음
  ㉢ 아크 길이를 확대, 폐쇄
  ㉣ 저항(R)의 증가 및 강력한 냉각작용(V자형의 틈을 가진 판을 여러 겹으로 쌓은 부분에서)

ⓜ 아크 전류 감소
ⓗ 소호

② 특징
㉠ 차단 시 큰 소음이 발생함
㉡ 사용전압으로 12[kV] 이하에 적용
㉢ 절연유가 없어 화재의 위험성이 없음
㉣ 아크 전압을 올려서 차단함

(4) 진공차단기(VCB)

① 소호원리
㉠ 진공에서의 높은 절연내력과 아크 생성물의 진공 중의 급속한 확산을 이용하여 전자소멸의 원리를 이용하여 차단하는 방식
㉡ 기체의 압력을 저하 → 평균자유행정거리 증가 → 분자충돌횟수 감소 → 절연내력 증가
㉢ 진공차단기는 10^{-4}[Torr]의 고진공도에서 차단에 적용됨 → 전극개방 → 진공으로의 아크 확산 → 전류 0점 아크 소호

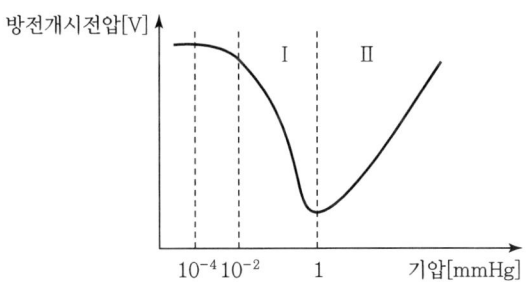

그림 2-78 ▶ 파센의 법칙 - 방전전압, 기압관계

② 특징
㉠ 고속도 차단(5 or 3 Cycle)
㉡ 소형 경량으로 콤팩트한 Size
㉢ 화재나 폭발의 위험이 없고 유지보수가 용이함
㉣ 개폐서지에 대한 대책이 필요함

(5) 가스차단기(GCB)

① 소호원리
- ㉠ 차단기의 극간이 개방 시 발생되는 Arc를 절연내력과 소호능력이 우수한 SF_6 가스의 불활성 특성을 이용하여 전기적 부특성과 열화학적 작용으로 소호가 이루어짐
- ㉡ 전기적 부특성에 의한 소호

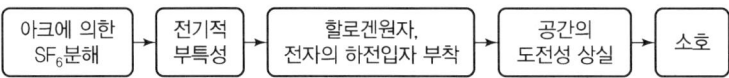

② SF_6 가스 특징

물리적, 화학적	전기적
• 열전도율이 좋음 　- 대류 시 공기의 1.6배 　- 강제통풍 시 공기의 4배 • 불활성 특성 • 화학적으로 안정 • 무독성 : 인체에 무해	• 절연내력이 큼 　- 1기압 시 공기의 2.5~3.5배 　- 3기압의 절연유특성과 유사 • 소호능력이 큼 : 공기의 약 100배 • Arc의 안정성

③ 특징
- ㉠ 차단성능이 우수
- ㉡ 유지보수가 용이함
- ㉢ 차단 시 소음이 적음
- ㉣ 가격이 고가

8) 차단기 TRV(Transient Recovery Voltage)

(1) 개요

차단기를 차단한 후 상용주파 $\frac{1}{4}$[Cycle] 이내에 양 단자 간 또는 차단점의 접촉자에 선로 및 기기의 R L C 과도진동에 의해 나타나는 과도전압으로 단일주파 과도성분과 다중주파 과도성분으로 구분되며, 진상전류 차단 시 재점호에 의한 과전압이 발생되며 지상전류에서는 재기전압이 현저히 발생된다.

(2) 차단 Mechanism

① 일반 교류회로 차단 시 현상(TRV)

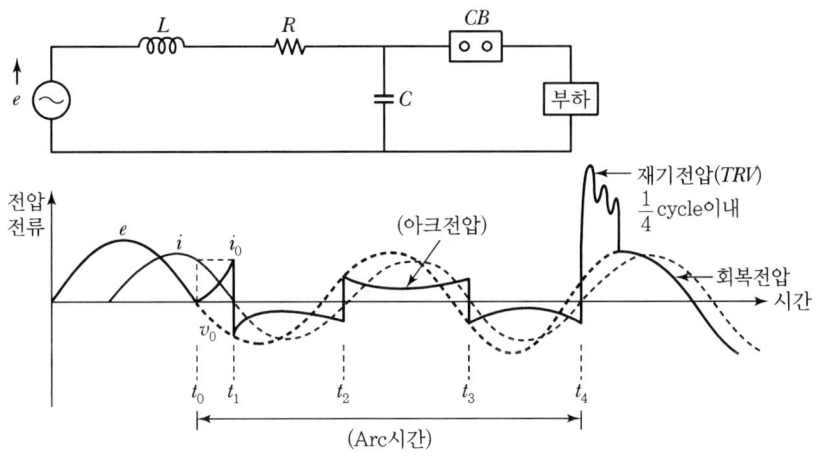

그림 2-79 ▶ 교류회로에서의 TRV

㉠ 차단기 동작에 의해 전극이 개방되면 기계적으로 Open 상태이나 전기적으로 Arc에 의해 Close 상태임

㉡ t_0점에서 전극이 개방되면 그 순시전류 i_0 값에 의해 Arc가 발생되고 t_1에서(전류 0점) Arc는 소멸되나 v_0에 의해 Arc가 이어짐

㉢ 반주기마다 Arc점멸을 되풀이하다 t_4점에서 접촉자(차단기) 간이 충분히 떨어져서 전극 간 절연이 Arc를 이겨 소호함

㉣ t_4점에서 아크 저항이 최대가 되고 선로 및 기기의 RLC 과도진동에 의해 재기전압이 발생함. 이 TRV는 차단기의 차단능력을 측정하는 중요 요소임

② 단락전류 차단 시 현상(TRV)

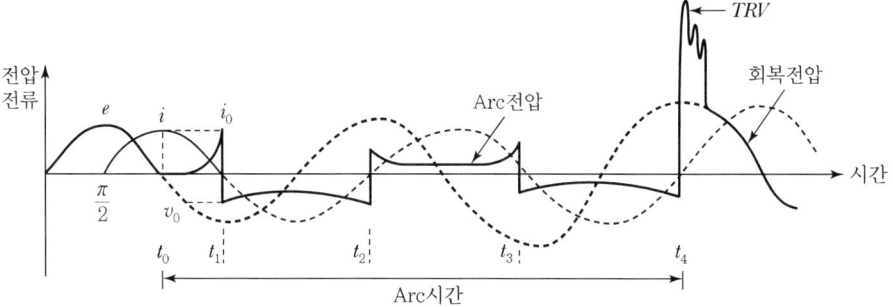

그림 2-80 ▶ 단락전류 회로에서의 TRV

㉠ 단락전류는 전압보다 거의 90° 뒤지는 지상전류이며 각 전류 0점에서 Arc전압과 회복전압의 위상이 반대임
㉡ 이로 인해 전류는 좀처럼 끊어지지 않는 특성이 있음
㉢ Arc가 소멸되는 순간 높은 재기전압과 회복전압에 의해 차단이 어려움
㉣ 일단 전류가 차단되면 재점호가 발생되지 않음

③ 진상전류 차단 시 현상(재점호 현상)

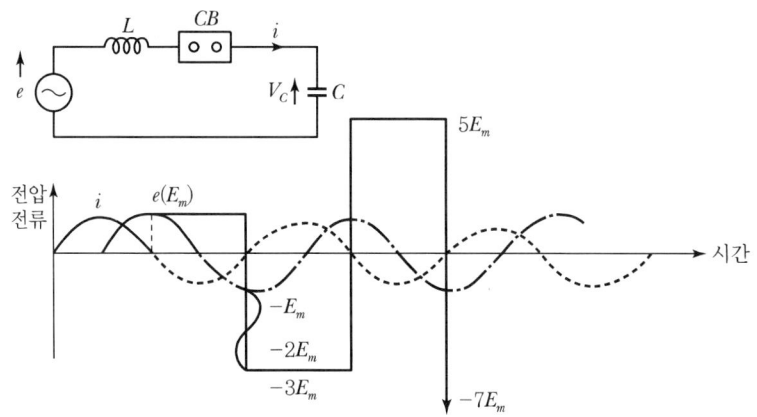

그림 2-81 ▶ 진상전류 회로에서의 재점호

㉠ 전류가 전압에 비해 90° 앞선 경우 전류차단점에서 Arc전압과 회복전압이 동위상으로 Arc는 쉽게 소멸됨
㉡ $\frac{1}{2}$[Cycle] 후 접촉자 간에 전압이 $2E_m$이 되며 이때 접촉자 간의 절연이 이에 견디지 못해 절연파괴가 발생되어 Arc로 이어지는 재점호 현상이 발생함
㉢ 극간회복전압은 3, 5, 7, 9배로 증가함

㉣ 실제회로에서 제동작용에 의해 약 3배의 이상전압이 발생함

⑤ 방지대책
  ㉠ 신속한 차단
  ㉡ 저항 차단방식 사용
  ㉢ 중성점 임피던스 접지
  ㉣ 병렬회선 설치

④ 소여자전류 차단 시 현상(TRV)

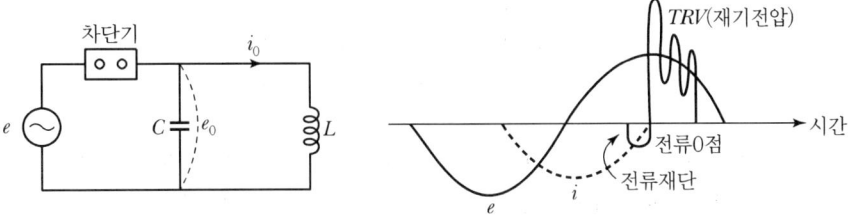

그림 2-82 ▶ 소여자전류 회로에서의 TRV

㉠ 무부하 변압기의 적은 여자전류를 소호력이 큰 대용량 고속도 차단기로 전류 0점이 되기 전에 강제 차단되면 큰 전류 변화율과 인덕턴스에 의해 큰 Surge가 발생됨
㉡ 차단기가 차단 시 L에 전류절단치 i_0가 0[A]이 되는 순간 C에는 e_0의 전압이 발생되고 충전되어 있던 전자(자기)에너지가 정전에너지로 변화되고 L, C 과도진동에 의해 최대이상전압 V_m이 발생됨

$$\frac{1}{2}CV_m^2 = \frac{1}{2}Li_0^2 + \frac{1}{2}Ce_0^2, \quad V_m = \sqrt{\frac{Li_0^2}{c} + e_0^2} \cong \sqrt{\frac{L}{c}}\, i_0 (e_0 \cong 0)$$

㉢ 방지대책
  • 단로기로 차단
  • 병렬콘덴서를 접속
  • 변압기에 피뢰기 설치

9) 교류 차단기 선정기준에서 TRV(Transient Recovery Voltage)의 2-Parameter와 4-Parameter 적용에 대한 기준

   (1) 개요

   ① TRV의 정의
      ㉠ 과도회복전압이란 차단기 차단 직후 접촉자 간에 발생하는 과도 자연진동을 말하며 차단기의 차단능력을 측정하는 중요한 요소로 작용함
      ㉡ TRV의 크기와 파형은 계통전압, 계통구성, 설비상수, 차단기 설치위치, 고장전류 등에 따라 변함
      ㉢ 차단기의 정격과도회복전압은 차단기가 정격차단전류 또는 그 이하의 전류를 차단할 때 차단기 극간에 인가되는 고유과도회복전압의 한도를 말함

   ② 차단기의 성능은 고장전류의 크기와 전류 차단 시 극간에 인가되는 과도회복전압에 의해 좌우되며 계통의 유도성 회로에 축적되어 있는 자속 때문에 차단기 극간에는 아크가 발생되므로 차단기는 이러한 아크에 의한 재점호를 소호할 수 있어야 차단됨
   ③ TRV가 차단기 차단성능 이상인 경우 차단기의 절연파괴 등 파급사고가 발생될 수 있음
   ④ 전력계통에서 차단기 성능의 적합성 여부를 확인하기 위한 기준으로 IEC에서는 2-Parameter, 4-Parameter법을 적용함

   (2) TRV의 발생

   차단기의 과도회복전압(TRV)은 아크상태 종료 후 고장전류를 차단한 차단기 단자양단에 나타나는 과도전압으로 고장전류가 0이 되는 시점에서 발생되는 TRV는 전원 측 회로의 TRV(V_1), 선로 측 회로의 TRV(V_2)의 전압차로 나타낼 수 있다.

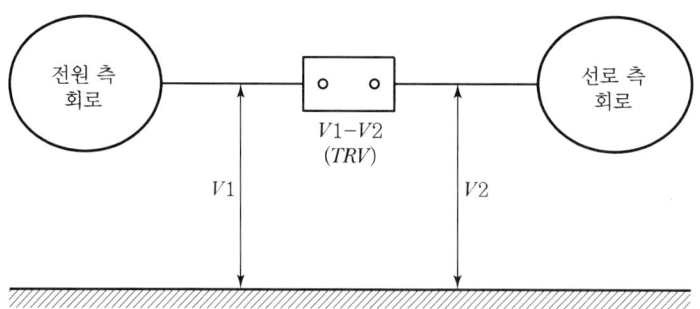

그림 2-83 ▸ TRV 개략도

(3) TRV에 영향을 주는 요소 및 종류

① 영향을 주는 요소
  ㉠ 고장의 종류(3상지락, 3상단락)
  ㉡ 계통 특성(선로임피던스, 연결회선수, 접지상태)
  ㉢ 차단기특성(아크전압 소호매질)

② 과도회복전압 구분
  회복전압(RV)에 대한 과도영역에서의 전압형태를 말한다.
  ㉠ 과도회복전압(Transient Recovery Voltage : TRV)
    차단기 개방 시 초기과도영역에서 발생되는 회복전압의 형태임
  ㉡ 고유과도회복전압(Prospective Transient Recovery Voltage : PTRV)
    일정한 고장(3상단락, 지락)을 이상적인 차단기로 직류성분이 없는 회로의 고유 전류를 차단할 때 적용

③ 과도회복전압(TRV) 유형
  ㉠ 지수형 TRV(Exponential TRV) : 선로가 변압기와 차단기 사이에 존재할 때 차단기 2차 측 사고 시 선로 종단에서 반사되는 반사파에 의해 TRV가 중첩되는 파형

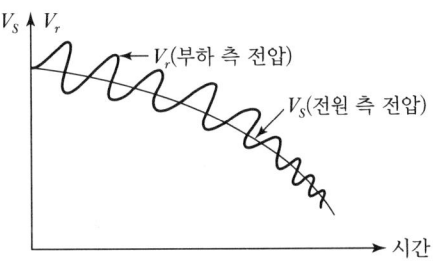

그림 2-84 ▶ 지수형 TRV

  ㉡ 진동형 TRV(Oscillatory TRV) : 사고가 변압기 또는 직렬리액터에 의해 제한되며 선로가 없거나 서지 임피던스가 없을 때 발생하는 파형으로 장시간 진동하는 형태의 파형

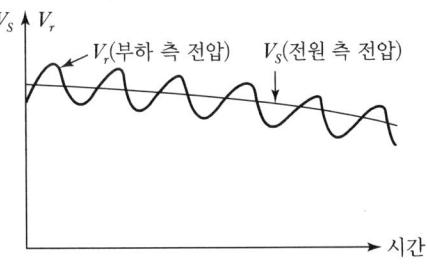

그림 2-85 ▶ 진동형 TRV

ⓒ 삼각 파형 TRV(Triangular TRV) :
단거리 선로 사고 시 발생하며 삼각
파형형태로 발생되는 파형

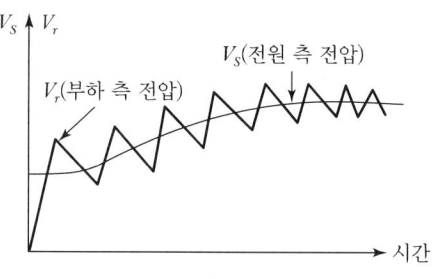

그림 2-86 ▸ 삼각 파형 TRV

(4) 과도회복전압과 차단성능

① 차단기의 차단성능은 차단용량(MVA)과 고유과도회복전압(PTRV)에 의해 결정된다.
② 고유과도회복전압(PTRV)은 초기부분과 파고부분으로 구분된다.
  ㉠ 초기상승 부분
    • 수백[μs] 정도의 시간에서 발생됨
    • 과도전압상승률(Rate of Rise of Recovery Voltage : RRRV)이 발생됨
    • 차단기 열적 차단 실패의 원인이 됨
  ㉡ 파고 부분
    • 1~수[ms] 정도의 시간에서 발생
    • 최대과도전압이 차단기 극간에 인가되며, 차단기 극간 절연내력 회복능력을 초
      과 시 절연파괴로 차단 실패의 원인이 됨

③ 차단성능

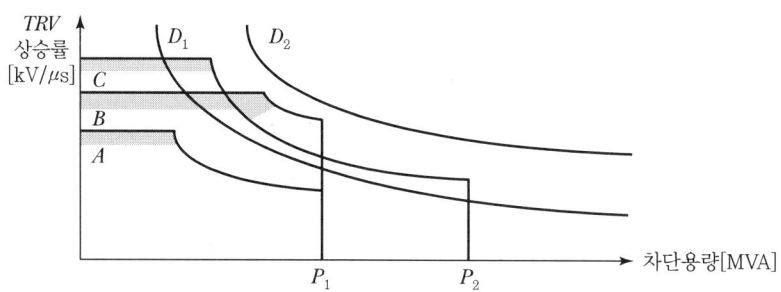

그림 2-87 ▸ 계통특성과 차단한계특성과의 관계

  ㉠ D_1, D_2(차단기 차단한계특성곡선) > A, B, C(계통특성곡선)인 경우 계통의 회
     로를 차단할 수 있음
  ㉡ D_1과 계통특성 B와의 관계에서 P_1 차단용량으로는 차단이 불가함
  ㉢ 차단기 차단성능은 고장 계통 차단 시 TRV 상승률보다 높은 경우 차단이 가능함

(5) 과도회복전압이 차단기에 미치는 영향

① 차단기에 미치는 영향
   ㉠ TRV 상승률이 클수록 TRV 파고값이 클수록 차단기가 차단하기 어려움
   ㉡ 절연회복 특성곡선보다 TRV 특성곡선이 아래에 있는 경우 차단 성공, 상회 시 차단기 극간은 절연 파괴가 발생되며 재차 아크가 발생됨
   ㉢ 과도회복전압은 계통특성, 차단기 특성에 따라서도 발생되는 현상이 다름
   ㉣ 일반적으로 가스차단기, 진공차단기, 자기차단기가 소호특성상 과도회복전압의 영향이 적은 것으로 알려짐

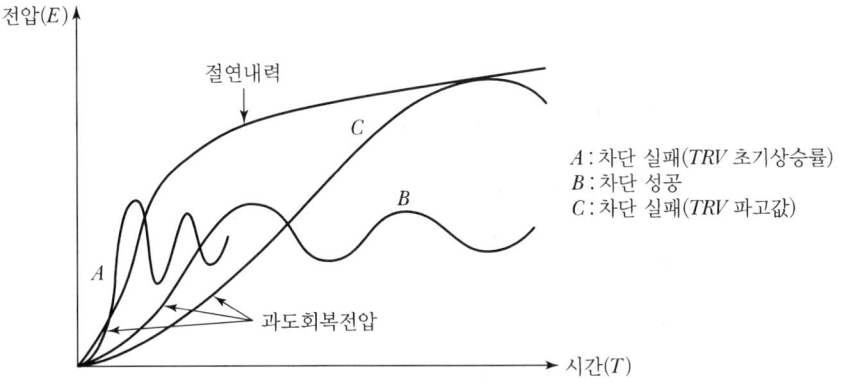

그림 2-88 ▶ TRV 차단 실패, 성공

② 캐패시턴스와 과도회복전압의 RRRV와의 관계
   ㉠ 캐피시턴스의 크기가 증가 시 RRRV가 완화됨
   ㉡ 일열 배치보다는 삼각 배치 시 RRRV가 더 작아짐

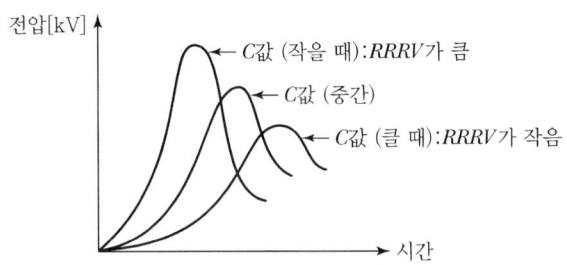

그림 2-89 ▶ 캐패시턴스와 RRRV의 관계

(6) 과도회복전압 규격 관련 사항

① IEC와 ANSI 비교

구분	IEC	ANSI
적용	유럽	북미
근거	실측	이론(모델계통 해석)
파형 표시	2, 4Parameter 적용	72.5[kV] 이하 → 1−cosine 121[kV] 이상 → exponential−cosine
RRRV	100[kV] 이상 → 일정	정격전압 및 정격차단전류에 따라 상이함
파고시간 (동일정격전압)	1개의 파고시간 적용	동일전압에서도 정격차단전류에 의해 상이함
파고값 (동일정격전압)	낮음	높음(IEC 대비)

② IEC 규격의 과도회복전압 규격 값

IEC 규격의 단락시험 시 과도회복전압 계산의 규격 값은 아래와 같다.

㉠ 고장전류 : 3상 접지 고장

㉡ 제1상수 차단계수
- 계통전압 ≤ 72.5[kV] : 1.5
- 100[kV] ≤ 계통전압 ≤ 170[kV] : 1.3(접지계통), 1.5(비접지계통)
- 계통전압 ≥ 245[kV] : 1.3

㉢ 진폭률
- 100[%] 정격단락전류 : 1.4
- 60[%] 정격단락전류 : 1.5
- 10[%] 정격단락전류 : 1.7

㉣ 과도회복전압파고치

차단기 정격전압[kV]×($\sqrt{2}/\sqrt{3}$)×(제1상 차단계수)×(진폭률)

⑤ 과도회복전압 상승률(Rate of Rise of Recovery Voltage : RRRV) : 정격전압 100[kV] 이상에서는 일정하다.

㉠ 100[%] 정격단락전류 : 2.0[kV/μs]

㉡ 60[%] 정격단락전류 : 3.0[kV/μs]

㉢ 30[%] 정격단락전류 : 5.0[kV/μs]

㉣ 10[%] 정격단락전류 : 5.5~12.6[kV/μs]

⑥ 근거리 송전선로 고장 시 정격선로 특성값
  ㉠ 송전 서지 임피던스 : 450
  ㉡ 진폭률 : 1.6

(7) 과도회복전압 표현법

① 4-Parameter법

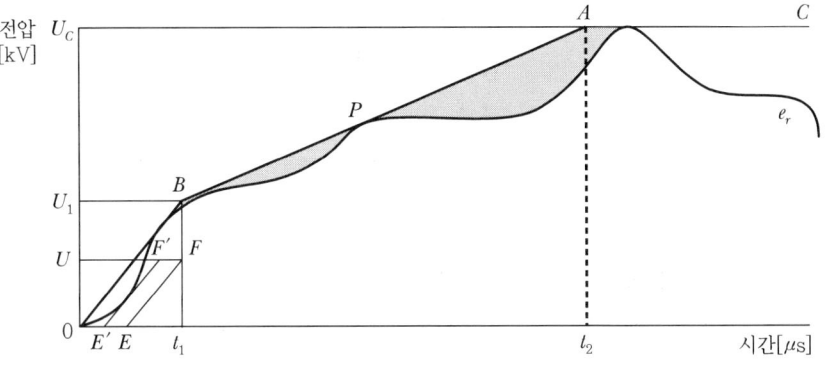

그림 2-90 ▶ 4 Parameter법에 의한 표현법

㉠ 과도회복전압을 초기상승률(U_1/t_1 또는 U_1), 초기파고시간(t_1), 파고치(U_c), 파고시간(t_2)으로 구분하여 표현하는 방법이 4-Parameter법임(OBAC 절선 적용)
㉡ 차단기 소호 여부와 관련되는 과도회복전압은 초기상승률과 파고치임
㉢ 과도회복전압의 파형은 계통의 조건에 따라 변화함
㉣ 차단기 소호성능에 미치는 영향
  • 초기상승 부분 : 열파괴 영향
  • 파고 부분 : 유전파괴에 의한 영향
㉤ 100[kV] 이상의 계통에서 차단전류가 클 때 초기 부분은 선로 또는 기기의 파동 임피던스에 의해 직선으로 상승하고 이어서 비교적 낮은 파고치에 도달하기 때문에 4-Parameter법이 적합하다.

② 2-Parameter법

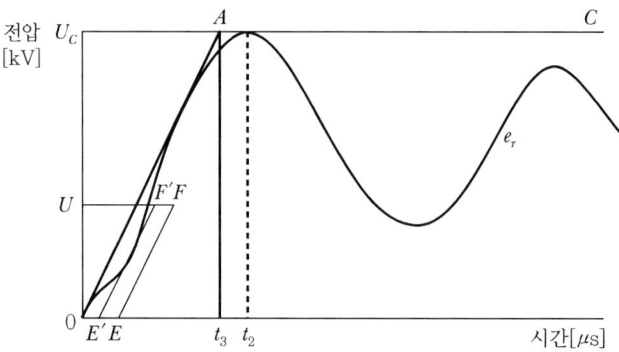

그림 2-91 ▶ 2-Parameter법

㉠ 100[kV] 이하의 계통 또는 100[kV] 이상이라도 단락전류가 최대단락전류에 비해 작을 때 과도회복전압은 감쇄 진동하는 단일주파 파형으로 근사시킬 수 있음
㉡ 이 파형을 위 그림과 같이 2-Parameter법으로 규정되는 2절선 OAC로 표현할 수 있음

③ 계통전압에 따른 구분(IEC 규격)
㉠ 4-Parameter법 : 100[kV] 이상의 계통에서 30, 60, 100[%] 정격단락전류 계통
㉡ 2-Parameter법
• 72.5[kV] 이하의 모든 단락전류계통
• 100[kV] 이상의 계통에서 10[%] 정격단락전류 계통

10) Trip Free

(1) Trip Free

① Trip Free란 접촉자 간의 접촉 또는 접촉자 간의 아크에 의하여 주회로가 통전상태일 때 투입신호가 지속되어도 트립장치의 동작에 의하여 그 차단기를 트립할 수 있다.

② 트립 완료 후 계속적인 투입지령이 주어져도 재차 투입동작을 하지 않고 일단 투입신호를 해제한 후 다시 투입신호를 주었을 때 비로소 투입되는 것을 말한다.

(2) Trip 우선장치

최소한 접촉자의 접촉 혹은 접촉자 간의 아크에 의해 주회로가 통전상태가 되었을 때 설사 투입지령 중이라도 Trip 장치의 동작에 의해 그 차단기를 Trip할 수 있는 장치이다.

(3) Anti-Pumping

① Trip이 완료된 후 계속적인 투입지령에 재차투입(즉시)이 되지 않고 일단 투입지령을 해제한 후 재투입 명령 시에 투입되는 현상을 말한다.

② 내용 설명
- CSC : 투입용 조작스위치
- X : 투입계전기
- Y : Pumping 방지 계전기
- $52a$: 기계적 접점(차단기 동작과 기계적으로 연결된 접점sw)
- $Y-a$: Pumping방지용 a접점
- $Y-b$: Pumping방지용 b접점
- CC : Closing Coil

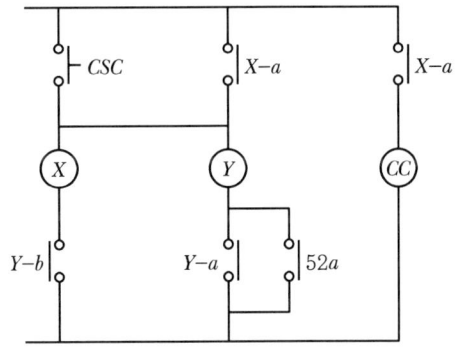

그림 2-92 ▶ Anti-Pumping 도

㉠ CSC 투입 시

차단기가 투입 완료하여 52a 동작(닫힘) → Pumping 방지 계전기 동작 → 투입계전기 off → CC off

㉡ 차단기가 트립동작
- $Y-a$가 있는 경우

  차단기 트립동작 시 → 52a는 off 되어도 $Y-a$가 on, $Y-b$가 off → CSC가 닫혀 있는 동안 → Pumping 방지 계전기가 계속여자 → 투입계전기 접점 off → CC 무여자

- $Y-a$가 없는 경우

  차단기 트립동작 시 → Pumping 방지 계전기 off → 투입계전기 on → CC 여자 → 차단기 투입

즉, Pumping 방지계전기(Y)가 없는 경우 투입, 트립 신호가 동시에 들어갈 때 투입, 트립을 반복해서 하는 Pumping 현상이 발생하므로 Trip Free는 Pumping 작용을 방지하기 위해서 반드시 필요한 것이다.

11) 개폐기의 종류별 분류

(1) 개요

개폐기는 전로를 보호하는 장치로서 단로기, 부하개폐기, 전자접촉기, 차단기, 전력퓨즈 등이 있으며 이들의 기능과 용도를 충분히 인식한 후 계통에 적합하게 적용되어야 한다.

(2) 개폐기의 종류별 특징

종류	기능(성능)	용도
단로기	• 부하전류 차단능력이 없음 • 무부하전류, 선로충전전류를 차단	• 변압기, 차단기 보수점검 시 회로 분리 • 전력계통 변환 시 회로 분리
부하 개폐기	• 평상시 부하전류 차단능력이 있음 • 이상 시(과부하, 단락 시) 보호기능은 없음	개폐빈도가 적은 부하의 개폐용 스위치로 사용
전자 접촉기	• 부하전류, 과부하 차단능력이 있음 • 단락보호는 불가능	부하의 제어용 스위치로 사용
차단기	• 부하전류, 과부하 차단능력이 있음 • 단락 등 모든 고장에 대한 차단능력이 있음	주로 회로 보호용으로 사용
PF	• 단락전류 차단용 • 부하전류 통전	전로 및 직렬기기의 단락보호용

(3) 개폐기의 실계통에서의 적용

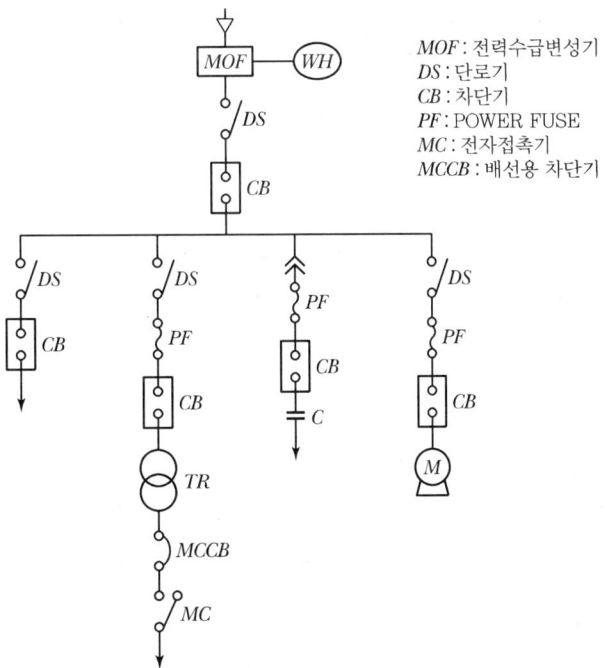

MOF : 전력수급변성기
DS : 단로기
CB : 차단기
PF : POWER FUSE
MC : 전자접촉기
$MCCB$: 배선용 차단기

그림 2-93 ▶ 실계통에서의 개폐기 구성도

표 2-16 ▶ 개폐기의 종류별 기능 비교

기능 종류	회로분리		사고차단	
	무부하	부하	과부하	단락
단로기	○			
부하개폐기	○	○	○	
전자접촉기	○	○	○	
차단기	○	○	○	○
전력퓨즈	○			○

(4) 부하개폐기(LBS : Load Breaker Switch)

① 개요
  ㉠ 수변전설비의 인입구 개폐기로서 가장 많이 사용되며 부하전류는 개폐할 수 있으나 고장전류를 차단할 수 없으므로 전력퓨즈와 직렬로 사용됨
  ㉡ 전력퓨즈의 결상을 방지할 목적으로 채용되며 저용량의 경우 PF 부착용을, 대용량의 경우 PF 분리형을 적용하며, PF의 한류작용에 의해 단락전류를 제한시켜 PF 이후 기기(MOF, VCB, 모선 등)의 경제적 설계가 가능함

② 기술적 특징
  ㉠ 한류형과 비한류형의 차이

한류형(PF 부착형)	비한류형(PF 미부착형)
• 단락전류를 억제시켜 직렬기기의 열적, 기계적 강도를 저하시킴 • 퓨즈단의 과전압에 의해 건식류 변압기 Motor 사용 시 기기에 악영향	• 비한류특성으로 열적, 기계적 강도에 견뎌야 함 • 과전압이 발생되지 않아 절연내력이 약한 전로에 사용이 가능함

  ※ 한류형의 경우 고속도 차단으로 사고 시 피해범위가 작음

  ㉡ 3상을 동시에 개폐하여 결상이 방지됨

③ 설계 및 시공 시 주의사항
  ㉠ LBS 정격은 사용회로의 정격보다 상위의 것을 적용함
  ㉡ 설치 위치는 MOF전단 설치가 일반적임
  ㉢ 퓨즈 설치 위치(전원 측에 설치, 부하 측 설치)를 제작회사와 협의할 것
  ㉣ 퓨즈용단에 대비한 예비품을 준비할 것
  ㉤ LBS 작동은 수동, 자동이 있으며 자동(Motor)의 경우 AC, DC 110[V]가 있음 (DC 사용이 바람직함)
  ㉥ 분리형의 경우 PF는 200[A] 이상의 경우 국내 제작이 안 됨을 고려할 것

ⓐ 200[A] 이상 시 LBS의 별도 큐비클 시공
ⓑ PF는 한류형 선정으로 부하기기의 열적, 기계적 강도를 저하시킴
ⓒ 피뢰기 설치 검토

(5) 단로기(DS : Disconnecting Switch)

① 개요

단로기는 3.3[kV] 이상의 전로에서 정격전압의 조건에서 회로의 충전전류만을 차단할 수 있는 개폐기로서 기기의 점검 보수 및 전력계통 변환 시에 사용되며 현재 LDS로 교체되는 추세이다.

② 개폐능력

㉠ 단로기로서 차단할 수 있는 전류의 한도를 말하며 통상 선로의 대지정전용량에 의한 충전전류 $\left(I_c = \dfrac{2\pi f c V}{\sqrt{3}}\ [\mathrm{A}]\right)$가 기준이 됨

㉡ JEC에 의한 개폐능력

정격전압[kV]	상간중심거리[mm]	여자전류[A]	충전전류[A]
3.6	400	10	30
7.2	400	4	2
24	700	2	2

㉢ 충전전류 이상 개폐 요구 시 LDS 사용

③ 정격전류

㉠ 고압(3.3/6.6[kV]) : 200[A], 400[A], 1,200[A], 2,000[A], 4,000[A]
㉡ 특고압(24[kV]) : 600[A], 1,200[A], 2,000[A], 4,000[A]

④ 분류

㉠ 접속방법
  • 표면접속(많이 사용)
  • 뒷면접속

㉡ 조작방법
  • 조작봉 조작(수동)
  • 스프링 조작
  • 공기 조작
  • 전동 조작

⑤ 설계 및 시공 시 주의사항
   ㉠ 설계 시
   선로의 길이 증대 따른 대지정전용량(C)에 의한 충전전류가 커지므로 선정 시 주의사항임
   ㉡ 시공 시
   - 위험장소에서 DS 고정
   - 가로방향 설치금지
   - 자중, 진동, 전자력으로 폐로되지 말 것

(6) 자동고장구분개폐기(ASS : Automatic Section switch)
   ① 개요
   ㉠ 국내의 배전전압은 22.9[kV－Y]로 직접접지 방식으로 구성되어 있어 지락 발생 시 지락전류가 너무 커서 지락사고 시 단락사고와 같이 작용하여 한전 배전선로의 리크로저(Recloser)나 차단기를 동작시켜 고장 수용가만 신속히 분리시켜 타 건전수용가의 정전피해 방지를 위해 ASS가 설치됨
   ㉡ 22.9kV－Y 계통에서의 적용
   - 22.9kV－Y 특별고압 간이수전설비 : 300[kVA] 이상, 1,000[kVA] 이하의 특별고압 수전설비에서 반드시 ASS(자동고장 구분 개폐기)를 설치토록 의무화하고 있음
   - 22.9kV－Y 전기사업자 배전계통의 분기점 또는 수전실 인입구

정격사항	25.8[kV] 200[A]	25.8[kV] 400[A]
개요 및 특성	전기사업자 배전계통에서 부하용량 4,000[kVA](특수부하 2,000[kVA]) 이하의 분기점 또는 7,000[kVA] 이하의 수전실 인입구에 설치함	전기사업자 배전계통에서 부하용량 8,000[kVA](특수부하 4,000[kVA]) 이하의 분기점 또는 수전실 인입구에 설치함

   ② 설치방법
   ㉠ 22.9[kV－Y]계통에서 300[kVA] 이상 1,000[kVA] 이하에 적용(LA용 DS는 생략이 가능하며, LA는 Isolator 부착형을 사용함)

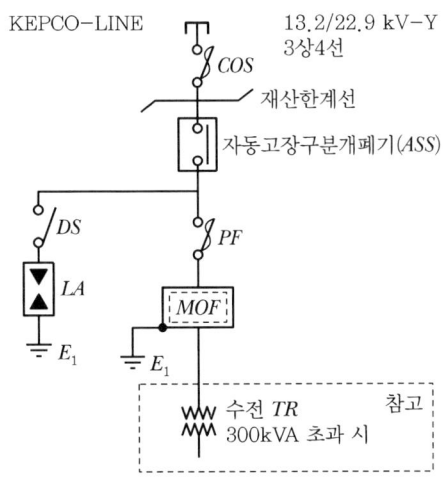

그림 2-94 ▶ 특고압 간이 수전설비 결선도

  ⓒ 300[kVA] 이하의 경우 ASS 대신 INT. SW로 대체 가능함
  ⓒ 300[kVA] 이하의 경우 ASS 후단의 PF 대신 COS로 대체 가능
  ⓔ 적용 : 간이수전설비에 많이 적용됨(공장지역 등 소규모 설비에 적용)

 ③ 특징
  ㉠ 전력회사 변전소의 CB나 Recloser와 보호협조를 하여 1회 순간 정전 후 고장구간을 자동분리함
  ㉡ 과부하 보호
   900[A]의 차단능력을 가지고 있으며 800[A] 미만의 과부하 및 이상전류에 대하여 자동차단되어 과부하보호 기능을 가짐
  ㉢ 투입 및 개방 : 수동, 자동투입
  ㉣ 개폐조작이 확실, 신속하고 안전함

 ④ 동작특성
  ㉠ 부하전류에 대한 정격전류는 200[A]까지이며, 800[A] 미만의 과부하 또는 고장전류에 대해서는 즉시 자동개방이 됨
  ㉡ 800[A]±10[%] 이상의 고장전류가 CT에 검출 시 개폐기는 제어함에서 LOCK 상태가 되며 변전소 CB, Recloser가 1회 순시정전 시 무전압 상태에서 개방되고 선로에서 자동분리됨

⑤ 보호협조

㉠ 배전계통에서 Recloser와의 협조

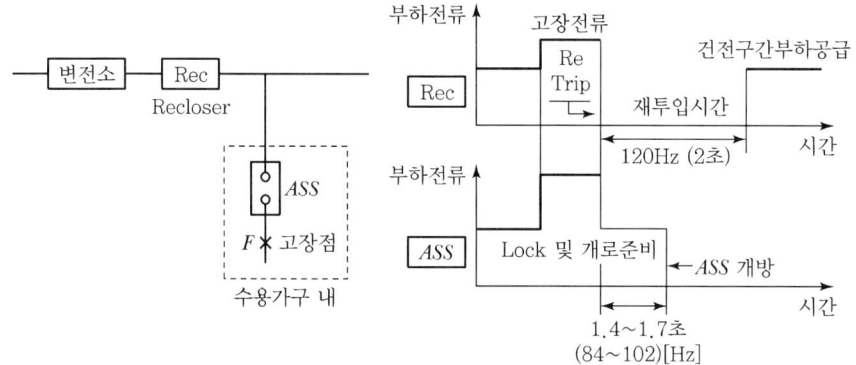

그림 2-95 ▶ Recloser와 ASS와의 보호협조

㉡ 전력회사 변전소 CB와의 보호협조

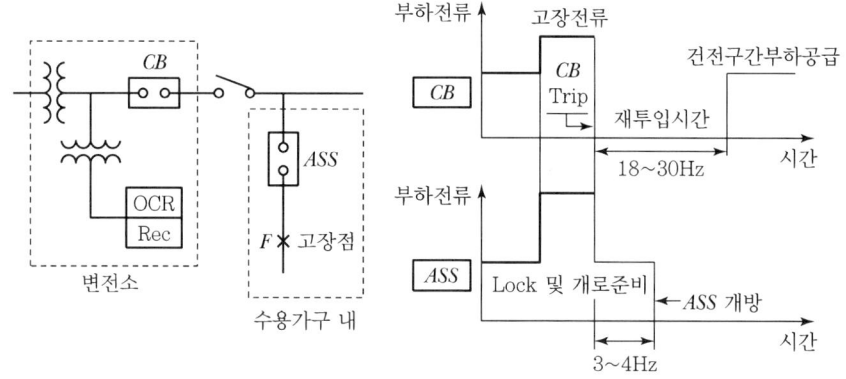

그림 2-96 ▶ CB와 ASS의 보호협조

⑥ 정격

㉠ 공칭전압 : 22.9[kV]

㉡ 정격전압 : 25.8[kV]

㉢ 정격전류 : 200[A]

㉣ 정격차단전류 : 900[A]

㉤ 정격차단용량 : 400[MVA]

⑦ 최소동작전류

㉠ Phase(상) : 30, 50, 70, 100, 140, 200[A]

㉡ Ground(지락) : 25, 35, 50, 70, 100[A]

⑧ 설계 시 고려사항
  ㉠ 상(Phase)회로 동작전류의 정정
    • 최대부하전류 $= \dfrac{\text{설비용량}[\text{kVA}]}{\sqrt{3} \times 22.9\,[\text{kV}]}$
    • Tap정정치(최소동작전류) = 최대부하전류 × 2~3배(2.5배)
  ㉡ 지락 시 정정 Tap 전류[A]상 최소동작전류 정정값 × 0.5[배]
  ㉢ 돌입전류에 대한 시간정정
    • 후비보호장치의 재폐로 시 발생되는 돌입전류로 인한 오동작을 방지하기 위해 시간 정정을 함
    • 억제시간
      - 일반적 → 0.5초
      - 빈번한 오동작이 발생 시 → 1.0초

(7) 리클로저(RC : Recloser)
① 배전선에 조류 및 수목에 의한 접촉, 강풍, 낙뢰 등에 의한 사고 시 신속하게 고장구간을 차단하고 아크를 소멸시킨 후 즉시 재투입이 가능함
② 기능
  ㉠ 동작코일에 최소동작전류 이상의 고장전류가 흐르면 일단 순시 동작으로 차단 후 재폐로 함
  ㉡ 고장 계속 시 전위장치(S/E, Fuse)가 동작할 시간적 여유를 준 후 차단하여 다시 재폐로 함
  ㉢ 차단 재폐로 동작은 4번(2F 2D)으로 하여 고장 계속 시 최후 동작까지 하게 되면 Lock-out 되어 재폐로 하지 않음(일반적인 Setting 방법)

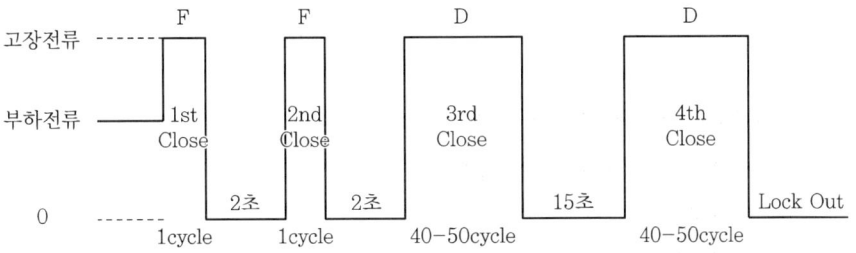

그림 2-97 ▶ 리클로즈 재폐로 동작

③ 설치기준
  ㉠ 간선과 3상 분기점에 설치
  ㉡ 직렬로 3대까지 설치 가능

ⓒ 상호 협조가 가능한 위치에 설치

④ 정정치

구분		R/C 정정치
최소동작 전류	상	최대부하전류의 2.8배 이상 4.0배 이하
	지락	최대부하전류×0.3배(0.5배)

(8) 자동고장구간 개폐기(S / E : Sectionalizer)

① 부하 측에서 선로사고가 발생되면 사고횟수를 감지하여 무전압상태에서 접점을 개방하여 고장구간을 분리하는 개폐기
② 후비보호로 반드시 Recloser와 조합하여 사용함
③ Recloser 동작 시 Recloser의 차단 동작횟수를 기억하여 정전된 횟수(Recloser보다 1회 작은 동작횟수)에 도달 시 접점을 자동으로 개방함

(9) 자동부하 전환 개폐기(ALTS : Automatic Load Transfer Switch)

㉠ 22.9[kV-Y] 접지계통에 적용
㉡ 정전을 불허하는 중요부하에 무정전 전원공급을 목적으로 함
㉢ 기준전압 이하로 전압강하 시 타 계통으로 전원절체

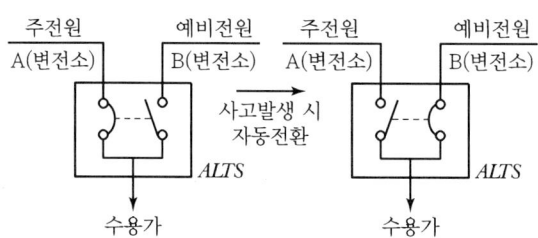

그림 2-98 ▶ ALTS

(10) 선로개폐기(LS : Line Switch)

① 책임분계점에서 보수점검 시 선로를 개폐하기 위해 사용하며 반드시 무부하상태에서 사용함
② 적용 : 66[kV] 이상의 선로에 사용함

(11) 기중 부하개폐기(INT.SW : Interrupter Switch)

22.9[kV-Y] 선로의 책임분계점 개폐기로 수전용량이 300[kVA] 이하인 경우 ASS 대신 사용함

(12) 컷아웃 스위치(COS : Cut Out Switch)

① 변압기의 과전류보호 및 선로의 개폐를 위해 설치함
② 종류 : 고압용, 특고압용
③ 퓨즈용량 : 변압기 1차 측 정격전류의 1.5~2배로 선정

(13) 전력퓨즈(PF : Power Fuse)

① 개요

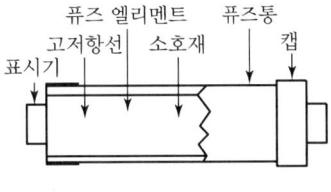

그림 2-99 ▶ 퓨즈 단면구조

  ㉠ 목적 : 전로나 기기를 단락전류로부터 보호
  ㉡ 종류 : 한류형과 비한류형
  ㉢ 역할 : 차단기 + 변성기 + Relay

② 기능
  ㉠ 부하전류를 안전하게 통전(과도전류, 과부하전류에 용단되지 않음)
  ㉡ 동작이 되는 일정값 이상에서 오동작 없이 차단됨

③ 구조
  ㉠ 퓨즈엘리먼트
    • 재료 : 순은
    • 요구특성 : 높은 통전성능 및 한류특성
  ㉡ 퓨즈통
    • 재료 : 자기 또는 유리섬유강화 합성수지
  ㉢ 소호재
    • 재료 : 규소(열전도율 특성, 고융점 특성)

④ 종류
  ㉠ 한류형

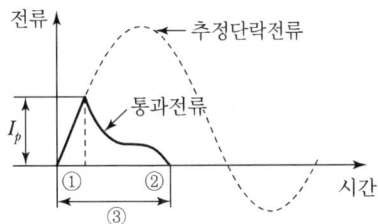

그림 2-100 ▶ 한류 PF 차단시간

    • 원리 : 높은 아크 저항을 발생시켜 단락전류를 강제로 한류차단시키는 전압 0점에서 차단하는 퓨즈
    • 동작특성
      - I_p : 통과전류의 파고치[A]
      - 용단시간 : 0.1[Cycle]
      - 아크시간 : 0.4[Cycle]
      - 용단+아크 : 전차단시간 → 0.5[Cycle]

- 특징
  - 최소차단전류가 있음
  - 소형으로 큰 차단용량을 가짐
  - 과전압이 발생
  - 큰 한류작용(I_p 억제)
ⓒ 비한류형
- 원리 : 소호가스를 뿜어서 전류 0점인 극간의 절연내력을 재기전압 이상으로 높여서 차단시키는 퓨즈
- 동작특성
  - I_p : 통과전류의 파고치[A]
  - 용단시간 : 0.1[Cycle]
  - 아크시간 : 0.55[Cycle]
  - 용단+아크 : 전차단시간 → 0.65[Cycle]

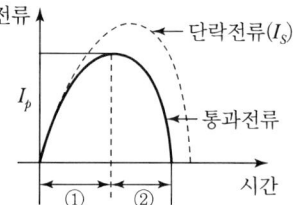

그림 2-101 ▶ 비한류형 PF 차단시간

- 특징
  - 녹으면 반드시 차단됨
  - 대형의 구조
  - 과전압이 발생되지 않음
  - 통과전류의 파고치가 높음

표 2-17 ▶ 퓨즈의 종류별 장·단점

구분 \ 종류	한류형 PF	비한류형 PF
장점	• 소형으로 차단전류가 큼 • 한류효과가 큼(후비보호에 적합)	• 과전압 발생이 없음 • 녹으면 반드시 차단
단점	• 과전압 발생 • 최소차단전류가 있음	• 대형의 구조 • 한류효과가 적음

⑤ 정격전류 선정기준
㉠ 일반적 선정기준
- 상시통전전류의 안전 통전
  - 상시통전전류에 대해 안전 통전할 것
  - 예상 과부하전류에 동작하지 말 것 → 단락보호용으로 전부하전류의 약 1.8 ~2.5배의 정격을 사용함

- 과도 돌입전류에 부동작할 것 →
  전동기 기동전류, 변압기 여자돌
  입전류, 콘덴서 돌입전류 등
- 반복 부하의 경우 충분한 여유를
  가질 것
- 타 기기, 회로와 보호협조를 할 것
  - 피보호기기, 회로의 단시간내량
    보다 퓨즈의 차단특성 및 한류특
    성이 아래에 있을 것
  - 전원 측 차단기의 릴레이 시간은 퓨즈의 차단특성 이상일 것

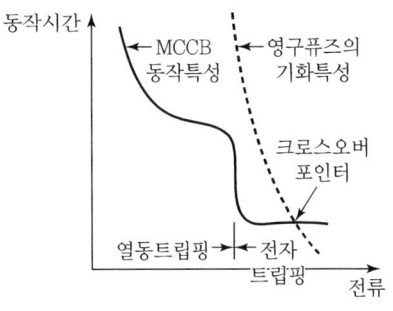

그림 2-102 ▶ 전력퓨즈-차단기간의 보호협조

ⓒ 변압기 회로의 선정기준
  ⓐ 일반적인 경우
  - 변압기의 허용과부하로 퓨즈가 손상되지 않을 것
  - 변압기의 여자돌입전류로 퓨즈가 손상되지 않을 것(일반적으로 변압기 전부하 전류의 10배, 0.1초가 퓨즈의 단시간 허용특성 이하일 것)
  - 2차 측 단락 시 변압기를 보호할 것
    - 퓨즈의 차단특성은 변압기의 전부하전류의 25배, 2초 이하일 것
    - 퓨즈의 최소차단전류는 예상단락전류보다 작은 편이 좋음
  ⓑ 3상, 단상 일괄보호의 경우
  - 각 상마다 3상, 단상을 합한 전부하전류, 여자돌입전류를 계산하여 그것을 안전 통전하는 정격치로 하며, 각 상중의 최대정격의 것으로 통일함
  - 각 변압기의 2차 단락 보호에 변압기마다 퓨즈를 사용함
  ⓒ 계기용 변압기의 경우
    부하전류에서 PT 손상 방지용으로 1[A] 정격퓨즈를 사용함
  ⓓ 변압기 콘덴서 일괄 보호용인 경우
    변압기 단독일 때의 표준정격과 같은 정격전류를 사용함
ⓒ 전동기 회로의 선정기준
  - 일반적인 경우
    - 전동기의 허용과부하를 안전 통전할 것
    - 전동기의 시동전류로 퓨즈가 손상되지 않을 것(일반적으로 전부하 전류의 5배, 10초의 점이 퓨즈 단시간 허용특성 내에 있는 정격으로 함)
    - 빈번한 개폐, 역전에 따른 반복전류에 손상되지 않을 것
  - 전동기의 시동전류-시간특성 검토
    직입기동에서 사용조건, 전동기 특성에 따라 검토함

- 고압전자접촉기와 조합 시 주의가 필요함
ㄹ) 진상 콘덴서 회로용 선정기준
- 콘덴서 돌입전류로 퓨즈가 손상되지 않을 것 : 콘덴서 돌입전류 I^2t가 퓨즈 단시간 허용전류 I^2t 이하일 것
- 콘덴서의 연속최대과부하전류를 안전하게 통전할 수 있을 것 : 퓨즈의 정격전류 $I_n \geq$ 콘덴서 연속최대과부하전류(콘덴서 정격전류 $I_c \times 1.43$)
- 콘덴서 케이스의 파괴확률이 10[%] 이하일 것
- 콘덴서와 조합하여 개폐가 빈번한 곳에 사용하는 경우 일단 상위 정격을 사용함

ㅁ) 케이블 보호
단락 시 퓨즈는 고속도 차단하므로 비교적 큰 정격전류라도 작은 치수의 케이블을 보호할 수 있다.

⑥ PF의 동작특성
ㄱ) 개요
- 퓨즈는 동작전류와 시간과의 관계에서 전류가 커질수록 동작시간이 짧아지는 특성이 있으며 $\frac{1}{2}$[cycle] 이하에서 동작하는 전류영역에서 큰 한류작용이 있음
- 구분
  - 한류작용이 없는 0.01초 이상의 영역
  - 한류작용이 있는 0.01초 이하의 영역
ㄴ) 한류작용이 없는 0.01초 이상의 영역

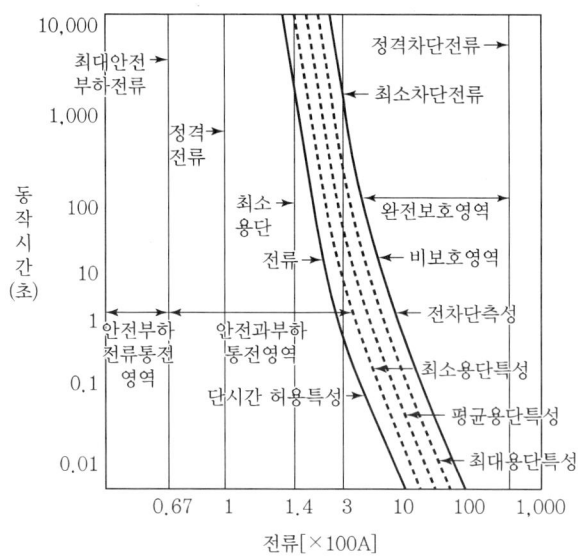

그림 2-103 ▶ 전력퓨즈의 전류-시간특성

ⓐ 안전통전영역
- 정의 : 퓨즈가 안전하게 통전시킬 수 있는 부하전류의 영역
- 구분
  - 안전부하전류 통전영역
  - 안전과부하전류 통전영역
- 특징
  - 퓨즈 Element에 사용되는 재료의 내열특성에 의해 안전통전영역이 결정됨
  - 고압의 경우 은[Ag] 사용 시 고온열화가 적어 안전과부하 통전전류영역이 넓어짐

ⓑ 보호영역
- 정의 : 보호영역 내의 사고전류에 대해 차단시켜 기기 및 회로를 보호함
- 특징
  - 대전류 : 우수한 한류작용
  - 소전류 : 장시간 동작으로 신뢰성이 낮음

ⓒ 비보호영역
- 정의 : 안전통전영역과 보호영역 사이의 영역으로 퓨즈로서 보호되지 않고 손상열화의 우려가 있음
- 특징
  - 본질적으로 없애는 것은 불가
  - 최대한 이 영역을 줄여야 함
- 대책
  - 큰 정격전류 사용
  - 타 차단기로 보호협조

ⓒ 한류작용이 있는 0.01초 이하의 영역
이 영역에서 차단기는 동작되지 않으나 퓨즈는 동작하는 특징이 있음

- 단시간 허용 I^2t특성
  - 전류가 커지면 허용시간은 짧아지며 "$I_S^2 \times t_S =$ 일정"의 관계가 있음
  - 단시간 I^2t가 일정한 것은 퓨즈의 단점임
  - 차단기의 경우 릴레이시간+개극시간이 전류값에 관계없이 일정하므로 과도전류가 아무리 커도 동작하지 않음
  - 퓨즈의 경우 과도전류가 커서 I^2t가 증대하여 단시간 허용 I^2t보다 클 경우 퓨즈 용단에 주의해야 함

- 차단 I^2t
  - 퓨즈가 차단이 완료될 때까지 회로에 유입하는 열에너지로 피보호기기의 I^2t보다 적은 퓨즈를 사용하면 완전보호가 가능함
- 통과전류 파고치 : 한류형 퓨즈의 경우 한류작용에 의해 단락전류를 크게 한류 차단하는 특성이 있음

> **참고** 퓨즈 성능을 규정하는 5가지 특성
>
> 1. 허용특성
>   ㉠ 퓨즈에 일정시간 통전하여도 가용체가 열화를 일으키지 않는 전류의 한계와 시간 과의 관계를 나타내는 특성
>   ㉡ 퓨즈의 정격전류 선정 시 필요
> 2. 한류특성
>   ㉠ 퓨즈에 단락전류가 흐를 때 어느 정도까지 억제(한류)하는가를 나타낸 특성
>   ㉡ 한류퓨즈의 경우 처음 반파에서 차단되며 최대통과전류의 파고치를 크게 한류하 므로 계통의 직렬기기의 열적, 기계적 강도를 줄임
>   ㉢ 통과전류의 파고치
> $I_p = K\sqrt[3]{F \times I_S}$
>   여기서, K : 상수
> F : 퓨즈엘리멘트의 최소단면적[mm²]
> I_S : 규약차단전류[A]
>   ㉣ 단락전류의 $\frac{1}{3}$승에 비례한 크기로 제한을 받음
> 3. 용단특성
>   ㉠ 퓨즈에 과전류가 흐르기 시작하여 가용체가 용단하기까지의 전류와 시간과의 관계를 나타낸 특성
>   ㉡ 용단특성의 종류 : 최소용단특성, 평균용단특성, 최대용단특성
>   ㉢ 변압기, 전동기, 콘덴서용에 적합한 용단종별표시가 적용됨
> 4. 열적특성(I^2t 특성)
>   ㉠ 퓨즈에 일정시간 흐르고 있는 전류의 순시치 2승의 적분값으로 표시됨
>   ㉡ 동작 I^2t 값은 콘덴서보호, 개폐기, 차단기 후비보호로써 퓨즈 사용 시 열적응력 을 검토할 때 사용
> 5. 차단특성
>   ㉠ 퓨즈에 과전류가 흐르기 시작하여 용단, Arc가 소멸하기까지의 전류와 시간과의 관계를 나타낸 특성
>   ㉡ 이 특성은 퓨즈를 다른 개폐기나, 차단기와 조합해 사용할 경우 동작협조를 검토 할 때 사용됨

⑦ 정격사항

㉠ 정격차단용량
- 퓨즈가 차단할 수 있는 단락전류의 최댓값[kA]로 표시됨

- 단락 시 과도현상에서 발생하는 직류분이 포함된 비대칭 실횻값을 나타내지 않고 교류분만의 대칭실횻값을 나타냄
- $\dfrac{비대칭값}{대칭값} \rightarrow 1.6$ 정도임

ⓒ 정격전압 : 공칭전압 $\times \dfrac{1.2}{1.1}$

ⓒ 정격전류
- 퓨즈가 온도상승값을 넘지 않는 범위에서 연속적으로 통전시킬 수 있는 전류의 한도값으로서 실횻값으로 표시됨
- 보통 전부하전류의 약 1.8~2.5배로 선정

⑧ 최소차단전류

㉠ 한류퓨즈는 소호원리상 큰 고장전류의 한류차단은 잘되지만 용단시간이 긴 소전류는 차단하기 어렵고, 최소용단전류 근방에서의 용단이 바로 차단되지 않고, 어느 정도 전류값이 커지지 않으면 차단하지 못하는 수가 있음

㉡ 이 때문에 차단할 수 있는 최소의 전류에 한도가 있고 이를 최소차단전류라 함

㉢ 이 차단전류는 교류분의 실효치로서 제조사가 명시하도록 되어 있으며, 일반적으로 정격전류의 5배 정도임

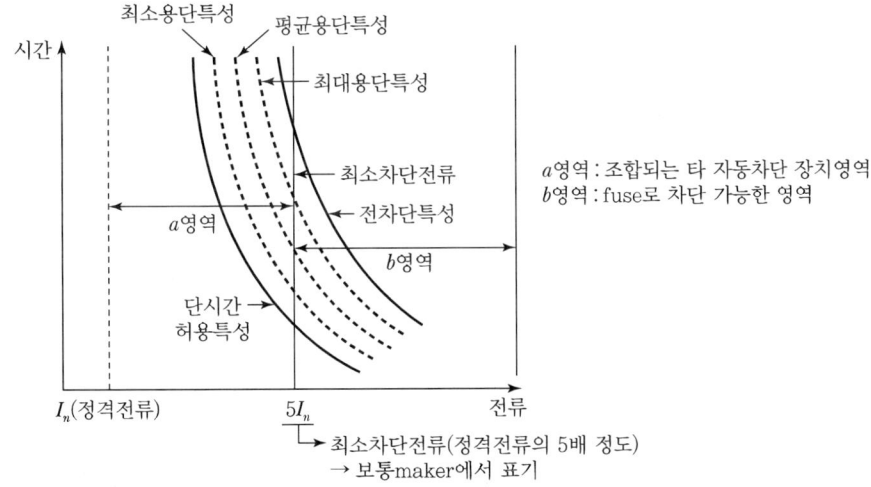

그림 2-104 ▶ 전력퓨즈의 전류 – 시간특성

㉣ 검토사항
- 최소차단전류 이하에서 동작하지 않는 적절한 정격전류의 Fuse 선정
- 최소차단전류 이하에서는 타 보호기기(MCCB)로 보호해야 함

⑨ 장·단점

장점	단점
• 한류형은 차단 시 무소음 무방출 • 현저한 한류차단 • 큰 차단능력 • 고속 차단 • 가격이 저렴 • 변성기+Relay가 불필요 • 후비보호가 완벽 • 유지보수가 용이 • 소형 경량의 구조	• 재투입이 불가능 • 과도 전류에 용단 가능성 • 동작시간–전류특성의 조정이 불가능 • 비보호영역이 발생 • 결상의 가능성 • 한류형은 차단 시 과전압 발생 • 고임피던스 접지계통에서 사용 불가

⑩ 설계 시 고려사항
  ㉠ 퓨즈 동작 시 전체상 교체
    • 예비퓨즈 구비
    • 3상회로 → 3개 1조, 단상회로 → 2개 1조
  ㉡ 지락전류에 대해 동작하지 않음 : 전원 측 차단기에 지락 Relay를 부착하여 보호함
  ㉢ 과소정격의 배제
    • 최소차단전류 이하에서 전력퓨즈가 동작치 않도록 큰 정격전류 사용
    • 최소차단전류 이하는 타 기기로 보호함
  ㉣ 사용 계획 시 회로의 특성, 퓨즈 전류–시간특성을 비교하여 적절한 정격전류 선정
  ㉤ 용도의 한정
    • 단락사고에만 동작하도록 정격전류 선정
    • 전력퓨즈 동작 후 재투입이 필요한 곳은 사용 불가
  ㉥ 안전통전영역 내에 과도전류가 들어가도록 큰 정격전류를 선정함
  ㉦ 절연강도의 협조 : 회로의 절연강도가 퓨즈의 과전압값보다 높을 것

⑪ PF 선정 시 고려사항
  ㉠ 사용장소
    • 옥내용과 옥외용으로 구분
    • 옥외용은 옥내 사용이 가능하나 옥내형은 옥외 사용이 불가
    • 염분, 부식성 가스가 심한 분위기에는 표준 Fuse를 사용할 수 없음
  ㉡ 정격전압
    • 한류형 Fuse는 차단 시 과전압이 발생되므로 직렬기기에 악영향을 제공함
    • 회로전압보다 높은 정격은 사용을 회피해야 함
    • 회로의 절연강도가 Fuse 동작 과전압보다 높아야 함

ⓒ 차단용량
- 회로의 단락전류를 충분히 차단할 수 있어야 함
- 차단용량 부족에 의한 Fuse의 폭발이 방지되어야 함

ⓔ 극수
- 3상회로 → 3극
- 1상회로 → 2극

ⓜ 회로의 단락전류
  고장점에서 전원 측의 전원용량, 발전기, 전동기 등의 용량 및 선로 및 과도리액턴스 등을 고려해야 함

ⓑ 소요차단용량
- 회로의 대칭 단락용량을 구해 그것 이상의 Fuse로 선정
- 보통 40[kA] 용량을 가짐

ⓢ 최소차단전류
- 차단 가능한 소전류의 한계를 최소차단전류라 함
- 경제적 설계를 위해 최소차단전류를 정격전류의 수 배로 잡는 것이 보통임

⑫ 차단기와 PF의 동작특성
  ㉠ 동작특성도

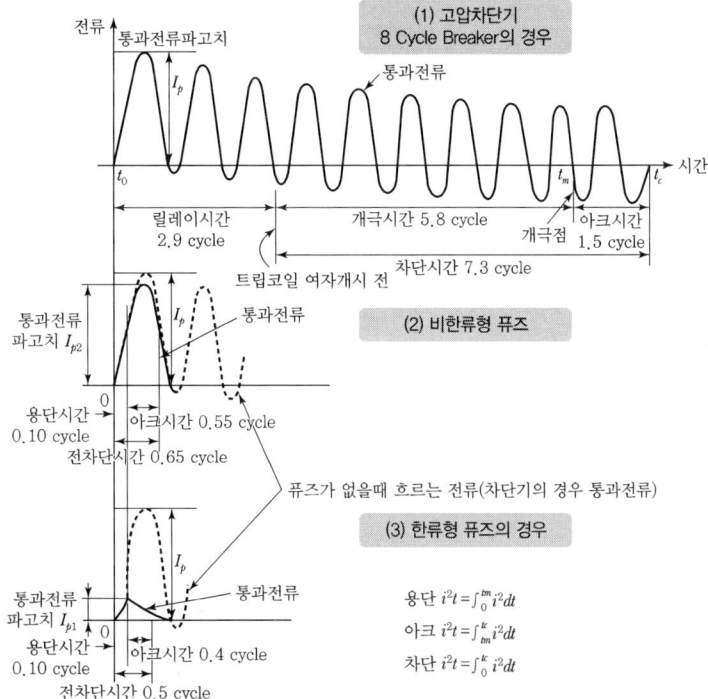

그림 2-105 ▶ 차단기와 PF의 동작특성도

ⓒ 특성 비교

표 2-18 ▶ 고압 차단기와 PF의 비교

비교 구분	차단기	비한류형	한류형
차단시간 (Cycle)	10	0.65	0.5
최대통과전류 (I_p)	단락전류파고치	단락전류파고치의 약 80[%]	단락전류파고치의 약 10[%]
차단 $I^2 t$ 특성	큼	중간	적음
차단특성	• 정격차단전류 이하에서 동작 시 반드시 차단됨 • 과부하보호 가능	• 정격차단전류 이하에서 동작 시 반드시 차단 • 과부하보호 가능	• 용단시간이 긴 소전류 영역에서 부동작 • 큰 고장전류에 동작 • 과부하보호 불가

3. 고장전류

1) 고장전류를 계산하는 목적

(1) 차단기의 차단용량 선정
(2) 보호계전기 정정
(3) 통신선 유도장해 검토
(4) 선로나 기기의 열적·기계적 강도 검토
(5) 순시전압 강하 검토
(6) 케이블 굵기 선정
(7) 직렬기기의 절연 레벨 결정 등

2) 고장전류 계산

고장형태	평형고장	불평형고장
종류	3상 단락	1선지락, 2선지락, 선간단락, 단선
계산방법	Ω법, $\%Z$법, PU법	대칭좌표법, 클라크법
특징	• 고장전류의 크기가 같음 • 위상차가 120°인 고장	• 고장전류의 크기가 다름 • 위상차가 120°가 아닌 고장

3) 3상 단락고장계산(평형고장)

(1) 옴(Ω) 법에 의한 계산

① 계산방법

3상 단락 고장은 평형고장이므로 단락전류는 고장점의 대지전압(E)을 고장점에서 본 전계통의 임피던스 Z[Ω]로 나누어서 구한다.

$$3상\ 단락전류(I_{3s}) = \frac{E}{Z} = \frac{E}{\sqrt{R^2 + X^2}}\ [A] \cdots\cdots 식\ ㉠$$

여기서, E : 고장 직전의 상전압[V]
   Z : 단락지점에서 전원계통을 본 계통임피던스[Ω]

② 특징 : 임피던스[Z] 환산이 어려워 별로 사용하지 않는다.

(2) $\%Z$법에 의한 계산

① 개념 : 회로의 임피던스에 정격전류가 흐를 때의 전압강하와 회로전압과의 비를 이용한 방식이다.

E : 회로전압[V]
I_n : 정격전류[A]
R : 선로저항[Ω]
X : 선로리액턴스[Ω]

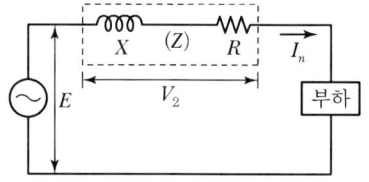

그림 2-106 ▸ %임피던스

$$\%Z = \frac{ZI_n}{E} \times 100\,[\%] \;\rightarrow\; Z = \frac{\%Z \times E}{100\,I_n} \text{을 식 ㉠에 대입}$$

- 3상 단락전류(I_{3s})

$$I_{3s} = \frac{E}{Z[\Omega]} = \frac{100}{\%Z} \times I_n [A] \;\cdots\cdots\; 식 ㉡$$

- 3상 단락용량(P_S)

$$P_S = \frac{100}{\%Z} \times P_n \;\cdots\cdots\; (식 ㉡의 양변에 \sqrt{3}\,V를 곱함)$$

② 특징
  ㉠ 건축전기에서 가장 많이 사용하는 방식으로 고장계산이 간단함
  ㉡ %Z를 기준용량 대비 환산해야 함

(3) PU(Per Unit) 법

① 정의 : % 임피던스를 $\frac{1}{100}$로 하고 PU 임피던스로 표시함

② 식 : $Z(PU) = \frac{Z \cdot I_n}{E}$, $I_{3s} = \frac{1}{Z_{pu}} I_n$

③ 특징 : % 임피던스법보다 간단하고 편리한 계산방법임

표 2-19 ▸ 평행고장계산 비교

구분	Ω법	%Z법	PU법
계산방법	$I_{3s} = \dfrac{E}{\sqrt{R^2+X^2}}$	$I_{3s} = \dfrac{100}{\%Z} \times I_n$	$I_{3s} = \dfrac{1}{Z_{pu}} \times I_n$
임피던스	$Z = \sqrt{R^2+X^2}$	$\%Z = \dfrac{Z \cdot I_n}{E} \times 100$	$Z_{PU} = \dfrac{Z \cdot I_n}{E}$
특징	• 임피던스 계산이 어려움 • 잘 사용되지 않음	실용적으로 많이 사용됨	계산이 간단함 (%Z법 대비 $\dfrac{1}{100}$)

4) 불평형 고장계산방법

(1) 대칭좌표법

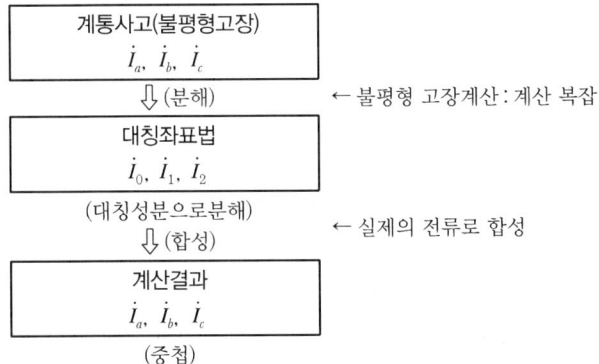

(2) 클라크법

불평형전류, 전압을 분해하여 고장전류를 계산하는 방법으로 각상 전류, 전압을 0, α, β로 나타내며 주로 전력회사에서 사용함

5) 퍼센트 임피던스(%Z) 법에 의한 단락전류 계산

(1) 3상 단락전류(I_{3s}) 계산식

$$I_{3s} = \frac{E}{Z[\Omega]} = \frac{100}{\%Z} \times I_n \ [\text{A}]$$

(2) 단락전류 계산 Flow 작성

① 기기 및 선로의 표준임피던스 결정
② 기준 Base[MVA]로 임피던스를 환산
③ 임피던스 MAP 작성
④ 합성 임피던스 계산
⑤ 단락전류 계산식에 적용
⑥ 적정차단기 용량 선정

(3) 임피던스 적용

① 전력회사 임피던스
   ㉠ 전력회사의 임피던스는 계통의 신설, 증설 등의 이유로 유동적이므로 차단기용량 산정 시 50~100[%] 여유를 고려할 필요가 있음

ⓛ 전원 측(수전계통)의 임피던스 개략 계산법

$$\%Z_s = \frac{P_n}{P_s} \times 100[\%]$$

여기서, $\%Z_s$: 수전차단기 전단 전원 측 %임피던스
P_n : 기준용량[MVA]
P_s : 수전점 차단기 차단용량[MVA]

ⓒ 고려사항
- 수전계통의 임피던스는 전원에서 수전점에 이르기까지 변압기나 선로의 변화하지 않는 임피던스가 크고 임피던스가 분명치 않을 때 상기식을 적용함
- 수전계통의 임피던스 값을 전력회사에 요청하여 산출함
- 수전점 차단용량은 24[kV](520[MVA]), 25.8[kV](560[MVA]) 적용 시 실용상 문제가 없음

② 각 기기의 임피던스
  ㉠ 변압기

  표 2-20 ▸ 변압기 2차 전압이 고압인 경우 % 임피던스

공칭전압[kV]	% 임피던스	공칭전압[kV]	% 임피던스
154(유입)	14.5(11.0)	22(유입)	5
66(유입)	7.5	6.6(유입)	3
33(유입)	5.5	3.3(유입)	3

  ㉡ 동기기
  - 동기기는 단락 발생 후 내부 임피던스가 작기 때문에 단락순시의 전류는 동기리액턴스에 비해 상당히 작은 초기 과도 리액턴스(xd'')에 의해서, 이어서 과도리액턴스(xd')에 의해 제한된다.
  - 이것은 전류가 갑자기 변하는 상태에서는 제동권선이라든지 계자 권선에 직류가 유기되어 전기자 권선이 이들 권선에 의해 단락된 상태에 놓여지기 때문이다.
  - 어느 정도의 시간이 경과하면 정상 상태로 안정되어 정상 단락전류는 동기리액턴스(xd)에 의해 제한된다.

  표 2-21 ▸ 동기기 % 임피던스

동기기 종류	초기 차과도리액턴스(Xd'')
디젤발전기	20~30
2극 터빈 발전기	7~14
4극 터빈 발전기	12~17

동기기 종류	초기 차과도리액턴스(Xd'')
제동권선이 있는 전동기	13~35
제동권선이 없는 전동기	20~45

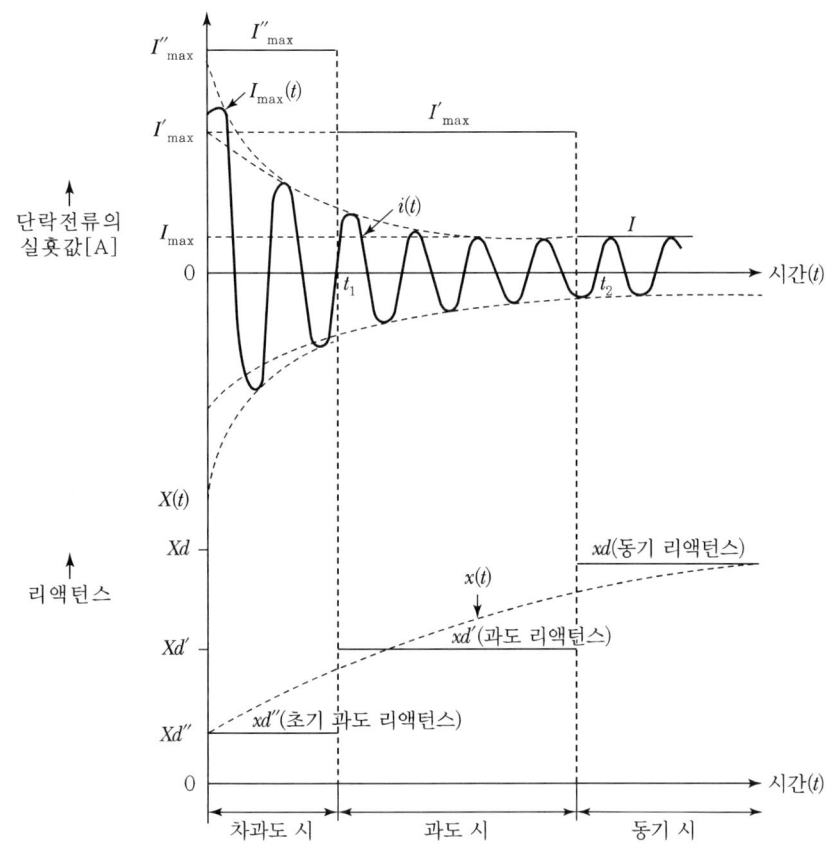

그림 2-107 ▶ 동기기의 단락전류의 시간적 변화상황

ⓒ 저압회로의 기중차단기(ACB), 배선용차단기(MCCB) CT 등의 %임피던스가 50[Hz] 1,000[kVA] 기준으로 계산된 값이므로 60[Hz]인 경우 1.2배를 곱함

표 2-22 ▶ CT %임피던스

CT 규격	%임피던스	CT 규격	%임피던스
100/5	0.8	400/5	0.08
200/5	0.2	600/5	0.04

표 2-23 ▶ MCCB %임피던스

Frame[A]	% 저항	Frame[A]	% 저항
30	1.6	400	0.08
100	0.4	600	0.04
225	0.2	800	0.038

※ %리액턴스는 전체가 0.06으로 동일함

③ 선로의 임피던스
  ㉠ 선로의 임피던스(R, X) Data를 이용하여 %임피던스로 환산해야 함
  ㉡ 환산식
    선로의 R, X 값을 환산식에 적용함
    $$\%Z = \frac{P[\text{kVA}] \cdot Z(\Omega/\text{상})}{10\,V^2[\text{kV}]}$$
    여기서, V : 선간전압, P : 기준용량, Z : 임피던스
  ㉢ 선로의 임피던스 : 0.6/1 kV CV, CE, F-CV, TFR-CV CABLE의 임피던스

공칭단면적 [mm²]	단심 케이블[Ω/km]					
	단상		3상 삼각배치		3상 평형배치(S=D)	
	R	X_L	R	X_L	R	X_L
1.5	15.4287	0.1749	15.4287	0.1749	15.4287	0.1923
2.5	9.4485	0.1619	9.4485	0.1619	9.4485	0.1793
4.0	5.8782	0.1494	5.8782	0.1494	5.8782	0.1668
6.0	3.9274	0.1402	3.9274	0.1402	3.9274	0.1576
10	2.3335	0.1346	2.3335	0.1346	2.3335	0.1520
16	1.4665	0.1280	1.4665	0.1280	1.4665	0.1455
25	0.9273	0.1246	0.9273	0.1246	0.9272	0.1421
35	0.6685	0.1189	0.6686	0.1189	0.6685	0.1363
50	0.4940	0.1150	0.4940	0.1150	0.4939	0.1324
70	0.3426	0.1081	0.3427	0.1081	0.3424	0.1255
95	0.2474	0.1076	0.2474	0.1076	0.2471	0.1250
120	0.1968	0.1042	0.1968	0.1042	0.1964	0.1216
150	0.1602	0.1031	0.1603	0.1031	0.1597	0.1205
185	0.1291	0.1022	0.1291	0.1022	0.1284	0.1196
240	0.0998	0.1004	0.0998	0.1004	0.0998	0.1179

(4) 단락전류 계산

Exercise 01

그림에서 A점과 B점에서 고장이 발생 시 각각의 단락전류를 계산하고 현장에서 적용되는 차단기 용량을 구하시오.(단 60[MVA]변압기 %Z_{T1} → 14.5, 1[MVA] 변압기 %Z_{T2} → 7.5로 정하고 선로의 임피던스는 무시함) (기준 용량은 100[MVA] 로 함)

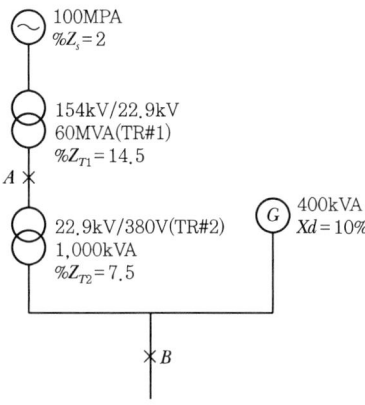

그림 2-108 ▶ 고장회로 구성도

풀이 ① 상기 계통도에서 표준임피던스를 기준[MVA]로 각각의 환산 임피던스 산출

㉠ %Z_{T1} → 100 : x = 60 : 14.5   (154/22.9[kV − Y])

$$x = \frac{100 \times 14.5}{60} = 24.16[\%]$$

㉡ %Z_{T2} → 100 : x = 1 : 7.5   (22.9[kV − Y] / 380[V])

x = 750[%]

㉢ %Z_G → 100 : x = 0.4 : 10

$$x = \frac{100 \times 10}{0.4} = 2,500[\%]$$

② 임피던스맵(MAP)

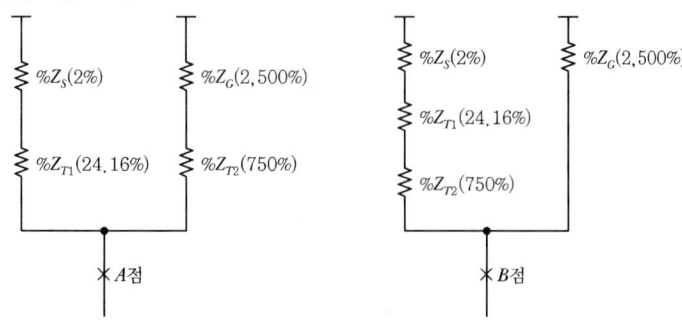

그림 2-109 ▶ A점 임피던스 MAP   그림 2-110 ▶ B점 임피던스 MAP

③ 합성임피던스
  ㉠ A점 합성임피던스
  $$\%Z_A = (2+24.16)//(750+2{,}500) = \frac{26.16 \times 3{,}250}{26.16 + 3{,}250} = 25.95[\%]$$
  ㉡ B점 합성임피던스
  $$\%Z_B = (2+24.16+750)//(2{,}500) = \frac{776.16 \times 2{,}500}{776.16 + 2{,}500} = 592.2[\%]$$

④ 단락전류 계산
  ㉠ A점 단락전류(22.9[kV−Y] 계통)
  $$I_{3SA} = \frac{100}{25.95} \times \frac{100 \times 1{,}000\,[\text{kVA}]}{\sqrt{3} \times 22.9\,[\text{kV}]} = 9.72\,[\text{kA}]$$
  ㉡ B점 단락전류(380[V] 계통)
  $$I_{3SB} = \frac{100}{592.2} \times \frac{100 \times 1{,}000\,[\text{kVA}]}{\sqrt{3} \times 0.38\,[\text{kV}]} = 25.66\,[\text{kA}]$$

⑤ 현장 적용 차단기 결정
  ㉠ A점 차단기용량[22.9[kV−Y] 특고차단기 차단용량(P_{SA})]
  $$P_{SA} = \sqrt{3} \times 22.9 \times \frac{1.2}{1.1}\,[\text{kV}] \times 9.72\,[\text{kA}] = 420.57\,[\text{MVA}]$$
  따라서 표준품인 520[MVA] 선정
  ㉡ B점 차단기용량(I_{3SB})
  I_{3SB}가 25.66[kA]이므로 표준품인 30[kA] 이상을 선정함

Exercise 02

아래 그림은 11[kV] / 400[V] 변압기를 통하여 부하에 전력을 공급하고 있는 3상계통이다. 각 부분의 data는 아래와 같으며 부하모선 ③에서 3상 단락고장이 발생한 경우 고장전류를 구하시오.

[조건]
- 11kV 모선 : 고장용량 250MVA
- 11kV/400V 변압기 : 용량 500kVA, Z=0.05p.u
- 185mm² 케이블 : 0.1445Ω/km, 길이 100m

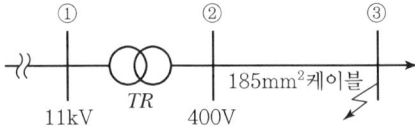

그림 2−111 ▶ 고장회로 구성도

풀이 ① 기준용량을 100[MVA]를 기준으로 환산 Z_{PU} 계산

㉠ $Z_{PU}① = \dfrac{\text{기준용량}}{\text{단락용량}} = \dfrac{100\,[\text{MVA}]}{250\,[\text{MVA}]} = 0.4[\text{PU}]$

㉡ $Z_{PU}② = \dfrac{\text{기준용량}}{\text{자기용량}} \times 0.05$

$= \dfrac{100\,[\text{MVA}]}{0.5\,[\text{MVA}]} \times 0.05 = 10[\text{PU}]$

㉢ $Z_{PU}③ = \dfrac{P[\text{kVA}]Z}{10\,V^2\,[\text{kV}]}$

$= \dfrac{100 \times 10^3 \times (0.1445 \times 0.1)}{10 \times 0.4^2\,[\text{kV}]} \times \dfrac{1}{100} = 9.03[\text{PU}]$

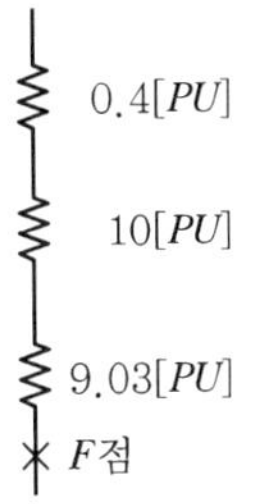

그림 2-112 ▶ 임피던스맵

② 임피던스맵 및 합성임피던스($Z_{PU-Total}$)
$= Z_{PU}① + Z_{PU}② + Z_{PU}③ = 19.43$

③ F점 고장전류
$= \dfrac{1}{19.43} \times \dfrac{100 \times 10^3\,[\text{kVA}]}{\sqrt{3} \times 0.4\,[\text{kV}]} = 7.43\,[\text{kA}]$
$\simeq 7.5\,[\text{kA}]$

Exercise 03

병렬로 연결된 2대의 변압기가 6000[m] 선로를 통해 배전반에 전력(3상계통)을 공급하고 있다. 공급된 전력은 배전반 차단기를 통하여 부하에 연결된다 변압기 규격 및 선로의 Data는 다음과 같으며 선로는 4개의 XLPE 3심 케이블로 부하까지 병렬로 연결되어 있다.

[조건]
- 변압기 1, 2차 : 1차 정격전압 132[kV] / 2차 정격전압 11[kV]
- 용량 S = 20[MVA], %Z = 10%
- XLPE 3심 케이블 굵기 : 185[mm²], 정격전류 410[A]
- 임피던스 0.1548[Ω/km]

(1) 선로의 임피던스를 무시한 배전반 차단기 선정을 위한 고장전류를 구하시오.
(2) 선로의 임피던스를 고려한 배전반 차단기 선정을 위한 고장전류를 구하시오.

풀이 ① 계통도

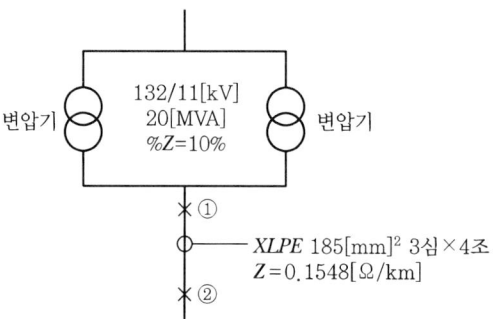

그림 2-113 ▸ 고장회로 구성도

② 기준용량을 100[MVA]를 기준으로 %Z 환산

㉠ 변압기($\%Z_T$) = $\dfrac{\text{기준용량}}{\text{자기용량}} \times 10 = \dfrac{100}{20} \times 10 = 50$

㉡ 선로 $\%Z_L = \dfrac{100 \times 10^3 [\text{kVA}] \times 0.1548 \times 6}{10 \times (11^2 [\text{kV}]) \times 4} = 19.19$

③ 임피던스맵

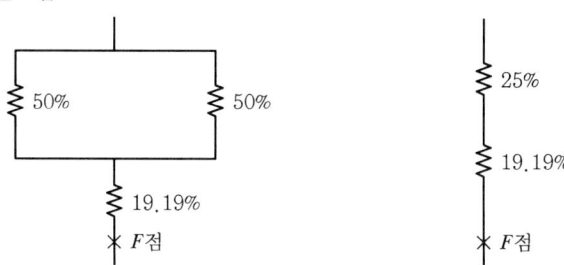

그림 2-114 ▸ 임피던스맵

④ 단락전류계산

㉠ 선로임피던스를 무시한 경우 고장전류(I_{SA})

$$I_{SA} = \dfrac{100}{\%Z} \times I_n = \dfrac{100}{25} \times \dfrac{100 \times 10^3 [\text{kVA}]}{\sqrt{3} \times 11 [\text{kV}]} = 20.995 [\text{kA}] \simeq 21 [\text{kA}]$$

㉡ 선로임피던스를 고려한 경우 고장전류(I_{SB})

$$I_{SB} = \dfrac{100}{\%Z} \times I_n = \dfrac{100}{(25+19.19)} \times \dfrac{100 \times 10^3 [\text{kVA}]}{\sqrt{3} \times 11 [\text{kV}]}$$
$$= 11.87 [\text{kA}] \simeq 12 [\text{kA}]$$

(5) 단락전류 계산 시 고려할 사항

① 비대칭계수(K)

㉠ 단락전류는 단락 발생 순간의 전압의 위상과 회로의 역률에 의해 정해지는 어떤 크기의 직류전류가 중첩된 전류임(전원에서부터 단락점까지의 $\dfrac{X}{R}$ 값에 의해 결정됨)

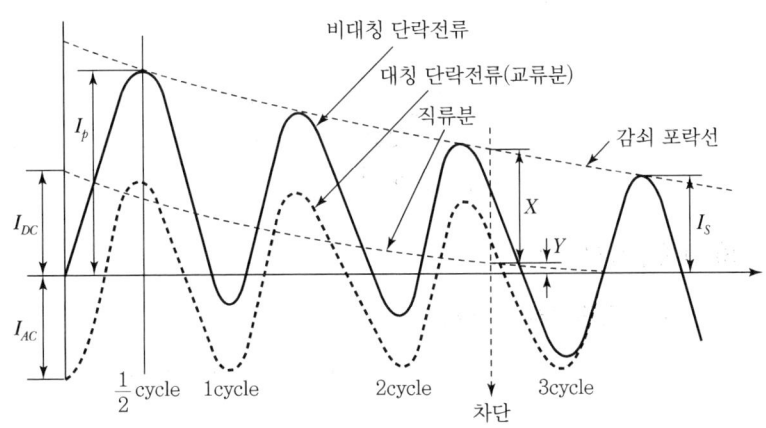

그림 2-115 ▶ **직류성분포함 단락전류**

㉡ 이 직류분은 곧 감쇠하지만 PF 또는 MCCB처럼 고속 차단하는 경우 직류분을 고려해야 함

㉢ 전로의 기계적인 강도 검토 시 최대순시치가 문제가 됨

㉣ 비대칭단락전류(I_{aS})

$I_{aS} = K \, I_S$ (대칭단락전류), K : 비대칭계수

- 전원에서 가까운 장소 : $K_3 \rightarrow 1.25$, $K_1 \rightarrow 1.6$
- 전원에서 떨어진 장소 : $K_3 \rightarrow 1.1$, $K_1 \rightarrow 1.4$

여기서, K_3 : 3상 평균비대칭계수로 ACB, MCCB 등 3상 동시 개폐기에 적용

K_1 : 단상 최대비대칭 계수로 PF와 같이 각 상별 차단되는 기기에 적용)

② 기여전류원

㉠ 단락사고 발생 시 고장점에 기여전류원으로 작용하는 것은 발전기, 동기전동기, 유도전동기가 있음

㉡ 단락회로에 접속된 모든 전동기의 경우 단락 발생 시 관성에 의해 기계적인 에너지가 전기적 에너지로 단락점에 전류를 공급함

㉢ 유도전동기($\%Z_M$)

- 고압전동기 : $15 \sim 20[\%]$

- 중소형 저압전동기 : 20[%]
- 대형 저압전동기 : 25[%]

② 동기전동기 : 약 10[%] → 정상전류분의 약 10배

⑨ 동기발전기 : 약 9[%] → 정상전류분의 약 11배

③ 단락강도 검토
  ㉠ 차단기 모선 등의 직렬기기 등은 회로의 단락전류에 열적, 기계적 강도에 견뎌야 함
  ㉡ 일반적으로 단락전류의 최대파고치는 대칭단락전류 실효치의 2.5배로 되어 있음
  ㉢ 교류차단기로 단락회로에 대해 안전하게 투입하기 위한 정격투입전류는 정격차단전류의 2.5배로 되어 있음

(6) 단락전류의 종류

① 대칭단락전류 실효치(I_S)
  ㉠ 직류분을 고려하지 않은 교류분 실효치 전류값
  ㉡ 식 (I_S) : $\dfrac{A_s}{\sqrt{2}}$
  ㉢ 적용 : 고압 및 특고압 차단기, ACB, MCCB, Fuse 차단용량 선정

② 비대칭단락전류의 실효치(I_{aS})
  ㉠ 직류분을 고려한 교류분 실효치 전류값
  ㉡ 식 (I_{aS}) : $\sqrt{\left(\dfrac{A_s}{\sqrt{2}}\right)^2 + (A_d)^2}$
  ㉢ 적용 : Cable 굵기 검토, 변성기 정격 검토(전선 또는 CT 등의 열적 강도 검사)
  [(PF, ACB, MCCB 선정 시 직류분의 문제로 비대칭계수를 적용[이론적])
  ㉣ 비대칭계수
  - 단상회로(K_1) = $\sqrt{1 + 2e^{-\frac{2\pi R}{X}}}$
  - 3상회로(K_3) = $\dfrac{1}{3}\left\{\sqrt{1 + 2e^{-\frac{2\pi R}{X}}} + 2\sqrt{1 + \dfrac{1}{2}e^{-\frac{2\pi R}{X}}}\right\}$

③ 최대 비대칭 단락전류 순시치
  ㉠ 비대칭 단락전류의 순시치값이 최대인 위상에 있어서 비대칭 단락전류의 순시치
  ㉡ 단락 발생 후 $\dfrac{1}{2}$ 사이클에서 최대가 됨
  ㉢ 직렬기기의 기계적 강도 검토 시 적용

④ 3상 평균 비대칭단락전류 실효치

3상회로에서 각 상의 비대칭단락전류는 각 상의 투입위상이 다르기 때문에 직류분의 함유율이 다르므로 각 상의 비대칭단락전류의 실효치의 평균값을 취한 값임

6) 단락전류 억제대책

(1) 개요

수변전설비 계획 시 부하증가 등의 원인으로 변압기 2차 측 단락용량이 증가할 경우 단락사고에 대한 파급방지를 위한 방법이다.

① 계통분리
② 변압기 임피던스 Control
③ 한류 Reactor
④ Cascade 방식
⑤ 한류 Fuse back-Up 차단
⑥ 계통연계기
⑦ 저항에 의한 한류방식이 있음

(2) 단락전류 억제대책

① 계통분리

수변전용 변압기가 2대 이상 혹은 자가발전기가 2대 이상 병렬운전 시 계통을 분리시켜 단락용량을 감소시키는 방법이다.

㉠ 원리

F점에서 단락 사고 시 CB_C 차단기가 재빨리 트립되어 계통을 분리시켜 단락용량을 감소시킨 후 CB_E 차단기가 트립되게 한다.

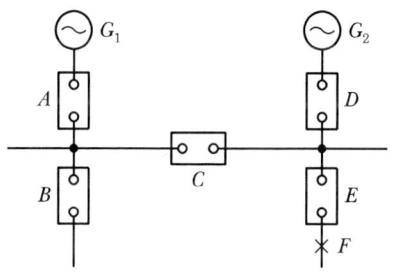

그림 2-116 ▶ 계통분리

㉡ 장·단점

장점	단점
차단기 차단용량[kA] 감소	계전기 동작협조 및 Interlock 등 회로가 복잡함
설치비 감소	• 계통이 완전 분리될 때까지 과대한 단락전류가 차단기 및 직렬기기에 흘러 열적, 기계적 파손의 우려가 있음 • 모선차단기 병렬 재투입이 필요함

㉢ 적용 : 변압기 또는 발전기 병렬운전

② 변압기 임피던스 Control
  ㉠ 원리 : 변압기 발주 시 변압기 %임피던스를 증가시켜 단락전류를 억제시키는 방법
  ㉡ 채용사유 : 차단기 교체보다 변압기 임피던스 증가가 경제적인 경우 채용
  ㉢ 특징
    • %임피던스 값은 표준값이 아님
    • 변압기 발주 전 %Z 결정
    • 손실 및 전압변동 증가

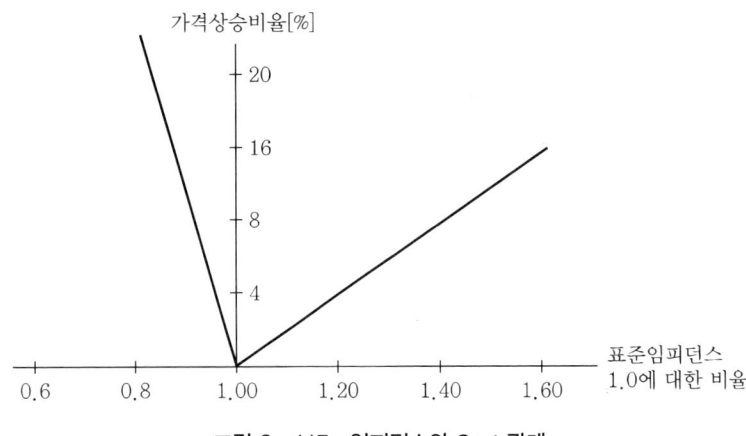

그림 2-117 ▶ 임피던스와 Cost 관계

  ㉣ 적용
    • 대용량 플랜트, 공장 등에 적용함
    • 일반 건축물에서는 잘 적용되지 않는 방식임

③ 한류 Reactor 설치
  ㉠ 원리
    설비용량 증가로 기 설치된 차단기의 단락용량을 상회할 경우 한류 Reactor의 한류작용에 의한 단락전류 억제
  ㉡ 특징
    • 고압회로에 적용 시 큰 설치면적, 운전손실, 전압변동률 등의 문제 발생
    • 저압회로에 MCCB와 직렬로 설치됨
      - 경제적으로 저렴하게 MCCB와 선택성 있는 보호협조가 가능함
      - 상당히 큰 전원에까지 사용이 가능함
      - 저렴하게 MCCB와 선택성 있는 보호협조를 할 수 있음
  ㉢ 적용 : 저압분기회로에 적용하는 것이 바람직함

④ Cascade 보호방식

㉠ 정의 : 주로 저압 10[kA] 이상의 회로에서 경제적으로 사용되는 단락보호 방식임

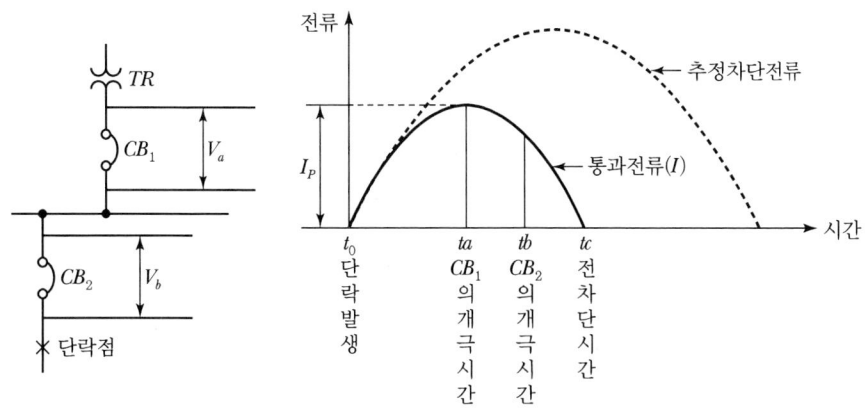

그림 2-118 ▶ Cascade 보호

㉡ 보호협조 관계

단락점에서 사고 발생 시 분기차단기 CB_2의 차단능력이 부족 시 주차단기 CB_1에서 차단하는 방식
- 평상시 정상회로 → 과부하에 대한 차단시간은 CB_2가 빠름
- 단락 고장 시 → 차단시간은 CB_1이 빠름

㉢ CB_2가 Cascade방식이 되기 위한 조건
- 통과에너지 I^2t가 CB_2 허용값 이내일 것
- 통과전류 파고치 I_P가 CB_2 허용값 이내일 것
- Arc 에너지가 CB_2 허용범위 이내일 것
- CB_2 전차단특성곡선과 CB_1 개극시간의 교점이 CB_2 차단용량 이내일 것

㉣ Cascade방식 채용 시 일반적 주의사항
- 회로의 단락전류가 Cascading 용량 이내일 것
- 주회로 차단기 CB_1의 순시 Triping 전류가 분기차단기 CB_2 정격차단 용량의 80[%] 이내일 것

⑤ 한류퓨즈에 의한 Back-up 차단방식

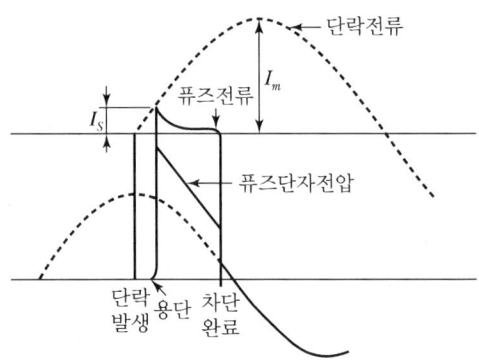

그림 2-119 ▶ 한류퓨즈의 차단현상

㉠ 원리 : 한류퓨즈의 고속도 한류차단특성을 이용하여 직렬기기의 열적, 기계적 충격을 저감시킴

㉡ 차단특성

장점	단점
• 차단시간이 빠름 • 한류차단특성이 강함	• 과전압이 발생 • 최소차단전류 문제 발생

㉢ 효과
- 직렬기기의 경제적 설계가 가능
- 3.6[kV] 40[kA] 한류퓨즈 사용 시 → 열적 강도 $\dfrac{1}{30}$, 기계적 강도 $\dfrac{1}{50}$로 저감됨

⑥ 계통연계기

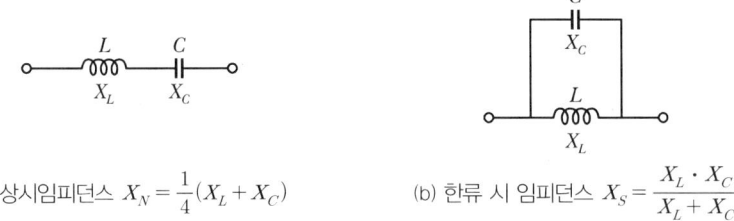

(a) 상시임피던스 $X_N = \dfrac{1}{4}(X_L + X_C)$ (b) 한류 시 임피던스 $X_S = \dfrac{X_L \cdot X_C}{X_L + X_C}$

그림 2-120 ▶ 계통연계기

㉠ 원리

계통연계기는 일종의 가변 임피던스소자(L, C)이며 계통에 직렬로 삽입되어 Thyristor 제어회로를 이용하여 L, C값을 정상시에는 저임피던스, 단락 시에는 고임피던스로 조정하여 단락전류를 억제시킴($X_L \cong -X_C$)

㉡ 특징
- 대용량 설치에 적합함, 외국에서 많이 사용(유럽)
- 기 설치된 차단기를 교체 없이 계통용량 증가가 가능함
- 한류 Reactor와 같은 전압변동은 거의 없음
- 계통 분리 없이 단락전류가 억제되므로 공급신뢰도가 높음
- 계통 분리가 되지 않으므로 정전 발생이 거의 없음

㉢ 설치장소

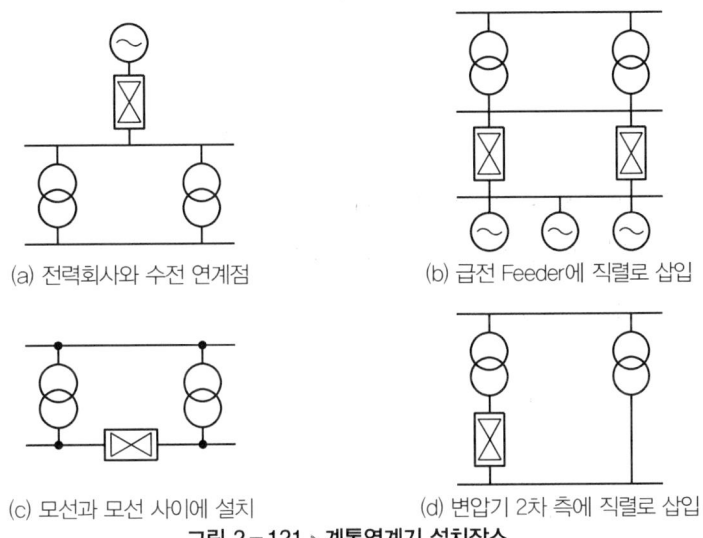

(a) 전력회사와 수전 연계점 (b) 급전 Feeder에 직렬로 삽입

(c) 모선과 모선 사이에 설치 (d) 변압기 2차 측에 직렬로 삽입

그림 2-121 ▶ 계통연계기 설치장소

⑦ 기타 방식
　㉠ 저항에 의한 방식 : 초전도소자 및 극저온소자를 이용하여 단락전류를 억제시킴
　㉡ 배전전압 승압방식 : 정격전류를 감소시켜 단락전류를 감소시킴

7) 대칭좌표법

3상 회로의 불평형 문제를 계산하는 데 사용되는 방법으로 불평형인 전류나 전압을 그대로 취급하지 않고 대칭적인 3개의 성분으로 나누어서 각각의 대칭분이 단독으로 존재하는 경우의 계산을 3번 실시한 다음 마지막에 그들 각 성분의 계산결과를 중첩시켜 실제의 불평형 전류, 전압의 값을 산출하는 방법이다.

(1) 대칭분 전류

① 영상, 정상, 역상 전류

그림 2-122 ▶ 불평형 전류도

선로정수가 평행인 3상 회로에서 임의의 불평형 3상전류 I_a, I_b, I_c가 흐른다고 가정할 경우 a상의 전류 I_a를 기준으로 한 영상, 정상, 역상전류는 아래와 같다.

$$\dot{I}_0 = \frac{1}{3}(\dot{I}_a + \dot{I}_b + \dot{I}_c)$$

$$\dot{I}_1 = \frac{1}{3}(\dot{I}_a + a\dot{I}_b + a^2\dot{I}_c)$$

$$\dot{I}_2 = \frac{1}{3}(\dot{I}_a + a^2\dot{I}_b + a\dot{I}_c)$$

(단 $a = 1\angle 120° = -\frac{1}{2} + j\frac{\sqrt{3}}{2}$

$a^2 = 1\angle 240° = -\frac{1}{2} - j\frac{\sqrt{3}}{2}$ …… 식 ㉠

$a^3 = a \cdot a^2 = 1\angle 360° = 1$)

$a^2 + a + 1 = 0$

② 실제 회로에 흐르고 있는 전류($\dot{I}_a$, $\dot{I}_b$, $\dot{I}_c$)

각 상의 전류 $\dot{I}_0$, $\dot{I}_1$, $\dot{I}_2$가 주어졌을 경우($1 + a + a^2 = 0$, $a^3 = 1$의 관계식을 이용)

$$\dot{I}_a = (\dot{I}_0 + \dot{I}_1 + \dot{I}_2)$$

$$\dot{I}_b = (\dot{I}_0 + a^2\dot{I}_1 + a\dot{I}_2) \cdots\cdots 식 ㉡$$

$$\dot{I}_c = (\dot{I}_0 + a\dot{I}_1 + a^2\dot{I}_2)$$

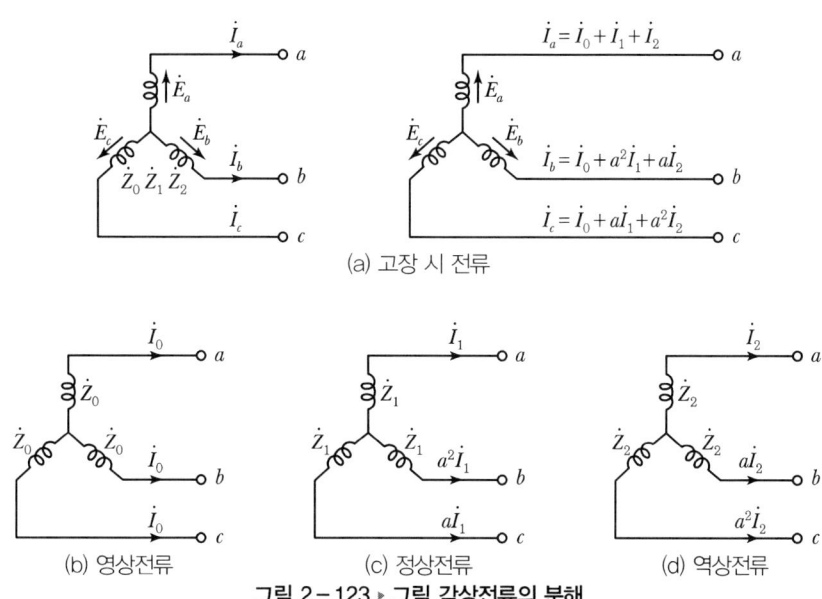

(a) 고장 시 전류

(b) 영상전류   (c) 정상전류   (d) 역상전류

그림 2-123 ▶ 그림 각상전류의 분해

$\dot{I}_0$ = 영상전류 → ㉠ 같은 크기와 같은 위상각을 가진 평형 단상전류임

㉡ 이 전류는 지락계전기동작, 통신선 전자유도장해를 발생시킴

$\dot{I}_1$ = 정상전류 → ㉠ 전원과 동일한 상회전방향의 3상 평형성분임

㉡ 이 전류가 전동기에 흐르면 회전토크를 발생시킴

$\dot{I}_2$ = 역상전류 → ㉠ 전원과 상회전이 반대인 3상 평형성분임

㉡ 이 전류가 전동기에 흐르면 제동력으로 작용하여 전동기 출력을 감소시킴

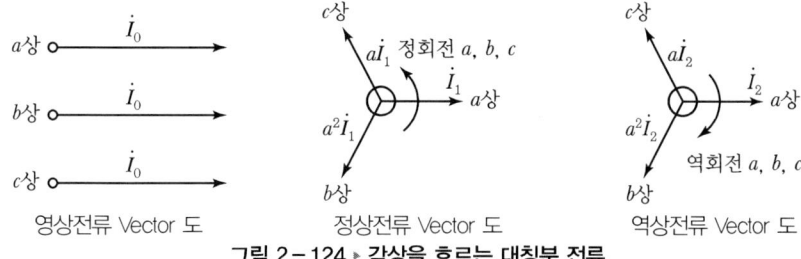

영상전류 Vector 도   정상전류 Vector 도   역상전류 Vector 도

그림 2-124 ▶ 각상을 흐르는 대칭분 전류

(2) 대칭분 전압

전압에 대해 전류항과 동일하게 대칭분 전압을 구함

① 영상, 정상, 역상전압

$$\dot{V}_0 = \frac{1}{3}(\dot{V}_a + \dot{V}_b + \dot{V}_c)$$

$$\dot{V}_1 = \frac{1}{3}(\dot{V}_a + a\dot{V}_b + a^2\dot{V}_c) \cdots\cdots 식 ⓒ$$

$$\dot{V}_2 = \frac{1}{3}(\dot{V}_a + a^2\dot{V}_b + a\dot{V}_c)$$

② 실제의 각상전압

$$\dot{V}_a = (\dot{V}_0 + \dot{V}_1 + \dot{V}_2)$$

$$\dot{V}_b = (\dot{V}_0 + a^2\dot{V}_1 + a\dot{V}_2) \cdots\cdots 식 ⓔ$$

$$\dot{V}_c = (\dot{V}_0 + a\dot{V}_1 + a^2\dot{V}_2)$$

8) 발전기 기본식

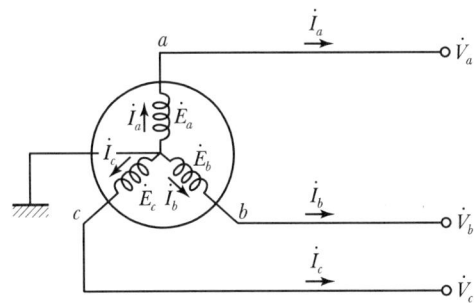

그림 2-125 ▶ 발전기에 흐르는 불평형전류도

(1) 발전기 단자전압($\dot{V}_a$, $\dot{V}_b$, $\dot{V}_c$)

발전기 무부하유도전압을 $\dot{E}_a$, $\dot{E}_b$, $\dot{E}_c$ 각상의 전압강하를 $\dot{v}_a$, $\dot{v}_b$, $\dot{v}_c$라 하면

$\dot{V}_a = \dot{E}_a - \dot{v}_a$

$\dot{V}_b = \dot{E}_b - \dot{v}_b = a^2 \dot{E}_a - \dot{v}_b$ ······ 식 ㉤

$\dot{V}_c = \dot{E}_c - \dot{v}_c = a \dot{E}_a - \dot{v}_c$

(2) 영상, 정상, 역상전압($1 + a + a^2 = 0$, $a^3 = 1$의 관계식을 이용)

$\dot{V}_0 = -\dfrac{1}{3}(\dot{v}_a + \dot{v}_b + \dot{v}_c)$

$\dot{V}_1 = \dot{E}_a - \dfrac{1}{3}(\dot{v}_a + a \dot{v}_b + a^2 \dot{v}_c)$ ······ 식 ㉥

$\dot{V}_2 = -\dfrac{1}{3}(\dot{v}_a + a^2 \dot{v}_b + a \dot{v}_c)$

(3) 전압강하

$\dot{v}_a = \dot{v}_0 + \dot{v}_1 + \dot{v}_2 = \dot{Z}_0 \dot{I}_0 + \dot{Z}_1 \dot{I}_1 + \dot{Z}_2 \dot{I}_2$

$\dot{v}_b = \dot{v}_0 + a^2 \dot{v}_1 + a \dot{v}_2 = \dot{Z}_0 \dot{I}_0 + a^2 \dot{Z}_1 \dot{I}_1 + a \dot{Z}_2 \dot{I}_2$ ······ 식 ㉦

$\dot{v}_c = \dot{v}_0 + a \dot{v}_1 + a^2 \dot{v}_2 = \dot{Z}_0 \dot{I}_0 + a \dot{Z}_1 \dot{I}_1 + a^2 \dot{Z}_2 \dot{I}_2$

(4) 식 ㉦으로부터

$\dfrac{1}{3}(\dot{v}_a + \dot{v}_b + \dot{v}_c) = \dot{Z}_0 \dot{I}_0$

$$\frac{1}{3}(\dot{v}_a + a\dot{v}_b + a^2\dot{v}_c) = \dot{Z}_1\dot{I}_1 \cdots\cdots 식 ⊚$$

$$\frac{1}{3}(\dot{v}_a + a^2\dot{v}_b + a\dot{v}_c) = \dot{Z}_2\dot{I}_2$$

(5) 발전기 기본식

식 ⊚을 식 ㉥에 대입하면

$\dot{V}_0 = -\dot{Z}_0\dot{I}_0$

$\dot{V}_1 = \dot{E}_a - \dot{Z}_1\dot{I}_1$

$\dot{V}_2 = -\dot{Z}_2\dot{I}_2$

9) 대칭좌표법을 이용한 고장계산해석

(1) 1선 지락고장 계산 기본식

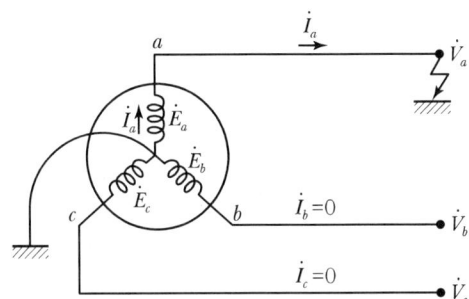

※ 고장 조건
- a상 완전 지락고장
- 무부하 고장
- 발전기 단자 고장

그림 2-126 ▶ 1선 지락고장 개념도

① 기지값 : $\dot{V}_a = 0$, $\dot{I}_b = \dot{I}_c = 0$

② 미지값 : $\dot{V}_b$, $\dot{V}_c$, $\dot{I}_a$

③ 대칭분 전류 : $\dot{I}_0$, $\dot{I}_1$, $\dot{I}_2$

$$\dot{I}_b = \dot{I}_0 + a^2 \dot{I}_1 + a\dot{I}_2 \;\cdots\cdots\; \text{식 ㉠}$$

$$\dot{I}_c = \dot{I}_0 + a\dot{I}_1 + a^2 \dot{I}_2 \;\cdots\cdots\; \text{식 ㉡}$$

㉠ - ㉡ = $\dot{I}_b - \dot{I}_c = (a^2 - a) \cdot (\dot{I}_1 - \dot{I}_2) = 0$,

$$\therefore \dot{I}_1 = \dot{I}_2 \;\cdots\cdots\; \text{식 ㉢}$$

식 ㉢을 식 ㉠에 대입하여 정리

$$\therefore \dot{I}_0 = \dot{I}_1 = \dot{I}_2$$

여기서, 발전기 기본식을 이용하여 대칭분 전류를 구하면 다음과 같다.

$$\dot{V}_a = \dot{V}_0 + \dot{V}_1 + \dot{V}_2 = -\dot{Z}_0 \cdot \dot{I}_0 + \dot{E}_a - \dot{Z}_1 \cdot \dot{I}_1 - \dot{Z}_2 \cdot \dot{I}_2 = 0$$

$$\dot{E}_a = \dot{Z}_0 \cdot \dot{I}_0 + \dot{Z}_1 \cdot \dot{I}_1 + \dot{Z}_2 \cdot \dot{I}_2 = (\dot{Z}_0 + \dot{Z}_1 + \dot{Z}_2) \cdot \dot{I}_0$$

$$\therefore \dot{I}_0 = \frac{\dot{E}_a}{\dot{Z}_0 + \dot{Z}_1 + \dot{Z}_2} = \dot{I}_1 = \dot{I}_2$$

④ 대칭분 전압

$$\dot{V}_0 = -\dot{Z}_0 \cdot \dot{I}_0 = -\frac{\dot{Z}_0}{\dot{Z}_0 + \dot{Z}_1 + \dot{Z}_2} \dot{E}_a$$

$$\dot{V}_1 = \dot{E}_a - \dot{Z}_1 \cdot \dot{I}_1 = \frac{\dot{Z}_0 + \dot{Z}_2}{\dot{Z}_0 + \dot{Z}_1 + \dot{Z}_2} \dot{E}_a$$

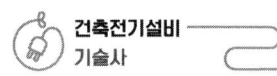

$$\dot{V}_2 = -\dot{Z}_2 \cdot \dot{I}_2 = -\frac{\dot{Z}_2}{\dot{Z}_0 + \dot{Z}_1 + \dot{Z}_2} \dot{E}_a$$

⑤ 미지값 합성

$$\therefore \dot{I}_a = \dot{I}_0 + \dot{I}_1 + \dot{I}_2 = 3\dot{I}_0 = \frac{3}{\dot{Z}_0 + \dot{Z}_1 + \dot{Z}_2} \dot{E}_a$$

$$\therefore \dot{V}_b = \dot{V}_0 + a^2 \dot{V}_1 + a \dot{V}_2 = \frac{(a^2-1)\dot{Z}_0 + (a^2-a)\dot{Z}_2}{\dot{Z}_0 + \dot{Z}_1 + \dot{Z}_2} \dot{E}_a$$

$$\therefore \dot{V}_c = \dot{V}_0 + a \dot{V}_1 + a^2 \dot{V}_2 = \frac{(a-1)\dot{Z}_0 + (a-a^2)\dot{Z}_2}{\dot{Z}_0 + \dot{Z}_1 + \dot{Z}_2} \dot{E}_a$$

⑥ 발·변전소 구내 1선 지락사고의 경우의 1선 지락전류

발·변전소 구내 사고의 경우 : $\dot{Z}_0 = 0, \quad \dot{Z}_1 \fallingdotseq \dot{Z}_2$

$$\therefore \dot{I}_a = \frac{3}{\dot{Z}_0 + \dot{Z}_1 + \dot{Z}_2} \dot{E}_a = \frac{3\dot{E}_a}{2\dot{Z}_1} = \frac{3}{2} \cdot \dot{I}_{3s}$$

⑦ 선로에서의 1선 지락사고의 경우의 1선 지락전류

선로에서의 사고의 경우 : $\dot{Z}_0 \fallingdotseq \dot{Z}_1 \fallingdotseq \dot{Z}_2$

$$\therefore \dot{I}_a = \frac{3}{\dot{Z}_0 + \dot{Z}_1 + \dot{Z}_2} \dot{E}_a = \frac{3\dot{E}_a}{3\dot{Z}_1} \fallingdotseq \dot{I}_{3S}$$

⑧ 지락점의 지락저항 R_f를 고려하는 경우의 1선 지락전류

지락점의 저항은 $3R_f$

$$\therefore \dot{I}_a = \frac{3\dot{E}_a}{\dot{Z}_0 + \dot{Z}_1 + \dot{Z}_2 + 3R_f}$$

Base MVA 개념을 도입한 식으로 환산하면

$$\therefore \dot{I}_g = \frac{3 \times 100}{\%\dot{Z}_0 + \%\dot{Z}_1 + \%\dot{Z}_2 + 3\%R_f} \times \frac{Base \text{MVA}}{\sqrt{3} \times V}$$

$\%\dot{Z}_0 = \%\dot{Z}_{Tr} + \%\dot{Z}_{Lo}$

$\%\dot{Z}_1 = \%\dot{Z}_2 = \%\dot{Z}_s + \%\dot{Z}_t + \%\dot{Z}_{L1}$

(2) a상 고장점 저항(R_F) 1선지락 고장

① 등가 고장회로

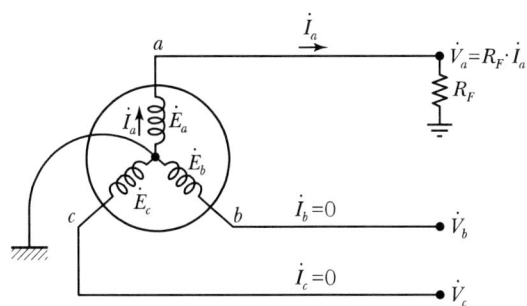

그림 2-127 ▶ a상 고장점 저항(R_F) 1선지락 고장 개념도

② 고장조건 : a상 저항지락(R_F), 무부하

③ 기지값, 미지값

　㉠ 기지값 : $\dot{V}_a = R_F \dot{I}_a, \quad \dot{I}_b = \dot{I}_c = 0$

　㉡ 미지값 : $\dot{V}_b, \ \dot{V}_c, \ \dot{I}_a(=\dot{I}_g)$

④ 대칭분 전류

　㉠ $\dot{I}_0 = \dfrac{1}{3}(\dot{I}_a + \dot{I}_b + \dot{I}_c) = \dfrac{1}{3}\dot{I}_a$

　　$\dot{I}_1 = \dfrac{1}{3}(\dot{I}_a + a\dot{I}_b + a^2\dot{I}_c) = \dfrac{1}{3}\dot{I}_a \quad \because \dot{I}_b = \dot{I}_c = 0$

　　$\dot{I}_2 = \dfrac{1}{3}(\dot{I}_a + a^2\dot{I}_b + a\dot{I}_c) = \dfrac{1}{3}\dot{I}_a$

　　$\therefore \dot{I}_0 = \dot{I}_1 = \dot{I}_2 = \dfrac{1}{3}\dot{I}_a$

　㉡ 발전기 기본식에 대입

　　$\dot{V}_a = \dot{V}_0 + \dot{V}_1 + \dot{V}_2 = R_F \dot{I}_a = 3R_F \dot{I}_0 = -\dot{Z}_0 \dot{I}_0 + \dot{E}_a - \dot{Z}_1 \dot{I}_1 - \dot{Z}_2 \dot{I}_2$

　　$\dot{E}_a = (\dot{Z}_0 + \dot{Z}_1 + \dot{Z}_2 + 3R_F)\dot{I}_0$

　　$\therefore \dot{I}_0 = \dfrac{\dot{E}_a}{\dot{Z}_0 + \dot{Z}_1 + \dot{Z}_2 + 3R_F} = \dot{I}_1 = \dot{I}_2 = \dfrac{1}{3}\dot{I}_a$

⑤ 대칭분 전압

　㉠ $\dot{V}_0 = -\dot{Z}_0 \dot{I}_0 = -\dfrac{\dot{Z}_0}{\dot{Z}_0 + \dot{Z}_1 + \dot{Z}_2 + 3R_F}\dot{E}_a$

ⓛ $\dot{V}_1 = \dot{E}_a - \dot{Z}_1 \dot{I}_1 = \dfrac{\dot{Z}_0 + \dot{Z}_2 + 3R_F}{\dot{Z}_0 + \dot{Z}_1 + \dot{Z}_2 + 3R_F} \dot{E}_a$

ⓒ $\dot{V}_2 = -\dot{Z}_2 \dot{I}_2 = -\dfrac{\dot{Z}_2}{\dot{Z}_0 + \dot{Z}_1 + \dot{Z}_2 + 3R_F} \dot{E}_a$

⑥ 미지값 합성
  ㉠ 건전상 전압

$$\dot{V}_b = \dot{V}_0 + a^2 \dot{V}_1 + a \dot{V}_2$$
$$= \dfrac{-\dot{Z}_0 + a^2(\dot{Z}_o + \dot{Z}_2 + 3R_F) - a\dot{Z}_2}{\dot{Z}_0 + \dot{Z}_1 + \dot{Z}_2 + 3R_F} \dot{E}_a$$
$$= \dfrac{(a^2-1)\dot{Z}_0 + (a^2-a)\dot{Z}_2 + 3a^2 R_F}{\dot{Z}_0 + \dot{Z}_1 + \dot{Z}_2 + 3R_F} \dot{E}_a$$

$$\dot{V}_c = \dot{V}_0 + a\dot{V}_1 + a^2 \dot{V}_2$$
$$= \dfrac{-\dot{Z}_0 + a(\dot{Z}_o + \dot{Z}_2 + 3R_F) - a^2\dot{Z}_2}{\dot{Z}_0 + \dot{Z}_1 + \dot{Z}_2 + 3R_F} \dot{E}_a$$
$$= \dfrac{(a-1)\dot{Z}_0 + (a-a^2)\dot{Z}_2 + 3aR_F}{\dot{Z}_0 + \dot{Z}_1 + \dot{Z}_2 + 3R_F} \dot{E}_a$$

  ㉡ 지락전류 $\dot{I}_a = \dot{I}_g = 3\dot{I}_0 = \dfrac{3\dot{E}_a}{\dot{Z}_0 + \dot{Z}_1 + \dot{Z}_2 + 3R_F}$

(3) a상 완전 지락 고장 및 중성점 저항(R_n) 접지 시 1선 지락전류

① 등가고장 회로

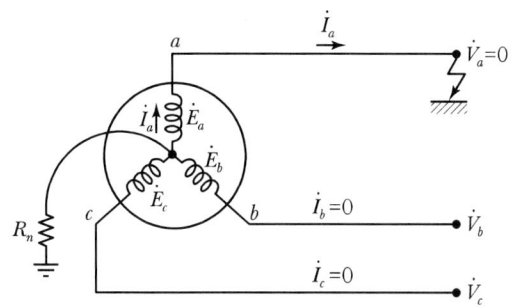

그림 2-128 ▸ a상 완전 지락 고장 개념도

② 고장조건
   ㉠ a상 완전지락
   ㉡ 무부하
   ㉢ 중성점 저항(R_n) 접지

③ 기지값 및 미지값
   ㉠ 기지값 : $\dot{V}_a = 0$, $\dot{I}_b = \dot{I}_c = 0$
   ㉡ 미지값 : $\dot{V}_b$, $\dot{V}_c$, $\dot{I}_a(=\dot{I}_g)$

④ 대칭분 전류($\dot{I}_0$, $\dot{I}_1$, $\dot{I}_2$)
   ㉠ $\dot{I}_0 = \dfrac{1}{3}(\dot{I}_a + \dot{I}_b + \dot{I}_c) = \dfrac{1}{3}\dot{I}_a$

   $\therefore \dot{I}_0 = \dot{I}_1 = \dot{I}_2 = \dfrac{1}{3}\dot{I}_a \quad \because \dot{I}_b = \dot{I}_c = 0$

   ㉡ $\dot{V}_a = \dot{V}_0 + \dot{V}_1 + \dot{V}_2 = 0 = -(\dot{Z}_0 + 3R_n)\dot{I}_0 + \dot{E}_a - \dot{Z}_1\dot{I}_1 - \dot{Z}_2\dot{I}_2$

   $\dot{E}_a = (\dot{Z}_0 + 3R_n + \dot{Z}_1 + \dot{Z}_2)\dot{I}_0 \quad \therefore \dot{I}_0 = \dfrac{\dot{E}_a}{\dot{Z}_0 + \dot{Z}_1 + \dot{Z}_2 + 3R_n} = \dot{I}_1 = \dot{I}_2$

⑤ 대칭분 전압
   ㉠ $\dot{V}_0 = -\dot{Z}_0\dot{I}_0 = -\dfrac{\dot{Z}_0 + 3R_n}{\dot{Z}_0 + \dot{Z}_1 + \dot{Z}_2 + 3R_n}\dot{E}_a$

   ㉡ $\dot{V}_1 = \dot{E}_a - \dot{Z}_1\dot{I}_1 = \dfrac{\dot{Z}_0 + \dot{Z}_2 + 3R_n}{\dot{Z}_0 + \dot{Z}_1 + \dot{Z}_2 + 3R_n}\dot{E}_a$

ⓒ $\dot{V}_2 = -\dot{Z}_2\dot{I}_2 = -\dfrac{\dot{Z}_2}{\dot{Z}_0+\dot{Z}_1+\dot{Z}_2+3R_n}\dot{E}_a$

⑥ 미지값 합성

㉠ $\dot{V}_b = \dot{V}_0 + a^2\dot{V}_1 + a\dot{V}_2$

$= \dfrac{-\dot{Z}_0 - 3R_n + a^2(\dot{Z}_o + \dot{Z}_2 + 3R_n) - a\dot{Z}_2}{\dot{Z}_0 + \dot{Z}_1 + \dot{Z}_2 + 3R_n}\dot{E}_a$

$= \dfrac{(a^2-1)\dot{Z}_0 + (a^2-a)\dot{Z}_2 + 3R_n(a^2-1)}{\dot{Z}_0 + \dot{Z}_1 + \dot{Z}_2 + 3R_n}\dot{E}_a$

㉡ $\dot{V}_c = \dot{V}_0 + a\dot{V}_1 + a^2\dot{V}_2$

$= \dfrac{-\dot{Z}_0 - 3R_n + a(\dot{Z}_o + \dot{Z}_2 + 3R_n) - a^2\dot{Z}_2}{\dot{Z}_0 + \dot{Z}_1 + \dot{Z}_2 + 3R_n}\dot{E}_a$

$= \dfrac{(a-1)\dot{Z}_0 + (a-a^2)\dot{Z}_2 + 3R_n(a-1)}{\dot{Z}_0 + \dot{Z}_1 + \dot{Z}_2 + 3R_n}\dot{E}_a$

㉢ $\dot{I}_a = \dot{I}_g = 3\dot{I}_0 = \dfrac{3\dot{E}_a}{\dot{Z}_0 + \dot{Z}_1 + \dot{Z}_2 + 3R_n}$

(4) 1선 저항지락 고장 및 중성점 저항 접지 시 1선 지락전류

① 등가 고장회로

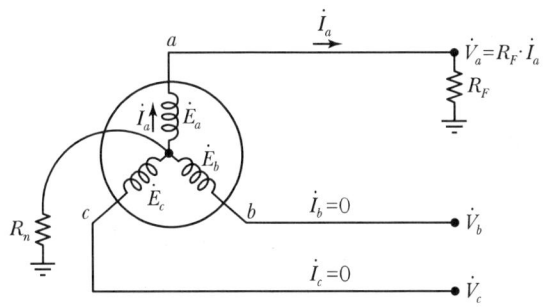

그림 2-129 ▸ 1선 저항지락 고장 개념도

② 고장조건
  ㉠ a상 저항지락(R_F)
  ㉡ 무부하
  ㉢ 중성점 저항(R_n) 접지

③ 기지값 및 미지값
  ㉠ 기지값 : $\dot{V}_a = R_F \dot{I}_a,\quad \dot{I}_b = \dot{I}_c = 0$
  ㉡ 미지값 : $\dot{V}_b,\ \dot{V}_c,\ \dot{I}_a(=\dot{I}_g)$

④ 대칭분 전류
  ㉠ $\dot{I}_0 = \dfrac{1}{3}(\dot{I}_a + \dot{I}_b + \dot{I}_c) = \dfrac{1}{3}\dot{I}_a$

  ㉡ $\dot{I}_1 = \dfrac{1}{3}(\dot{I}_a + a\dot{I}_b + a^2\dot{I}_c) = \dfrac{1}{3}\dot{I}_a = \dot{I}_2$

  ㉢ $\dot{V}_a = \dot{V}_0 + \dot{V}_1 + \dot{V}_2 = R_F\dot{I}_a = 3R_F\dot{I}_0 = -(\dot{Z}_0 + 3R_n)\dot{I}_0 + \dot{E}_a - \dot{Z}_1\dot{I}_1 - \dot{Z}_2\dot{I}_2$

  $\dot{E}_a = (\dot{Z}_0 + 3R_n + 3R_F + \dot{Z}_1 + \dot{Z}_2)\dot{I}_0$

  $\therefore\ \dot{I}_0 = \dfrac{\dot{E}_a}{\dot{Z}_0 + \dot{Z}_1 + \dot{Z}_2 + 3R_n + 3R_F} = \dot{I}_1 = \dot{I}_2 = \dfrac{1}{3}\dot{I}_a$

⑤ 대칭분 전압
  ㉠ $\dot{V}_0 = -\dot{Z}_0\dot{I}_0 = -\dfrac{\dot{Z}_0 + 3R_n}{\dot{Z}_0 + \dot{Z}_1 + \dot{Z}_2 + 3R_n + 3R_F}\dot{E}_a$

ⓒ $\dot{V}_1 = \dot{E}_a - \dot{Z}_1\dot{I}_1 = \dfrac{\dot{Z}_0 + \dot{Z}_2 + 3R_n + 3R_F}{\dot{Z}_0 + \dot{Z}_1 + \dot{Z}_2 + 3R_n + 3R_F}\dot{E}_a$

ⓓ $\dot{V}_2 = -\dot{Z}_2\dot{I}_2 = -\dfrac{\dot{Z}_2}{\dot{Z}_0 + \dot{Z}_1 + \dot{Z}_2 + 3R_n + 3R_F}\dot{E}_a$

⑥ 미지값 합성

㉠ $\dot{V}_b = \dot{V}_0 + a^2\dot{V}_1 + a\dot{V}_2$

$= \dfrac{-\dot{Z}_0 - 3R_n + a^2(\dot{Z}_o + \dot{Z}_2 + 3R_n + 3R_F) - a\dot{Z}_2}{\dot{Z}_0 + \dot{Z}_1 + \dot{Z}_2 + 3R_n + 3R_F}\dot{E}_a$

$= \dfrac{(a^2-1)\dot{Z}_0 + (a^2-a)\dot{Z}_2 + 3\left[a^2 R_F + (a^2-1)R_n\right]}{\dot{Z}_0 + \dot{Z}_1 + \dot{Z}_2 + 3R_n + 3R_F}\dot{E}_a$

㉡ $\dot{V}_c = \dot{V}_0 + a\dot{V}_1 + a^2\dot{V}_2$

$= \dfrac{-\dot{Z}_0 - 3R_n + a(\dot{Z}_o + \dot{Z}_2 + 3R_n + 3R_F) - a^2\dot{Z}_2}{\dot{Z}_0 + \dot{Z}_1 + \dot{Z}_2 + 3R_n + 3R_F}\dot{E}_a$

$= \dfrac{(a-1)\dot{Z}_0 + (a-a^2)\dot{Z}_2 + 3\left[aR_F + (a-1)R_n\right]}{\dot{Z}_0 + \dot{Z}_1 + \dot{Z}_2 + 3R_F + 3R_n}\dot{E}_a$

㉢ $\dot{I}_a = 3\dot{I}_0 = \dfrac{3\dot{E}_a}{\dot{Z}_0 + \dot{Z}_1 + \dot{Z}_2 + 3R_n + 3R_F}$

(5) 선간단락 고장 시 고장전류 및 각 상전압 산출

① 등가 고장회로

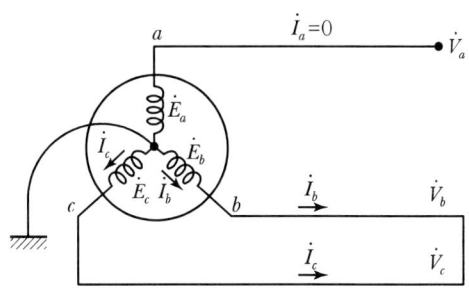

그림 2 – 130 ▶ 선간단락 고장 개념도

② 고장조건
  ㉠ b, c상 선간단락
  ㉡ 무부하

③ 기지값 및 미지값
  ㉠ 기지값 : $\dot{I}_a = 0$, $\dot{I}_b = -\dot{I}_c$, $\dot{V}_b = \dot{V}_c$
  ㉡ 미지값 : $\dot{V}_a$, $\dot{V}_b$, $\dot{V}_c$, $\dot{I}_b$, $\dot{I}_c$

④ 대칭분 전류
  ㉠ $\dot{I}_0 = \dfrac{1}{3}(\dot{I}_a + \dot{I}_b + \dot{I}_c) = 0$
  ㉡ $\dot{I}_b = \dot{I}_0 + a^2 \dot{I}_1 + a \dot{I}_2$, $\dot{I}_c = \dot{I}_0 + a \dot{I}_1 + a^2 \dot{I}_2$
  $\dot{I}_b + \dot{I}_c = (a^2 + a)\dot{I}_1 + (a^2 + a)\dot{I}_2 = 0$ $\therefore \dot{I}_1 = -\dot{I}_2$

⑤ 대칭분 전압
  ㉠ $\dot{V}_0 = -\dot{Z}_0 \dot{I}_0 = 0$
  ㉡ $\dot{V}_b = \dot{V}_c$의 조건에서 $\dot{V}_b = \dot{V}_0 + a^2 \dot{V}_1 + a \dot{V}_2$, $\dot{V}_c = \dot{V}_0 + a \dot{V}_1 + a^2 \dot{V}_2$이므로,
  $\dot{V}_b - \dot{V}_c = (a^2 - a)\dot{V}_1 - (a^2 - a)\dot{V}_2 = 0$, $\therefore \dot{V}_1 = \dot{V}_2$
  ㉢ 발전기 기본식 대입
   $\dot{V}_1 = \dot{V}_2$에 발전기 기본식을 대입하여 풀이하면
   $I_1 = \dfrac{E_a}{Z_1 + Z_2}$, $I_2 = -\dfrac{E_a}{Z_1 + Z_2}$
   $\dot{V}_1 = \dot{E}_a - \dot{Z}_1 \dot{I}_1 = \dfrac{\dot{Z}_2}{\dot{Z}_1 + \dot{Z}_2} \dot{E}_a$, $\dot{V}_2 = \dot{V}_1 = \dfrac{\dot{Z}_2}{\dot{Z}_1 + \dot{Z}_2} \dot{E}_a$

⑥ 미지값 합성
  ㉠ 건전상 전압
$$\dot{V}_a = \dot{V}_0 + \dot{V}_1 + \dot{V}_2 = 2\dot{V}_1 = \frac{2\dot{Z}_2}{\dot{Z}_1 + \dot{Z}_2}\dot{E}_a$$

계통이 직접접지 방식이므로 건전상 a상의 전압변동은 거의 없다.

  ㉡ 고장상 전압
$$\dot{V}_b = \dot{V}_0 + a^2\dot{V}_1 + a\dot{V}_2 = (a^2 + a)\dot{V}_1 = -\dot{V}_1 = -\frac{\dot{Z}_2}{\dot{Z}_1 + \dot{Z}_2}\dot{E}_a$$

$$\dot{V}_c = \dot{V}_b$$

여기서, $|\dot{V}_a| = \frac{2\dot{Z}_2}{\dot{Z}_1 + \dot{Z}_2}\dot{E}_a$, $|\dot{V}_b| = \frac{\dot{Z}_2}{\dot{Z}_1 + \dot{Z}_2}\dot{E}_a$ 이므로

$\therefore |\dot{V}_a| = 2|\dot{V}_b|$: 건전상 전압은 고장상 전압의 2배

  ㉢ 고장전류
$$\dot{I}_b = \dot{I}_0 + a^2\dot{I}_1 + a\dot{I}_2 = a^2\dot{I}_1 - a\dot{I}_1 = (a^2 - a)\dot{I}_1 = \frac{(a^2 - a)}{\dot{Z}_1 + \dot{Z}_2}\dot{E}_a$$

고장 시 $\dot{Z}_1 = \dot{Z}_2$ 이므로,

$$\dot{I}_b = \frac{a^2 - a}{\dot{Z}_1 + \dot{Z}_2}\dot{E}_a = \frac{a^2 - a}{2\dot{Z}_1}\dot{E}_a = \frac{-j\sqrt{3}}{2}\frac{\dot{E}_a}{\dot{Z}_1}$$

3상 단락전류 $\dot{I}_{3s} = \frac{\dot{E}_a}{\dot{Z}_1}$ $\therefore |\dot{I}_b| = \frac{\sqrt{3}}{2} \times \frac{\dot{E}_a}{\dot{Z}_1} = 0.866\dot{I}_{3s}$

선간단락전류는 3상 단락전류의 0.866배(86.6[%])

(6) 3상 단락 사고 시 대칭좌표법을 이용한 단락전류 산출

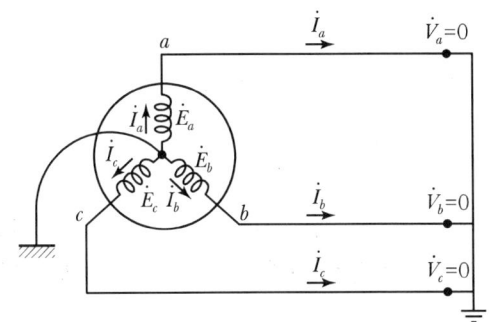

※ 고장 조건
- 3상 완전 단락고장
- 무부하 고장
- 발전기 단자 고장

그림 2-131 ▶ 3상 단락고장 개념도

① 기지값 : $\dot{I}_a + \dot{I}_b + \dot{I}_c = 0$, $\dot{V}_a = \dot{V}_b = \dot{V}_c = 0$(대칭고장)

② 미지값 : $\dot{I}_a$, $\dot{I}_b$, $\dot{I}_c$

③ 대칭분 전압 : $\dot{V}_0$, $\dot{V}_1$, $\dot{V}_2$

$$\dot{V}_0 = \frac{1}{3}(\dot{V}_a + \dot{V}_b + \dot{V}_c) = 0$$

$$\dot{V}_1 = \frac{1}{3}(\dot{V}_a + a\dot{V}_b + a^2\dot{V}_c) = 0$$

$$\dot{V}_2 = \frac{1}{3}(\dot{V}_a + a^2\dot{V}_b + a\dot{V}_c) = 0$$

$$\therefore \dot{V}_0 = \dot{V}_1 = \dot{V}_2 = 0$$

④ 대칭분 전류

$$\dot{V}_0 = -\dot{Z}_0 \cdot \dot{I}_0 = 0, \quad \therefore \dot{I}_0 = 0$$

$$\dot{V}_1 = \dot{E}_a - \dot{Z}_1 \cdot \dot{I}_1 = 0, \quad \therefore \dot{I}_1 = \frac{\dot{E}_a}{\dot{Z}_1}$$

$$\dot{V}_2 = -\dot{Z}_2 \cdot \dot{I}_2 = 0, \quad \therefore \dot{I}_2 = 0$$

⑤ 미지값 합성

$$\dot{I}_a = \dot{I}_0 + \dot{I}_1 + \dot{I}_2 = \frac{\dot{E}_a}{\dot{Z}_1}$$

$$\dot{I}_b = \dot{I}_0 + a^2\dot{I}_1 + a\dot{I}_2 = \frac{a^2 \cdot \dot{E}_a}{\dot{Z}_1}$$

$$\dot{I}_c = \dot{I}_0 + a\dot{I}_1 + a^2\dot{I}_2 = \frac{a \cdot \dot{E}_a}{\dot{Z}_1}$$

즉, 단락전류의 크기는 같고, 위상은 120° 차이가 나는 대칭고장임

4. 콘덴서

1) 개요

(1) 진상용 콘덴서는 무효전력 공급 장치로써 전압변동과 손실을 억제시키나, 과보상 시 모선전압상승, 송전손실 등의 문제가 발생되고, 개폐 시 특이현상이 발생된다.

(2) 전력부하는 일반적으로 저항과 유도성 리액턴스로 이루어져 있으며 전압과 전류는 이 임피던스에 의해 $\cos\theta$ 만큼의 위상차를 나타내며 이 위상차를 역률이라 말하며, 이 역률을 보상하기 위해 부하와 병렬로 진상용 콘덴서를 설치하며, 콘덴서에 흐르는 전류는 전압보다 90° 앞선 위상이 되어 I_L은 I_c 만큼 상쇄되어 겉보기 전류 I_1은 전류 I_2로 감소되고 역률은 $\cos\theta_1$에서 $\cos\theta_2$로 개선된다.

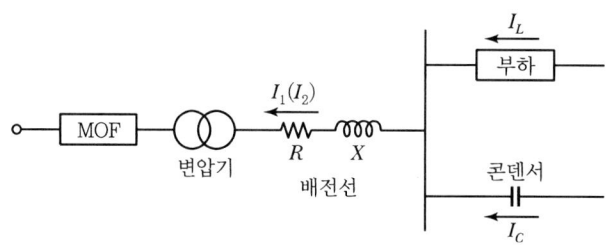

그림 2-132 ▶ 콘덴서 설치 구성도

(3) 무효전력 보상장치

무효전력 공급원	무효전력 소비원
• 동기발전기 과(강)여자(지상운전)	• 동기발전기 저여자(진상운전)
• 동기조상기 과(강)여자 (진상운전)	• 동기조상기 저여자(지상운전)
• 전력용 콘덴서	• 전동기를 포함한 L(인덕턴스)부하
• 무부하 또는 경부하 시의 송배전선로	• 분로리액터, 변압기
• 케이블 선로	• 중부하 시의 송배전선로

① 전력용 콘덴서는 진상무효전력 소비원임과 동시에 (지상)무효전력 공급원임
② 전동기는 (지상)무효전력 소비원임

(4) 지상(유도성) 무효전력과 전압과의 관계

① (지상)무효전력공급이 소비보다 많을 때 → 전압상승
② (지상)무효전력의 공급이 소비보다 적을 때 → 전압저하(하강)

2) 역률개선의 원리

(1) 일반교류회로

① 전력부하 R, L회로에 의해 전압과 류(I)는 $Z = R + jX_L$에 의해 $\cos\theta$의 위상차를 가짐

② X_L에 흐르는 전류 I_L은 I_R 대비 위상이 90° 뒤짐

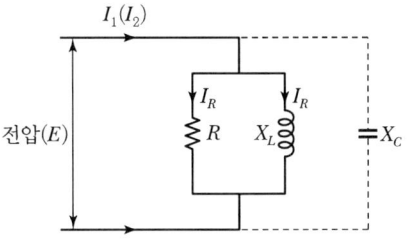

그림 2-133 ▶ 일반 교류회로

(2) 콘덴서 설치 시 I_L 전류개선

① $I_1 = \sqrt{(I_R)^2 + (I_L)^2} \rightarrow \cos\theta_1$
(개선 전 역률)

② X_c 삽입 시 $I_1 \rightarrow I_2$(개선)

③ $I_2 = \sqrt{(I_R)^2 + (I_L - I_c)^2} \rightarrow \cos\theta_2$
(개선 후 역률)

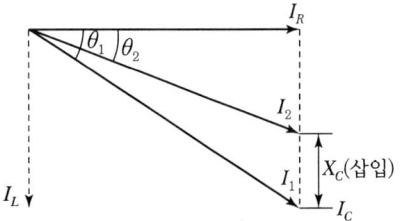

그림 2-134 ▶ 전류 Vector도

(3) 콘덴서 용량

① 계산식에 의한 방법

$$Q_c[\text{kVA}] = P(\tan\theta_1 - \tan\theta_2)$$

$$= P\frac{\sqrt{1-(\cos\theta_1)^2}}{\cos\theta_1} - \frac{\sqrt{1-(\cos\theta_2)^2}}{\cos\theta_2} \; [\text{kVA}]$$

$$= P\left(\sqrt{\frac{1}{\cos^2\theta_1} - 1} - \sqrt{\frac{1}{\cos^2\theta_2} - 1}\right) [\text{kVA}]$$

여기서, P : 유효전력[kW]

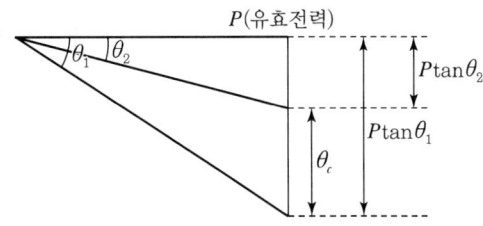

그림 2-135 ▶ 콘덴서용량 Q_c Vector도

② Table에 의한 방법

　　역률 조견표에 의해 콘덴서 용량을 산정함 (콘덴서 용량 kVA=kW×표의값)

3) 설치효과

(1) 변압기, 배전선로 손실감소

역률을 $\cos\theta_1$ 에서 $\cos\theta_2$ 로 개선 시 개선되는 손실률(ΔL)은

$$\text{개선된 손실률}(\Delta L) = \frac{\text{역률개선 전 손실} - \text{역률개선 후 손실}}{\text{역률개선 전 손실}} \times 100$$

$$= \left[\frac{I_1^2 R - I_2^2 R}{I_1^2 R}\right] \times 100 \, [\%]$$

$$\left[1 - \left(\frac{\cos\theta_1}{\cos\theta_2}\right)^2\right] \times 100 \, [\%]$$

※ 역률이 개선되면 손실은 역률의 제곱에 반비례하여 감소함

(2) 설비용량의 여유도 증가(ΔP)

① 설비용량 T[kVA]인 변압기의 부하를 역률 $\cos\theta_1$ 에서 역률 $\cos\theta_2$ 로 개선 시

　㉠ $\cos\theta_1$ 의 유효전력(P_1)

　　$P_1 = T\cos\theta_1$

　㉡ $\cos\theta_2$ 의 유효전력(P_2)

　　$P_2 = T\cos\theta_2$

※ $\Delta P = P_2 - P_1 = T(\cos\theta_2 - \cos\theta_1)$

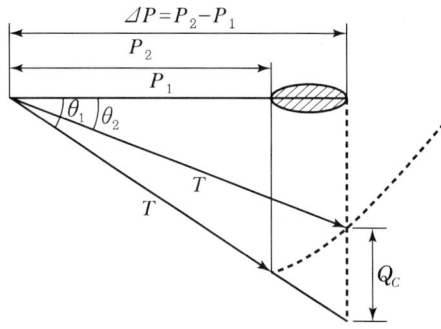

그림 2-136 ▶ 설비용량의 여유도

② 40[MVA] TR 용량의 역률을 75[%]에서 100[%]로 개선 시

표 2-24 ▶ 역률 개선 시 출력증가 및 출력용량

용량 \ 역률	1	0.95	0.9	0.85	0.8	0.75
설비용량증가[MVA]	10	8	6	4	2	0
출력용량[MVA]	40	38	36	34	32	30

(3) 전압강하의 감소

① 전압강하 $\Delta V = E_s - E_r = I(R\cos\theta + X\sin\theta)$

② 역률을 $\cos\theta_1$에서 $\cos\theta_2$로 개선 시 전압강하(ΔV)

㉠ $\cos\theta_1 \rightarrow \Delta V_1 = I_1(R\cos\theta_1 + X\sin\theta_1) = \dfrac{P}{3E}(R + X\tan\theta_1)$

㉡ $\cos\theta_2 \rightarrow \Delta V_2 = I_2(R\cos\theta_2 + X\sin\theta_2) = \dfrac{P}{3E}(R + X\tan\theta_2)$

㉢ $\Delta V = \Delta V_1 - \Delta V_2 = \dfrac{PX}{3E}(\tan\theta_1 - \tan\theta_2)$

(P : 부하전력[kVA], X : 리액턴스[Ω], E : 상전압[V], R : 저항[Ω])

※ 역률이 개선되면 전압강하는 감소됨(반비례 관계)

③ 역률을 75[%]에서 100[%] 개선 시 전압강하

표 2-25 ▶ 역률 개선 시 저항 및 리액턴스 전압강하

역률	1	0.95	0.9	0.85	0.8	0.75
전압강하	K	$K+0.33q$	$K+0.48q$	$K+0.62q$	$K+0.75q$	$K+0.88q$

K(저항분) $\rightarrow \dfrac{PR}{3E}$, q(리액턴스) $\rightarrow \dfrac{PX}{3E}$

④ 전압강하율(%e)의 개선

콘덴서 설치에 따른 전압강하의 경감량, 즉 전압상승값은 아래와 같다.

전압강하율(%e) $\dfrac{E_s - E_r}{E_r} \times 100[\%] = \dfrac{\Delta V}{E_r} \times 100[\%] = \dfrac{Q_c}{R_c} \times 100[\%]$

$Q_c = P(\tan\theta_1 - \tan\theta_2) \rightarrow$ 콘덴서 용량[kVA],

$R_c = \dfrac{E_r^2}{X} \rightarrow$ 콘덴서 설치 모선의 단락용량[kVA]

(4) 전력요금 경감

① 전력요금 = 기본요금 + 사용량요금

② 역률개선에 대한 기본요금 절감 및 사용량 전력에 대한 손실경감

③ 기본요금 = 계약전력[kW] × $\left(1 + \dfrac{90 - 역률}{100}\right)$ × 전력단가[원/kW]

㉠ 09~23시까지 역률에 대한 요금 추가 또는 감액(지상역률 적용)
- 평균역률이 90[%]에 미달하는 경우 : 미달하는 역률 60[%]까지 매 1[%]당 기본요금의 0.2[%]를 추가
- 평균역률이 90[%] 초과하는 경우 : 역률 95[%]까지 매 1[%]당 기본요금의 0.2[%]를 감액
- 상기 평균역률은 30분 단위의 역률을 1개월간 평균하여 계산하며 30분 단위의 역률이 지상역률 60[%]에 미달 시 역률 60[%]로, 95[%]를 초과 시는 역률 95[%]로 간주하여 1개월간 평균역률을 계산함

㉡ 23~다음날 09시까지 역률에 대한 요금 추가(진상역률 적용)
- 평균역률이 95[%]에 미달하는 경우 : 미달하는 매 1[%]당 기본요금의 0.2[%]를 추가
- 상기 평균역률은 30분 단위의 역률을 1개월간 평균하여 계산하며 30분단위의 역률이 진상역률 60[%]에 미달 시 역률 60[%]로, 지상역률인 경우 역률 100[%]로 간주하여 1개월간 평균역률을 계산함

4) 설치방법

(1) 수전단 모선시설

① 장점
  ㉠ 수전단에서 제어가 용이
  ㉡ 무효전력을 신속 공급
  ㉢ 수용률 적용으로 콘덴서 용량 저감
  ㉣ 경제성이 우수
  ㉤ 관리가 용이함

② 단점
  ㉠ 부하단 전압강하가 큼
  ㉡ 역률개선 효과가 적음

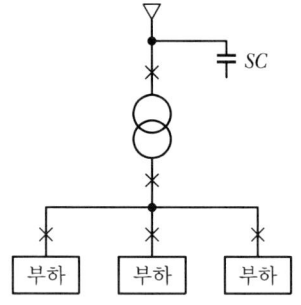

그림 2-137 ▶ 콘덴서 수전단설치

(2) 부하단 분산설치

① 장점
- ㉠ 역률개선 효과가 가장 큼
- ㉡ 전압강하가 적음

② 단점
- ㉠ 콘덴서 용량의 증가
- ㉡ 개별 설치로 시설면적이 증가
- ㉢ 경제성이 나쁨
- ㉣ 관리가 어려움

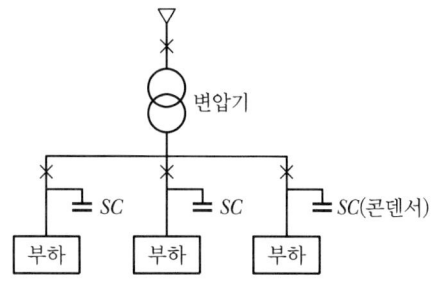

그림 2-138 ▶ 콘덴서 부하단 설치

(3) 수전단과 부하단 공용시설

수전단 설치와 부하단 설치의 장점과 단점을 보완한 시설방식이다.

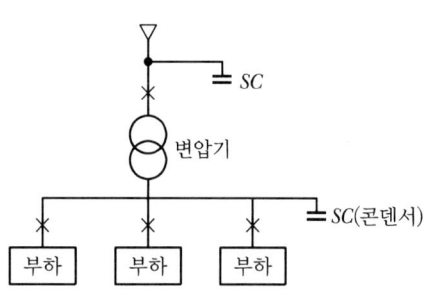

그림 2-139 ▶ 콘덴서 공용시설

5) 역률제어방식

(1) 필요성

전기설비의 효율적인 사용을 위해 필요한 무효전력 양만큼 콘덴서를 투입시키는 자동제어방식이 필요하며 수전점 무효전력제어가 가장 많이 적용되고 있고 야간 경부하 시 페란티 현상이 발생되지 않도록 부하상황에 맞는 적절한 제어방식이 필요하다.

(2) 자동제어방법

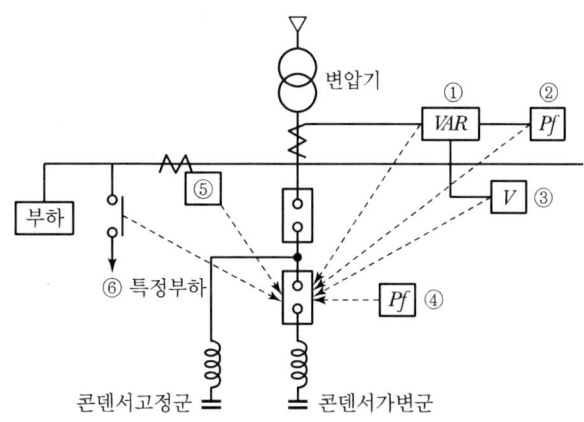

그림 2-140 ▶ 콘덴서 자동제어방식

① 무효전력제어

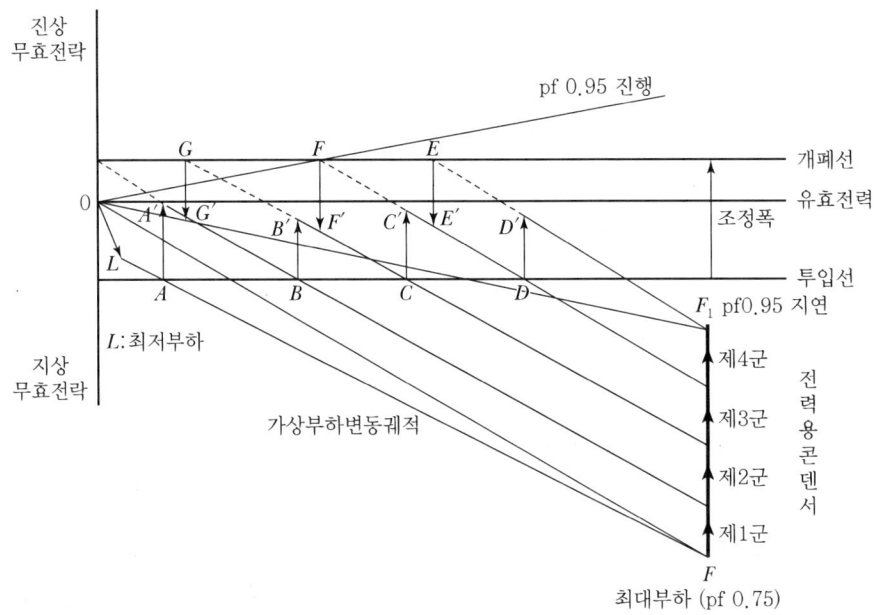

그림 2-141 ▶ 무효전력제어

㉠ 무효전력 계전기를 이용하여 무효전력 정정치보다 커졌을 때 콘덴서를 투입하고 적어졌을 때 차단하는 방식
㉡ 역률개선용으로 가장 적합한 방식
㉢ 콘덴서 군을 가져야 함

② 제어방식별 특징 비교

자동제어	적용	특징
수전점 무효전력제어	모든 변동부하	• 부하변동의 종류에 관계없이 적용 • 순간적인 부하변동에 주의 • 역률개선용으로 가장 적합 • 무효전력 계전기 사용
수전점 역률제어	모든 변동부하	• 역률계전기를 사용함 • 같은 역률이라도 부하의 크기에 따라 무효전력이 달라짐
모선전압제어	전압변동이 큰 계통	전압강하를 억제할 목적으로 적용하며 주로 전력회사에서 적용
프로그램제어	부하변동이 하루 중 거의 일정한 곳	부하변동 시간대에 Timer의 조정을 이용하는 경제적인 방식

자동제어	적용	특징
부하전류제어	부하상태에 따라 역률이 일정한 곳	전류계전기로 검출하여 제어하는 경제적인 방식
특정부하 개폐제어	변동하는 특정부하 외 무효전력변동이 일정한 곳	개폐기 접점만으로 간단히 제어하는 경제적인 방식

6) 구성요소

(1) 방전코일(Discharge Coil)

① 목적

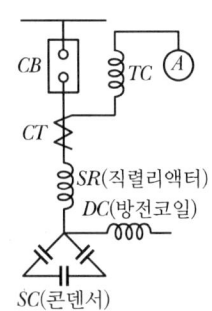

그림 2-142 ▶ 방전코일

콘덴서 회로 개방 시 잔류 전하로 인한 위험을 방지하고, 전원 재투입 시 이상현상(재점호)으로 인한 순간적인 전압 및 전류의 상승을 억제하여 콘덴서의 고장을 방지하는 역할을 한다.

② 구분

구분	방전코일	방전저항
설치 위치	콘덴서 외부	콘덴서 내부
용도	용량이 큰 콘덴서	용량이 작은 콘덴서
특징	• 방전용량이 큼 • 콘덴서 투입이 빈번한 곳에 유리	방전용량이 작음

③ 방전성능

㉠ 방전저항
- 특, 고압콘덴서 : 개방 후 5분 이내 50[V] 이하로 방전시킴
- 저압콘덴서 : 개방 후 3분 이내에 75[V] 이하로 방전시킴

㉡ 방전코일 : 개방 후 5초 이내 50[V] 이하로 방전시킴

④ 방전장치

㉠ 부하와 콘덴서가 직결되어 동시에 개폐되는 경우 부하회로를 통해 방전되므로 별도의 방전장치가 불필요

㉡ 방전저항은 콘덴서 제작 시 내부에 시설되므로 별도 방전장치가 불필요함

(2) 직렬리액터(Series Reactor)

① 설치목적

㉠ 콘덴서 설치에 따라 기본파 이외의 고조파의 콘덴서로의 유입을 방지함

ⓒ 계통(회로) 전압, 전류의 왜곡을 방지
ⓒ 고조파 전류에 의한 계전기 오동작을 방지함
ⓔ 고조파 전압에 의한 변압기의 소음, 과열증대 억제
ⓜ 콘덴서 투입시 과도돌입전류 방지

② **직렬리액터 용량산정**
㉠ 제 5고조파 억제목적
제 5고조파에 대해 유도성으로 하기 위해 설치한다.

$$5wL > \frac{1}{5wC} \rightarrow wL > \frac{1}{25wC} = 0.04 \frac{1}{wC}$$

∴ 4[%] 이상이나 주파수 변동, 경제성을 고려하여 최적의 용량인 6[%]를 선정함

㉡ 제 3고조파 억제목적

$$wL > \frac{1}{9wC} = 0.11 \frac{1}{wc}$$ 에서 13[%] 직렬리액터 선정

③ **사용 시 주의사항**
㉠ 콘덴서 단자전압상승
- 6[%] 리액터 설치 시 단자전압은 약 6[%] (6.38[%]) 증가
- 계산식(V_{XC})

$$V_{XC} = \frac{-X_C}{X_L - X_C} V = \frac{-1}{\frac{X_L}{X_C} - 1} V$$

$$= \frac{-1}{0.06 - 1} V \fallingdotseq 1.06\ V$$

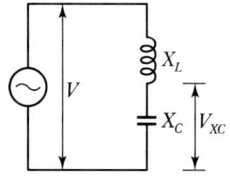

그림 2-143 ▶ **콘덴서 단자전압도**

※ 콘덴서 전류도 전압과 동일하게 약 6[%] 증가함

㉡ 콘덴서 용량은 약 13[%] 증가하여 큐비클 발열에 주의해야 함
㉢ 동일한 용량의 콘덴서와 조합시 성능을 발휘함
- 100[kVA] 콘덴서 → 6[kVA] 리액터 설치 시 제5고조파 억제 효과가 있음
- 만약 용량변경으로 50[kVA] 콘덴서 → 6[kVA] 리액터 설치 시

$$6 \times \left(\frac{50}{100}\right)^2 = 1.5\ [kVA] \rightarrow 3[\%]\ 리액터 \rightarrow 제5고조파 억제 효과가 없음$$

- 유지보수 시 콘덴서 Bank 분리 시 리액터 용량이 최소 5[%] 이하가 되지 않게 함
㉣ 콘덴서에 정격전류의 120[%] 이상 흐를 경우 고조파의 영향을 받고 있어 직렬 리액터를 설치함

　　　　ⓜ 중앙집중식 역률자동제어방식 적용 시 부하변동에 따른 콘덴서 투입, 차단이 계속 반복되므로 제5고조파 발생 증가 시 적정 용량의 (8~15[%])의 리액터를 설치함
　　　　ⓑ 모선의 단락전류가 큰 계통 또는 병렬 콘덴서군의 경우 → 콘덴서 투입 시 과도돌입 전류가 발생하므로 직렬리액터를 설치하는 것이 바람직함

7) 설치기준

(1) Bank 구분

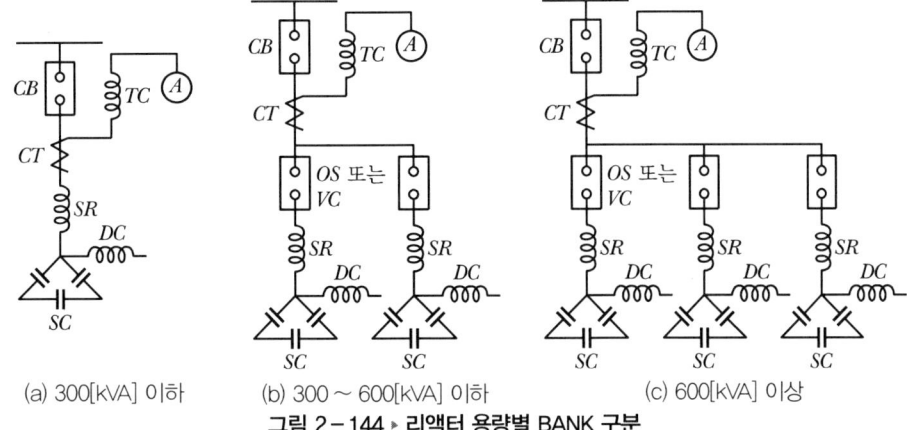

그림 2-144 ▶ 리액터 용량별 BANK 구분

(2) 콘덴서 용량 구분

① 변압기 용량 기준

구분	TR 용량[kVA]	콘덴서 용량[kVA]
수전 변압기	500	TR용량×5[%]
	500~2,000	TR용량×4[%]
	2,000 이상	TR용량×3[%]

② 저압기계기구의 콘덴서 용량

부하종별	콘덴서 용량(최저[kVA])
㉠ 380[V] 3상	부하정격입력[kVA] × 1/3
㉡ 200[V] 3상, 또는 단상	부하정격입력[kVA] × 1/4
㉢ 100[V] 단상	부하정격입력[kVA] × 1/5
㉣ 기타 전기기기	전기사업자와 고객이 협의 결정

③ 고압 저압 전동기 콘덴서 설치용량
　　㉠ 고압전동기 : 역률 90[%], 95[%], 98[%]까지 개선한 용량 제시
　　㉡ 저압전동기 : 역률 90[%] 까지 개선한 용량 제시

8) 설치 시 주의 사항

(1) 설치장소

① 옥내에 직사일광이 없고 물방울이 떨어지지 않는 장소
② 먼지나 철분의 영향을 받지 않는 장소
③ 온도 : $-20 \sim 40[°C]$에 적합
④ 집중 설치장소에서 콘덴서 간격은 25[mm] 이격
⑤ 콘덴서 단자를 상부에 설치

(2) 정격(KS C 4802 기준)

① 최고 허용 전압(최고연속 사용 과전압)

전압배수	허용 인가 시간
1.10	24 시간 중 12시간 이내
1.15	24 시간 중 30분 이내
1.20	1개월 중 5분 이내가 2회 이하
1.30	1개월 중 1분 이내가 2회 이하

② 최대 허용 전류(최대 연속 사용 과전류) : 정격전류×130[%] 이하

(3) 용량

① 전동기 무효전력보다 크지 않게 선정
② 전동기 무효전력보다 큰 경우 자기여자 현상 발생

(4) 자기 여자현상

① 콘덴서 용량 > 전동기 무효전력인 경우
② 전동기가 OFF 되는 순간 발전기에서 콘덴서에 전원을 공급하고 콘덴서 진상에 의한 전동기 단자전압이 상승

(5) $Y-\Delta$ 시동 시 접속

① $Y-\Delta$ 기동회로의 Δ측에 콘덴서 시설
② $Y-\Delta$ 전환 시 과전압에 의한 절연파괴 현상방지

9) 콘덴서 과보상 시 문제

(1) 개요

콘덴서는 무효전력 공급 장치로서 콘덴서 설치 시 변압기 및 배전선 손실경감, 설비용량의 여유도 증가, 전력요금 절감 등의 효과가 있으나 과보상 시 모선전압상승, 송전 손실증가, 고조파왜곡 증대, 발전기 자기여자 현상이 발생된다.

(2) 콘덴서 과보상 시 문제

① 모선전압 과상승

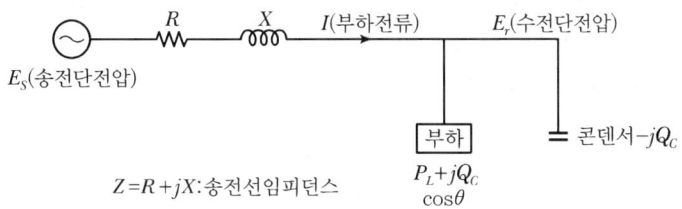

그림 2-145 ▶ 선로 계통도

㉠ 선로 전압강하 $\Delta V = E_S - E_r = IR\cos\theta + IX\sin\theta$ 가 되며

$I\cos\theta \rightarrow P_L$, $I\sin\theta \rightarrow Q_L$ 라 하면(단위법 이용)

$\Delta V = RP_L + XQ_L$

㉡ 주간 중부하 시 콘덴서(Q_c) 투입에 따른 전압강하 $\Delta V'$

$\Delta V' = RP_L + X(Q_L - Q_C) < 0$ 이 되며

$\therefore E_s - E_r = -\Delta V \rightarrow E_s + \Delta V = E_r$

㉢ 야간 경부하 시 콘덴서가 투입된 채로 운전될 경우 진상 무효전력만큼 전압상승이 발생되며 수전단 전압이 송전단 전압보다 높게 되는 페란티 현상이 발생됨

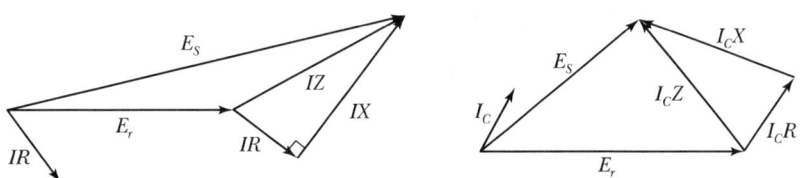

여기서, E_S : 송전단전압[V], IR, I_cR : 저항 전압강하
E_r : 수전단전압[V], IX, I_cX : 리액턴스 전압강하, I_c : 충전전류

그림 2-146 ▶ 진상부하, 지상부하 Vector도

㉣ 무부하 시 모선전압이 계통기기의 허용전압 한계를 초과하지 않게 해야 함

⑩ 모선전압 상승 방지대책
- 과전압 계전기에 의한 콘덴서 Trip
- 야간 경부하 시간대 콘덴서 Trip

② 송전손실의 증가
㉠ 일반적으로 콘덴서 투입 시 역률이 $\cos\theta_1 \rightarrow \cos\theta_2$로 개선되어 손실이 저감됨
㉡ 과보상 시 앞선 역률(진상)이 되면 진상만큼 손실분이 발생되며 송전손실로 작용함

③ 고조파 왜곡 증대
㉠ 야간 경부하 시 콘덴서를 투입한 채 사용되면 고조파 왜곡이 커져 콘덴서 및 타 기기의 손상 등이 발생됨
㉡ 제5고조파 전압의 침입에 의한 콘덴서 단자 전압왜곡현상

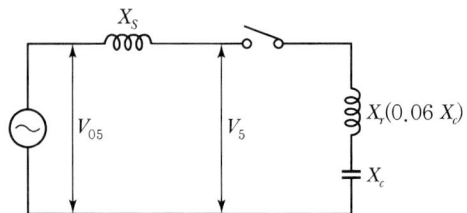

여기서, V_{05} : 계통에 현존하는 제5고조파, X_C : 콘덴서의 리액턴스
V_5 : 모선의 제5고조파 전압, X_r : 직렬리액터의 리액턴스($0.06X_C$)
X_S : 계통의 리액턴스

그림 2-147 ▶ 고조파 왜곡 확대

- 직렬리액터를 투입한 경우의 모선의 제5고조파 전압(V_5')

$$V_5' = V_{05}\frac{0.1X_C}{5X_S + 0.1X_C} < V_{05}$$

모선의 전압파형의 일그러짐이 개선됨

- 직렬리액터를 투입하지 않은 경우의 모선의 제5고조파 전압(V_5'')

$$V_5'' = V_{05}\frac{-0.2X_C}{5X_S - 0.2X_C} > V_{05}$$

모선의 전압파형의 일그러짐이 확대됨
- 부하가 용량성인 경우
- 5고조파 전압이 전원에서 → 부하로 침입할 경우
- 부하단 전압이 전원단 전압보다 상승하면 전원단으로 고조파가 왜곡됨
- 다시 전원에서 부하로 고조파 왜곡은 확대됨

④ 발전기 자기여자
  ㉠ 원인
    • 장거리 송전선로의 무부하 충전전류(I_c)
    • 콘덴서 과보상
  ㉡ 현상

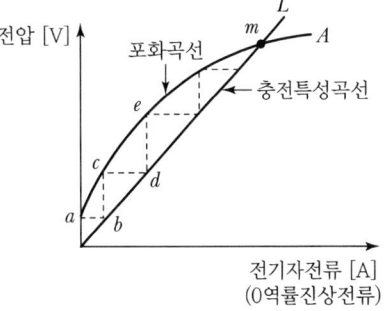

그림 2-148 ▶ 발전기 자기여자현상

    • 선로의 정전용량이나 콘덴서의 과보상에 의해 영역률 진상전류가 전기자권선에 흐르게 되어 전기자반작용의 증자작용에 의해 발전기에 직류여자를 주지 않은 경우라도 전기자권선에 기전력이 유기되며
    • 영역률 진상전류에 의한 포화곡선과 부하의 충전 특성곡선과의 교점만큼 전압이 상승
    • 즉, 발전기 주자극의 잔류자기로 인하여 oa 만큼의 유기기전력에 의해 부하로 충전전류 ab가 흐르고 이 충전전류에 의해 주자극이 자화되어 기전력은 bc 만큼 증가되며 계속하여 전압이 증가하여 m 점까지 전압이 증가하는 현상
  ㉢ 대책
    • 콘덴서 자동제어방식 채용
    • 수전단에 리액턴스를 병렬로 접속
    • 경부하 시 부하 차단과 동시에 콘덴서 Trip

10) 콘덴서 회로 차단과 투입 시 발생하는 특이 현상

(1) 개요

콘덴서를 개폐하는 경우 일반 유도 부하와 달리 충전전류에 의한 영향으로 투입 시, 차단 시 다음과 같은 특이 현상이 발생된다.

① 투입 시 현상
  ㉠ 과도돌입전류에 의한 CT 2차 과전압 발생
  ㉡ 모선의 전압강하 발생

② 차단 시 현상
  ㉠ 재점호에 의한 과전압 발생
  ㉡ 유도전동기 자기여자현상

(2) 콘덴서 투입 시 현상 및 대책

일반 유도 부하의 투입 시 최대전류가 2배인데 반해 콘덴서 회로에서는 전류를 억제하는 것이 계통의 리액턴스밖에 없어 과대한 투입전류가 발생된다.

① 콘덴서 돌입전류에 의한 CT 2차 과전압 발생

$$I_{c\max} = I_c\left(1 + \sqrt{\dfrac{X_c}{X_L}}\right)$$

$$f_1 = f\sqrt{\dfrac{X_c}{X_L}}$$

$$E_{c\max} = 2E_c$$

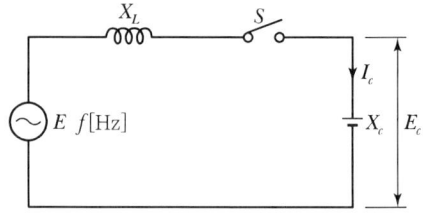

그림 2-149 ▶ 콘덴서 투입회로

여기서, I_c : 콘덴서 정상전류[A]
  X_c : 콘덴서 용량성리액턴스[Ω]
  f : 상용주파수[Hz]
  X_L : 콘덴서회로 전유도리액턴스[Ω]
  f_1 : 과도주파수[Hz]
  E_c : 콘덴서 정상시 전압[V]

㉠ 크기
  X_L값이 적은 경우 과도돌입전류는 수 10~100배로 증가함
㉡ 원인
  • 직렬리액터 미설치
  • 전원 단락용량이 클 때
  • 병렬뱅크에서 직렬리액터 미설치

- 콘덴서에 잔류전하 존재 시
ⓒ 영향
  - CT 2차 회로에 과전압 발생 → 접속된 2차 기기에 손상 유발
  - CT비가 적은 경우 CT의 과전류강도가 문제가 됨
ⓒ 대책 : 직렬리액터 설치(6[%])

$$I_{c\max} = I_c\left(1 + \sqrt{\frac{100}{6}}\right) \cong 5배$$

$$f_1 = f\sqrt{\frac{X_c}{X_L}} \cong 4배$$

② 모선전압강하($\triangle V$)

ⓐ 원인

콘덴서 투입순시 X_c는 거의 0이므로
모선전압강하율(%e)
$= \dfrac{X_S}{X_S + X_L} \times 100[\%]$

에서 $X_S \gg X_L$인 경우 모선전압강하율(%e)는 크게 증가함

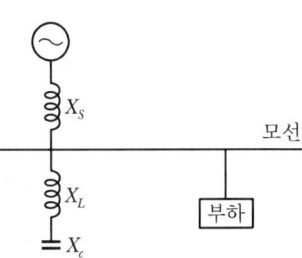

그림 2-150 ▶ 모선 계통도

ⓑ 영향 : Thyristor 전류실패
ⓒ 대책 : 수전단에 문제가 되지 않는 범위 내에서 X_L 투입

(3) 콘덴서 차단 시(개방 시) 현상 및 대책

① 극간회복전압 발생에 의한 재점호

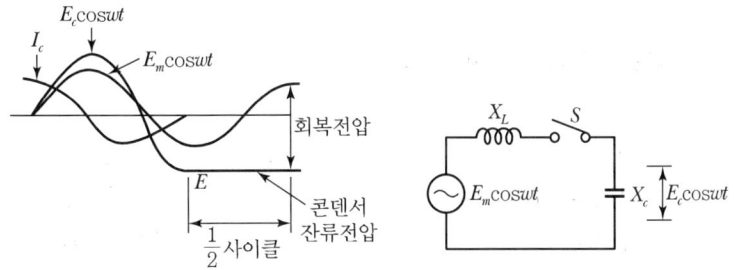

그림 2-151 ▶ 콘덴서 개방 시 회복전압

ⓐ 극간 회복전압 발생

스위치 개방 시 전류 I_c는 전류 0점에서 차단되나 스위치 극간의 전압은 전류 0점

에서 전원전압과 콘덴서 잔류전압차에 의해 $\frac{1}{2}$[Cycle] 후 약 2배의 전압이 됨
(3상 → 2.5배)
ⓒ 재점호에 의한 과전압 발생

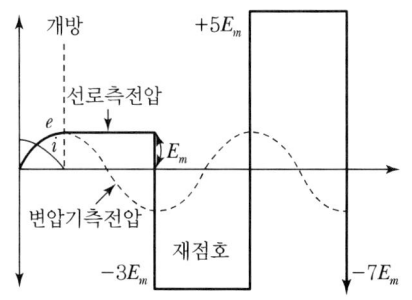

그림 2-152 ▶ 무제동 이상전압

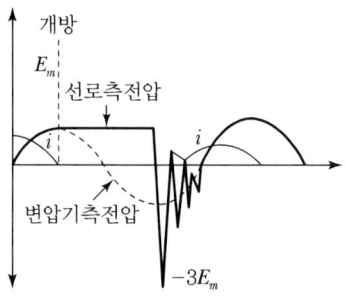

그림 2-153 ▶ 제동작용이 있을 경우

ⓐ 발생원인 : 잔류전하에 의한 재점호의 반복으로 개폐기 극간 전압상승률이 증가하여 접촉자의 절연이 $\frac{1}{2}$[Cycle] 후 파괴됨

ⓑ 과전압의 크기 : 3, 5, 7, 9배

ⓒ 영향 : 콘덴서 파손 및 모선기기 절연파괴

ⓓ 대책
- 차단속도와 접촉자 간의 절연회복특성이 빠른 콘덴서 개폐에 적합한 개폐기를 선정함
  - 고압회로 : GCB, VCB 이용
  - 저압회로 : MCCB, MC 이용
- 직렬리액터 설치

② 유도전동기 자기여자현상
㉠ 정의
전동기에 직결하여 콘덴서를 설치하고 콘덴서 전용 개폐기를 필요로 하지 않는 경우 콘덴서 용량이 전동기 자기용량보다 클 경우 CB 개방 시 콘덴서 및 전동기 단자전압이 즉시 0이 되지 않고 이상 상승하거나 장시간 감쇠하지 않는 현상
㉡ 영향
전동기 소손 가능성, 콘덴서 소손 가능성
㉢ 대책
콘덴서 용량 < 전동기 여자용량(전동기 정격 출력의 25~50[%] 정도)

② 주의사항

각각의 유도전동기의 여자용량보다 적은 콘덴서 용량을 개별로 각각의 유도전동기에 취부함

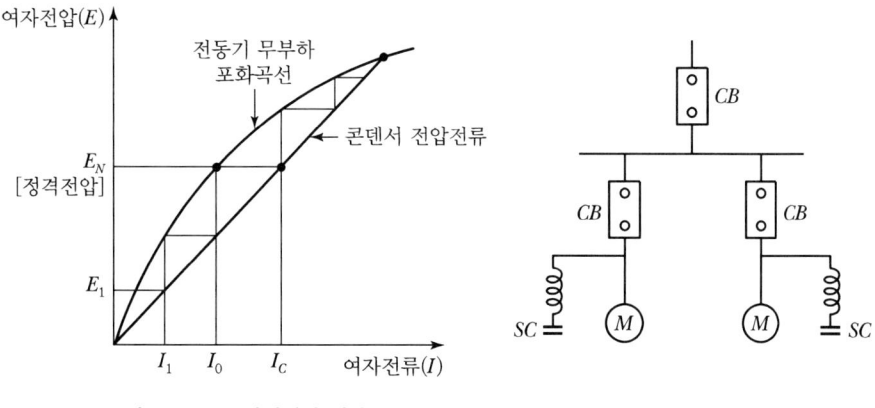

그림 2-154 ▶ 자기여자 전압도   그림 2-155 ▶ 유도전동기 회로도

(4) 콘덴서 개폐장치에 요구되는 성능

① 접점용량

투입 시 정격전류의 2~2.5배의 전류가 흐르므로 개폐기 정격전류는 콘덴서 정격전류의 1.5~2배의 것을 사용함

② 고속동작

재점호가 발생하기 전에 접점 간의 간격을 충분히 이격시키도록 하기 위해서 고속으로 동작하는 전자접촉기 또는 진공접촉기를 사용함

③ 소호능력

재점호에 의한 아크발생을 억제하고 소호능력이 있는 진공차단기를 사용함

참고 ◎ 모선전압강하율 유도식

(1) 수전단전압 $(V_r) = \dfrac{X_L}{X_S + X_L} V_s$ 식에서

(2) 전압강하식 $\Delta V = V_s - V_r$ 의 V_r 에 수전단전압에 대입하면

$$\Delta V = V_s - \dfrac{X_L}{X_S + X_L} V_s = \dfrac{X_S}{X_S + X_L} V_s$$

(3) 전압강하식을 전압강하율식에 넣어 풀면

$$\text{전압강하율}(\%e) = \dfrac{\Delta V}{V_s} \times 100[\%] = \dfrac{\dfrac{X_S}{X_S + X_L} V_s}{V_s} \times 100[\%] = \dfrac{X_S}{X_S + X_L} \times 100$$

11) SVC (Static Var Compensator)

(1) 개요

SVC란 동기조상기와 유사한 기능을 가진 장치로서 가변 무효전력을 Thyristor에 의해 규정된 Reactor, Capacitor Bank로부터 연속적으로 공급하여 모선의 전압을 허용범위 이내로 유지시키는 정지형 무효전력보상 장치이다. 대형 철강회사의 Flicker 방지용 및 송전선로의 장거리화, 계통용량 증대 등으로 계통의 안정도, 양질의 전력공급 측면에서 SVC가 적용된다.

(2) 내용 설명

① 구성도

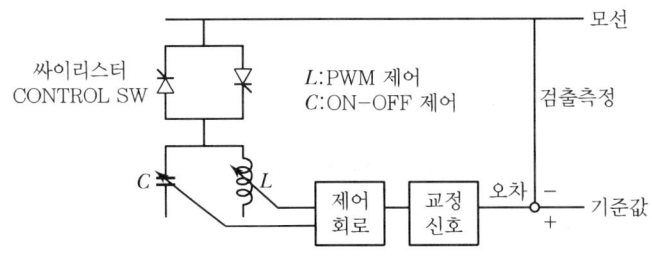

그림 2-156 ▶ SVC 구성도

② 특징
  ㉠ 응답특성이 빠름(0.004[Sec])
  ㉡ 조작에 제한이 없음
  ㉢ 신뢰성이 높음
  ㉣ 유지보수가 간단

③ 용도(목적)
  ㉠ 무효전력보상 및 전압조정
  ㉡ 송전능력의 증대
  ㉢ 안정도 향상
  ㉣ 전력동요의 억제효과
  ㉤ 부하의 평행유지

④ 종류
  ㉠ TCR(Thyristor Controlled Reactor) : 리액터 위상제어방식
    • 원리 : 고정 Reactor에 역병렬 Thyristor를 연

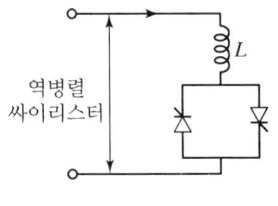

그림 2-157 ▶ TCR

결하여 지상 무효전력을 연속적으로 제어함
- 특징
  - 불규칙하고 크게 급변하는 무효전력을 보상하는 데 가장 유효함
  - PWM 제어에 의한 연속제어가 가능함
  - 응답속도가 빠름

ⓒ TSC(Thyristor Switched Capacitor) :
  콘덴서 Thyristor ON / OFF 제어
  방식

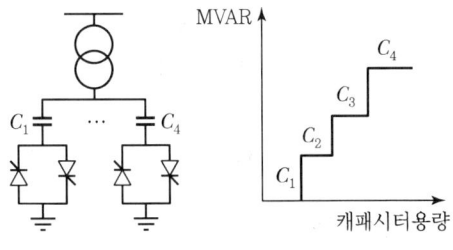

그림 2-158 ▶ TSC

- 원리 : 전력용 콘덴서에 역병렬 Thyristor Switch를 연결하여 부하의 지상 무효전력변화에 대응하여 필요한 수만큼의 콘덴서 뱅크를 선택 투입하여 진상무효전력을 단계적으로 조정함
- 특징
  - 병렬로 연결된 콘덴서 개수를 제어하여 무효전력을 보상함
  - 제어 응답속도가 늦어(0.5[Cycle]) 심한 변동부하에 부적합

ⓒ FC-TCR(Fixed Capacitor-TCR)
  - 원리 : TCR 방식에 고정된 전력용 콘덴서를 첨가한 방식으로 지상무효전력을 연속적으로 제어함

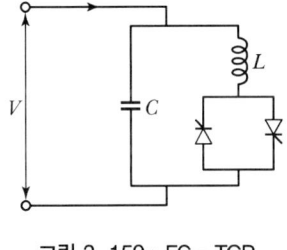

그림 2-159 ▶ FC-TCR

  - 특징
    - TCR에 의해 콘덴서의 진상전류를 상쇄시킴
    - 전기로 사용 수용가의 정전압 및 역률개선용으로 널리 사용됨

ⓔ TSC-TCR
  - 원리 : N개의 TSC와 1개의 TCR로 구성하여 지상, 진상무효전력을 연속으로 제어함

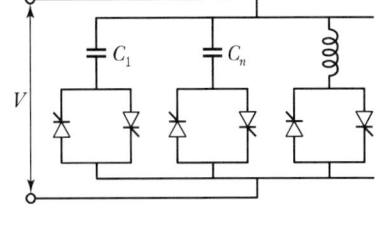

그림 2-160 ▶ TSC-TCR

  - 특징
    - 송전계통의 손실감소와 운전의 유연성이 요구되는 곳에 적용됨
    - 진상과 지상 무효전력제어를 연속적으로 제어하는 방식으로 가장 널리 사용됨

⑤ 설치현황

　㉠ 외국의 예

　　70년대 초반부터 무효전력 제어 및 전압 보상용으로 널리 사용되고 있으며 스웨덴의 ABB회사에서 세계적으로 설치한 대수만도 약 300대(제작사 소개 현황)를 넘고 있음

　㉡ 국내의 예
- 대용량 전기로를 사용하는 수용가에서 부하 평형을 위해 채택
포항제철, 현대하이스코(구 한보철강), 한국특수강(구 삼미특수강)
- 345kV 서대구 변전소, 동서울 변전소 등

(3) 결론

전력전자 분야의 기술발전에 따른 대용량 고전압 Thyristor의 개발과 이를 제어하는 기술의 발전으로 전압제어특성과 전력손실면에서 유리한 조상설비로서 SVC가 선진국에서는 많이 채용되고 있다.

국내에 서대구 변전소 등에 설치된 SVC의 설치경험을 토대로 보다 우수한 무효전력제어 장치를 연구 개발하여 양질의 전력공급에 만전을 기해야 할 것이다.

12) SVG(Static Var Generator) : 정지형 동기조상설비

(1) 구성

SVC의 콘덴서와 리액터 대신 인버터 변압기를 전력계통에 역병렬로 구성된다.

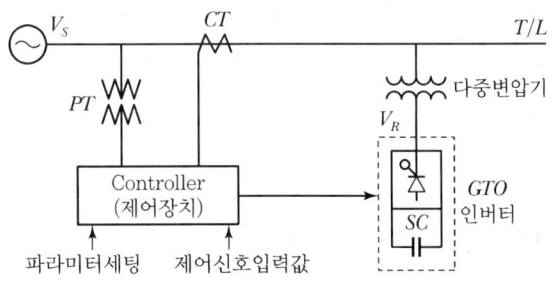

그림 2-161 ▶ SVG 구성도

(2) 동작원리

계통전압(V_s), 인버터출력전압(V_r)의 위상을 동기시킨 상태에서 SVG 출력전압(V_r)을 조정하여 전압차를 발생시켜 무효전력의 흡수 소비를 연속제어한다.

① $V_s = V_r$인 경우 ⇒ SVG 출력전류(I) → 0
② $V_s > V_r$인 경우 ⇒ SVG 출력전류(I) → 지상전류 발생(리액터로 작용)
③ $V_s < V_r$인 경우 ⇒ SVG 출력전류(I) → 진상전류 발생(콘덴서로 작용)

(3) 동작특성

① 동기전동기 대비 유지보수가 용이하고 소음이 적음
② PWM 제어에 의해 응답속도가 빠르고 빠른 부하변동에 신속한 역률변동이 가능함
③ 콘덴서, 리액터를 사용하지 않아 설치면적이 적고 전력계통과 공진이 없음

(4) 용도(적용)

① 전압유지 전압안정도 향상
② 전력수송 능력 향상
③ 전력계통 안정화

5. 피뢰기

1) 개요

계통에 이상전압이 발생 시 각종 전력기기에 미치는 영향은 매우 크게 작용한다. 이상전압은 외부 이상전압과 내부 이상전압으로 구분된다. 특히 피뢰기는 낙뢰 및 회로 개폐 시 발생하는 이상전압을 일시적으로 대지로 방전시켜 회로 내 기기를 보호할 목적으로 사용된다.

(1) 외부 이상전압 방지대책 : 피뢰침, 피뢰기, 가공지선, 매설지선 등
(2) 내부 이상전압 대책 : 서지흡수기(SA), 피뢰기 등

2) 피뢰기의 일반 기능

(1) 이상전압을 신속히 방전
(2) 방전 후 이상전류 통전 시 단자전압 억제
(3) 이상전압 후 속류를 차단하여 자동회복할 것
(4) 반복 동작에 특성이 변하지 않을 것

3) 피뢰기 동작특성

(1) 상용주파전압에 뇌Surge가 겹쳐서 파고값이 뇌임펄스 방전개시전압에 도달 시 피뢰기는 방전된다.
(2) 방전전류가 동시에 흐르며 제한전압이 발생된다.
(3) Surge가 소멸 후에도 피뢰기는 도통 상태이며 속류는 계통전압에 따라 계속 흐름 → 전류 0점에서 속류가 차단되고 원상 복귀된다.
(4) 이런 동작은 $\frac{1}{2}$[Cycle] 내 완료된다.

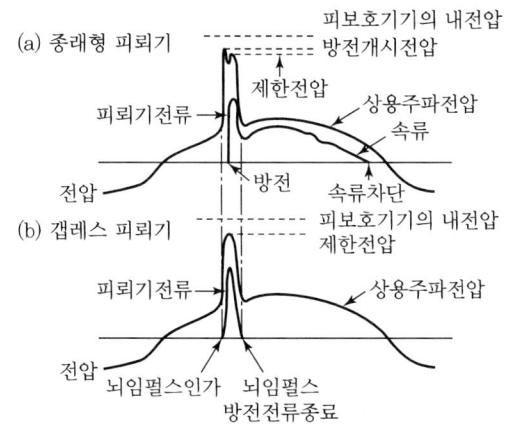

그림 2-162 ▶ 피뢰기 동작 시 전압전류도

4) 피뢰기 이격거리

(1) 기기에 걸리는 전압

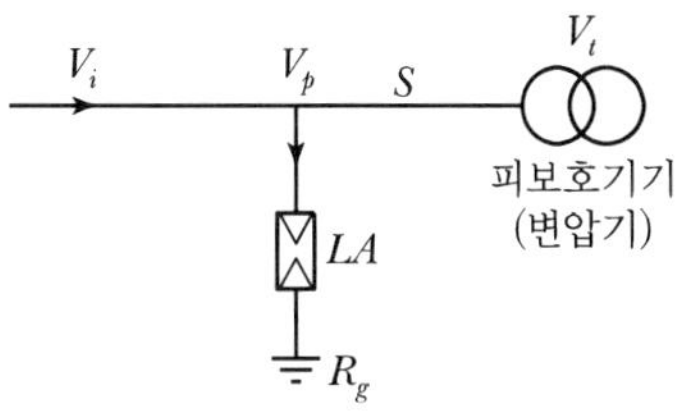

$$V_t = V_p + \frac{2uS}{V}$$

여기서, V_t : 기기에 걸리는 전압[V]
　　　　V_p : 제한전압[V]
　　　　u : 침입파 파두준두(차폐선로 : 500 [kV/μs]
　　　　　　일반선로 200[kV/μs])
　　　　V : Surge 전파속도(가공선로 : 300[m/μs], Cable : 150[m/μs])
　　　　S : 피뢰기와의 이격거리[m])

그림 2-163 ▶ 피보호기기와의 거리

(2) 전압 종별 이격거리(최대 유효거리)

전압	22.9[kV-Y]	154[kV]	345[kV]
이격거리	20[m] 이내	65[m] 이내	85[m] 이내

5) 피뢰기 구성

(1) 피뢰기 종류별 구성요소

① Gap형 : 특성요소, 직렬GAP
② Gapless형 : 특성요소

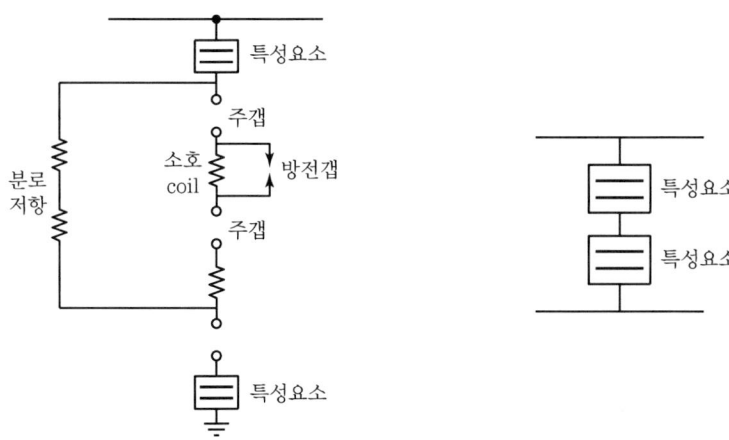

그림 2-164 ▶ Gap형　　　　그림 2-165 ▶ Gapless형

(2) 특성요소

① SiC 특성요소

㉠ SiC(탄화규소)를 각종 결합체와 혼합시켜 노속에서 구워 비저항특성을 갖게 하여 피뢰기 본체로 사용한다.
㉡ 큰 방전전류 → 저저항 특성 → 제한전압을 억제
㉢ 낮은 전압계통 → 고저항 특성 → 속류를 차단(억제)
㉣ 직렬갭의 차단을 용이하게 도와줌

② ZnO 특성요소

ZnO(산화아연)를 이용하여 SiC(탄화규소)보다 뛰어난 비저항 특성을 갖게 하여 직렬갭이 불필요한 특성요소이다.

(3) 직렬갭(주갭)

① 정상전압 → 절연상태 유지
② 이상 과전압 → 신속히 방전
③ 상시 특성요소에 침입하는 누설전류를 차단함
④ 속류를 신속히 차단함

6) 피뢰기 종류

(1) 용도에 따른 분류

① 발, 변전소용
② 송전선용
③ 배전선용
④ 변압기 중성선용

(2) 구조에 따른 분류

① Gap형
② Gapless형
③ 밸브형
④ 밸브 저항형

(3) 방전전류에 따른 분류

공칭방전전류[kA]	적용조건	
10	발전소	전 발전소
10	변전소	• 154[kV] 이상 전계통 • 장거리 송전선 케이블 및 정전 축전기 Bank를 개폐하는 곳 • 66[kV] 및 그 이하의 계통에서 Bank 용량이 3,000[kVA]를 초과하거나 특별히 중요한 곳
5	변전소	66[kV] 및 그 이하의 계통에서 Bank 용량이 3,000[kVA] 이하인 곳
2.5	배전선로	22.9[kV-Y] 배전선로 및 배전선 인출

7) Gapless형 피뢰기

(1) 구조적 특징

① SiC(탄화규소) 대신 반도체 특성의 금속산화물 Z_nO 소자를 사용하므로 뛰어난 비저항특성을 갖게 하여 직렬갭이 불필요한 구조이다.
② 구조가 간단하고 소형 경량이다.
③ 특성요소로 절연되어 있어 특성요소 사고 시 단락사고로 파급 가능성이 있다.

(2) 일반적 특징

① 가격이 저렴하다.
② 속류가 없어 소손의 위험이 없고 빈번한 작동에 잘 견딘다.
③ 갭(gap)에서와 같은 방전특성이 없다.
④ 정격전압에 상당하는 전류 100[A]가 갭레스에서는 발생되지 않는다.
⑤ 계통전압에서 $\mu A \sim 10 \mu A$의 미소한 누설전류 정도가 흐른다.

항목	Gapless형	Gap형
구조	특성요소(ZnO)	직렬갭+특성요소(SiC)
특성곡선 (VI곡선)	V_0 부근에서 급격히 상승하는 곡선	V_0에서 완만히 상승하여 정격전압에 도달하는 곡선

항목	Gapless형	Gap형
동작파형	BIL ----- 제한전압 방전시간이 빠름	BIL ----- 제한전압 방전시간이 김
장점	• 구조가 간단 • 소형 경량 • 가격이 저렴함 • 속류가 없음 • 피보호기기의 악영향이 적음	• 특성요소 열화 시 단락사고로 연결되지 않음
단점	• 특성요소 열화 시 단락사고로 연결됨 • 피뢰기 열폭주의 가능성	• 속류가 발생 • 피보호기기의 악영향이 큼

8) 폴리머 피뢰기

(1) 개요

① 피뢰기 하우징을 기존의 자기애관 대신 옥외환경에 적합한 고무복합소재(EPDM)를 적용한 피뢰기를 말한다.

② 기존 자기애관제의 경우 옥외 환경에서 습기 침투에 의한 ZnO 소자의 열화 및 자기제 폭발 비산 시 주변 전력기기의 손상 및 인명피해 방지를 위해 적용한다.

(2) 구조 특징

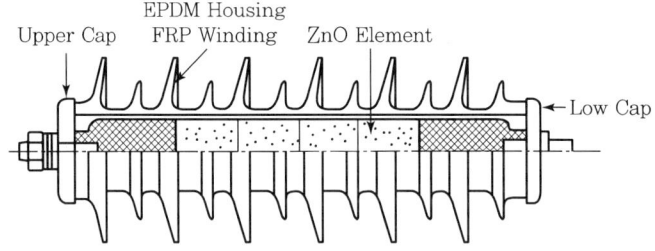

그림 2-166 ▶ 폴리머 피뢰기 구조

① 외관구조 : 고무복합소재(EPDM)와 FRP Winding 구조
② 방압구조 : 용기의 팽창 폭발, 비산방지
③ 기밀구조 : 외부환경과의 기밀유지

(3) 폴리머형과 자기애관형 피뢰기의 비교

구분	폴리머형	자기애관형
외관 구조	EPDM + FRP Winding	자기애관
장점	• 경량구조(자기제의 $\frac{1}{3}$의 중량) • 내충격 특성 • 흡습에 대해 안정 • 폭발에 의한 비산 가능성이 없음 • 운반 취급이 용이함	• 난연성, 불활성이 우수함 • 화학적으로 안정함 • 내후성이 좋음
단점	• 제조과정이 복잡하고 약간 고가임 • 코로나 열화의 우려가 있음	• 중량이 무거운 특성으로 작업에 불편 • 충격에 약함 • 폭발에 의한 비산 가능성이 있음 • 내부로의 흡습 가능성

9) 정격

(1) 정격전압

① 정의

속류를 차단할 수 있는 최고교류전압(보통 실효치값)
(피뢰기 정격전압 이상의 전압이 피뢰기 양단에 인가 시 → 속류차단은 불가 → 피뢰기 소손)

② 산출방법

㉠ 비유효접지 계통

피뢰기 정격전압(E_R) = 공칭전압 × $\frac{1.4}{1.1}$ [kV]

㉡ 유효, 비유효 접지 계통

• 피뢰기 정격전압(E_R) = $a \times \beta \times V_m = k V_m$ [kV]

a : 접지계수 = $\frac{1선\ 지락\ 시\ 건전상의\ 최대\ 대지전압}{최대\ 선간전압}$

- 유효접지계통 : 75[%] 이하
- 비유효접지계통 : 75[%] 초과

β : 여유도(유도계수)

부하차단에 의한 발전기 전압상승을 고려한 것
- 유효접지계 : 1.1배
- 비유효접지계 : 1.15배

여기서, V_m : 최고허용전압[kV]
k : V_m에 대해 피뢰기를 $k\%$ 피뢰기라고 칭함

- 154[kV] 직접접지 계통의 피뢰기(LA) 정격전압 계산

$$0.75 \times 1.1 \times 154 \times \frac{1.2}{1.1} = 138.48 \simeq 144[kV]$$

ⓒ 접지방식에 따른 구분
- 직접접지계통 : (0.8~1.0) V(공칭전압)
- 저항, 소호리액터접지 계통 : (1.4~1.6) V(공칭전압)

③ 선정 시 고려사항
㉠ 계통에서 생기는 지속성 이상전압
㉡ 피보호기기의 절연강도
㉢ 계통 전체의 절연협조

④ 전압별 정격전압
㉠ 고압(3.3, 6.6[kV]) : 7.5[kV]
㉡ 특고압(22.9[kV]) : 21[kV] (변전소) / 18[kV](배전선로)
㉢ 특고압(154[kV]) : 144[kV](변전소)

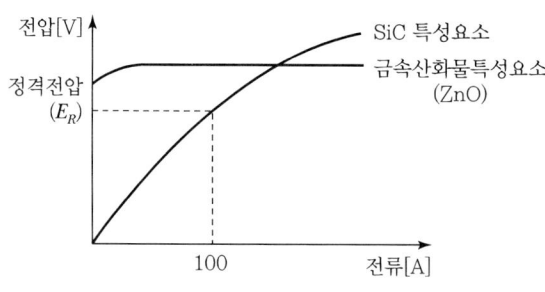

그림 2-167 ▸ V-1 특성곡선

(2) 공칭방전전류

① 정의 : 피뢰기의 보호성능 및 자동복귀성능을 표현하기 위하여 사용되는 방전전류의 규정치로 소정의 파고치와 파형을 갖는 뇌충격전류를 표시한다.

② 선정 시 고려사항
㉠ 설치장소별 공칭방전전류를 적용
㉡ 설치장소(발전소, 변전소)의 차폐 유무를 검토 후 적용
㉢ 설치장소의 연간 뇌발생 강도 및 빈도 검토 후 적용

③ 공칭방전전류
  ㉠ 10[kA] : 일반 발·변전소, 154[kV] 이상전력계통 등
  ㉡ 5[kA]
    - 전압이 낮고 우뢰의 빈도가 적은 발·변전소
    - 66[kV] 및 그 이하의 계통에서 Bank 용량이 3,000[kVA] 이하인 곳
  ㉢ 2.5[kA] : 22.9[kV-Y] 배전선로, 일반수용가

10) 주요특성

(1) 방전내량

피뢰기가 방전 시 방전전류가 대전류이면 파괴되고 일정한도 이상 전류가 반복하여 흐르면 열화현상을 초래하는데 이러한 한도를 방전내량이라 한다.

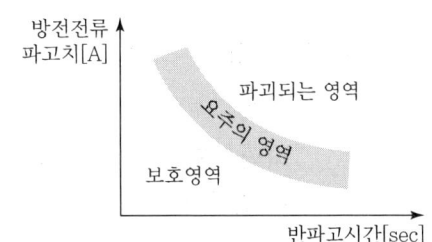

그림 2-168 ▶ 피뢰기 방전내량

(2) 보호레벨

① 피뢰기에 의해 과전압을 어느 정도 억제할 수 있느냐, 어느 정도의 절연기기까지 보호할 수 있는가 하는 정도를 표시한 것이다.
② 방전특성과 제한전압으로 결정된다.
③ 보호레벨의 기준
  ㉠ 반복 뇌충격전압이 기준충격절연강도(BIL)의 80[%] 이하
  ㉡ 반복 개폐임펄스전압이 BSIL(Basic Switching Impulse Insulation Level) : 개폐 임펄스내전압)의 85[%] 이하

(3) 방전특성

① 뇌 Surge 또는 개폐 Surge와 같은 이상전압이 피뢰기에 인가된 경우 방전을 개시하는 전압을 말한다.
② 상용주파 방전개시전압은 피뢰기 정격전압의 1.5배 이상이 되도록 잡고 있다.
③ 옥외 시설 피뢰기의 경우 오손, 적설 등의 외부 기상조건의 영향을 받기 쉬워 Gap에는 분로저항(병렬저항)을 삽입하고 Gap 애관 표면의 청결을 유지한다.

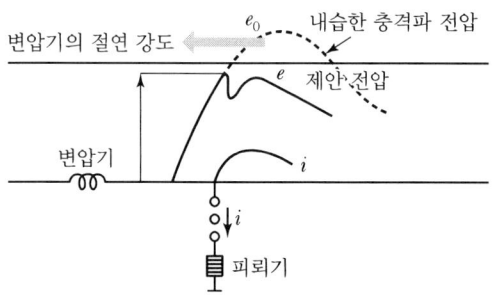

그림 2-169 ▸ 피뢰기 제한전압

(4) 제한전압

① 정의

피뢰기 단자에 이상전압이 가해져서 피뢰기가 동작했을 때 피뢰기 단자 간에 나타나는 잔류전압의 파고치를 말한다.

② 제한전압 결정요소
  ㉠ 충격파의 파형
  ㉡ 피뢰기의 방전특성
  ㉢ 피뢰기의 접지저항
  ㉣ 피뢰기와 피보호기기의 이격거리

③ 제한전압 식 [$V_p(e_a) ≒ e_t$]

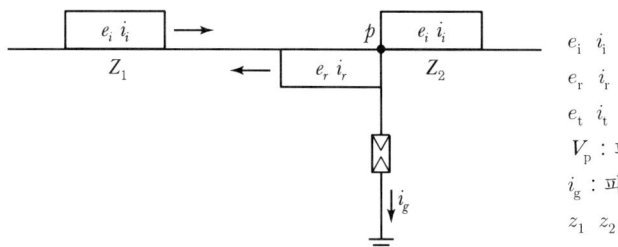

e_i, i_i : 입사파 전압, 전류
e_r, i_r : 반사파 전압, 전류
e_t, i_t : 투과파 전압, 전류
V_p : 피뢰기 제한 전압
i_g : 피뢰기 방전전류
z_1, z_2 : 파동임피던스

그림 2-170 ▸ 피뢰기 제한전압

$e_i + e_r = e_t$ ······ 식 ㉠

$i_i + i_r = i_g + i_t$ ······ 식 ㉡

$i_i = \dfrac{e_i}{Z_1}, \quad i_r = -\dfrac{e_r}{Z_1}, \quad i_t = \dfrac{e_t}{Z_2}$

상기 식 ㉠과 식 ㉡을 이용하여 피뢰기 제한전압은 다음 식으로 정리된다.

피뢰기 제한 전압 $V_p(e_a) = \dfrac{2Z_2}{Z_2 + Z_1} e_i - \dfrac{Z_1 Z_2}{Z_2 + Z_1} i_g$

④ 제한전압과 거리와의 관계

기기에 걸리는 전압 $V_t = V_p + \dfrac{2uS}{V}$

여기서, V_t : 기기에 걸리는 전압[V]
S : 피뢰기와 기기와의 이격거리[m]
V_p : 제한전압[V]
u : 침입파 파두준두(차폐선로 : 500[kV/μs], 일반선로 : 200[kV/μs])
V : Surge 전파속도(가공선로 : 300[m/μs], Cable : 150[m/μs])

11) 충격비

$$충격비 = \dfrac{충격\ 방전\ 개시전압}{상용주파\ 방전\ 개시전압의\ 파고값}$$

(1) 충격 방전 개시전압

① 피뢰기 단자 간에 충격전압을 인가했을 경우 방전을 개시하는 전압을 충격 방전 개시전압이라 한다.
② 충격 방전 개시전압은 낮을수록 좋다.

(2) 상용 주파 방전 개시전압

① 상용 주파수의 방전 개시전압(실횻값)을 상용주파 방전개시전압이라 한다.
② 피뢰기 정격전압의 1.5배 이상이 되도록 잡는다.
③ 상용 주파 방전 개시전압은 높을수록 좋다.

12) 피뢰기 접지선 굵기

(1) 접지선 굵기(A)

$$A = \dfrac{\sqrt{t}}{143} \times I_s [\text{mm}^2]$$

t : 고장지속시간(22[kV] 계통 : 1.1초) : 한전설계기준 2601
143 : KS C $-$ IEC 60364$-$5$-$54(동도체 및 PVC 절연인 경우 k값
I_s : 고장전류[A]

(2) 계산 예

22.9[kV] 수전 시 차단기 용량이 520[MVA]인 경우 고장시간을 1.1초로 하면
접지선 굵기 $A = \dfrac{\sqrt{t}}{143} \times I_s\ [\text{mm}^2]$ 에서

$$I_s = \frac{520 \times 10^3}{\sqrt{3} \times 22.9} = 13.11\,[\text{kA}], \quad A = \frac{\sqrt{1.1}}{143} \times 13.11\,[\text{kA}] \fallingdotseq 96.15\,[\text{mm}^2]$$

∴ 실용상의 피뢰기 접지선은 120[mm²]

13) 설치장소

(1) 법적사항(KEC 341.13)

① 발전소, 변전소 및 이에 준하는 장소의 가공선로 인출구, 인입구
② 가공선로에 접속하는 배전용 변압기의 고압 및 특고압 측
③ 고압 및 특고압 가공전선로로부터 공급받는 수용장소의 인입구
④ 가공전선로와 지중전선로의 접속점

(2) 기능적인 조건

① 변압기에서 최대한 가까운 장소
② 임피던스가 다른 장소
③ 낙뢰가 많이 발생하는 장소
④ 산정상, TV 중계소
⑤ 선로가 개방 혹은 단락되어 있는 경우

(3) 설치 예외장소(KEC 341.13)

① 법적 설치대상의 곳에 직접 접속하는 전선이 짧은 경우
② 법적 설치대상의 곳에 피보호기기가 보호범위 내에 위치하는 경우

14) 구비조건

(1) 충격 방전 개시전압이 낮을 것
(2) 상용 주파 방전 개시전압이 높을 것
(3) 방전내량이 크면서 제한전압이 낮을 것
(4) 속류 차단능력이 충분할 것

15) 피뢰기(LA)의 단로장치(Disconnector, Isolator)

(1) 설치목적

피뢰기의 소손(피뢰기 자체 고장)이 생길 경우 즉시 지락사고로 이어져 계통에 영향을 미치므로 이를 방지하기 위해 Disconnector를 사용한다.

(2) 적용

22.9[kV-Y] 계통과 같은 직접접지계통에서 산화아연 피뢰기(Gapless형) 열화로 인한 지락 사고 시 정전범위가 넓어지므로 반드시 단로장치를 부착하여 대지로부터 분리한다.

(3) 동작원리

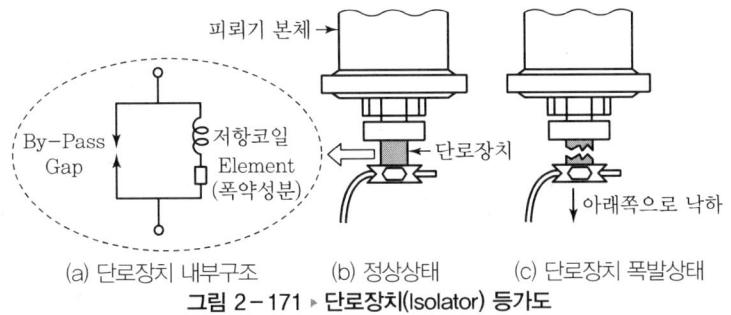

그림 2-171 ▶ 단로장치(Isolator) 등가도

이상전압 등으로 피뢰기가 열화되었을 때 상용주파수 지락전류가 연결된 저항 또는 코일과 Element로 흘러 들어가 Element를 기화시켜 플라스틱 하우징을 파괴시켜 피뢰기를 대지로부터 분리시킨다.

(4) 종류

① 코일Type : 제한전압 시 제한전압치 및 파형이 변화할 수 있음
② 저항Type : 안정된 제한전압 및 파형을 유지함(실무적으로 많이 적용)

(5) 특징

① 피뢰기 하단에 설치되며, 피뢰기에 이상이 발생할 경우 선로를 분리시킴
② 피뢰기의 본체에서 탈착이 용이한 구조
③ 소형, 경량이며, 단자부분의 금속은 부식에 강한 SUS 재질
④ 완전한 기밀구조(초음파 용착접합)이며, 내후성이 우수한 재질

16) 피뢰기 열폭주 현상(ZnO)

(1) 정상전압(V) 인가 시

① 항시 일정 누설전류 I_L 발생
② $I_R \ll I_C$에 의해 적은 발열 발생

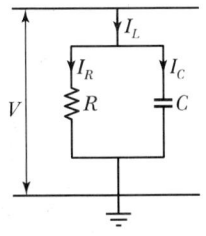

그림 2-172 ▶ Gapless형 피뢰기 구조

(2) 전압(V)가 증가 시

① I_L이 증가함

② 발열에 의한 저항 R 감소 → I_R 증가

③ 발열량≫방열량 → 축열량이 한도 이상일 경우 열폭주 현상이 발생됨

(3) 산화아연소자(ZnO)의 열폭주 Flow

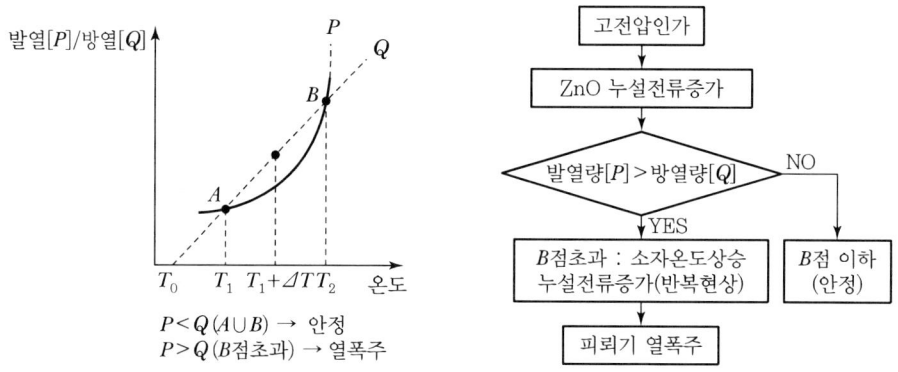

$P<Q(A\cup B)$ → 안정
$P>Q(B$점초과$)$ → 열폭주

그림 2-173 ▶ 피뢰기열폭주 FLOW

(4) 피뢰기 열폭주와 동작개시전압 및 일시과전압(TOV : Temporary Over Voltage)

① 동작개시전압(JEC 217)

㉠ 개념

피뢰기에 I_R 성분의 전류가 1~3[mA] 흐를 때 피뢰기 단자에 인가된 전압의 파고치를 말함

㉡ 크기

- 비유효접지계통 : 피뢰기 정격전압의 $\sqrt{2}$ 배
- 유효접지계통 : 피뢰기 정격전압의 $\sqrt{2} \times 0.9$배

② 일시과전압(TOV : Temporary over Voltage)

㉠ 식 : $U_{TOV} \geq \dfrac{계통최고전압}{\sqrt{3}} \times 접지계수$

표 2-26 ▶ 접지계수(과전압계수)

접지	IEC	JEC	한전
유효접지	1.4	1.4	1.35
비유효접지	(−)	1.732	(−)

※ IEC에서는 접지계수가 표시되어 있지 않고 계통의 R, X비로 계산하도록 되어 있음

154[kV]에서 최고전압은 공칭전압의 1.1배이고, 접지계수를 1.4로 적용했을 때 상전압 기준 U_{TOV}

$$U_{TOV} \geq \frac{154}{\sqrt{3}} \times 1.1 \times 1.4 = 136.9\,[\text{kV}]$$

　ⓒ 계통에 인가되는 일시과전압의 파고치가 동작개시전압을 초과 시 피뢰기는 열폭주함

(5) 산화아연소자(ZnO)의 사용 시 고려할 사항

① 설치 시 Dis-connector 부착형을 사용할 것
② 사용환경에 따라 성능이 우수한 폴리머 피뢰기 설치
③ 설치 후 일정시간이 경과하면(약 3년) 누설전류를 점검하여 규정치 이상 시 피뢰기를 교체함

6. 이상전압 및 절연강도

1 이상전압

1) 개요

(1) 전력계통에서 여러 가지 원인에 의해 정격전압을 초과하는 과전압이 발생되는데 이 과전압을 이상전압이라 하며 전력 회로의 기기 및 선로의 절연은 항상 이 이상전압의 위협에 노출되어 있다.

(2) 이상전압의 구분

① 외부 이상전압
  ㉠ 직격뢰
  ㉡ 유도뢰

② 내부 이상전압
  ㉠ 지속성 이상전압
  ㉡ 지락 과도 이상전압
  ㉢ 개폐 Surge

2) 이상전압의 종류

(1) 외부 이상전압

① 직격뢰
  ㉠ 개념 : 송전선로의 도선, 지지물, 건축물, 인축 등이 뇌의 직격을 받아 그 뇌격전압으로 선로의 절연문제, 건축물의 파손 및 화재, 인축의 손상 등을 유발함
  ㉡ 형태 : 충격파
  ㉢ 특징 : 송전선로의 절연문제, 건축물의 파손 및 화재, 인축의 손상 등 위험성이 높음
  ㉣ 대책 : 피뢰침, 가공지선

② 유도뢰
  ㉠ 개념 : 운간 상호 간, 또는 뇌운과 대지 간 방전 발생 시 뇌운 하부에 있는 송전선로상에 이상전압이 발생함
  ㉡ 형태 : 진행파
  ㉢ 특징
    • 발생빈도가 높음
    • 위험성이 적음
  ㉣ 대책 : 피뢰기

(2) 내부 이상전압

① 지속성 이상전압
  ㉠ 개념 : 지속성 이상전압이란 계통의 사고 혹은 운전조건의 변화에 의해 발생하고 장시간 지속되는 이상전압으로 피뢰기로 보호가 불가능하며 계통조건의 개선에 의해 경감이 가능함
  ㉡ 종류
   • 상용주파 이상전압
    − 개념 : 부하차단, 지락고장, 단선, 탈조 시 발생하는 기본파 성분 이상의 전압이며 장시간 지속하는 이상전압

계통조작 시	고장 시
• 무부하 송전선의 Ferranti 효과 • 발전기 자기여자현상	• 기본파 공진전압 • 고조파 공진전압 • 1선, 2선 지락 시 이상전압

   • 철심포화로 인한 이상전압
    − 기본파 철공진 이상전압과 특수철공진 이상전압으로 구분됨
  ㉢ 대책 : 페란티효과, 지락 시 이상전압 등 상용주파 이상전압에 견디는 계통절연 구성

② 지락 시 과도 이상전압
  ㉠ 개념 : 계통에 지락사고 발생 시 각 상전압은 사고 발생 전의 정상상태에서 수10[Cycle] 경과 후 기본주파 접속성 이상전압으로 변화하며 이 과정의 과도상태에서 수천[Cycle]의 진동성 전압이 발생하는 것을 말함
  ㉡ 종류
   • 1선 지락 시 과도 이상전압
   • 2선 지락 시 과도 이상전압
   • 지락점 재점호 이상전압
  ㉢ 대책 : 과도이상전압은 에너지가 커서 피뢰기로 흡수, 보호하기는 곤란하고 계통자체의 개선을 통한 억제방법을 강구해야 함

③ 개폐 서지
  ㉠ 개념 : 회로를 투입 또는 개방 시 발생되는 서지를 말하며 뇌서지에 비해 파고값은 높지 않으나 지속시간이 수[ms]로 비교적 길어 기기의 절연에 악 영향을 초래함
  ㉡ 종류
   • 무부하선로 개폐 Surge

- 유도성 소전류 차단 Surge
- 고장전류 차단 Surge
- 3상 비동기 투입 Surge

ⓒ 특징

무부하선로 개폐 Surge와 유도성 소전류 차단 Surge는 대표적인 개폐 Surge로 실계통에서 자주 관측되며 피뢰기 등의 보호대상이 되는 Surge이며 고장전류 차단 Surge와 3상 비동기 투입 Surge는 파고값이 낮고 절연협조상 문제가 적음

3) 직격뢰에 의한 이상전압

(1) 개요

직격뢰가 송전선로의 도선, 지지물 또는 가공지선에 인가될 경우 선로의 절연에 영향을 주게 되며 송전선로 등에 아무리 절연을 강화해도 직격뢰에 견딜 수 없어 반드시 섬락(Flashover)을 일으키게 된다.

(2) 전압, 전류 파형

① 충격파 형태(Impulse Wave)이며 충격파는 서지(Surge)라고 부르며 이는 극히 짧은 시간에 파고값에 도달하고 또한 극히 짧은 시간에 소멸되는 파형이다.

② 표준 충격파 파형
  ㄱ A점 : 파고점
  ㄴ E : 파고값
  ㄷ T_f : 규약파두길이
  ㄹ T_t : 규약파미길이
  ㅁ 전압파형(충격시험 시)
    - 파고값 30[%]와 90[%]의 직선이 시간축과 교차하는 점을 규약 0점으로 함
      - T_f : 1.2[μs]
      - T_t : 50[μs]
    - 직격뢰에 의한 충격파 파고값 → 수100[kV]로 추정
      - T_f : 1~10[μs]
      - T_t : 10~100[μs]

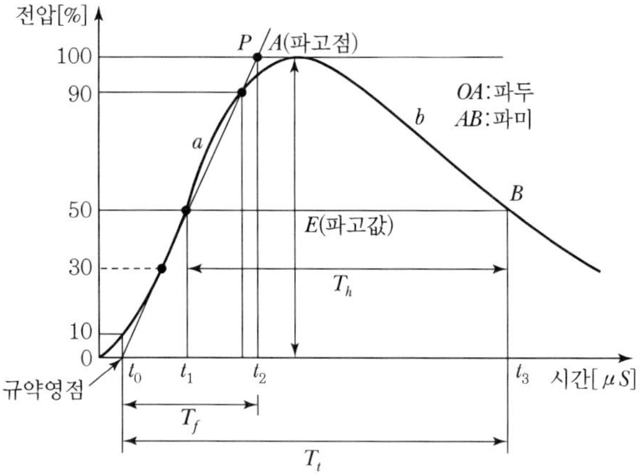

그림 2-174 ▸ 충격파형

ⓑ 전류파형(충격시험 시)

파고값 10[%]와 90[%]의 직선이 시간축과 교차하는 점을 규약 0점으로 함
- T_f : 8[μs]
- T_t : 20[μs]

4) 유도뢰에 의한 이상전압

(1) 발생과정

① 뇌운이 송전선로에 접근하면 정전유도에 의해 뇌운 가까운 선로에 뇌운과 반대극성의 구속 전하 발생과 동시에 먼 선로에 구속전하와 양이 같으나 극성이 반대인 자유전하가 발생한다.

② 자유전하는 애자 및 코로나에 의해 누설되고 선로에는 구속전하만 남는다.

③ 이 뇌운이 대지 또는 타 뇌운과 방전 시 선로의 구속전하는 순간적으로 자유전하가 되어 대지간에 전위차가 발생한다.

④ 선로 좌, 우측으로 진행파로 되어 진행된다.

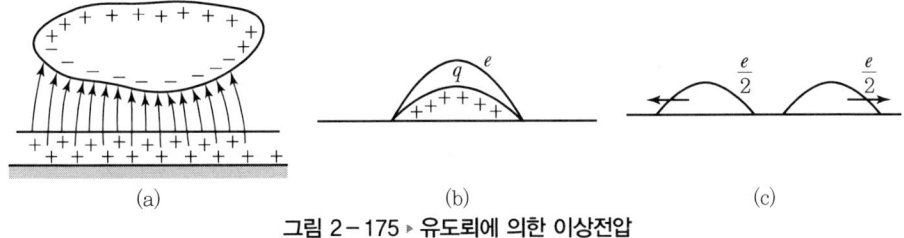

그림 2-175 ▶ 유도뢰에 의한 이상전압

(2) 실측에 의한 유도뢰의 크기

① **전압파고값** : 수 10[kV] 정도가 대부분이고 200[kV]를 넘는 경우는 거의 없다.

② 직격뢰에 비해 발생빈도가 많으며 60[kV] 이하의 송전선에서 유도뢰에 의한 섬락 가능성이 있다.

③ 60[kV] 이상의 송전선에서는 유도뢰에 의해 애자의 절연파괴는 일어나지 않으므로 절연설계는 직격뢰에 대해서만 대비하면 된다.

5) 진행파와 파동임피던스

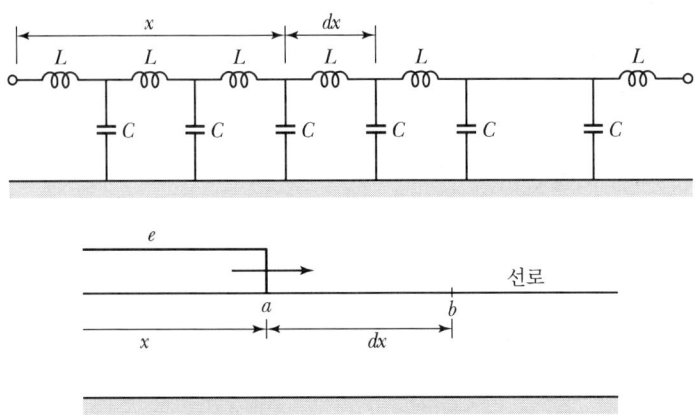

그림 2-176 ▶ 진행파의 개념도

(1) 전압 전류 진행파

a점으로부터 dx만큼 앞쪽의 b점에는 아직, 전위, 전류 진행파가 도달되지 않아 전압, 전류는 0이다.

① 진행파가 dx 만큼 나가기 위해서는 dt 만큼의 시간이 소요되며, 축적전하 dq는

$$dq = eCdx \ \cdots\cdots \ 식 \ ㉠$$

② dx 구간을 충전하기 위해 흐르는 전류는

$$i = \frac{dq}{dt} = eC\frac{dx}{dt} = eCV \ \cdots\cdots \ 식 \ ㉡$$

③ 전류에 의해 생긴 자속과 dx 구간을 흐르는 전류 i 와의 쇄교 자속수 $d\Phi$

$$d\phi = iLdx \ \cdots\cdots \ 식 \ ㉢$$

④ 식 ㉢이 전선 내에서 역기전력을 발생시켜 전위를 발생시킴

$$e = \frac{d\phi}{dt} = iL\frac{dx}{dt} = iLV$$

∴ 전류진행파$(i) = eCV$, 전압진행파$(e) = iLV$

(2) 파동임피던스(Z : Surge Impedance) → 특성임피던스

$$Z = \frac{e}{i} = \frac{e}{eCV} = \frac{iLV}{i} = \frac{1}{CV} = LV = \sqrt{\frac{L}{C}} \ [\Omega]$$

Z의 단위는 $[\Omega]$이며 선로의 길이와는 무관하다.

① 가공선로의 파동임피던스, 전파속도

$$L = 0.4605 \log_{10} \frac{2h}{r} \, [\text{mH/Km}]$$

$$C = \frac{0.02413}{\log_{10} \frac{2h}{r}} \, [\mu\text{F/Km}]$$

$$Z = \sqrt{\frac{L}{C}} = \sqrt{\frac{0.4605 \times 10^{-3}}{0.02413 \times 10^{-6}}} \times \log_{10} \frac{2h}{r} = 138 \log_{10} \frac{2h}{r}$$

$$V = \frac{1}{\sqrt{LC}} = \frac{1}{\sqrt{0.4605 \times 0.02413 \times 10^{-9}}} = 3 \times 10^5 \, [\text{km/s}] = 3 \times 10^8 \, [\text{m/s}]$$

② 지중(Cable)선로의 파동임피던스, 전파속도

$$L = 0.4605 \log_{10} \frac{R}{r} \, [\text{mH/Km}]$$

$$C = \frac{0.02413 \times \varepsilon}{\log_{10} \frac{R}{r}} \, [\mu\text{F/Km}]$$

$$Z = \sqrt{\frac{L}{C}} = \sqrt{\frac{0.4605 \times 10^{-3}}{0.02413 \times 10^{-6} \times \varepsilon}} \times \log_{10} \frac{R}{r} = \frac{1}{\sqrt{\varepsilon}} 138 \log_{10} \frac{R}{r}$$

$$V = \frac{1}{\sqrt{LC}} = \frac{1}{\sqrt{\varepsilon}} \times 3 \times 10^5 \, [\text{Km/s}] = \frac{1}{\sqrt{\varepsilon}} \times 3 \times 10^8 \, [\text{m/s}]$$

여기서, R : 케이블 도체중심으로부터 연피까지의 반지름
ε : 절연물의 유전율

③ 가공선로와 지중선로의 전파속도 비교

㉠ 지중선로가 가공선로에 대비하여 $\frac{1}{\sqrt{\varepsilon}}$ 배만큼의 전파속도가 느림

㉡ 케이블의 유전율 ε은 보통 2.5~4 정도임

㉢ 가공선로(광속도)대비 절반 내지 70[%] 정도임

6) 진행파의 반사와 투과

(1) 개요

선로상을 전파해 온 진행파가 선로의 파동임피던스가 다른 지점(변이점)에 진입 시 일부는 반사하고 나머지는 변이점을 통과해서 다음 회로에 침입해 들어가게 된다.

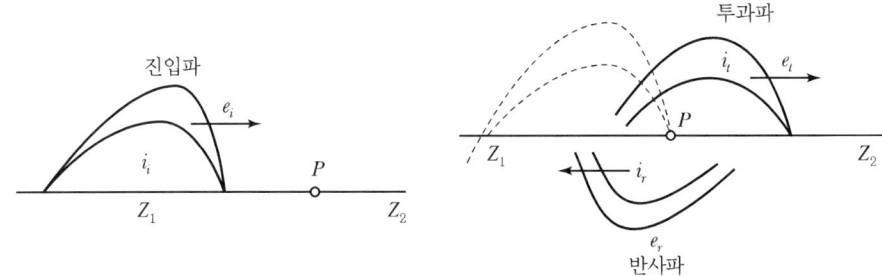

그림 2-177 ▸ 변이점에서의 반사와 투과

파동임피던스 Z_1과 Z_2인 선로가 변이점 P에서 연결되고 진행파가 Z_1방향에서부터 침입 시 변이점에서의 반사파와 투과파

$i_i + i_r = i_t \quad e_i + e_r = e_t$

($e_i = Z_1 i_i, \quad e_r = -Z_1 i_r, \quad e_t = Z_2 i_t$ 식으로부터)

(2) 반사파(e_r, i_r) 및 투과파(e_t, i_t) 전압, 전류

$$e_r = \frac{Z_2 - Z_1}{Z_2 + Z_1} e_i, \quad i_r = \frac{Z_1 - Z_2}{Z_2 + Z_1} i_i$$

$$e_t = \frac{2Z_2}{Z_2 + Z_1} e_i, \quad i_t = \frac{2Z_1}{Z_2 + Z_1} i_i$$

(3) 종단개방($Z_2 = \infty$)

① 전압파형
  ㉠ 반사파(e_r) = e_iㅤㅤㅤㅤㅤ㉡ 투과파 (e_t) = $2 \times e_i$

② 전류파형
  ㉠ 반사파(i_r) = $-i_i$ㅤㅤㅤㅤㅤ㉡ 투과파(i_t) = 0

(4) 종단접지 시($Z_2 = 0$)

① 전압파형
  ㉠ 반사파(e_r) = $-e_i$ㅤㅤㅤㅤㅤ㉡ 투과파 (e_t) = 0

② 전류파형
  ㉠ 반사파(i_r) = i_iㅤㅤㅤㅤㅤ㉡ 투과파(i_t) = $2 \times i_i$

7) 개폐 시 이상전압

(1) 개요

① 개념

차단기 개폐 시 발생하는 Surge로서 파고값은 뇌서지에 비해 낮으나 지속시간이 수[ms]로 길어 기기의 절연에 나쁜 영향을 미친다.

② 종류

㉠ 무부하선로 개폐 Surge

㉡ 유도성 소전류 차단 Surge : 전류절단 Surge, 유도절단 Surge, 반복재점호 Surge

㉢ 고장전류 개폐 Surge

㉣ 3상 비동기 투입 Surge

(2) 무부하 선로 개폐 Surge

① 투입 Surge

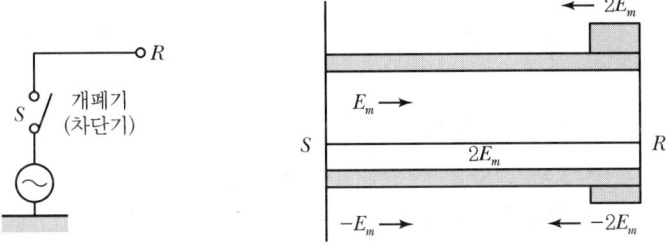

그림 2-178 ▶ 투입 Surge 개념도

㉠ 무부하 선로를 교류전압 최댓값 E_m 일 때 투입하면 파고값 E_m의 투입 Surge가 진행파가 되어 선로 말단(R)에 도달함

㉡ 선로개방 또는 선로 말단에 변압기 등 기기가 접속되어 있으면 서지임피던스(Z) 개념상 회로는 개방단과 동일함

㉢ 반사파($e_r = \dfrac{Z_2 - Z_1}{Z_2 + Z_1} e_i$)는 정반사로 파고값 E_m은 최대 $2E_m$까지 발생됨

㉣ 선로에 역극성의 전하가 존재할 때 고속도 재투입하는 경우 재점호 현상과 같은 매우 높은 Surge가 발생함

② 차단 Surge(재점호 Surge)

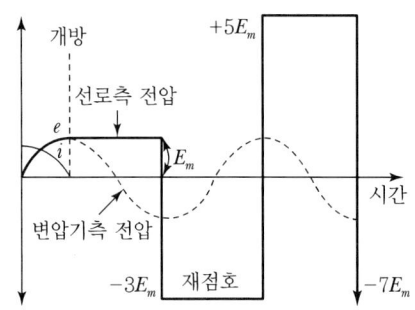

그림 2-179 ▶ 무제동 이상전압

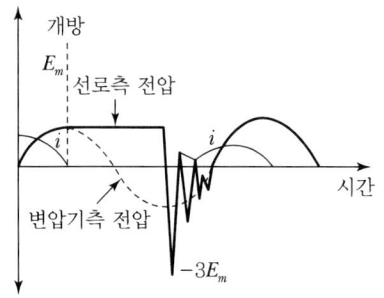

그림 2-180 ▶ 제동작용이 있을 경우

㉠ 무부하선로의 충전전류를 차단기로 차단 시 충전전류가 전압보다 90° 진상회로임
㉡ 차단기 개방 시 극간의 절연이 충분치 못하면 극간의 재점호 현상으로 3, 5, 7, 9배의 과전압이 발생함
㉢ 실제로 회로에 저항이나 코로나 등이 존재하기 때문에 제동작용이 생겨 이상전압의 파고값은 그렇게 크지 않고 차단기 성능상 재점호의 우려는 없음
㉣ 개방서지의 크기는 선로의 길이, 차단기, 중성점 접지방식에 따라 약간의 차이가 있으나 통상 상규 대지전압의 3.5배 이하로서 4배를 넘는 경우는 거의 없음
㉤ 대책
- 고속차단기 사용
- 충분한 용량의 개폐기 또는 차단기 사용
- 콘덴서 회로의 경우 기중 개폐기보다 진공 개폐기를 사용
- 피뢰기 설치 및 몰드변압기에서 VCB 차단기 적용 시 SA 설치
- 중성점 직접접지방식 채용

(3) 유도성 소전류 차단 Surge

① 발생원인
진공차단기(VCB), 공기차단기 등 성능이 우수한 차단기로 무부하 변압기 혹은 소용량 전동기의 지연 소전류 차단 시 발생한다.

② 종류
　㉠ 전류절단 Surge

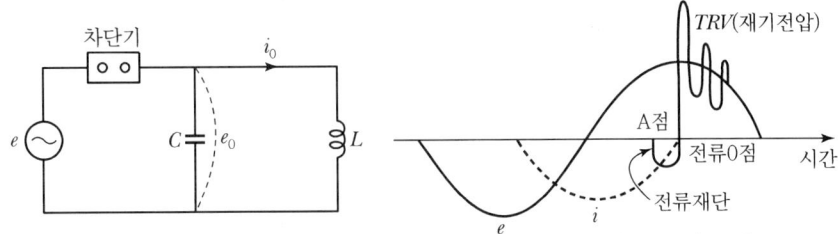

그림 2 – 181 ▸ 전류절단 Surge

- 지연 소전류 차단에서 전류 0점을 기다리지 않고 강제 차단할 때 발생되는 Surge로 큰 전류변화율과 함께 인덕턴스(L)에 의해 큰 Surge가 발생됨

- 그림에서와 같이 A점에서 전류절단이 발생 시 부하 L에 축적되어 있던 자기에너지가 대지정전용량 C를 충전하는 정전에너지로 변화되고 L, C 간에서 전기진동이 발생되어 V_m 라는 Surge가 발생됨

- 전류절단값이 I_0(0[A]), 그 순간 부하 측 대지전압을 e_0 라 하면

$$\frac{1}{2}CV_m^2 = \frac{1}{2}LI_0^2 + \frac{1}{2}Ce_0^2$$

개폐 Surge $V_m = \sqrt{\dfrac{L}{C}}\, I_0 + e_0 (\simeq 0)$

∴ 개폐 Surge $V_m = \sqrt{\dfrac{L}{C}}\, I_0$

- Surge 임피던스(Z)는 부하의 종류와 케이블의 길이에 의해 정해지고, 전류절단값(I_0)는 회로조건과 차단기의 차단성능에 의해 정해짐 → 성능이 우수한 공기차단기, VCB, 소유량차단기의 경우 비교적 큰 값이 됨

　㉡ 반복재점호 Surge
- 전류절단으로 Surge가 발생 시 차단기 극간절연이 충분히 회복되지 않으면 재점호하고 조건에 따라 다시 소호하는 현상이 짧은 시간 반복되는 Surge를 말함
- 재점호 Surge는 최대 상전압의 5~6배 정도가 됨

　㉢ 유도절단 Surge
- 한상이 전류 0점에서 차단되면 거의 동시에 나머지 2상도 차단되어 큰 전류를 절단하는 현상이며 Surge전압이 발생함
- 최대 상전압의 6~7배가 되며 실제 회로에서 거의 발생되지 않음

(4) 개폐 Surge와 뇌 Surge의 비교

구분	개폐 Surge	뇌 Surge
발생원	차단기 개폐 시 발생	낙뢰에 의한 유도전압
지속시간	250~2,500[μs]	1.2 × 50[μs]
파고값	최대 $3E_m$	높음
주요보호	건식변압기, 전동기	전력기기 및 통신기기 등
대책	피보호기 전단 SA 설치	피뢰침, 가공지선, 피뢰기

8) 서지흡수기(Surge Absorber : SA)

(1) 개념

서지흡수기는 차단기 개폐 시 발생되는 개폐서지, 순간과도전압 등과 같은 내부 이상전압으로부터 차단기 2차 기기에 악영향을 주는 것을 방지하기 위해 차단기와 보호기기 사이에 설치하는 일종의 피뢰기와 같은 장치이다.

(2) 적용 예

일반적으로 VCB와 몰드변압기 또는 건식변압기와 같이 계통 구성 시 SA를 설치한다.

차단기 2차보호기		VS		VCB				
		3[kV]	6[kV]	3[kV]	6[kV]	10[kV]	20[kV]	30[kV]
발전기		불필요	부분적으로 검토요망		–	–	–	
변압기	유입	불필요	불필요	불필요	불필요	불필요	불필요	불필요
	몰드	불필요		반드시 적용	반드시 적용	반드시 적용	반드시 적용	반드시 적용
	건식	불필요		반드시 적용	반드시 적용	반드시 적용	반드시 적용	반드시 적용
콘덴서		불필요	불필요	불필요	불필요	불필요	불필요	
변압기와 유도기기와의 혼용 사용 시		불필요		반드시 적용	반드시 적용	–	–	–

(3) 설치 위치

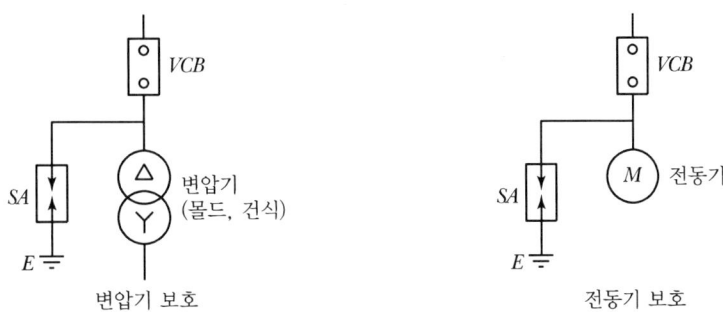

그림 2-182 ▶ 서지흡수기 설치 위치

서지흡수기는 개폐서지를 발생하는 차단기(VCB) 2차, 보호하고자 하는 기기 전단에 설치하며 설치목적에 따라 차단기 1차에도 설치한다.

(4) 정격

공칭전압[kV]	3.3	6.6	22.9
정격전압[kV]	4.5	7.5	18
공칭방전전류[kA]	5	5	5

(5) 절연내전압

① 고압전동기

JEC 기준에 의한 상용주파 내전압 및 IEEE에 의한 절연강도 계산

표 2-27 ▶ 고압전동기 절연내전압

정격전압[kV]	정격전압[kV](1분간)	
	정격출력 1 kW 또는 1 kVA 이상	정격출력 1,000 kW 또는 1,000 kVA 이상
3	7	7.5
6	13	15
10	21	23
12	25	27
비고	(2E+(1))	(2E+3) 또는 2.5E

② 변압기

표 2-28 ▶ 변압기 뇌임펄스 시험전압(상용주파 시험전압)

공칭전압[KV]		3.3	6.6	22
유입	절연계급 A	45(16)	60(2(2)	150(50)
	절연계급 B	30(10)	45(16)	125(50)
건식		25(10)	35(16)	95(50)

㉠ 유입변압기 BIL=절연계급×5+50[kV]
㉡ 건식변압기 BIL=상용주파 내전압치×$\sqrt{2}$×1.25[kV]
  22.9kV(22kV) BIL=50×$\sqrt{2}$×1.25[KV]≒95[kV]

9) 기준충격절연강도(Basic Impulse Insulation Level : BIL)

(1) BIL의 정의

기준충격 절연강도로서 절연레벨을 정하는 기준에 적용된다.

(2) BIL의 필요성

기기의 절연을 표준화하고 통일된 절연체계를 구성한다는 목적에서 각 절연계급에 대응하여 BIL을 정한다.

(3) BIL의 계산방법 및 인가시간

① BIL의 계산 : 절연계급×5+50[kV]
  ㉠ 공칭전압 22.9[kV](절연계급 20호)의 경우 : 150[kV]
  ㉡ 공칭전압 154[kV]
    • 전절연(절연계급 140호의 경우) : 750[kV]
    • 저감절연(절연계급 120호의 경우) : 650[kV]

② 인가시간(국내기준) : 1.2×50[μs]

(4) BIL을 통한 절연협조 예

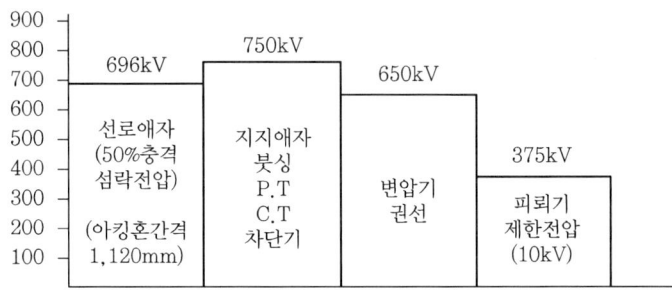

그림 2-183 ▸ 154[kV] 전압 계통 각 기기별 BIL

2 절연강도

1) 개요

(1) 전기기기의 절연강도

사용전압 및 이상전압으로부터 기기 자체 혹은 피뢰기 등과의 보호협조를 통해 안전하게 사용되게 하는 절연의 크기를 말한다.

(2) 산정기준

① **절연계급** : 전기기기 및 설비의 절연강도를 나타내는 계급으로 공칭전압에 대한 호수로 결정된다.
② **공칭전압** : 회로의 통상적인 전압기준을 말한다.

2) 시험전압

(1) 계산방법

① 상용주파 내전압 시험 : 공칭전압×2.3[kV]
② 뇌임펄스 내전압 시험(BIL : Basic Impulse Insulation Level) → 절연계급 20호 이상인 비유효 접지 계통에서 → 절연계급×5+50[kV]

(2) 계통전압에 따른 시험전압

공칭전압 [kV]	절연계급 (호)	시험 전압치[kV]	
		뇌임펄스 내전압시험	상용주파 내전압시험 (실횻값)
3.3	3A(표준레벨)	45	16
	3B(저 레벨)	30	10
6.6	6A(표준레벨)	60	22
	6B(저 레벨)	45	16
22	20A(표준레벨)	150	50
	20B(저 레벨)	125	50
154	140	750	325
	140(S)	900	325

① 정격전압 24[kV] 이하에서는 표준레벨(A)과 저레벨(B)의 절연계급이 있다.

② 저레벨(B)은 뇌서지의 침입 빈도가 적을 때 혹은 피뢰기 등에 의해 이상전압이 충분히 저레벨로 억제되었을 경우 적용한다.

③ S가 붙은 절연레벨은 피뢰기의 보호범위 밖에서 사용하는 콘덴서 계기용 변압기 등에 적용된다.

④ 뇌임펄스 시험전압
  ㉠ 전압파형 기준 : $1.2(\pm 30\%) \times 50(\pm 20\%)[\mu s]$
  ㉡ 전류파형 기준 : $8(\pm 30\%) \times 20(\pm 20\%)[\mu s]$
  ㉢ 고려사항 : 사용 중인 기기에 인가된 과전압과 장기간에 대한 절연물의 열화특성을 고려한다.

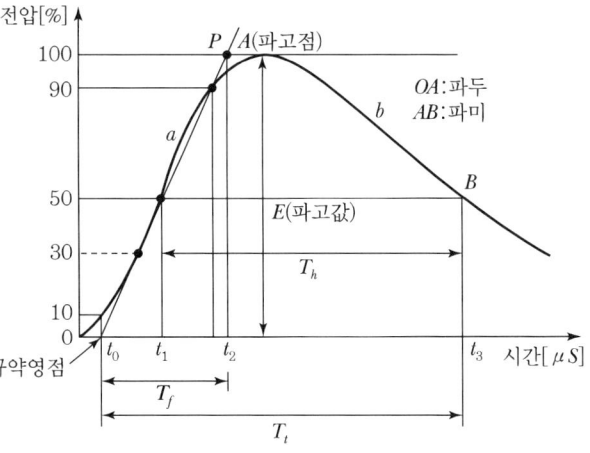

그림 2-184 ▶ 충격 내전압 시험

⑤ 상용주파 내전압 시험 : 정현파로 1분(minute)간 인가한다.

3) 기기의 절연강도

(1) 기본개념

① 구분
- ㉠ 전기기기의 절연 : 내부절연과 외부절연으로 구분
- ㉡ 외부절연 : 가공송전선의 애자, 기기의 애관 등의 표면의 절연
- ㉢ 내부절연 : 변압기, 차단기, 회전기 등의 기기절연

② 절연의 크기
- ㉠ 내부절연 > 외부절연
- ㉡ 변압기의 절연강도 > 피뢰기 제한전압 + 피뢰기 접지저항 전압강하

(2) 유입변압기

표 2-29 ▸ 접지계통에 따른 구분

유효접지계통	비유효접지 및 비접지 계통
• 저감절연 구성 • BIL이 낮은 변압기 구성 • 정격전압이 낮은 피뢰기 구성	• 전절연 구성 • BIL이 높은 변압기 구성 • 정격전압이 높은 피뢰기 구성

(3) 건식변압기

① 절연구조상 유입변압기보다 BIL이 낮아 Surge 침입이 적은 Cable 배전계통에 적용한다.

② 계통에서의 BIL

  상용주파 내전압($50[kV]$)$\times \sqrt{2} \times 1.25$배 $\simeq 95\,[kV]$

③ 보호 협조

  계통 구성이 VCB + 건식변압기인 경우 VCB 2차에 반드시 SA를 설치하여 개폐 Surge를 방전시켜야 한다.

(4) 회전기

① 뇌 임펄스에 대해서는 고려하지 않는다.
② 변압기 이행전압, 개폐 Surge와 같은 이상전압에 대해 절연협조가 필요하다.
③ VCB + 건식전동기 → SA 설치로 Surge에 대해 보호한다.
④ 변압기에 비해 전기적, 열적, 기계적 Stress가 많을 수 있고 경년변화에 따른 열화에 충분한 고려가 필요하다.

4) 오손과 절연강도

(1) 국내의 경우 삼면이 바다와 근접되어 염해 등에 의한 전력시설물의 오손대책이 필요하다.

(2) 오손방지대책

① 애자 표면의 누설길이 증대
② 애자 표면의 실리콘 도포
③ 오손 부착물 제거
④ 설비의 밀폐화

5) V(전압) – t(시간) 특성곡선과 절연협조와의 관계

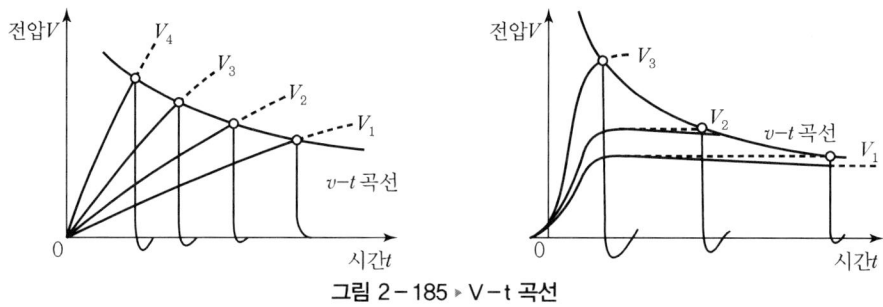

그림 2 – 185 ▶ V – t 곡선

(1) 개념

① 절연체에 고전압 또는 충격전압을 인가할 경우 절연체가 파괴되거나 플래시오버를 일으키는 전압과 시간과의 관계를 나타내는 곡선이다.
② 충격파의 파두부분에서 섬락하는 순간의 파고치, 파미부분에서는 섬락할 때의 파고치와 방전시간이 만나는 점을 연결하는 곡선이다.

(2) 충격전압과 시간과의 관계

① 충격전압의 파두준두가 높을수록 → 파두부분에서 섬락 → Flash Over 시간이 짧음
② 충격전압의 파두준두가 낮을수록 → 파미부분에서 섬락 → Flash Over 시간이 김

(3) 절연협조와의 관계

① 절연협조
전력계통에서 발생하는 각종 이상전압에 대해 내뢰에 대해서는 거의 대부분 견딜 수 있게 하나 외뢰에 대해서는 완전히 견디기가 기술적, 경제적으로 어려워 피뢰기와 같은 보호장치를 이용해서 일정전압 이하로 저감함으로써 절연을 기술적, 경제적으로 합리화 하는 것이다.

② V-t 곡선과 절연협조의 관계
　㉠ 피보호기(변압기)와의 V-t 곡선보다 피뢰기의 V-t 곡선이 낮아야 피보호기기를 보호할 수 있다.

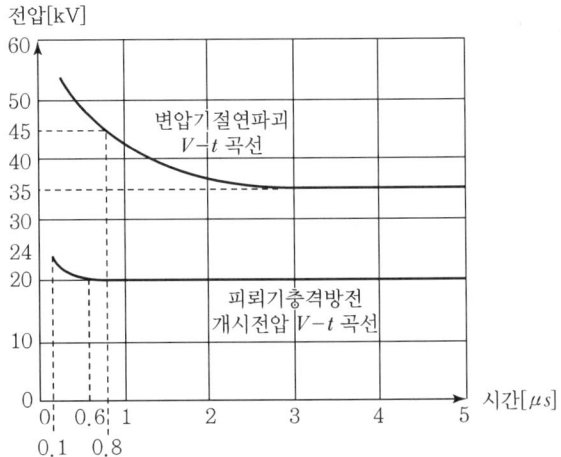

그림 2-186 ▶ 변압기 및 피뢰기 V-t 곡선

　㉡ 변압기의 경우 35[kV] 미만의 충격전압이 인가되어도 절연파괴되지 않고 45[kV]의 충격전압이 인가 시 $0.8[\mu s]$에 절연이 파괴됨
　㉢ 피뢰기는 20[kV] 미만에서 방전되지 않고 20[kV]에서 $0.6[\mu s]$에 방전함
　㉣ 변압기에 인가되는 전압은 피뢰기 제한전압 + 피뢰기 접지저항 전압강하인데 이 전압은 변압기의 충격방전개시전압보다 낮아 변압기는 보호됨

6) 절연협조

(1) 절연의 합리화

계통의 절연을 상용주파 과전압이나 개폐 Surge에는 기기 자체의 내력으로 견디고 뇌 Surge에 대해서는 피뢰기의 보호작용에 의해 기기의 절연을 보호하게 한다.

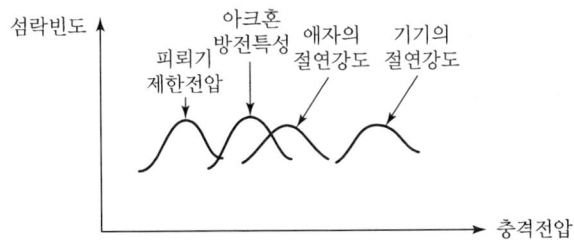

그림 2-187 ▶ 절연협조의 예

(2) 발·변전소의 절연협조

① 가공지선 설치
구내 및 부근 1~2[km] 정도의 송전선에 충분한 차폐효과를 지닌 가공지선을 설치한다.

② 피뢰기 설치
㉠ 이상전압을 제한전압까지 저감시킴
㉡ 보호할 기기 가까이에 피뢰기를 설치
㉢ 피뢰기 접지저항은 5[Ω] 이하로 함

(3) 송전선의 절연협조

① 가공 송전선로는 애자로 절연 애자의 절연강도는 내부 이상전압 및 고장 시 과전압에 의한 섬락을 일으키지 않도록 설계한다.
② **가공지선 설치** : 직격뢰로부터 송전선로 보호
③ **매설지선** : 철탑의 탑각접지저항 저감(345[kV] : 20[Ω], 154[kV] : 15[Ω])
④ 가공지선과 전력선과의 충분한 이격거리 유지(경간 역섬락 방지)
⑤ **재폐로방식 채용** : 속류를 신속히 차단하고 아크 소멸 후 다시 자동송전
⑥ **불평형 절연실시** : 2회선 송전 시 한쪽 회선의 절연강도를 다른 회선보다 낮게 함
⑦ 송전선용 피뢰기 설치(Gap형 피뢰기)

(4) 가공 배전선의 절연협조

① 배전용 변압기의 보호가 절연협조의 주요관점임
② **피뢰기 설치** : 폴리머 피뢰기 설치(동작이 양호하고 가격이 저렴하며 사용이 편리)

(5) 수변전설비의 절연협조

① 가공지선 및 피뢰침 등을 사용하여 뇌차폐
② 접지봉 및 메시 등에 의한 접지 저항값을 충분히 저감시켜 접지전위 상승을 억제함
③ 피뢰기 설치(Gapless형)
④ **구내 전력설비** : 서지흡수기(SA) 설치

7. 계기용 변성기

계기용 변성기는 전류 및 전압를 변성시키는 계기용 변류기(CT : Current Transformer)와 계기용 변압기(PT : Potential Transformer) 거래용 변성기(MOF : Meatering of Factor) 등을 말하며 절연 및 변성특성으로 계기, 계전기의 소형화 표준화가 가능하며 계전기 및 계측기의 전원용으로 사용된다.

1) 구분

구분		MOF	CT	PT
형식		현수형, 거치형	옥내, 옥외	옥내, 옥외
종류	절연방식	유입식, Mold형	유입식, Mold형, 가스형	유입식, Mold형
	용도별	전력 거래용	계전기용, 계기용	계전기용, 계기용
	권선구조	–	권선형, 관통형, 부싱형, 봉형	–
	동작원리	변압기 변압비, 변류비	변압기 변류비	변압기 변압비

2) 오차계급

계기용 변성기의 정확도를 나타내는 것으로 정격부담하에서 정격주파수의 정격전류 또는 정격전압을 인가했을 때의 비오차의 한도값을 나타낸다.

계급	허용오차	호칭	주용도
0.1급	±0.1	표준용	계기용 변성기 시험용의 표준기 또는 특별 정밀계측용
0.2급	±0.2		
0.5급	±0.5	일반계기용	정밀계측용
1.0급	±1.0		보통계측용, 배전반
3.0급	±3.0		배전반용

① **계기용** : 평상시 100[%] 부하 부근에서 정밀도를 중요시함

② **계전기용**
　　㉠ 대전류 영역에서 비오차를 중요시하며 과전류 정수(n)에서 10[%] 이내
　　㉡ 사고 시 이상상태에서 올바른 변성이 요구됨

3) 정격전압

규정의 조건하에서 계기용 변성기의 특성을 보증할 수 있는 회로 최고전압을 말한다.

[단위 : kV]

공칭전압	최고전압	공칭전압	최고전압
0.22	0.23	22	25.8
0.44	0.46	66	72.5
3.3	3.45	154	170
6.6	7.2	345	362

1 계기용 변류기(Current Transformer)

1) 개요

(1) 정의

변류기는 1차 권선, 2차 권선 및 철심으로 구성되고 철심을 지나는 자속을 매개로 해서 1차 전류를 이것에 비례하는 2차 전류로 변성하는 것을 말한다.

(2) 목적

① 계기, 계전기를 고전압, 대전류의 주회로로부터 절연
② 주회로의 전류를 계기, 계전기의 입력으로 변성
　㉠ 측정, 보호범위의 확대
　㉡ 계기, 계전기의 소형화, 표준화

2) 원리

(1) 계통의 부하전류 I_1에 의해 철심 내 자속 ϕ_1이 유기되고 자속 ϕ_1이 2차 코일과 쇄교하여 2차 코일에 전압이 유기되고 이로 인해 전류 I_2가 흐른다.

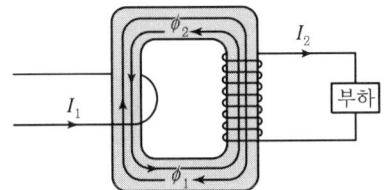

그림 2-188 ▶ CT 회로도

(2) I_2에 의한 자속 ϕ_2는 ϕ_1과 크기는 같으나 방향이 반대이며 $\phi[\text{Wb}] = \phi_1 - \phi_2$ 만큼이 여자자속이 되며 이 자속을 만드는 전류가 여자전류(I_0)가 된다.

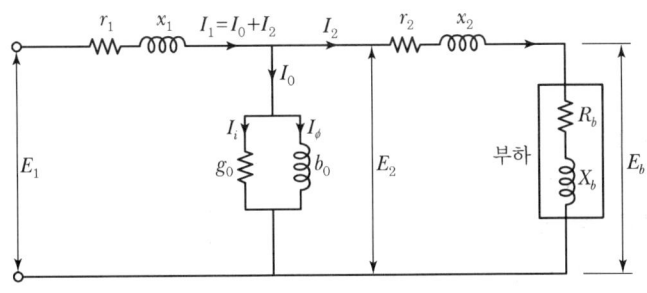

그림 2-189 ▶ CT 등가회로

(3) 1, 2차 권선수를 N_1, N_2라 하면 $N_1 I_1 = N_2 I_2$가 되며 1차 전류 $I_1 = \dfrac{N_2}{N_1} I_2$가 되며 $\left(\dfrac{N_1}{N_2} = a\right)$ 전류계(A)로 I_2를 측정하여 I_1을 측정한다.

(4) 등가회로도에서 2차 전류를 1차 전류로 환산하면 $I_1 = I_0 + I_1' = \frac{1}{a}I_2 + I_0$ 이다. I_0만큼의 오차가 발생하며 이를 보정하기 위해 2차 측 권선을 적게 결선한다.

3) 포화특성

(1) CT 1차 측에 단락전류와 같은 대전류가 흐를 경우

① 철심에 대전류가 흘러서 어느 정도 한도를 넘어서면 전류가 증가해도 자속은 더이상 증가되지 않는 포화현상이 발생된다.
② 포화된 곡선 부분에서는 전압이 0이 되므로 2차 측 전류의 흐름이 없다(전류 0).
③ 포화현상에 따른 2차 측 전압파형은 왜형파 형태로 유기되며 이로 인해 전체적으로 2차 측 전류도 감소하게 된다.

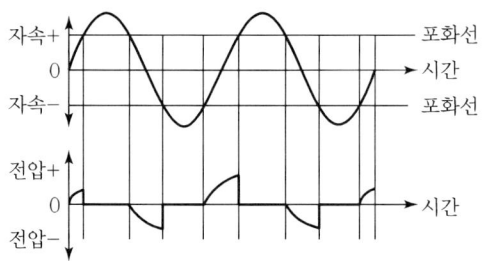

그림 2-190 ▶ 자속포화에 따른 전압 곡선도

(2) CT 2차 개방(Open)

① 2차 측에 전류가 흐르지 못하므로 CT 등가회로에서처럼 1차 측 전류는 모두 여자전류가 되어 철심에 흐르게 되며 철심포화 현상이 발생된다.
② 철심에 유기되는 전압(V) = $n\frac{d\phi}{dt}$에서 철심이 포화되기 전까지의 $\frac{d\phi}{dt}$는 매우 커서 철심에 유기되는 전압은 크게 증가하게 된다.
③ 과전류 특성이 좋은 변류기일수록 또 동일변류기에서 2차 전류가 클수록 높은 전압이 발생한다.
④ JEC 규정에 2차 개로에 대해 정격 1차 전류가 흐르는 상태에서 1분간 개로 시 전기적, 기계적 손

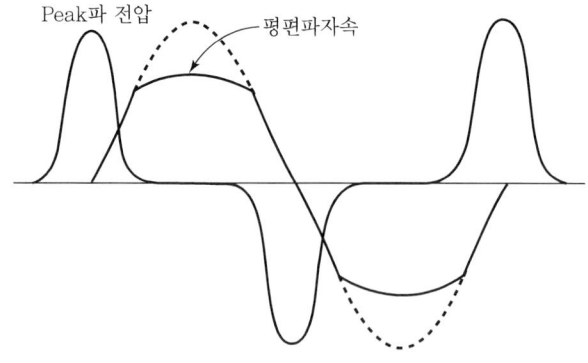

그림 1-191 ▶ 2차 개방전압 파형

상이 생기지 않도록 규정한다.

⑤ CT 2차 개방 방지대책
    ㉠ 사선상태 작업 원칙
    ㉡ 적정 보조장치 설치(CTOD 등)
    ㉢ 활선 작업 시 CT 2차 단락 후 작업 시행
    ㉣ CT 단자 상태 주기적 점검

4) 정격

(1) 정격전류

① 정격 1차 전류 : 그 회로의 최대부하전류를 계산하여 여유치를 고려한다.
  ㉠ 수전회로, 변압기용 : 최대부하전류 $\times 125 \sim 150[\%]$
  ㉡ 전동기 부하용 : 최대부하전류 $\times 200 \sim 250[\%]$

② 정격 2차 전류
  ㉠ 일반계기, 보호계전기용 : 5[A]
  ㉡ Digital 계전기용 : 1[A]
  ㉢ 변류기 2차 전류 : 변류기 2차 부하전류와 동일

(2) 정격전압(최고전압)

규정의 조건하에서 CT 특성을 보증해 주는 회로 최고전압을 말한다.

(3) 정격부담[VA]

① 정의
CT 2차 측의 부하가 정격주파수의 2차 전류 하에서 소비하는 피상전력[VA]으로 정격부담 $[VA] = Z \times I_2^2$ (I_2 : 정격 2차 전류, Z : CT 2차 측 임피던스[Ω])의 합으로서 그 부하의 역률과 함께 표시된다.

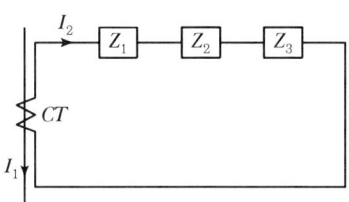

그림 2-192 ▶ 정격부담도

② 정격 2차 부담(일반 계기용)

계급	정격 2차 부담	역률
0.5급	15, 25, 40, 100	0.8
1.0급, 3.0급	5, 10, 15, 25, 40, 60, 100	0.8

③ 선정 시 주의사항
  ㉠ CT 2차 측의 부하보다 큰 정격부담 선정
  ㉡ 부하가 정격부담보다 클 경우 오차 증가에 의한 과전류 특성이 나빠짐
  ㉢ 변류기 2차 배선의 길이가 긴 경우 배선임피던스에 의한 부담을 고려함
  ㉣ 차단기, 계전기, 계측기와 조합 사용 시 조합성능이 확인된 기기를 선정할 것

④ 한국전력 규격 ESB-145에 의한 부담
  ㉠ B-1 : $25 \times 1 = 25[VA]$
  ㉡ B-2 : $25 \times 2 = 50[VA]$
  ㉢ B-4 : $25 \times 4 = 100[VA]$
  ㉣ B-8 : $25 \times 8 = 200[VA]$
  ※ 1, 2, 4, 8 : 임피던스

(4) 정격 과전류강도(정격 내 전류)

① 정의

회로에 단락사고 발생 시 CT 1차에 고장전류가 흐르는데 이 경우 정격부담, 정격주파수 상태에서 열적, 기계적 손상 없이 정격 1차 전류 대비 몇 배의 전류배수까지 CT가 견딜 수 있는가를 나타낸 정도를 말한다.

② 표준값 : 40배, 75배, 150배, 300배(300배 초과 시 별도 주문품)

③ 종류

  ㉠ 열적 과전류강도
   • 정의 : 단락전류에 의한 권선의 온도 상승 시 권선이 용단에 견디는 강도를 나타낸 값으로 CT에 손상을 주지 않고 1.0초간(KS 규격) 1차 측에 흘릴 수 있는 최대전류(kA, rms)를 말한다.
   • 관계식
     표준지속시간은 1.0초이나, 임의의 t초 통전 시 열적 과전류강도(S)
     $$S = \frac{S_n}{\sqrt{t}}$$
     여기서, S : 통전시간 t초에 대한 열적 과전류강도
     S_n : 정격 과전류강도
     t : 통전시간(sec)

  ㉡ 기계적 과전류강도
   • 정의 : 단락전류에 의한 전자력에 권선이 전기적으로, 기계적으로 손상되지 않는 1차 측 전류의 파고치[kA, Peak]를 말하며 IEC, JEC에서 열적 과전류강도의 2.5배로 한다.
   • 관계식
     $$\text{기계적 과전류강도} \geq \frac{\text{최대고장전류[A]}}{\text{CT 1차 정격전류[A]}}$$

④ 과전류강도 적용 기준
  ㉠ 한전 S/S로부터 거리별 과전류강도

거리[km]	1	3	5	7	8	20	20 이상
5/5[A]	$300I_n$	$150I_n$			$75I_n$		$40I_n$
15/5[A]	$150I_n$	$75I_n$		$40I_n$			
50/5[A]	$75I_n$						
75/5[A]	$40I_n$						

  ㉡ MOF 전단에 한류형 전력 퓨즈를 설치하였을 때는 그 퓨즈로 제한되는 단락 전류를 기준으로 과전류강도를 계산하여 적용
  ㉢ 수요자 또는 설계자 요구 시 MOF 또는 CT 과전류강도를 150배 이상 적용

(5) 과전류 정수(n)

① 정의

과전류 영역에서의 오차특성을 나타낸 값으로 정격부담, 정격주파수하에서 변성비 오차가 $-10[\%]$가 될 때의 1차 전류와 정격 1차 전류의 비를 n으로 표시한 것이다.

$$과전류정수(n) = \frac{I_1}{I_{1n}}$$

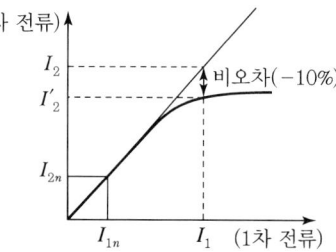

그림 2-193 ▶ 1, 2차 전류비특성

② 표준과전류정수

$n > 5$, $n > 10$, $n > 20$

③ 선정 시 고려사항
  ㉠ 고장전류에 의한 CT가 포화되지 않도록 n값을 정한다.
  ㉡ 과전류정수가 적은 것을 선정할 경우 → 고장발생 시 계전기로 유입되는 전류를 적게 함
  ㉢ 겉보기 과전류정수(n')

$$n' = n \times \frac{\text{변류기 정격부담[VA]} + \text{변류기 정격내부손실[VA]}}{\text{변류기 사용부담[VA]} + \text{변류기 내부손실[VA]}}$$

표 2-30 ▶ 사용부담에 따른 과전류정수 변화

n [VA]	정격부담 40[VA]	사용부담[VA]		
		25[VA]	15[VA]	10[VA]
과전류정수	$n > 10$	$n' > 15$	$n' > 20$	$n' > 25$

② 과전류정수(n)와 CT 특성 비교

구분	고장전류 유입	포화 특성	오차 특성	가격
n이 큰 경우	큼	늦음	작음	고가
n이 작은 경우	작음	빠름	큼	저가

⑩ 보호계전기의 정격내전류와의 관계
- 보호계전기의 내전류 : $40I_n$(일본), $80I_n$(유럽)
- 보호계전기의 과부하내량을 β, CT의 과부담도(과부하도)를 a라 할 때
  - $\beta > a$
  - $a = \dfrac{\text{최대고장전류}}{\text{CT 1차 정격전류} \times \text{과전류정수}(n)}$
  - $\beta < a$인 경우 CT 1차 정격전류, 또는 과전류정수를 큰 값으로 수정함

표 2-31 ▶ 계전방식에 따른 과전류정수

보호대상		계전방식	과전류정수	
			표준	특수
발전기		차동계전	10	20
변압기	2권선		10	20
	3권선		20	40
전동기		과전류	10	20
배전선		(−)		

5) 비오차(변류 비오차)

(1) 개념

실제변류비와 공칭변류비가 어느 정도 차이가 있는지를 백분율[%]로 나타낸 것이다.

(2) 비오차 $= \dfrac{\text{공칭변류비} - \text{실제변류비}}{\text{실제변류비}} \times 100 [\%]$

(3) 비오차 계산 예

Exercise 01

공칭변류비가 100 / 5의 CT에 1차 전류 100[A]가 흐를 때 2차 측에 4.9[A]의 전류가 흐를 때 비오차 계산

풀이

$$비오차 = \frac{공칭변류비 - 실제변류비}{실제변류비} \times 100 = \frac{\frac{100}{5} - \frac{100}{4.9}}{\frac{100}{4.9}} \times 100 = -2[\%]$$

Exercise 02

100/5 변류기 1차에 100[A]가 흐르고 2차에 4.96[A]가 흐를 경우 변류기 비오차 계산

풀이

$$비오차 = \frac{공칭변류비 - 실제변류비}{실제변류비} \times 100 = \frac{\frac{100}{5} - \frac{100}{4.96}}{\frac{100}{4.96}} \times 100$$

$$= -0.7995[\%] \approx -0.8[\%]$$

6) CT 선정방법

아래의 계통도에서 CT 1차 정격전류, 과전류강도, 과전류정수를 구해보고 CT의 과부하도 (a)와 보호계전기 과부하내량(β)과의 관계를 이용하여 CT 적정 선정여부를 검토(전원 측 및 변압기 기준 용량 → 10[MVA])

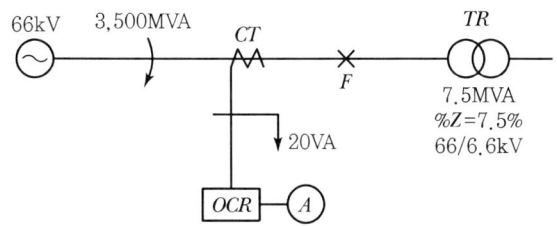

그림 2-194 ▸ 계통도

① CT 1차 정격전류

　㉠ 최대부하전류(I_L) : $I_L = \dfrac{7,500[\text{kVA}]}{\sqrt{3} \times 66[\text{kV}]} = 66[\text{A}]$

　㉡ CT 1차 정격전류 : $66 \times 1.5 \cong 100[\text{A}]$

② 최대고장전류(I_S)

　㉠ 임피던스 산출
　　• 전원 측 임피던스(%Z_S)

$$P_S = \dfrac{100}{\%Z_S} P_n \text{에서} \quad \%Z_S = \dfrac{100}{P_S} P_n \quad \%Z_S = \dfrac{100}{3500} \times 10 \cong 0.3$$

　　• 변압기 임피던스 (%Z_T)

$$\%Z_T = 7.5 \times \dfrac{10}{7.5} = 10$$

　㉡ 최대고장전류(I_S)

$$I_S = \dfrac{100}{\%} I_n = \dfrac{100}{0.3} \times \dfrac{10 \times 10^3\,[\text{kVA}]}{\sqrt{3} \times 66\,[\text{kV}]} = 29.2\,[\text{kA}]$$

③ 정격 과전류강도(정격 내전류)

$$\dfrac{I_S}{I_1} = \dfrac{29,200}{100} = 292 \cong 300[\text{배}]$$

④ 정격 과전류정수(n)

변압기 2차 측에서 3상 단락이 발생 시 변압기 1차 측 고장전류(I_S')는

$$I_S' = \frac{100}{10+0.3} \times \frac{10 \times 10^3 \, [\text{kVA}]}{\sqrt{3} \times 66 \, [\text{kV}]} = 850 \, [\text{A}]$$

정격 과전류정수$(n) = \frac{850}{100} = 8.5$ ∴ $n > 10$

⑤ CT의 적정 선정 여부 판단

변류기 과부하도(a)와 보호계전기 과부하내량(β)을 통해 분석

$$a = \frac{최대고장전류}{\text{CT 1차 정격전류} \times 과전류정수(n)} < \beta(12)$$

㉠ CT가 100 : 5, $n > 10$일 때

$$a = \frac{29,200}{100 \times 10} = 29.2 > \beta(12) \rightarrow 부적합$$

㉡ CT가 150 : 5, $n > 20$일 때

$$a = \frac{29,200}{150 \times 20} = 9.8 < \beta(12) \rightarrow 적합$$

따라서 CT의 과전류정수 $n > 20$, CT비 150/5, 정격부담 40[VA], 정격 내 전류 31.5[kA], 1.0급으로 선정한다.

7) Knee Point Voltage

(1) 정의

변류기 1차 권선을 개방하고 2차 측 권선에 정격 주파수의 교류전압을 인가하여 2차 측 여자전류를 측정해 보면 2차 측 여자 포화곡선상에서 포화되기 직전의 2차 여자전압을 말한다.

(2) 포화곡선 내용

① 포화곡선상에서 2차 여자전압이 +10[%] 증가할 때 2차 측 여자전류가 +50[%] 증가되는 포화곡선상의 어떠한 기준점의 전압이 Knee Point Voltage이다.

② Knee Voltage가 높은 특성의 CT를 계전기에 사용해야 큰 고장전류에서도 확실한 보호계전기 동작이 가능하다.

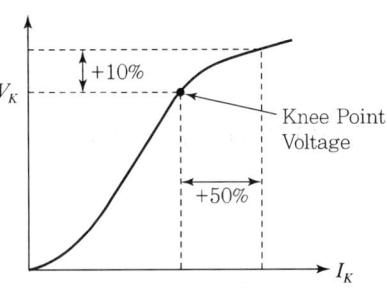

그림 2-195 ▶ 2차 여자포화곡선

(3) Knee Point Voltage(V_K) 계산식

$$V_K = \frac{VA}{I_2} \times n$$

여기서, VA : CT 2차 정격부담, I_2 : CT 2차 정격전류(5[A])
   n : 과전류정수

(4) CT에 미치는 영향

① CT가 포화되면 2차 전류가 감소하여 계전기의 동작이 어려워진다.

② Knee Voltage가 높은 특성의 CT를 계전기에 적용해야만 큰 고장전류에서 확실한 계전기 동작이 가능하다.

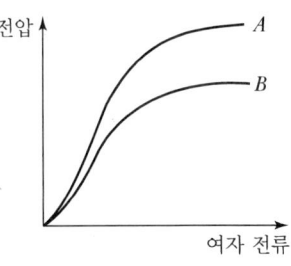

그림 2-196 ▶ CT 포화특성도

8) 변류기의 구분

(1) 분류

① 권선형태
  ㉠ 권선형 CT ㉡ 관통형 CT
  ㉢ 다중비 CT ㉣ 부싱 CT

② 절연형태
   ㉠ 유입형 CT   ㉡ MOLD형 CT   ㉢ 가스형 CT

③ 철심 유무
   ㉠ 다중철심형 CT   ㉡ 공심형 CT

④ 사용목적
   ㉠ 계전기용 CT   ㉡ 계측기용 CT

⑤ 사용장소
   ㉠ 옥내형 CT   ㉡ 옥외형 CT

(2) CT의 종류별 설명

① 권선형 CT
   ㉠ 1차 측 권선이 2 Turn 이상이 되는 CT로 일반적으로 750[A] 이하에서 사용됨
   ㉡ 정격 1차 전류가 400[A] 이상인 CT에서는 3차 권선 변류기를 사용함
   ㉢ 사용전압에 따른 구분
      • 20[kV] 미만 옥내형 → 주로 몰드형이 사용됨
      • 20[kV] 이상 옥외형 → 주로 유입식이 사용됨
   ㉣ 최근 동향
      에폭시레진 또는 부틸고무 등을 사용한 몰드형으로 많이 사용되며 일반수전설비에서 오차계급 1.0급을 많이 사용함

② 관통형 CT
   케이블, 모선, 부싱 등을 변류기 1차 권선으로 1 Turn시키므로 1차 권선의 전류범위가 작을 경우 좋은 오차특성을 얻기가 어려움

③ 이중비(다중비) CT
   ㉠ 변류비가 2개 이상인 CT로 1차 권선을 2개로 하여 직렬 또는 병렬 결선하여 변류비를 변경하는 방식과 2차 권선에 여러 탭을 두어 변류비를 변경함
   ㉡ 하나의 CT에 보호계전기용과 계기용 겸용 사용이 가능함
   ㉢ CT비 구성 : 200/100/5, 100/50/5, 40/20/5 등
   ㉣ 과전류정수(n) 선정은 높은 변류비를 기준으로 선정함
   ㉤ 관통형과 권선형의 이중비 CT

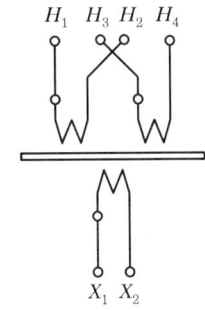
그림 2-197 ▸ 단일철심 1차 다중비 CT

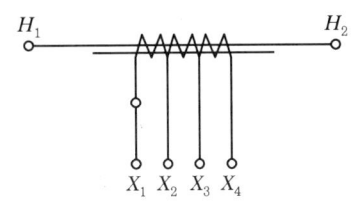
그림 2-198 ▸ 단일철심 2차 다중비 CT

④ 공심형 변류기
  ㉠ 일반 변류기의 철심이 없는 CT 구조임
  ㉡ 2차 측 전압(E_S)=$J\omega MI_P$(통과전류 : 1차 전류)의 관계에 의해 2차 측에 전압이 유기됨
  ㉢ CT 2차 측이 개방되어도 일반 CT와 같은 과전압이 없음
  ㉣ 초고압 모선보호계전기용에 많이 사용됨
  ㉤ 한전의 경우 1차 전류는 1,000[A], 2차 전압은 5[V]임

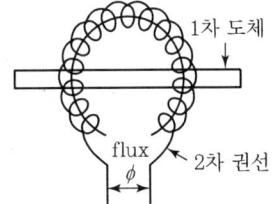
그림 2-199 ▸ 공심형 변류기

⑤ 다중 철심형 CT
  ㉠ 2개 이상의 CT가 같은 외함에 들어 있는 CT로 1차 도체는 공용함
  ㉡ 사용목적에 따라 CT를 나누어 사용
  ㉢ 경제성과 설치장소의 절약을 목적으로 함

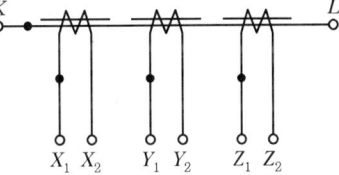
그림 2-200 ▸ 다중철심형 CT

⑥ 계측용 CT
  ㉠ 계측용은 평상시 정상부하 상태에서 사용되므로 정격 이내에서 정확하게 계측되어야 하며 사고 시에는 포화되어 계측기 및 회로를 보호하는 특성이 구비되어야 함
  ㉡ 오차계급이 중요하게 고려됨
  ㉢ 표준형의 경우 0.1, 0.2급 등이 적용됨
  ㉣ 일반 계측용은 보통 1.0급이 적용됨

⑦ 계전기용 CT
  ㉠ 보호계전기용은 사고 시 대전류 영역에서 사용됨
  ㉡ 대전류 영역에서 포화되지 않는 특성이 우수해야 함
  ㉢ ANSI 규정에서 정격의 20배의 전류에 포화되지 않고 비오차가 -10[%] 이내로 유지되게 규정하고 있음

② 과전류정수가 중요하게 고려되며 과전류정수가 적을수록 고장전류의 유입이 적음
③ 정격 이상의 과전류정수 선정 시 CT의 열적 충격이 커질 가능성이 있음

표 2-32 ▶ 계측기용과 보호용의 차이점

항목	계측기용	보호용
오차계급	0.1, 0.2, 0.5, 1, 3, 5	5P, 10P
과전류에 대한 1차 정격	IPL	정격오차 한도 1차 전류
과전류에 대한 규정	FS	과전류정수 $n = 5, 10, 15, 20, 30$
과전류강도(열적)	계통고장전류(rms, kA)	계통고장전류(rms, kA)
과전류강도(기계적)	계통고장전류의 파고치	계통고장전류의 파고치

※ 계측용 CT에 대하여 IEC에서만 적용함

- IPL(Rated Instrument Limit Primary Current)
  CT 2차 부담이 정격부담인 때 계측기용 CT의 합성오차(Composite Error)가 10[%] 또는 그 이상인 때의 1차 전류의 최솟값을 말한다. 계통고장으로 인한 높은 전류로부터 계측용 CT에 연결된 계측기 또는 이와 유사한 장치를 보호하기 위하여 합성 오차는 10[%]보다 커야 함
- FS(Instrument Security Factor)
  정격 1차 전류와 IPL과의 비를 말하며 CT의 1차 측에 계통 고장전류가 흐를 경우 계측용 CT의 2차 측에 연결된 계측기 또는 이와 유사한 장치는 FS값이 적을 수록 안전함. FS값은 계측용일 경우 5 또는 10 이하로 함

9) 설계 시 고려사항

(1) 2차 배선은 3.5[mm^2] 이상으로 결선하고 전압강하는 1[%] 이하일 것
(2) 경제성을 고려한 변성기 계급 선정
(3) 2차 측에 접속되는 계기, 계전기, Cable의 합계부담[VA]은 정격부담을 넘지 않을 것
(4) 정격전압은 주회로의 정격전압 이상의 것을 채용
(5) 비율차동 계전기에 사용하는 변류기의 정격과전류 정수 및 오차계급은 동일의 것을 사용하고 오차에 의한 전류로 계전기가 작동되지 않도록 할 것

10) 변류비 계산

Exercise

그림과 같이 결선된 CT의 3상 평형 회로에서 전류계가 5[A]를 지시하였다. CT의 변류비가 20인 경우 선로의 전류는 몇[A]인가?

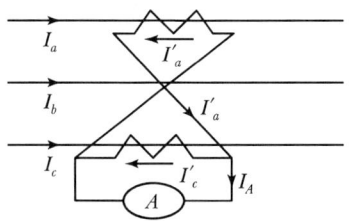

그림 2-201 ▶ 단일철심 1차 다중비 CT

풀이 (1) 교차접속을 벡터도상으로 풀이하면
(2) $I_A = I'_a - I'_c$ (I_A : 전류계전류 → 5[A])
(3) $I_A = I'_a \cos 30 \times 2 = \sqrt{3}\, I'_a$
(4) $I'_a = \dfrac{I_A}{\sqrt{3}} = \dfrac{5}{\sqrt{3}}$
(5) 구하는 CT 1차 전류 I_a 값은

$$\dfrac{I_a}{I'_a} = 20$$

$$I_a = I'_a \times 20 = \dfrac{5}{\sqrt{3}} \times 20[\text{A}] \cong 57.74[\text{A}]$$

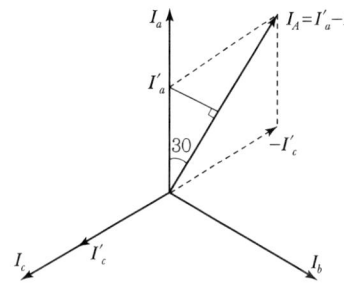

그림 2-202 ▶ Vector도

11) 광 CT에 대한 설명

(1) 개요

① 광 CT는 전력선에서 발생하는 자기장에 의해 레이저 빛의 파장 각도가 변하는 Faraday Effect를 기본원리로 한 전류측정용 기기이다.

② 현재 국내외에서 GIS용 광 CT가 활발히 연구 개발되고 있다.

(2) 파라데이 효과(Faraday Effect) 및 광 CT의 원리

① 파라데이 효과

납 유리와 같은 투명한 물질에 선형 편광된 광을 입사시킬 때, 그 진행방향에 대해 평행한 자기장을 걸어주면 광파의 편광면이 회전하게 되는데 이러한 광학적 현상을 파라데이 효과라 한다.

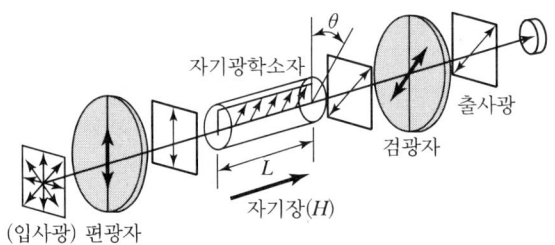

그림 2-203 ▶ 파라데이 효과 개념도

② 파라데이 효과를 가지는 자성체 소자를 파라데이 소자라 하며, 납 유리, BSO, ZnSe 등이 있으며 파라데이 효과에 의한 회전각 θ는, 빛의 진행방향에 가해진 자계 H, 파라데이 소자에서의 광학경로길이 L, Verdet 정수 V에 의해 다음과 같은 식이 유도된다.

$$\theta = VHL\cos\varnothing = VHL \cdots\cdots \text{식 ㉠}$$

여기서, V : Verdet 상수[rad/A]
H : 자계의 세기[A/m]
L : 파라데이 소자의 길이[m]
ϕ : 빛의 진행방향과 자기장 사이의 각

③ 파라데이 효과에 의한 편광축의 회전각은 측정전류에 비례하므로 광섬유센서를 통과한 광신호를 입력편광에 대하여 θ방향으로 정렬된 검광자를 통과시켜 그 회전을 분석하여 전류를 측정할 수 있다.

④ 편광면이 회전하는 각도는 자성체소자를 사용하는 경우 측정하기가 곤란하므로 파라데이 소자를 대신해 광섬유로 도체 주위에 폐루프형 센싱부를 구성함으로써 코일

의 형태나 센서코일과 도체와의 거리 등에 무관하게 일정한 값을 가지며 측정도체 외에 인근 신호원에 영향을 받지 않는 암페어 전류법칙을 적용할 수 있다.

$$\theta = Vn\oint H \cdot dl = VnI \cdots\cdots \text{식 ⓒ}$$

여기서, n : 광섬유의 권수, I : 전류의 크기

(3) 광 CT의 종류

① 회전각($\theta = F$) 측정방법에 따른 분류

ⓐ 편광분석형

파라데이 소자의 후면에 검광기(Analyzer)와 PD(Photodetector)를 두어 회전각에 따라 PD 출력의 크기가 변화되게 구성한 것

ⓑ 간섭계형
- 광섬유형 파라데이 소자에만 적용할 수 있음
- 파라데이 효과에 의하여 진행속도가 달라진 두 원형편광성분의 위상 차이를 간섭신호로부터 얻어냄
- 편광분석형에 비해 정밀도 높은 것이 특징임

② 파라데이 소자의 형태에 따른 분류

ⓐ 벌크형

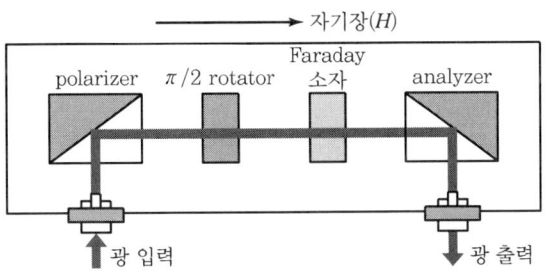

그림 2-204 ▶ 벌크형 광 CT

- 구조와 신호처리가 간단함
- 소형구조로 적합함
- 파라데이 소자로는 주로 RIG(Rare-earth doped iron Garnet)를 사용함
- 폐회로가 아니므로 도체와의 간격이 변할 경우 출력이 변동하며, 타 신호원에 의해서도 영향을 받을 수 있음

ⓒ 폐회로 벌크형
- 벌크형 광 CT의 약점을 보완하기 위한 폐회로 벌크형 CT임
- 정밀한 측정이 가능함
- 벌크형에 비해 복잡한 구조
- 가격이 고가이며, 취급이 어려움

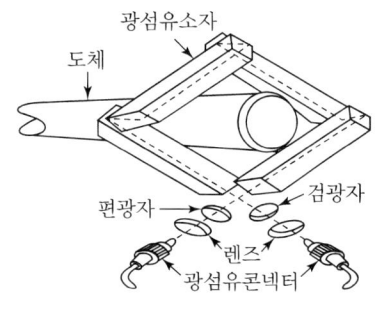

그림 2-205 ▶ 폐회로 벌크형

ⓒ 광섬유형
- 광섬유형 CT는 벌크형에 비해 기능과 편리성, 경제성에서 높은 가능성을 가짐
- 선형복굴절에 의하여 현장 적용에 어려움

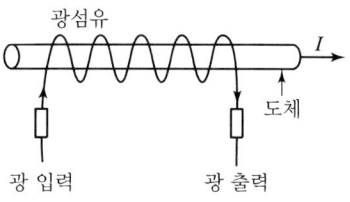

그림 2-206 ▶ 광섬유형 광 CT

(4) 광 CT의 장점

① 자속포화, 잔류자속, 히스테리시스가 없음
② 절연의 필요성이 감소됨
③ 경량, 소형의 구조
④ 빠른 응답 특성
⑤ 조절이 용이하며, 폭넓은 측정범위를 가짐
⑥ 취급의 안정성
⑦ 경제성(초고압 시스템)
⑧ 전자유도의 영향을 받지 않음

(5) 각종 CT의 특징 비교

구분	광 CT	기존 CT	로고스키코일 CT	ZCT
성능	◎	△	◎	○
호환성	△	◎	○	△
경제성	○	○	◎	×
성장성	◎	△	○	×

(◎ : 매우좋음, ○ : 좋음, △ : 보통, × : 나쁨)

(6) 결론

① 자속 포화에 따른 여러 가지 기술적인 제약이 없다.

② 구조적인 특성으로 취급, 유지보수가 간편하고 안정성이 증대될 수 있다.

③ 오랜 연구와 이론적인 장점에도 불구하고 실용화가 늦어졌으나, 최근 광기술의 발전으로 성능과 비용 측면에서의 경쟁력을 확보하였고, 또한 갈수록 고전압, 대용량화, 디지털화되어가는 전력계통의 경향을 고려할 때 광 CT가 빠른 속도로 적용범위를 넓혀 갈 것으로 판단된다.

2 영상변류기(ZCT)

1) 개요

(1) 정의

영상변류기는 계전기에 필요한 영상전류를 얻기 위하여 3상전류를 1차 전류로 하는 변류기이다.

(2) 사용목적

변류기의 특성오차에 따른 잔류전류의 문제로 비접지계 또는 고저항 접지계의 미소 지락전류를 측정하기 위함이다.

(3) 종류

권선형, 관통형, 분할형

2) 원리

정상상태에서는 자속의 평형으로 2차 전류가 흐르지 않으나 지락 발생 시에는 각상의 전류가 불평형이 되어 철심에 자속이 발생되어 2차 측에 각상 영상전류의 3배가 흐른다.

(1) ZCT 1차 전류가 I_R, I_S, I_T일 때 철심에 의한 자속이 ϕ_R, ϕ_S, ϕ_T이며 이로 인한 2차 전류는 i_R, i_S, i_T가 발생된다.

(2) 영상전류 검출

① 1차에 영상전류가 미포함 시

$I_R + I_S + I_T = 0$

$\phi_R + \phi_S + \phi_T = 0$

$i_R + i_S + i_T = 0$

② 1차에 영상전류가 포함 시

$I_R + I_S + I_T = 3I_0$

$\phi_R + \phi_S + \phi_T = 3\phi_0$

$i_R + i_S + i_T = 3i_0$

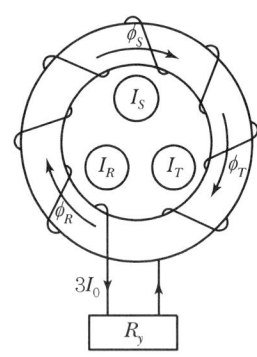

그림 2-207 ▶ 영상변류기

(3) 원리적으로 각상의 정상 및 역상전류의 영향을 받지 않고 2차 측에 영상전류를 얻을 수 있다.

(4) 실제로는 영상변류기의 철심의 불균일, 1차 권선의 위치 비대칭, 2차 권선 분포의 불균일 등으로 철심과 1, 2차 권선 간의 전자적 결합의 차이로 2차 권선에 정상, 역상전류에 의한 오차전류가 흐르며 이를 영상변류기의 잔류전류라 한다.

3) 정격

(1) 정격전류

① 주회로 전류에 포함된 정격 영상 1차 전류와 이에 대응하는 정격 영상 2차 전류를 말한다.
② 정격 영상 1차 전류 : 표준값 → 200[mA], 정격 영상 2차 전류 : 표준값 → 1.5[mA]
※ 이들 값은 비접지계통의 지락전류와 지락계전기의 감도를 참고해서 정해짐

(2) 허용오차

① 허용오차를 줄이기 위해 영상 2차 전류의 오차를 줄여야 한다. 이를 위해 여자임피던스를 증대시킴으로써 오차를 감소시킬 수 있다.
② 여자임피던스가 증대되며 철심이 증대되므로 가격상승 문제가 발생한다.

표 2-33 ▶ 경제적인 여자임피던스(Z_0)

계급	정격 여자임피던스	영상 2차 전류
H급	$Z_0 > 40$, $Z_0 > 20$	1.2~1.8[mA]
L급	$Z_0 > 10$, $Z_0 > 5$	1.0~2.0[mA]

㉠ H급(철심 : 퍼멀로이) → 정밀도 요구 시
㉡ L급(철심 : G급 규소강판) → 과전류배수가 큰 것을 필요로 할 때

(3) 정격 과전류배수

① ZCT가 포화되지 않는 영상 1차 전류의 범위를 나타낸 것이다.
② 전력계통의 확대, 케이블화 등으로 지락전류가 정격영상 1차 전류를 크게 상회하는 경우, 이상 지락 시와 같이 영상 과전류에 대해 과전류보호를 고려하는 경우에는 이 값이 문제가 된다.
③ JEC에서의 표준값(n_0)

㉠ n_0 : 계전기를 정격 영상전류 이하에서 동작
㉡ $n_0 > 100$: 영상 1차 전류가 20[A] 정도일 때
㉢ $n_0 > 200$: 이상 지락 시 과전류 보호를 할 때

(4) 잔류전류

① 정의

1차에 영상전류가 흐르지 않는데 2차 측에 영상전류가 흐르는 것을 말한다.

② 발생원인

철심을 개재시킨 1차 도체와 2차 권선 사이의 전자적 결합의 불균일로 발생된다.

③ 크기 및 위상

1차 도체, 철심, 2차 권선의 구조나 위치 등에 의해 변하고 1차 전류가 클수록 커진다.

④ 잔류전류 한도

정격 1차 전류	잔류전류의 한도
400[A] 이상	영상 1차 전류 100[mA]에서의 영상 2차 전류치
400[A] 이하	영상 1차 전류 100[mA]에서의 영상 2차 전류치의 80[%]

⑤ 영향

계전기 오동작, 오부동작의 원인이 된다(영상 2차 전류와 잔류전류의 벡터합이 계전기에 유입됨).

⑥ 대책

㉠ 정격 1차 전류가 큰 ZCT 사용
㉡ 1차 도체, 철심, 2차 권선의 기하학적인 대칭구조
㉢ Cable 분할 관통형 ZCT 사용금지
㉣ 단상 Cable의 ZCT 중심에 정삼각형 배치

4) 접속 시 고려사항

(1) 동일회로 복수회선에 ZCT 설치

① 정상 설치방법 : 동일회로의 병렬회선은 모두 한 개의 영상변류기에 통과시켜야 한다.

② 병행접속(감도저하방식)

㉠ 병치된 영상변류기 2차 측을 병렬로 해서 한 개의 계전기에 접속하는 방법
㉡ 영상순환전류는 없앨 수 있으나 동작감도의 저하는 피할 수 없음

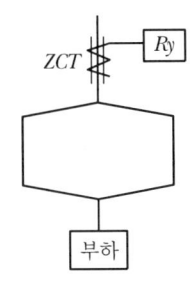
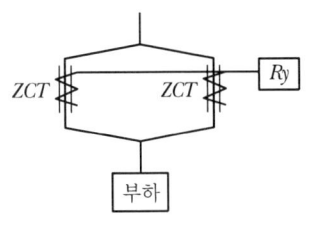

그림 2-208 ▶ 정상설치　　　그림 2-209 ▶ 병행접속 감도저하식

③ 오동작 방식
　㉠ 그림과 같이 각각 영상변류기와 계전기를 접속하면 주회로의 각상 임피던스의 차이로 3상 불평형전류가 흐르고 영상 순환전류가 흐름
　㉡ 2차 측에 영상 순환전류가 흘러 계전기 오동작 또는 오부동작함

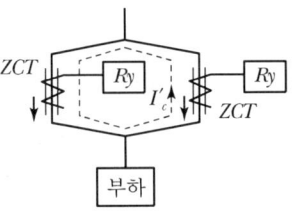

그림 2-210 ▶ 오동작 방식

(2) CT와 마찬가지로 감극성이며 단자부호도 CT와 동일하다.

(3) 원칙적으로 1회로에 1대를 사용하며 2차 측은 서로 접속하지 않는다.

(4) Cable Shield 접지
　① ZCT가 전원 측에 설치 시

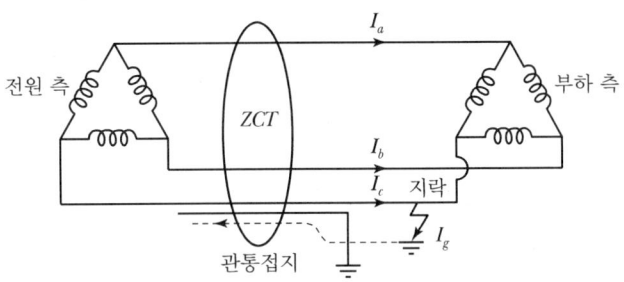

그림 2-211 ▶ ZCT 전원 측 관통 접지

　㉠ 접지선을 ZCT에 관통 접지한다.
　㉡ 고압배전선 지락 사고 시 전원 측 ZCT에서 지락전류를 검출한다.
　　• 정상 시 : $I_a + I_b + I_c = 0$
　　• 지락 시 : $I_a + I_b + I_c - I_g = 0$ [즉, $I_a + I_b + I_c = I_g(3I_0)$: 영상전류가 검출됨]

② ZCT가 부하 측에 설치 시

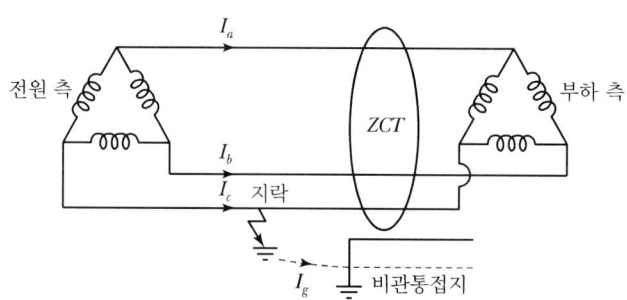

그림 2-212 ▶ ZCT 부하측 비관통접지

㉠ 접지선을 ZCT에 비관통접지한다.
㉡ 고압배전선 지락 사고 시 부하 측 ZCT에서 지락전류를 검출함
　• 정상 시 : $I_a + I_b + I_c = 0$
　• 지락 시 : $I_a + I_b + I_c - I_g = 0$[즉, $I_a + I_b + I_c = I_g(3I_0)$: 영상전류가 검출됨]

5) 영상전류 검출방법

(1) 비접지계통

ZCT를 이용하여 영상전류를 구한다.

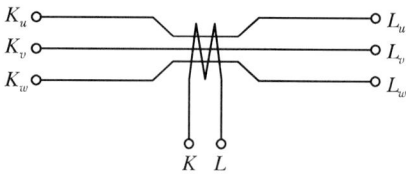

그림 2-213 ▶ ZCT에 의한 영상전류검출

(2) 저항접지, 직접접지, 다중접지계통

① ZCT 이용한 영상전류 검출
② Y결선에 의한 CT 잔류회로
　　$I_n = I_a + I_b + I_c = 3I_0$

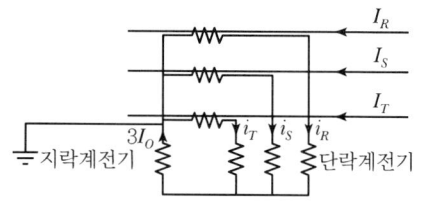

그림 2-214 ▶ Y결선 잔류회로도

㉠ CT비 300/5 이하 저항접지계통, 직접접지계통에서 사용
㉡ CT 결선에서 가장 많이 사용함
㉢ 잔류회로에 지락계전기를 설치하지 않을 때도 영상 2차 회로의 개방방지를 위해 폐회로를 구성함

ⓔ 배전반 1개소 접지

③ 3권선 CT 이용법(3권선 영상분로회로)

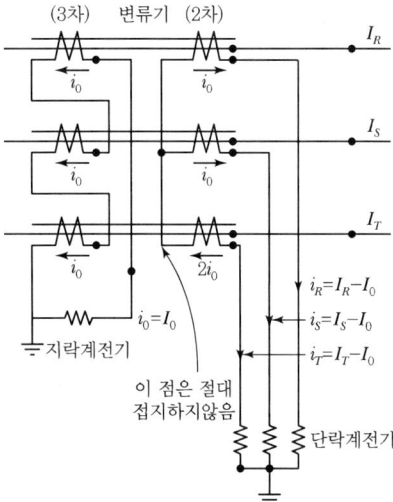

그림 2-215 ▶ 3권선 CT

㉠ 고저항 접지계통 또는 변류비가 큰 경우(CT비 300/5 초과) 잔류회로로 영상전류 검출 시 그 값이 작아 계전기 동작이 어려울 경우 사용하는 방식
㉡ 접속방법
- 2차를 Y로 하되 잔류회로를 구성하지 않음(주의사항임)
- 3차는 △결선함
㉢ 2차 권선 → 정상분, 역상분,
3차 권선 → 영상분 검출
㉣ 영상전류에 대한 변류비
- 1, 2차 변류비 → n(정격 1차 전류) : 5
- 1, 3차 변류비 → 100 : 5(일정)
㉤ 정격 1차 전류가 300[A]인 경우, 2차 잔류 회로에서의 영상전류

$$\frac{5}{300} \times 3I_0 = \frac{5}{100} \times I_0$$

㉥ 100/5인 3차 영상분로회로의 영상전류 $\frac{5}{100}I_0$와 동일함

㉦ 이 때문에 정격 1차 전류가 300/5 초과인 변류기에서 3차 권선의 영상분로접속으로 영상전류를 검출함

④ 중성선 CT 방식
㉠ 접속방법 : 발전기 또는 변압기의 중성점 접지선에 CT를 접속하여 영상전류를 검출하는 방식
㉡ CT비 : 100/5를 많이 사용
㉢ 적용 : 저압계통의 변압기, 발전기 중성점

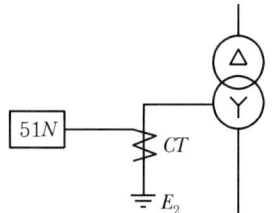

그림 2-216 ▶ 중성선 CT방식

6) 설계 적용 시 고려사항

(1) 과전류배수가 큰 것을 필요로 할 때 철심에 G급 규소 강판을 사용한 L급이 적합하나 과전류배수보다도 정도를 요구할 때는 퍼멀로이를 사용한 H급이 적합하다.
(2) 시공이 끝난 케이블에 추후 영상변류기를 씌울 수 있는 분할관통형이 있으나 자로에 분할면이 포함되어 2차 권선의 분포도 균일하게 되지 않으므로 잔류 전류의 증가를 피할 수 없으므로 사용 시 주의가 필요하다.

3 계기용 변압기(Potential Transformer)

1) 정의

계기용 변압기(PT)는 1차 권선, 2차 권선 및 철심으로 구성되고 1차 전압에 비례한 2차전압을 변성하는 계기용 변성기이다.

2) 사용목적

계기, 계전기를 고전압, 대전류의 주회로로부터 절연하고 주회로의 전압을 계기, 계전기의 입력으로 변성한다.

(1) 측정, 보호범위의 확대
(2) 계기, 계전기의 소형화, 표준화
(3) 계측, 보호의 집중화

3) 원리

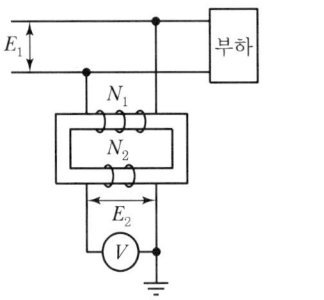

그림 2-217 ▸ 계기용 변성기

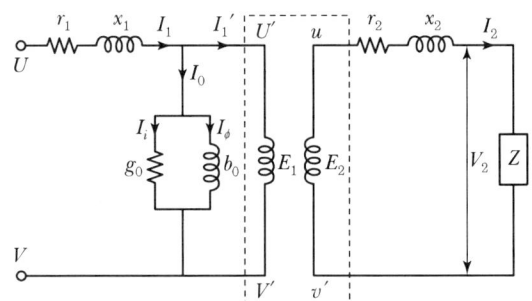

그림 2-218 ▸ 등가회로

(1) 이상적인 변압기에서는 1차 및 2차의 권선수를 각각 N_1, N_2라 하면 변압비 $\dfrac{E_1}{E_2} = \dfrac{N_1}{N_2}$이며 $E_2 = \dfrac{N_2}{N_1} E_1$ [V]이다(N_1 : 1차 권선수, N_2 : 2차 권선수).

(2) 원리상 변압기와 동일하며 권수비$(n) = \dfrac{N_1}{N_2}$인 경우 1차 측 전압, 전류, 임피던스를 2차 측으로 환산 시 $\dfrac{1}{n}$, n, $\dfrac{1}{n^2}$을 곱해서 2차 측으로 환산한다.

4) 특성

(1) 정격부담

① 정의 : 정격 2차 측 전압하에서 부하로 소비되는 피상전력을 말한다[VA](CT 개념과 동일함).

② 정격부담 ≥ 사용부담(계기, 계전기, 2차 배선의 부담도 고려)

(2) 중성점 불안정현상

① 정의

㉠ 계기용 변압기의 특이 현상 중 하나로 1선지락 복구, 단선 등의 전기적 충격으로 계기용 변압기의 대지전압이 높아져 철심이 포화되고 이로 인해 일방향성의 돌입전류가 흘러 타상의 대지전압을 높이고 그 상의 계기용 변압기가 다시 포화하는 식이다.

㉡ GPT가 대지정전용량(C)에 의해 주기적으로 포화 → 무포화를 반복하며 중성점을 진동시키기 때문에 철공진에 의한 중성점 불안정현상이라 한다.

㉢ 이것은 선로의 1선 대지정전용량리액턴스 X_{CO}와 GPT의 여자임피던스 X_m와의 비 $\dfrac{X_{CO}}{X_m}$에 의해 결정되며 정량적인 해석은 매우 어렵다.

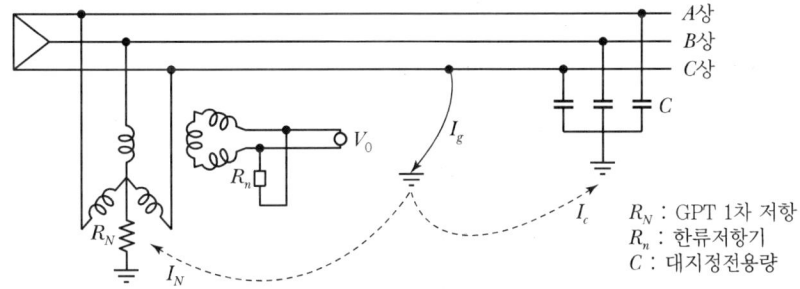

그림 2-219 ▶ 비접지계통 1선지락

② 발생 원인

㉠ 전력계통이 비접지계일 때 계기용 변압기를 접지한 경우

㉡ 전력계통이 접지계일 때 일시적인 계통분리로 인하여 전력계통이 비접지계통으로 되는 경우

㉢ 계기용 변압기의 2차 부담이 극히 적을 경우
- 계통에 갑작스런 전압인가 또는 사고복구와 같은 충격에 의한 계통 혼란
- 단선 또는 차단기 개방, 퓨즈 등의 용단

③ 발생 형태
  ㉠ 중성점 불안정현상은 고조파 철공진형태로 나타남
  ㉡ 철심을 갖는 리액터의 포화로 고조파 전압 전류가 발생됨

④ 영향
  ㉠ 계통의 절연파괴
  ㉡ 1선 대지전압이 2~3배까지 상승
  ㉢ GPT에 상시여자전류의 수십 배의 전류가 흐름

⑤ 대책
  ㉠ GPT 부담의 적정용량 선정
  ㉡ CLR설치(브로큰 델타회로)
    • 3.3[kV] 50[Ω]
    • 6.6[kV] 25[Ω]

5) 비오차 위상각

(1) 비오차

실제의 1차 전압과 2차 전압 또는 3차 전압비가 명판에 기재된 공칭 변성비에 대해 얼마나 차이가 나는가를 나타낸 것이다.

(2) 위상각

1차 전압 Vector에 대해 180° 회전시킨 2차 전압 또는 3차 전압 Vector가 이루는 각을 분으로 나타낸 것이다.

(3) 1차 임피던스 및 2차 임피던스에 의한 전압강하로 정해지고 무부담인 경우의 비오차는 0.1~0.7[%] 정도로 부담오차에 비해 적다.

6) 종류

(1) 비접지형

1차 단자의 상단을 주회로의 상 사이에 접속해서 사용하고 단상형과 V, Δ 접속의 3상형이 있다.

(2) 접지형

1차 단자의 한 끝을 주회로에 접속하고 다른 끝을 접지해서 사용하고 단상형과 Y접속 3상형이 있다.

7) 접속방법

(1) Y 접속

① 단상 계기용 변압기 3대에 의해 각상전압 및 각 선간전압을 얻는 데 사용한다.
② 1차 측 및 2차 측을 각각 Y접속하고 그 중성점을 접지한다.
③ 정확한 전압을 얻기 위해 1차 측 중성점은 반드시 접지해야 하지만 2차 측 중성점의 접지는 임의이다.
④ 2차 측 단자와 중성점 사이에는 영상전압을 포함한 각상 전압을, 각상 단자 간의 전압은 영상전압을 포함치 않은 선간전압이 얻어진다.

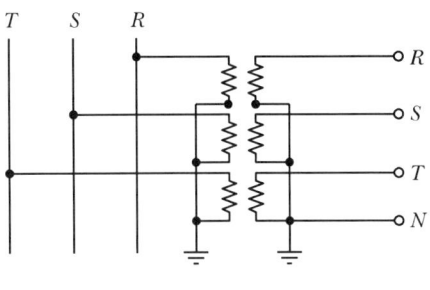

그림 2-220 ▶ Y 접속

(2) Δ 접속

① 비접지식 단상 계기용 변압기 3대로 1차 측 및 2차 측을 각각 Δ접속한다.
② 2차 측 각 단자에는 Y접속의 각 단자 간 전압처럼 영상전압을 포함치 않은 선간전압이 얻어진다.

(3) V 접속

① 비접지식 단상 계기용 변압기 2대로 1, 2차 측을 각각 V 접속한다.
② 2차 측 각 단자 간의 전압은 영상전압을 포함하지 않은 선간전압이 얻어진다.

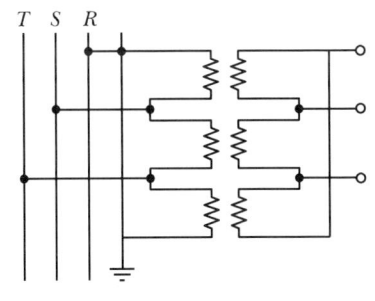

그림 2-221 ▶ Δ 접속

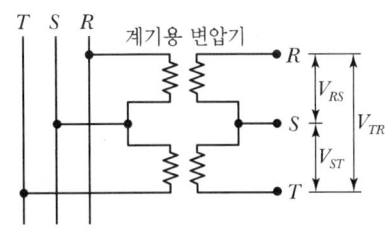

그림 2-222 ▶ V 접속

(4) 브로큰 델타 접속

① 지락보호에 필요한 영상전압을 검출하는 데 사용한다.
② 단상 계기용 변압기 3대로 1차 측을 Y, 2차 측을 Open Δ로 접속한 방식이다.
③ Open-Δ 회로에 영상전압(V_0)의 3배의 전압이 검출된다.

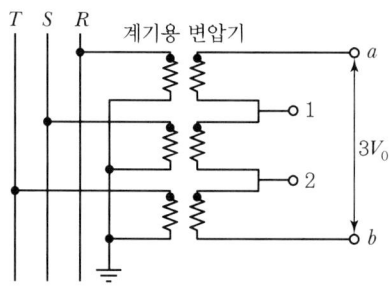

그림 2-223 ▸ Open-△접속

$$V_{ab} = V_{a1} + V_{12} + V_{2b}$$
$$= V_1 + V_2 + V_0 + a^2 V_1 + a V_2 + V_0 + a V_1 + a^2 V_2 + V_0$$
$$= 3V_0$$

8) 설계 적용 시 고려사항

(1) 접지

① 계기용 변압기의 2차 측은 1차 측에 의한 혼촉으로 2차 측으로 고전압이 유기되는 것을 방지하고 1, 2차 권선 간의 정전유도에 의한 2차 측 고전압현상을 방지하기 위해 2차 측의 중성점 또는 1단자를 접지한다.

② 접지 시 주의사항
   ㉠ 2점 접지회피(반드시 1점 접지 실시)
   ㉡ 접지는 변성기 단자보다는 가능한 계전기 장치 측에 실시

(2) PT용 Fuse

① 1차 측 Fuse
   ㉠ 목적 : PT 고장 시 선로로 파급방지
   ㉡ 적용 : 고압 이상 회로에서 COS, PF를 사용하며 0.5[A] 혹은 1[A] Fuse 적용

② 2차 측 Fuse
   ㉠ 목적 : 부하 측의 오접속, 고장 등으로 인한 2차 측의 단락사고 발생 시 PT로 사고가 파급되는 것을 방지하기 위함
   ㉡ 종류 : 3[A], 5[A], 10[A] 등 부담에 적합한 전류치를 채용함

③ 기타 사항 : 명칭, 계급, 정격 1차 전압, 정격 2차 전압, 정격부담 및 정격주파수가 표시되어야 한다.

4 접지형 계기용 변압기(GPT)

1) 목적

자가용 배전계통인 고압 비접지계통 및 저항접지계통에서 영상전압을 검출하기 위한 계기용 변압기로 1차 단자는 주회로에 접속되고, 2차 단자는 계기용 전원공급을 목적으로 설치되며, 3차 단자는 Open-Δ를 구성하여 SGR 동작을 위한 영상전압을 검출하기 위함이다.

2) 영상전압 검출방법

(1) 중성점 접지 변압기(NGT)
(2) GPT(단상, 3상) 이용
(3) 단상 PT 3대 이용 → Open-Δ 회로 구성
(4) 보조 변압기(PT) 이용

3) 3상 GPT에 의한 영상전압 검출

(1) 결선도

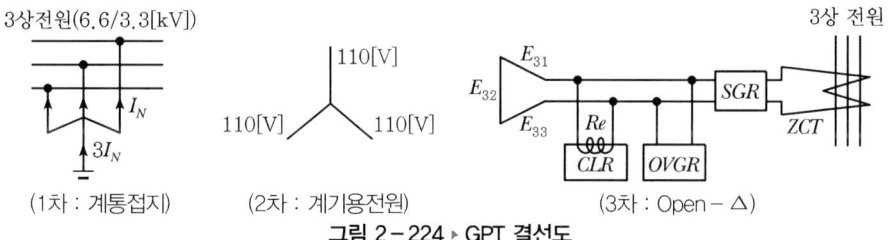

그림 2-224 ▶ GPT 결선도

① 1차 측 : Y 접속하고 중성점은 접지함
② 2차 측 : Y 접속하고 정상전압을 인출함(계기용 접지)
③ 3차 측 : Open-Δ(Broken-Δ)로 접속하여 영상전압 검출
④ 정격 3차 전압은 $\dfrac{110}{3}$ [V], $\dfrac{190}{3}$ [V]이고 1선 완전지락 시 110[V], 190[V]

(2) 6,600[V] 비접지계통에서 1선 지락 시 전압(완전지락)

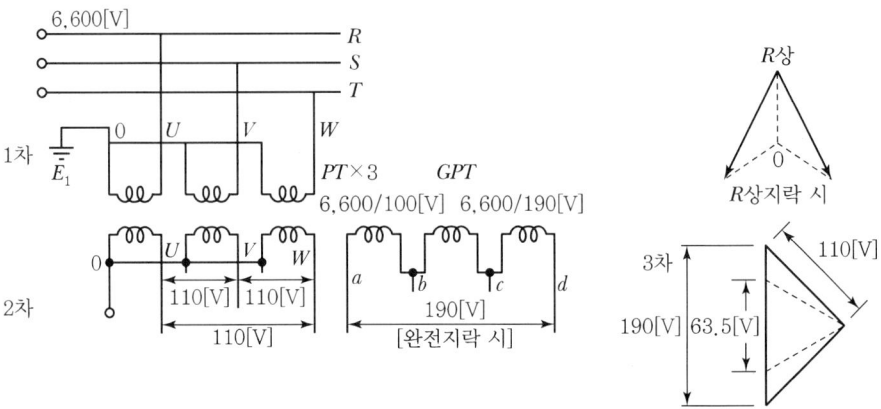

그림 2-225 ▶ 1선 지락 시 벡터도

① 지락상(E_{31}) 전압 : 0[V]
② 건전상 전압 : 110[V]
③ 3차 단자전압 : 190[V]

(3) 표시램프

① 정격영상 3차 전압이 190[V]일 때 110[V] 정격의 투명램프를 3개 사용함
② 평상시 램프에 인가되는 전압은 각상 63.5[V]
③ 1선 지락 시 : 지락상의 전압이 낮아져 램프가 OFF, 타 건전상의 전압은 높아져 램프는 더 밝아짐

4) 단상 계기용변압기 3대 이용

(1) 결선도

① 1차 측 : Y 접속하고 중성점은 접지함
② 2차 측 : Open $-\Delta$(Broken$-\Delta$)로 접속하여 영상전압 검출

(2) 2차 영상전압 : 190[V]

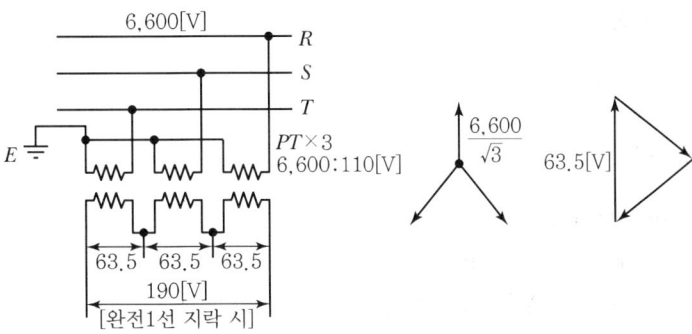

그림 2-226 ▶ 단상 계기용 변압기 3대 설치도

5) 보조 변압기 사용방법

(1) 2차 권선밖에 갖고 있지 않는 PT를 사용한다.
(2) 2차 측에 보조 PT 3개를 설치하고 1차를 Y로, 2차를 Open-Δ로 접속해서 영상전압을 검출한다.

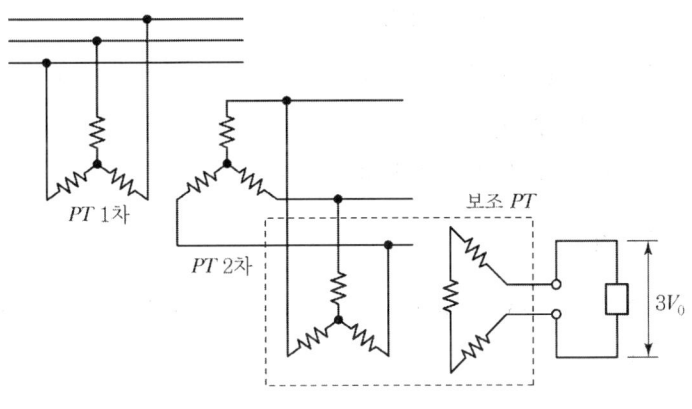

그림 2-227 ▶ 보조 PT 방식

6) 중성점 접지 변압기(NGT) 이용

(1) 발전기 중성점에서의 전압을 검출할 때 적용된다.
(2) 평상시 중성점과 대지 간에 전압이 나타나지 않는다.
(3) 1선 지락 사고 시 : 상전압에 상당하는 크기의 전압이 발생되어 NGT 2차 측에 영상전압을 검출한다(110[V]).

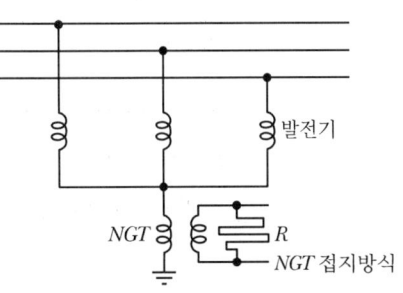

그림 2-228 ▶ 중성점 접지 변압기방식

7) 한류저항기(전류제한저항기 : CLR)

(1) 설치위치

GPT Open−Δ측에 설치한다.

(2) 설치목적

① 비접지계통

 ㉠ SGR 동작을 위한 유효전류(381[mA])를 검출

 ㉡ Open−Δ측에 CLR 설치 시 Δ회로 구성으로 제3고조파 순환에 의한 중성점 이상전압 및 불안정 현상방지

② 저저항 접지계통 : 접지형 계기용 변압기(GPT) 자체의 철공진과 같은 이상현상을 방지하기 위함이다.

$$Z = R + j(X_L - X_C)$$

여기서, R : CLR 저항[Ω]
    L : GPT 여자임피던스[mH]
    C : 대지정전용량[μF]

 ㉠ $X_L = X_C$인 경우 공진현상발생, R → 0인 경우 영상 1차 유효전류가 증대되어 GPT 소손 발생

 ㉡ GPT 철공진현상 방지(CLR 설치)

(3) CLR 정격

① 1차 영상유효분 전류($3I_N$)는 381[mA]로 정한다(SGR의 감도가 381[mA]에서 고감도).

표 2−34 ▶ CLR 정격

3.3[kV]		6.6[kV]		22.9[kV]	
저항[Ω]	용량[kW]	저항[Ω]	용량[kW]	저항[Ω]	용량[kW]
50	1	25	2	8	

② CLR 소비전력(W)

 ㉠ 계산식(3차[Open−Δ]를 1차로 환산)

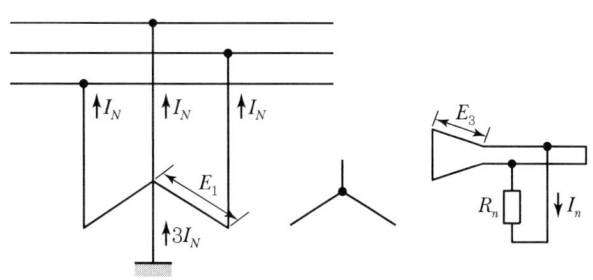

그림 2-229 ▶ GPT 결선도

$$R_n = \frac{3E_1}{\left(\frac{E_1}{E_3}\right)^2 I_N} = \frac{3E_3}{\frac{E_1}{E_3} I_N} \qquad I_N = \frac{3E_1}{\left(\frac{E_1}{E_3}\right)^2 R_n} = \frac{3E_3}{\frac{E_1}{E_3} R_n}$$

$$I_n = I_N \times \frac{E_1}{E_3} \qquad\qquad W = I_n^2 \times R_n = 3I_N E_1$$

여기서, I_N : 1차 영상 유효분 전류[A], E_3 : 3차 상전압[V]
I_n : 한류저항기 전류[A], R_n : 한류저항기 저항[Ω]
E_1 : 1차 상전압[V], W : 한류저항기 용량[W]

ⓒ 1차 전압이 6.6[kV], GPT 3차 정격 영상전압이 190[V]인 경우 CLR 소비전력[W]

$$W = I_n^2 \times R_n = 3I_N E_1 = 0.381 \times \frac{6,600}{\sqrt{3}} \cong 1,448 \cong 2[\text{kW}]$$

③ CLR 저항용량(Ω) (Open-Δ의 저항을 1차로 환산) : GPT 3차 CLR 저항을 1차로 환산한 등가저항(R_N)

$$R_N = \frac{n^2 R_n}{9} = \frac{E_1}{3I_N}$$

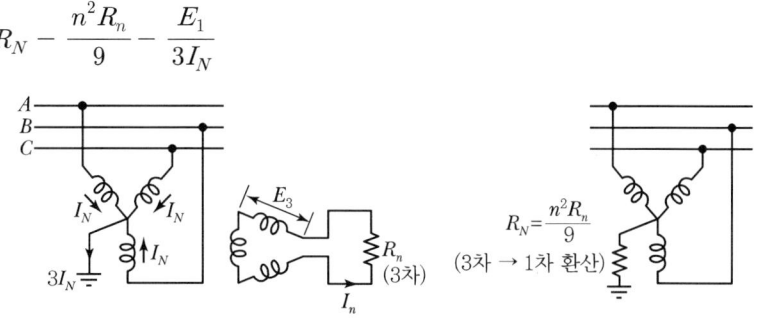

그림 2-230 ▶ 등가저항도

> Exercise
>
> 1차 전압이 6.6[kV]이고 3차 전압이 190[V], 전류가 380[mA]일 때 CLR의 용량은?
>
> 풀이
> $$R_n = \frac{\frac{6,600}{\sqrt{3}}}{0.381} \times \frac{9}{\left(\frac{6,600}{110}\right)^2} \simeq 25[\Omega]$$

(4) 적용 시 주의사항

① 현장 설치 시 CLR의 발열을 고려한 설치방법 검토
② 1선 지락 시 CLR에 과부하가 걸리지 않는 용량 선정 검토

5 콘덴서형 계기용 변압기(CPT)

1) 목적

66[kV] 이상의 초특고압 회로에서 전압 검출 시 PT의 대형화로 인한 고가의 문제점을 저렴하게 해결하기 위해 사용된다.

2) 구조

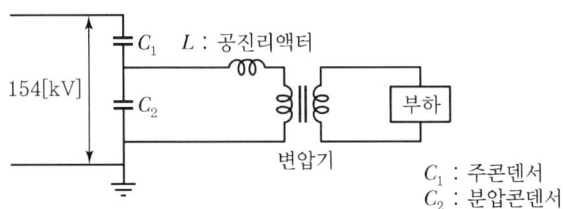

그림 2-231 ▶ CPT 구조

3) 동작원리

주회로와 대지 간의 전압을 주콘덴서와 분압 콘덴서로 구분하고 계기용 변압기(PT)를 이용하여 강압된 전압을 검출하며 이때 리액터를 이용하여 $C_1 + C_2$와 공진시켜 부하전류에 의한 전압강하를 저항만으로 하여 오차를 최소화시킨다.

4) 종류

주콘덴서와 분압회로의 리액터에 따라 결정된다.

(1) 결합 콘덴서형

① 주콘덴서에 결합콘덴서를 사용한 것
② 주콘덴서 특성을 임의로 선택할 수 있어 변성특성이 우수함

(2) 부싱형

① 주콘덴서에 전기기기의 콘덴서 부싱을 이용한 것
② 변성특성은 나쁘나 경제성이 유리하여 많이 사용됨

(3) 리액터 접속위치에 따라

① **1차 리액터형** : 공진리액터를 변압기 1차에 접속
② **2차 리액터형** : 공진리액터를 변압기 2차에 접속
③ **누설변압기형** : 공진리액터 대신 변압기에 누설변압기를 사용함

5) 특성

(1) L과 $C_1 + C_2$을 공진시킴으로써 부하전류에 의한 전압강하를 저항분만으로 해서 오차를 최소화한다.

(2) 오차가 최소로 되는 조건(L과 C가 공진했을 때)

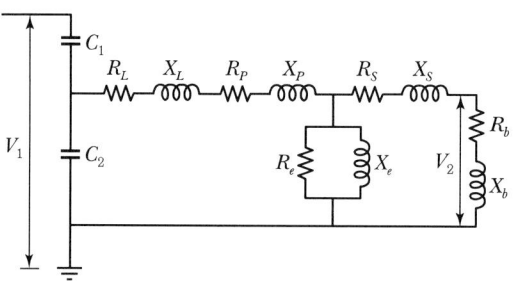

그림 2-232 ▶ 콘덴서형 계기용 변압기 등가회로

① 무부담 오차에서

$$X_L + X_P = \frac{1}{\omega(C_1 + C_2)}$$

여기서, C_1, C_2 : 주콘덴서 및 분압콘덴서

② 부담 오차에서

$$X_L + X_P + X_S = \frac{1}{\omega(C_1 + C_2)}$$

여기서, X_L : 공진리액터의 리액턴스
X_P : 변압기 1차 측 리액턴스
X_S : 변압기 2차 측 리액턴스

(3) 오차가 개선되는 조건

① 주콘덴서 C_1을 크게해 분담전압을 크게 함과 동시에 $C_1 + C_2$을 크게 한다.

$$\frac{V_1}{V_2} = \frac{C_1 + C_2}{C_1} \left(V_2 = \frac{C_1}{C_1 + C_2} V_1 \right)$$

② 여자임피던스(Z_0)를 크게 한다.

③ 변압기 권선 및 공진리액터의 저항분을 작게 한다.

8. 보호방식

1 수전회로 보호

1) 개요

수전설비는 계통의 보호관점으로 구분하면 수전회로보호, 수전변압기보호, 변압기 2차 모선보호로 구분되며 계통의 고장(지락, 단락)으로부터 수전회로 보호방법을 고려할 경우 경제성과 신뢰도를 검토해야 한다.

표 2-35 ▶ 수전방식과 표준 보호방식

수전방식	표준 보호방식
1회선 및 상용 예비회선 수전방식	한시차 보호계전 방식
Loop 수전방식	표시선 계전방식
평행2회선 수전방식	전력 불평형 선택 계전방식 전류 불평형 선택 계전방식
Spot Network 방식	네트워크 프로텍트 퓨즈와 네트워크 프로텍트 차단기에 의한 보호(역전력차단, 차전압투입, 무전압투입)

2) 방사상 수전회로의 보호

(1) 적용보호방식

한시차 보호계전방식이 적용되며 1회선 수전방식, 상용예비회선 수전방식이 적용된다.

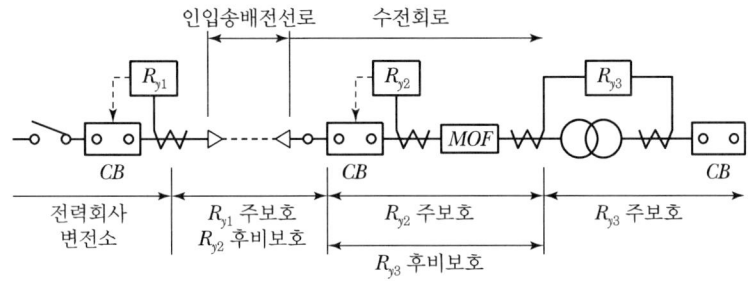

그림 2-233 ▶ 방사상 수전회로의 보호

위의 수전회로 보호장치가 충분한 기능을 발휘하기 위해서는 보호계전기에 부속되는 변류기의 선정 및 전력회사의 송전단과의 보호방식 등이 충분한 협조를 취해야 한다.

(2) 변류기의 선정

① 정격1차 전류 : 주회로 최대부하전류 $\times 125 \sim 150[\%]$

② 정격 내 전류 : 22[kV] 1,000[MVA](25[kA]) → 100[A] 이상
③ 3차권선 : 정격 1차 전류가 400[A] 이상인 경우
④ 정격부담 : 실사용부담×150~200[%]
⑤ 변류비 오차 : 권선형 1.0급, 관통형 3.0급
⑥ 과전류 정수 : n>10 또는 n>20

(3) 계전기 선정

방사상 수전회로의 단락보호에는 한시차 보호방식이 적용되며 단락보호용 과전류 계전기에는 반한시 특성요소와 순시요소를 함께 1케이스 조합한것이 많이 적용된다.

① 단락 및 과부하보호
  ㉠ 반한 시 특성요소
    • 정정탭 전류 범위 : 4~12[A]
    • 정정시간 범위 : 0.25~2.5초
  ㉡ 순시요소 정정범위 : 20~80[A]

② 지락보호 : 정정탭 전류범위 : 0.1~0.8[A]의 반한시 특성의 지락과전류계전기를 많이 적용한다.

(4) 전력회사 송전단과의 보호협조

① 적용계전기
  ㉠ 전력회사 측
    • 단락보호용 : 과전류계전기, 단락방향계전기 등
    • 지락보호용 : 지락과전류계전기, 지락방향계전기 등
  ㉡ 수용가 측
    • 설치계전기 : 과전류계전기, 지락과전류계전기 등
    • 수용가 구내 사고 → 수용가 OCR, OCGR 동작이 먼저될 것

② 계전기 정정값
  ㉠ 일반적으로 전력회사에서 자사 계통의 보호협조 및 전선로의 열적강도 등에서 표준계통의 특고수용가 수전점에 아래의 정정치를 요구하고 있음
  ㉡ 수용가 구내 계통이 큰 경우 변압기 2차측 단락 시 0.6초 이하로 하기가 어려운 경우 전력회사와 수용가가 협의하여 전력회사 및 타수용가에 영향을 주지 않는 범위 내에서 크게 조정할 수 있음

표 2-36 ▶ 수용가 수전점 계전기 정정값

용도	계전기 종류	요소	정정값 전류	시간
과부하 및 단락 보호	OCR	한시	계약최대전력×150~170[%]	수전 변압기 2차 3상 단락시 0.6초 이하
		순시	수전변압기 2차 3상단락전류 ×150[%]	순시(0.05초 이하)
지락 보호	OCGR DGR	한시	계약전력의 30[%] 이하로서 3상 수전 불평형전류의 1.5배 이상	수전보호구간 최대 1선지락전류에서 0.2초 이하
		순시	1선지락전류의 최소치	순시(0.05초 이하)

3) Loop 수전회로 보호

(1) 적용 보호방식

표시선 계전방식이 적용

(2) 표시선 계전방식(Pilot Wire Relay)

보호구간내의 고장을 고속도로 완전히 제거하는 보호계전 방식으로 보호구간의 각 단자에서 고장상황을 상호 연락하여 차단여부를 순시로 연락하는 통신수단을 Pilot이라 하며 양단을 연결하는 표시선(Pilot Wire)이 필요하며 경제적인 이유로 10~15[km]의 긍장까지 사용한다.

(3) 종류

① 동작원리별 분류
  ㉠ 방향 비교방식(현재 거의 사용되지 않음)
  ㉡ 전류비교방식
   • 전류순환식
   • 전압반향식

② 통신수단에 의한 분류
  ㉠ Wire Pilot
  ㉡ Carrier Pilot(30~300[KHz])
  ㉢ Microwave Pilot(900~6,000[MHz])

(4) 전류순환식

① 보호구간의 양단에 전류평형계전기를 두고 이것을 표시선에 연결한다.
② 양단 변류기 2차 측 전류에 상당하는 전류가 표시선에 가해지고 상시부하전류 및 외부 고장시 표시선에 환류가 생긴다. → 억제코일이 동작되어 동작코일 동작이 저지된다.
③ 표시선 내부에 고장 시 동작코일에 전류가 흘러 동작력이 억제력을 극복하고 계전기가 동작한다.
④ 전압 반향식에 비해 CT 2차 회로의 부담이 적으며 CT 오차 대책상 유리하여 실제로 많이 적용된다.

(5) 전압반향식

① 전류순환식과 동작 및 억제코일의 위치가 바뀌었고 pilot Wire가 역방향으로 결선된 것이 다르다.
② 상시 부하전류 및 외부 사고 시 전류는 억제코일에만 흐른다.
③ 내부 고장 시 표시선에 전류가 환류하여 동작코일에 전류가 흘러 동작된다.

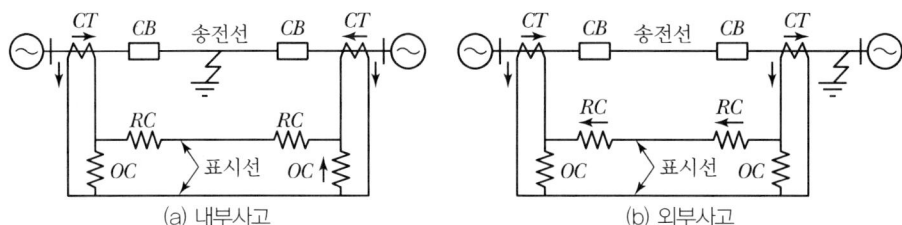

그림 2-234 ▶ **전류 순환식 표시선 계전방식**

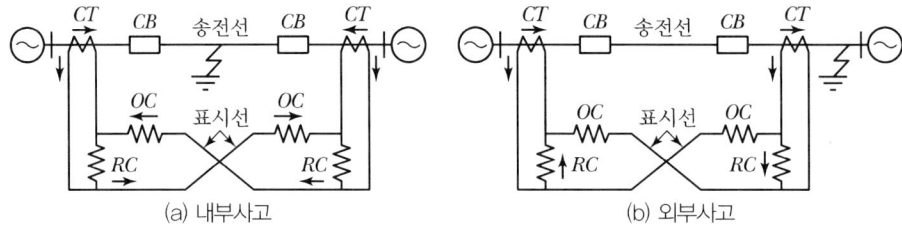

그림 2-235 ▶ **전압 반향식 표시선 계전방식**

OC : 계전기 동작코일, RC : 계전기 억제코일

(6) 표시선 회로

표시선 회로는 계전장치의 신뢰도를 좌우하는 중요한 부분으로서 지름이 0.9[mm] 또는 1.2[mm]의 CVV-S, CVV-SB, CVV-SP 등이 적용된다.

4) 평행2회선 수전회로 보호

(1) 적용보호방식

① 전력불평형 계전방식(주로 사용)
② 전류불평형 계전방식

(2) 전력 불평형 계전방식

병행(평행) 2회선은 상시 및 회선외 사고 시에는 평행되어 있는 양회선의 전류가 회선 내 사고 시는 반드시 불평형이 된다는 점에서 전류불평형 또는 전력불평형 계전방식이 적용된다.

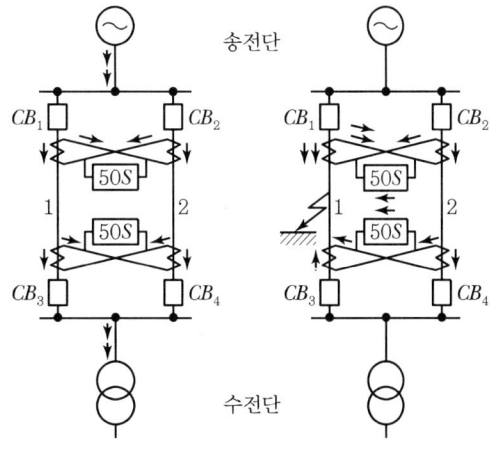

그림 2-236 ▶ 전력불평형 계전방식

① 병행(평행) 2회선 각 상에 변류기를 교차접속하고 차동회로에 전력방향계전기 또는 지락방향 계전기를 삽입하여 전류의 방향을 판정하는 기준으로 수전회로를 보호한다.

② 평상시
평상시 부하전류 및 회선외 사고는 양회선을 평행하게 흘러 CT 2차 전류는 차동회로의 계전기에는 흐르지 않는다.

③ 1호선에 사고발생 시
송전단 전류는 1호선이 2호선보다 많아지고 수전단에서는 1호선의 전류방향이 2호선과 반대 방향이 되어 차동회로에 전류가 검출되어 1호선 사고임을 인지하고 차단기 CB_1, CB_3을 트립시킨다.

5) Spot-Network 수전회로 보호방식(수전방식 Spot Network 참조)

2 수변전설비(22.9[kV-Y]) 보호

1) 개요

(1) 수변전설비는 외부에서 전원을 인입하여 부하에 적합한 전압으로 변성시켜 전력을 공급시키는 가장 중요한 설비로써 경제성 보다 신뢰성이 우선한다.

(2) 수전방식에는 저압, 고압, 특고압 수전방식이 있으나 국내의 경우 특고압 수전방식은 현재 대부분 22.9[kV-Y]의 직접접지 방식을 적용하고 있다.

2) 수변전 설비의 계통도

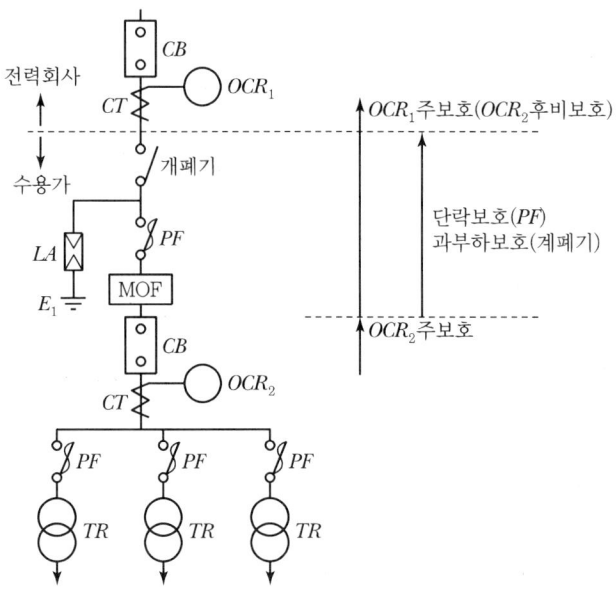

그림 2-237 ▶ 수변전 설비 계통도

3) 보호계전방식

(1) 한시차 보호 계전

① 계통에 고장 발생 시 고장난 계통에 가장 가까운 계전기가 우선 동작하여 하위단부터 차단되게 하여 정전구간을 최소화 시키는 방식이다.

② F점에서 고장발생시 가장 하위단 차단기 CB_3가 우선 동작하도록 보호계전기의 동작시간을 정정하는 방식이다(OCR_3가 가장 정정시간이 짧음).

③ 만일 CB_3가 차단되지 않으면 상위단 OCR_2와 CB_2로 보호되게 한다.

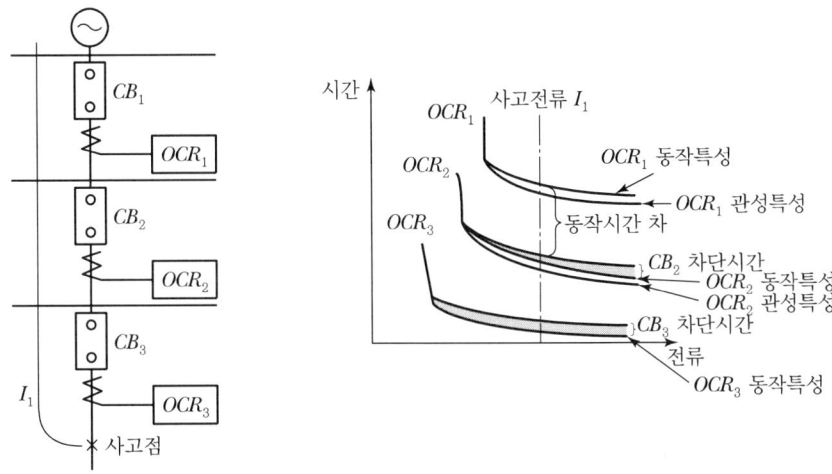

그림 2-238 ▶ 한시차 계전방식

(2) 지락보호

① 직접접지계통에서 CT잔류회로를 구성한다.
② 지락과전류계전기(OCGR) 1개를 구성한다.
③ 1선 지락 시 한상 단락과 같은 회로를 구성한다.
④ 지락전류가 커서 보호계전기의 동작이 확실하다.

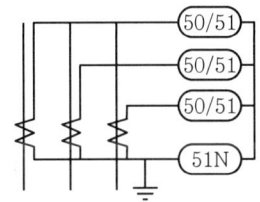

그림 2-239 ▶ 지락, 과부하 보호

(3) 과부하 및 단락보호

① 과부하 보호
  ㉠ 과부하에 대해서는 과전류계전기(OCR / 51 한시요소)의 정정치 이상이 되는 경우 VCB TRIP COIL을 여자시킴
  ㉡ 정정치(한시요소부) : 계약 최대전력의 150~170[%] → 수전변압기 2차 3상 단락 시 0.6초 이하에서 동작

② 단락보호
  ㉠ 단락전류와 같은 대전류에 대해 과전류계전기(OCR / 50 순시요소)의 정정치 이상이 되는 경우 VCB TRIP COIL을 여자시킴
  ㉡ 정정치(순시요소부) : 수전단 변압기 2차 3상 단락전류의 150[%] → 순시

(4) 과전압 및 저전압 보호

① 과전압 계전기(OVR : Over Voltage Relay)
  ㉠ 회로에 일정전압 이상의 과전압 운전을 방지하기 위한 계전기
  ㉡ 정정치
    • 동작전압 : 정격전압의 130[%]
    • 정정시간 : 130[%] 전압에서 2초 이하 정도임
  ㉢ 탭구성
    PT 2차 전압이 110[V]인 경우 AC 135~150[V] 범위의 전압탭은 반드시 구비(한전규정)

② 저전압 계전기(UVR : Under Voltage Relay)
  ㉠ 무전압 또는 저전압시 동작하는 계전기
  ㉡ 정정치
    • 동작전압 : 정격전압의 70[%]
    • 정정시간 : 70[%] 전압에서 대해 2초 정도임
  ㉢ 탭구성
    PT 2차 전압이 110[V]인 경우 AC 60~80[V] 범위의 전압탭은 반드시 구비(한전규정)

③ 과전압 지락계전기(OVGR : Over Voltage Ground Relay)
  ㉠ 지락 시 발생되는 영상전압을 검출하는 계전기
  ㉡ GPT 3차 전압(190[V])의 30[%]에 해당하는 전압에 계전기가 동작됨
  ㉢ 탭구성 : AC 55~65[V] 범위의 전압탭은 반드시 구비(한전규정)

4) 절연강도 및 절연협조

(1) 절연강도

① 절연방법
  ㉠ 내부절연(변압기, 회전기) > 외부절연(애자)
  ㉡ 기기의 절연강도 > 피뢰기 제한전압 + 피뢰기 접지저항 전압강하(접지선 전위상승)

② 변압기 절연강도
  ㉠ 유입변압기 : 150[kV]
  ㉡ MOLD 변압기 : 95[kV]

(2) 절연협조

① 피뢰기(LA)
   유도뢰와 같은 이상전압을 제한전압 이하로 억제시켜 전력기기의 경제적 설계가 가능하다.

② 서지 흡수기(SA)
   차단기 개폐시 발생될 수 있는 약 $3E_m$(정격전압)을 SA를 통해 방전시켜 건식 TR의 절연 내력 저하를 방지한다.

3 모선구성 방식 및 보호방식

1) 개요

(1) 모선이란 전력공급을 위한 공통도체로 수전모선 및 변압기 2차모선으로 구분된다.
(2) 모선의 사고빈도는 매우 낮으나 사고발생시 계통전체의 신뢰도 및 안정도를 저감시키므로 사고제거의 지연이나 오동작이 없어야 하며 계통의 중요도에 따라 신뢰성이 높은 방식을 선정하는 것이 중요하다.

2) 모선 선정 시 고려사항

(1) 설비의 중요도
(2) 안정된 송, 배전 확보
(3) 고장의 신속한 제거
(4) 건설의 경제성

3) 모선의 종류

(1) 단모선

① 구조가 간단하고 경제적인 방식임
② 사고시 전체 정전으로 신뢰도가 낮음
③ 중요도 낮은 소규모 변전소 채용

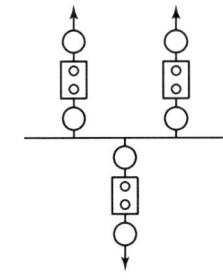

그림 2-240 ▶ 단모선

(2) 환상모선

① 항상 2계통 이상에서 수전하는 경우에 채용함
② 정전이 없어 부분정비 및 CB점검 가능
③ 부하절환은 편리하나 구조가 복잡함
④ 전압강하, 전력손실이 적고 공급신뢰도 우수

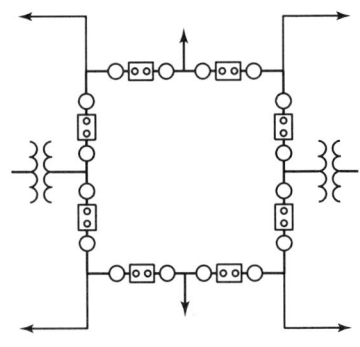

그림 2-241 ▶ 환상모선

(3) 2중모선 방식

고신뢰성의 무정전으로 전원공급이 가능하나 설치비가 고가이며 system 및 보호계전방식이 복잡하다.

① 2중모선 1CB방식
 ㉠ 단모선 대비 계통운용이 유연함
 ㉡ 2중모선방식 중 가장 경제적임
 ㉢ 1개 모선 정전 시 전체정전 방지

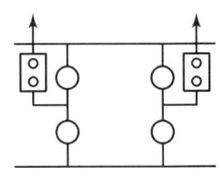

그림 2-242 ▶ 1CB방식

② 154[kV]급 변전소 채용

② 2중모선 1.5 CB방식
  ㉠ 2회선당 3개의 CB를 가지는 방식임으로 1.5 차단방식이라 함
  ㉡ 한쪽 모선 고장 시 다른 쪽 모선으로 중간 Tie CB를 이용하여 절체가능
  ㉢ CB 점검 시 회선정전이 없음
  ㉣ 공급신뢰도 향상
  ㉤ 345[kV]급 변전소 적용

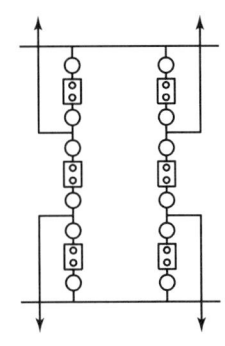

그림 2-243 ▶ 1.5CB방식

③ 2중모선 2CB방식
  ㉠ 1회선당 2개의 차단기를 가지는 방식
  ㉡ CB점검 시 선로정전이 없음
  ㉢ 차단기의 경제성 측면에서 1.5차단방식에 비해 불리함
  ㉣ 장래증설 예상 대용량 변전소 적용

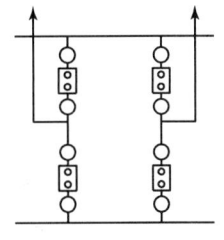

그림 2-244 ▶ 2CB방식

4) 보호방식의 분류

  (1) 차동계전방식

    ① (과)전류차동방식
      ㉠ 차동회로로 과전류를 검출하는 방식
        • 내부고장 시 : CT 2차의 전류가 계전기에 검출됨
        • 외부고장 시 : CT 2차의 전류는 순환되어(Vector 합이 0이 됨) 계전기가 동작하지 않음
      ㉡ CT 포화특성에 의한 오동작 존재하여 중요 변전소 미적용

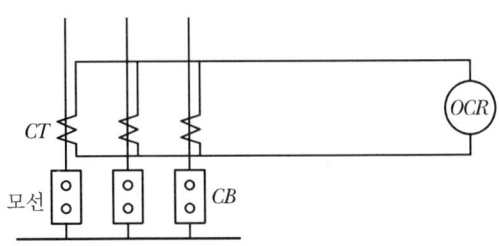

그림 2-245 ▶ 과전류차동방식

② (전류)비율차동 방식
  ㉠ 외부사고시 변류기의 오차에 의한 차동회로 전류로 오동작하지 않도록 하기위해 CT 회로 전류를 억제하는 방식임
  ㉡ 2차 회로를 일괄하여 비율차동회로를 구성함
  ㉢ 전류차동방식 중 신뢰도가 높음
  ㉣ 변류기 포화 시 오동작이 되므로 선정 시 주의

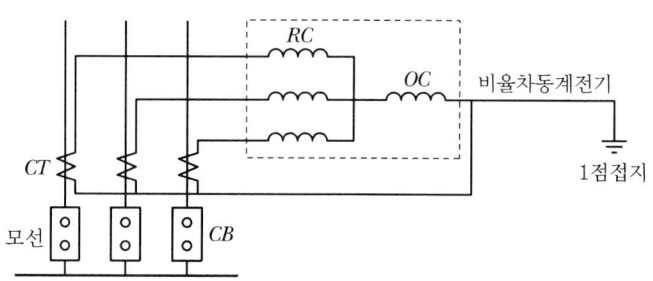

그림 2-246 ▶ 비율차동계전 방식

③ 리니어커플러(Linear Coupler) 방식(공심형 변류기 방식)
  ㉠ 철심이 없는 변류기를 사용하므로 CT 포화로 인한 오차문제를 해결한 방식
  ㉡ 결선이 간단하나 외부자계에 영향으로 오동작의 우려가 있음
  ㉢ 사고 구분
    • 내부사고 시
      전전원단 회로의 리니어커플러 전압의 합이 계전기에 가해지고 계전기가 동작함
    • 외부사고 시
      개개의 리니어커플러 특성차에 의한 근소한 전압이 계전기에 가해지나 계전기는 동작하지 않음

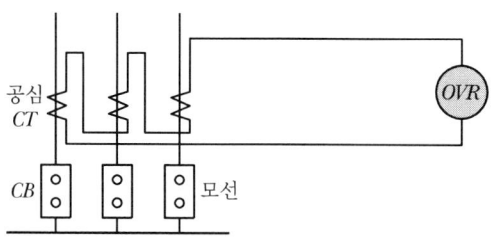

그림 2-247 ▶ 공심변류기 방식

④ 전압차동 방식
  주보호방식으로 많이 사용되는 방식이다.
  ㉠ 차동회로에 전류계전기 대신 임피던스가 높은 전압계전기를 접속하는 방식

ⓛ CT 포화특성에 따른 오동작이 없고 내부사고만 정확히 검출
ⓒ 대규모 변전소 주보호로 활용 (154[kV], 345[kV]계통 모선에 적용)
ⓔ 사고구분
- 내부 사고
  CT 2차 회로를 환류할 수 없어 차동회로에 높은 전압이 발생되어 전압계전기를 동작시킴
- 외부 사고
  CT 포화에 의한 오차전류가 차동회로의 높은 임피던스 때문에 차동회로에 흐르지 못해 차동회로에는 낮은 전압이 발생됨

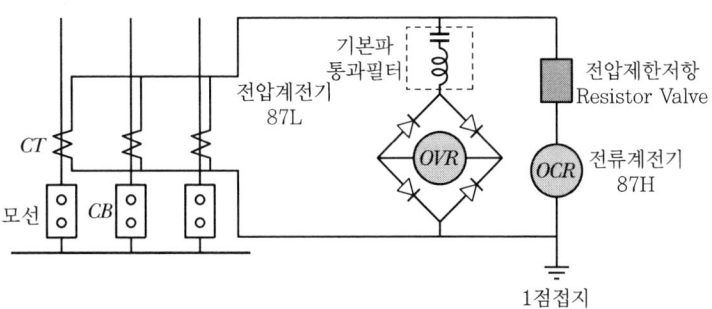

그림 2-248 ▶ 전압차동 방식

⑤ 위상비교 방식
ⓐ 차동방식에서 고장시 변류기 오차의 영향을 피하기 위해 CT에 유입되는 전류의 위상만으로 고장을 판별하는 방식(전류크기는 영향이 없음)
ⓑ 사고 구분
- 내부 사고
  전류위상이 모두 양의 반파의 동작신호가 발생되며 이 경우 계전기의 동작력이 발생함

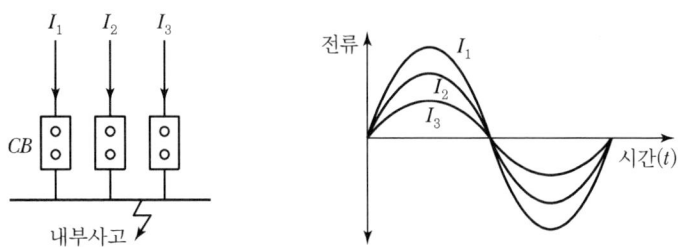

그림 2-249 ▶ 위상비교, 내부사고

• 외부 사고

전류위상이 부의 반파가 들어와서 억제력이 발생되므로 동작하지 않게 됨

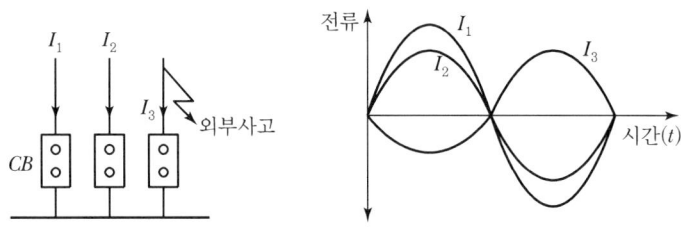

그림 2-250 ▶ 위상비교, 외부사고

(2) 방향비교 방식

① 각 회선에 전력방향계전기를 설치하여 그 접점을 조합하여 사고를 검출하는 방식이다.
② 내부사고 시는 모든 내부방향계전기가 동작하고, 외부사고 시 반드시 1개 이상의 외부방향계전기가 동작하므로 그 접점에 의해 차단회로를 lock 하는 것이다.
③ 회선 증가 시 고속도 보호가 어렵다.

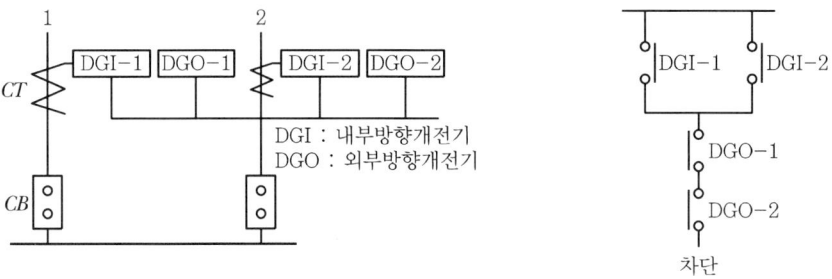

그림 2-251 ▶ 방향 비교 방식

(3) 차폐모선 방식

① 모선의 각상을 차폐 케이스에 넣어서 절연 격리한 방식이다.
② 보호 면에서 우수하나 고가이다.

4 변압기 보호

1) 개요

(1) 변압기는 변전설비의 가장 중요한 설비로써 보호장치가 시설되며 크게 내부보호와 외부보호장치로 구분되며 변압기 고장원인과 보호기준을 구분하고 특히 내부보호를 중심으로 기술한다.

(2) 변압기보호

① 외부보호 : 피뢰기(LA), 서어지 흡수기(SA)
② 내부보호 : 전기적 보호, 기계적 보호

2) 고장 원인과 보호기준

(1) 고장 원인

① 권선층 간 상간단락
② 권선과 철심의 절연파괴
③ 고 / 저압 혼촉
④ 권선단선 등

(2) 변압기 보호 기준(KEC 351.4)

뱅크용량의 구분	동작조건	장치의 종류
5,000[kVA] 이상 10,000[kVA] 미만	변압기 내부고장	자동차단장치 또는 경보장치
10,000[kVA] 이상	변압기 내부고장	자동차단장치
10,000[kVA] 이상 (봉입한 냉매를 강제순환 냉각방식)	냉각장치에 고장이 생긴 경우 또는 변압기의 온도가 현저히 상승한 경우	경보장치

3) 외부고장 보호

(1) 피뢰기

① 유도뢰로부터 변압기를 보호
② 변압기와의 이격거리(구 내선규정)
  ㉠ 22.9[kV] → 20[m] 이내
  ㉡ 154[kV] → 65[m] 이내

(2) Surge Absorber(SA : 서지 흡수기)

① 목적

VCB 개폐 시 이상전압이 BIL이 낮은 전력기기(변압기, 모타) 절연손상에 악영향을 미칠 수 있어 이를 방지하기 위해 설치한다.

② 설치대상 및 장소

㉠ 설치장소
- 일반적으로 VCB 2차, 보호기기 전단설치
- 사용 목적에 따라 차단기 1차에도 적용함

㉡ 대상
- VCB+몰드(건식)형변압기, 전동기
  → 반드시 적용함
- VCB+발전기 → 부분적 적용
- VCB+콘덴서 → 불필요함

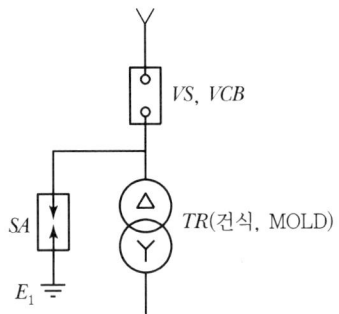

그림 2-252 ▶ SA 설치장소

4) 내부고장보호

(1) 개요

외부 고장에는 동작되지 않고 내부 고장에는 확실하게 동작될 수 있는 비율차동계전기와 기계적 보호장치가 적용된다.

(2) 보호방법

전기적 보호	• 비율차동계전방식(현재 주로 사용) • 차동계전방식(잘 사용 안됨) • 과전류보호방식(OCR)
기계적 보호	• 브흐홀쯔계전기 • 충격압력계전기 • 온도계 • 유면계

(3) 비율차동계전기

① 원리

㉠ 동작비율이 억제 전류의 일정치 이상 시 동작, 평상시, 외부 고장에는 부동작, 내부 고장 시만 동작

㉡ 동작비율 = $\dfrac{\text{차전류}(|i_1 - i_2|)}{\text{전류}(|i_1| \text{ 혹은 } |i_2|)} \times 100$

- NLTC : 15~20[%]
- OLTC : 25~30[%]

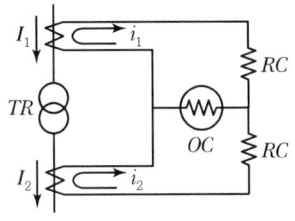

그림 2-253 ▶ 비율차동계전기

② 동작특성

통과전류 i_1, i_2에 의하여 억제력을 내는 억제 코일(RC)과 차전류($|i_1 - i_2|$)에 의해 동작력을 내는 동작코일(OC)로 구성

㉠ 외부 사고 시 : $i_1 = i_2$ → 계전기 부동작

㉡ 내부 사고 시
- $i_1 \gg i_2$ 또는 $i_1 \ll i_2$인 경우 → 계전기 동작
- 위상이 반대로 될 경우 → 계전기 동작

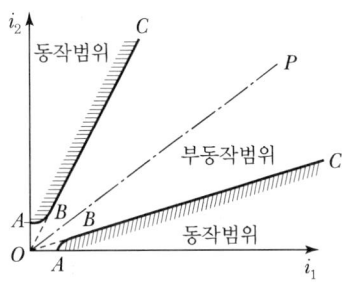

그림 2-254 ▶ 동작특성도

③ 적용 시 주의사항

㉠ 여자돌입전류에 의한 오동작 대책

변압기를 무부하 투입 시 정격전류의 약 8~10배의 여자돌입전류로 인한 오동작 대책이 필요함(경우에 따라 정격전류의 10배 이상의 여자돌입전류가 발생할 수 있음)

- 감도저하식
  - 적용 : 30[MVA] 이하
  - 원리 : 변압기를 투입하는 순간 전압계전기와 감도저하 저항에 의해 감도를 저하시키는 방식으로 여자돌입전류를 By-Pass시켜 오동작을 방지함
  - 특징 : 30[MVA] 이하에서 경제적으로 적용할 수 있는 방식

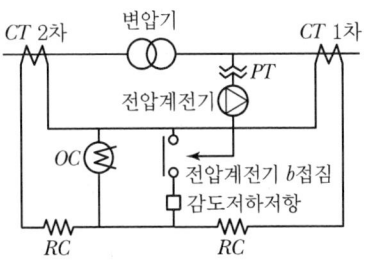

그림 2-255 ▶ 감도 저하식

- 고조파 억제식
  - 적용 : 30[MVA] 이상
  - 원리 : 변압기 투입 시 다차수의 고조파가 존재하며 특히 2조파가 수십(%) 이상 함유 시 이 2조파 전류를 계전기의 억제력으로 이용하여 오동작을 방지함

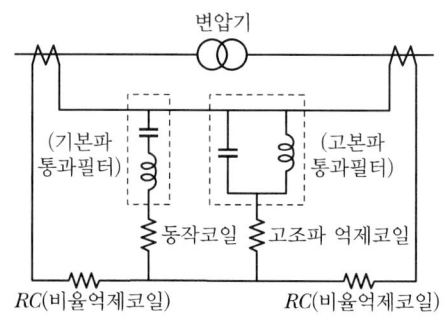

그림 2-256 ▶ 고조파 억제식

ⓒ 위상차에 의한 오동작
- 문제점 : 변압기 $Y-\Delta$ 결선 시 30° 위상차 발생
- 대책 : CT의 위상차 보정

변압기 결선	CT 결선
$\Delta-Y$	$Y-\Delta$
$Y-\Delta$	$\Delta-Y$

(4) 과전류계전기(OCR)

① 3,000[kVA] 이하의 변압기 단락 보호용으로 순시 요소부 부착 반한시 특성의 과전류 계전기 시설

② 변압기 내부 사고 시 순시요소부 동작

③ 부하단락, 여자돌입전류 → 순시요소부 부동작

(5) 브흐홀쯔 계전기

① 원리 : 과열에 의한 유류분해로 Gas화되면서 유류 level이 하강한다.
  ㉠ B_1 : 경보
  ㉡ B_2 : 단락, 지락 등으로 급격한 유류변동 → 차단

② 설치장소 : 주탱크 ↔ 콘서베이터

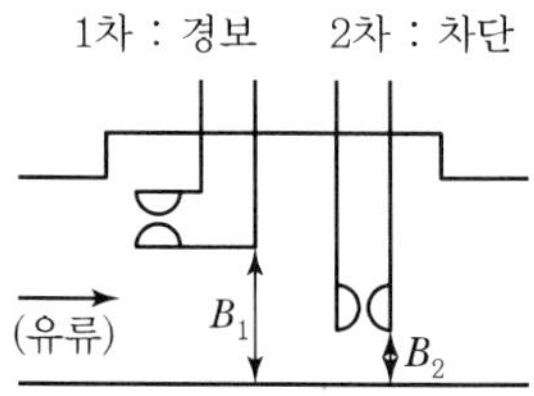

그림 2-257 ▶ 브흐홀쯔 계전기

(6) 충격압력 계전기

① 원리 : 내부 사고 시 발생 Gas로 이상 압력을 발생시켜 접점을 폐로시킨다.

② 설치 장소 : 변압기 상부 가스 공간 내

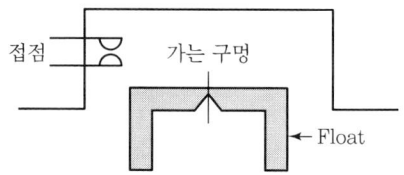

그림 2-258 ▶ 충격압력계전기

(7) 비율차동계전기 정정

① 목적
보호 구간 내의 사고를 되도록 고감도로 검출하는 동시에 보호구간 밖의 사고에 절대 오동작하지 않도록 전류탭과 동작비율을 정하는 것을 말한다.

② 전류탭 정정
변압기에 일정한 전력이 통과했을 때 변압기의 1차 측 변류기의 2차 전류와 2차 측 변류기의 2차 전류가 같아지지 않는 것을 보상하는 것을 말한다.

㉠ 보조변류기 방식
- i_1 또는 i_2의 어느 큰 쪽에 보조변류기를 넣는다.
- $i_1 > i_2$이면 i_1쪽에 변류비 $\dfrac{i_2}{i_1}$의 것을, $i_2 > i_1$이면 i_2쪽에 변류비 $\dfrac{i_1}{i_2}$의 것을 넣는다.
- 보조변류기로 계전기 측 전류를 크게 하면 변류기 부담이 커서 특성이 나빠지는 것을 방지하기 위함이다.

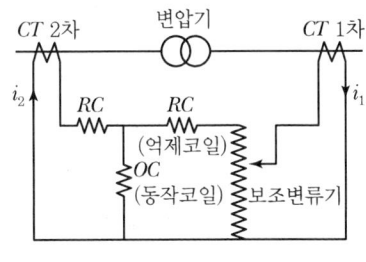

그림 2-259 ▶ 보조변류기방식

㉡ 계전기 코일 탭 정정 방식
- 계전기 코일탭으로 정정 시 i_1, i_2의 큰 쪽을 큰 탭 T_1이 있는 코일쪽에 접속하고 작은 쪽을 작은 탭 T_2가 있는 코일쪽에 접속해서 $\dfrac{i_1}{i_2} = \dfrac{T_1}{T_2}$에 가까워지는 T_1, T_2를 정정한다.
- 이 방법은 정합이 완전히 이루어져도 차동회로의 전류 I_d는 0이 되지 않는다.

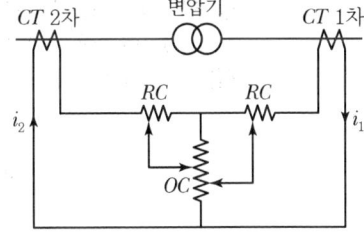

그림 2-260 ▶ 계전기 탭방식

㉢ 3권선 변압기 방식
- 2권선마다 동일 kVA의 전력이 통과한다고 가정하고 정정한다.
- W_1에서 W_2로 어떤 kVA의 전력이 통과한다고 보고 탭 T_1 및 T_2를 정정한다.

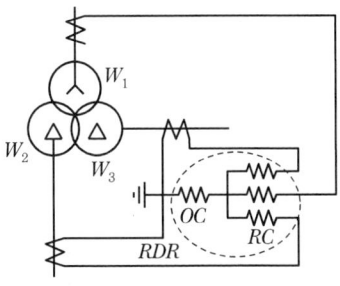

그림 2-261 ▶ 3권선 변압기

- W_1에서 W_3로 동일전력이 통과한다고 보고 T_1에 대한 T_3를 정정하면 W_2와 W_3 사이의 T_2와 T_3는 정합이 된다.

③ 동작 비율
㉠ 변압기 탭 변환기에 따른 변압비 오차
- 부하 시 탭 변환 변압기에서는 전변환탭 범위[%]의 $\frac{1}{2}$로 한다.
- 무부하 탭 변환 변압기에서는 0으로 한다.

㉡ 변류기 오차
각 변류기의 1차 전류와 과전류정수의 적이 최대 외부사고 전류 이상이라 보고 10[%]로 한다.

㉢ 탭의 부정합율
- 탭의 부정합율[%] = $\dfrac{\text{변류기 2차전류의 비} - \text{정정탭의 비}}{\text{정정탭의 비}} \times 100$
- 일반적으로 5[%] 이하이다.

㉣ 여유율 : 5[%]
이상에서 ㉠+㉡+㉢+㉣한 경우 무부하 탭변압기에서는 15~20[%], 부하 시 탭변압기에는 25~30[%]가 된다.

Exercise

변압기 154/22.9[kV], 3상 30/40[MVA], Δ-Y, 전압조정범위가 10[%]인 ULTC의 내부 고장 보호용 비율차동계전기를 정정하여라.(단 CT비는 154[kV] 측 200/5, 22.9[kV]은 1200/5이며 차동계전기 탭은 2.9-3.2-3.8-4.6-5-8.7인 보조 CT를 내장하고 비율특성을 조정할 수 있는 것이라 함)

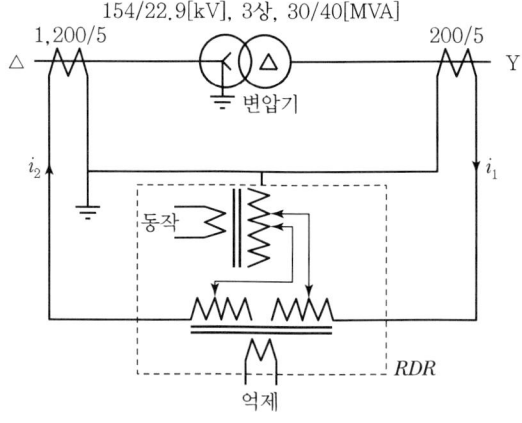

그림 2-262 ▶ 변압기 보호 구성

풀이 1) 40[MVA] 기준에서 CT 2차 전류를 구하면
$$i_1 = \frac{40,000\ [\text{kVA}]}{\sqrt{3} \times 154\ [\text{kV}]} \times \frac{5}{200} = 3.75[\text{A}]$$

$$i_2 = \frac{40{,}000\,[\text{kVA}]}{\sqrt{3} \times 22.9\,[\text{kV}]} \times \frac{5}{1200} \times \sqrt{3} = 7.28\,[\text{A}]$$

2) Tap 정정
   (1) T_2의 선정(22.9[kV] 측)

   $i_2 = 7.28$[A]보다 큰 Tap인 8.7[A]로 정함

   (2) T_1의 선정(154[kV] 측)

   $$8.7 \times \frac{3.75}{7.28} = 4.48\,[\text{A}] \rightarrow \text{Tap } 4.6[\text{A}]$$

3) 부정합율(Mismatch ratio) 계산

$$\text{Mismatch ratio} = \frac{(\text{변류기 2차 전류의 비}) - (\text{정정탭의 비})}{(\text{변류비 2차 전류의비})와(\text{정정탭의 비})중 작은값}$$

$$= \frac{\dfrac{i_2}{i_1} - \dfrac{T_2}{T_1}}{\dfrac{T_2}{T_1}} \times 100 = \frac{\dfrac{7.28}{3.75} - \dfrac{8.7}{4.6}}{\dfrac{8.7}{4.6}} \times 100$$

$$= \frac{1.94 - 1.89}{1.89} \times 100 = 2.64\,[\%]$$

ULTC의 전압조정 범위를 ±10[%]로 고려하면
Mismatch ratio : $2.64 + (\pm 10[\%]) = -7.4 \sim 12.6$

4) 발생할 수 있는 오차
   (1) CT 오차 : $\pm 5[\%] \times 2 = \pm 10[\%]$
   (2) 계전기 오차 : $\pm 3[\%]$
   (3) CT 2차 케이블의 길이 차이에 의한 오차 : $\pm 2[\%]$
   (4) 기타 오차 : $\pm 1[\%]$
   (5) 오차합계 : $\pm 16[\%]$

5) 여유율 : $\pm 5[\%]$

6) 비율특성 탭
   $-28.4[\%] \sim +33.6[\%] \rightarrow \text{Tap } 35[\%]$

5 비상발전기 보호(디젤발전기)

1) 개요

(1) 비상발전기는 상용전원 정전 시 가동되는 대형 비상전원공급 장치로 설계 시 수전전원 정전 시 즉시 가동이 되고 완벽한 보호대책이 고려되어야 한다.
(2) 비상전원 공급장치의 주요 보호방법 및 보호장치를 구분한다.

2) 디젤 발전기 보호방법

구분		보호내용	차단기정지	기관정지	경보
중고장	기관고장	윤활유 압력저하	○	○	○
		냉각수단수, 온도상승	○	○	○
		과속도	○	○	○
		과전압	○	○	○
		발전기 내부보호	○	○	○
		베어링 보호	○	○	○
		계자보호	○	○	○
	선로고장	단락, 과부하보호	○		○
		지락보호	○		
		역 전력보호	○		○
		저 전력보호	○		○
경고장		공기조 압력보호			○
		연료조 유면보호			○

3) 디젤발전기 보호장치

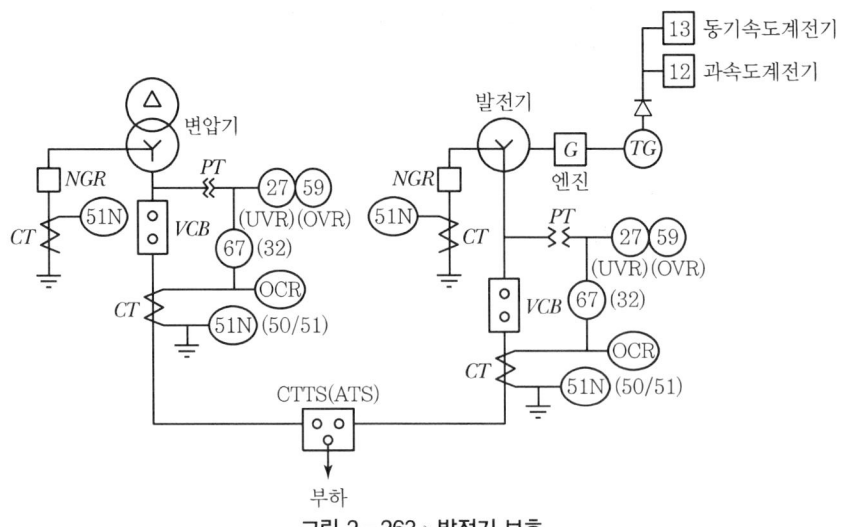

그림 2-263 ▶ 발전기 보호

(1) 과속도 보호(12)

① 회전계용 발전기(TG)의 출력을 정류하여 계전기의 입력으로 하는 방식이다.
② 계측기의 눈금맞춤은 정류 회로 내 가변저항(VR)에 의해 TG의 출력이 조정된다.
③ 계전기 정정은 보통 110~120[%]에서 정정하나 부하변동이 심할 경우 혹은 급격한 변동에 의한 오동작 방지를 위해 정정범위가 넓어질 수 있다.

(2) 냉각수 보호(69 W, 26 W)

① 냉각수의 유량 검출 및 온도상승 검출을 위해 유량 계전기가 사용된다.
② **유량보호** : 유량이 저수위 고수위 시 동작한다.
③ **온도보호** : 온도상승은 다이얼 온도계의 70~90[℃]의 정정으로 보호한다.

(3) 윤활유 보호(63Q)

① 발전기 사용 전압이 고압(3.3[kV]) 이상인 경우에 적용한다.
② **정정** : 규정유압의 $\frac{2}{3} \sim \frac{1}{2}$로 저하 시 동작한다.

(4) 과전압 보호

① 발전기 사용 전압이 고압(3.3[kV]) 이상인 경우에 적용한다.
② AVR 고장 등으로 인한 발전기 과전압에 대비하여 과전압계전기(OVR : 59)을 설치한다.
③ **정정치** : 정격전압의 120~130[%]

(5) 과전류 보호(50 / 51)

① 과부하 또는 외부사고에 대한 후비보호를 위해 과전류계전기를 사용한다.
② 외부사고에 대한 후비보호로 전압이 일정치 이하로 저하될 때만 동작하는 전압 억제부 과전류계전기가 사용된다.
③ **장한시용** : 전동기 기동 시 정격전류의 수배의 과전류에 대한 회로보호용
④ 순시요소부 부착 반한시용
　㉠ 단락보호 : 순시요소부로 검출
　㉡ 과부하 : 반한시로 검출

(6) 역전력보호(67/32)

① 주전원계통과 병렬 운전 중 디젤엔진이 정지되면 비상발전기는 동기전동기로 운전되어 원동기의 폭발 또는 화재의 위험이 발생한다.

② 유효분 역전력계전기(Reverse Power Relay : 32)를 설치하여 보호한다.

③ 디젤엔진이 Motoring되는 데 요하는 전력은 정격출력의 25[%] 정도이며 계전기 정정치는 이 값의 약 50[%] 정도로 하고 수초 정도의 지연동작을 시킨다.

(7) 지락보호

① 비상발전기의 중성점 접지방식은 발전기에 접속되는 계통의 접지방식과 동일해야 하므로 보호방식도 접지방식에 따라 결정된다.

② 저항접지방식은 지락과전류계전기(OCGR : Over Current Ground Relay)가 적용된다.

③ 대용량 발전기의 경우 영상변류기를 이용하여 지락차동계전방식도 사용된다.

④ 고압용 발전기의 경우 접지용 변압기의 Open $-\Delta$ 측에 지락과전압계전기(OVGR : Over Voltage Ground Relay)가 사용된다.

6 고압배전선로(비접지) 보호

1) 개요

(1) $6.6-\triangle$[KV] 또는 $3.3-\triangle$[KV]의 고압배전선로는 비접지계통으로 1선 지락 시 유효 지락전류가 매우 작은 특징이 있어 검출감도를 고감도로 해야 하며, 영상전압과 영상전류를 이용한 선택지락계전기(SGR)를 설치하여 외부 지락사고에 대한 케이블의 충전전류로 인한 오동작을 방지하게 한다.

(2) 비접지 보호방식

① ZCT+SGR+GPT+OVGR
② GPT+OVGR
③ ZCT+OCGR(GR)

표 2-37 ▶ 영상전류 영상전압검출

구분 \ 검출	영상전류 검출	영상전압 검출
비접지계통	ZCT 이용	GPT 이용, 단상PT×3 중성점 접지변압기(NGT)
직접접지, 저항접지, 다중접지계통 등	ZCT, CT잔류회로, 3권선CT 중성점CT회로, 보조CT회로	

2) 비접지 6.6[kV]계통의 보호방식

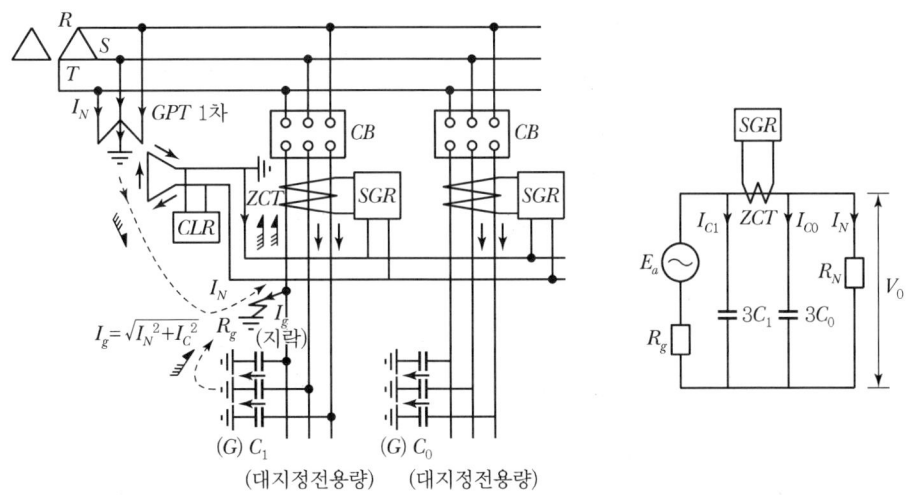

그림 2-264 ▶ 지락고장 시의 전류와 전압

(1) 1선 지락 시 지락전류(I_g)

$$I_g = \frac{3E_a}{\dfrac{1}{\dfrac{1}{3R_N}+jwc}} = 3E_a\left(\frac{1}{3R_N}+jwc\right) = \frac{E_a}{R_N}+j3wcE_a = \sqrt{I_N^2+I_C^2}$$ 가 되며,

한류저항기(CLR)를 통해 SGR 동작을 위한 유효전류 381[mA](고감도)를 공급한다.

(2) 완전 지락

GPT 3차 Open−△에 190[V]의 영상분 전압이 발생되어 OVGR을 동작시키고, SGR의 전압코일에 인가된다.

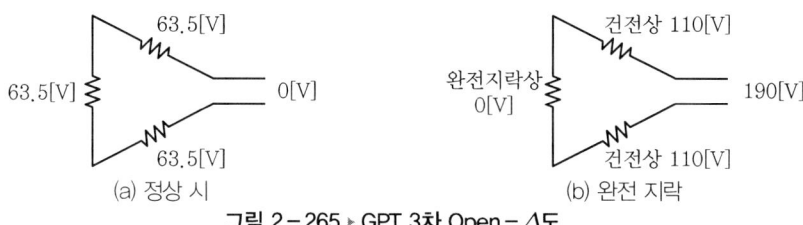

그림 2−265 ▶ GPT 3차 Open−△도

(3) ZCT에서 영상분 전류 $3I_0(I_a+I_b+I_c)$가 검출되며 SGR에 의한 고장계통이 선택되고 GPT 3차 전압에 의한 OVGR과 조합 시 고장계통만 선택 차단된다.

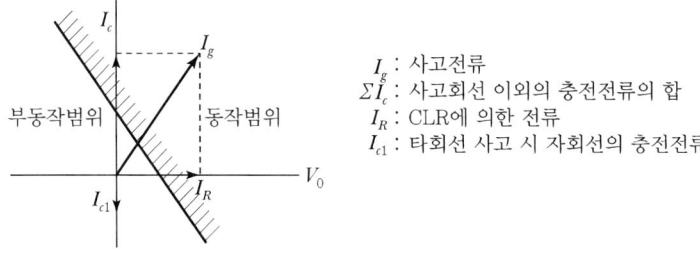

그림 2−266 ▶ 지락계전기의 위상 특성

① 자회선 측 지락사고 시

다른 회선의 충전전류와 한류저항기(CLR)에 의한 전류를 합성한 사고전류 I_g가 선택지락계전기의 동작범위 내로 들어가서 계전기가 동작한다.

② 타회선 사고 시

자회선분의 충전전류만이 사고 시와 반대방향으로 흐르므로 계전기는 부동작한다.

(4) 영상분 전압(V_0) 산출

① 1선 지락 시 지락점의 영상전압(V_0)은 고장점의 상전압(E_a)이 고장점 저항 R_g와 계통의 영상분임피던스($Z_0 = \dfrac{1}{\dfrac{1}{R_N} + jw3(c_1+c_0)}$)로 분압되며, 전압분배 법칙을 적용하면

② 영상분 전압(V_0) = $\dfrac{\dfrac{1}{\dfrac{1}{R_N}+jw3(c_1+c_0)}}{R_g + \dfrac{1}{\dfrac{1}{R_N}+jw3(c_1+c_0)}} \times E_a$ → 양변에 $\dfrac{1}{R_N}+jw3(c_1+c_0)$

를 각각 곱하여 풀이하면

영상분전압(V_0) = $\dfrac{1}{R_g[\dfrac{1}{R_N}+j3w(c_1+c_0)]+1} E_a$

③ 영상분 전압에 영향을 주는 요인
  ㉠ 전계통의 대지정전용량
  ㉡ 계통 병렬합성에 의한 R_N값 감소
  ㉢ 저항접지계통의 연계
  ㉣ 고장점 저항

3) SGR 오동작(유의사항)

(1) 기계적인 충격
(2) SGR 오결선
(3) 접지계전기 조정 불량
(4) ZCT 불평형 전류에 의한 오차
(5) 케이블의 쉴드 접지선 배치 불량

4) 주요기기 정격

(1) GPT : 6.6[kV] 500[VA]
(2) CLR : 6.6[kV] 25[Ω] 2[kW] (3.3[kV] 50[Ω] 1[kW])
(3) ZCT : 200[mA] / 1.5[mA]

5) 결론

비접지계통의 경우 지락전류가 적어 통신선의 유도장해 등이 적은 장점이 있으나 1선 지락 시 건전상의 전위상승이 높아지는 문제 및 케이블계통의 증가로 1선 지락 시 영상전압, 영상전류의 검출 애로로 실제 대규모 공장설비 등에서 저항접지계통으로 접지계통을 변경하여 적용되고 있는 실정이다.

7 콘덴서 보호방식

1) 개요

진상용 콘덴서는 무효전력 공급장치로 전압변동 및 손실을 억제시키는 효과가 있으며 계통 이상 시 수전단의 전위상승에 의한 콘덴서 파손문제를 발생시키므로 보호기준과 보호방식을 분류하여 기술한다.

2) 보호기준 및 보호방식

(1) 보호기준

표 2-38 ▶ 용량별 보호기준(KEC 351.5)

용량	자동적으로 전로로부터 차단하는 장치
500[kVA] 초과 15,000[kVA] 미만	내부에 고장이 생긴 경우에 동작하는 장치 또는 과전류가 생긴 경우에 동작하는 장치
15,000[kVA] 이상	내부에 고장이 생긴 경우에 동작하는 장치 및 과전류가 생긴 경우에 동작하는 장치 또는 과전압이 생긴 경우에 동작하는 장치

(2) 보호방식

① 계통 이상 시 보호
  ㉠ 과전압보호 : 과전압계전기(OVR)
  ㉡ 저전압보호 : 부족전압계전기(UVR)

② 콘덴서 설비 내의 단락, 지락사고 보호
  ㉠ 단락보호
    • 한시 과전류계전기가 적용됨
    • 콘덴서 투입 시 투입전류에 동작하지 않는 감도를 가질 것(보통 정격전류의 150[%] 정도가 적당함
  ㉡ 지락보호
    특별히 필요한 경우 모선에 접속된 타 Feeder와 같이 선택차단방식을 적용함

③ 콘덴서 내부소자 사고보호
  ㉠ 특고압
    • 전압차동 보호방식
    • Open-△ 보호방식
  ㉡ 고압
    • 중성점 전류검출방식(NCS)

- 중성점 전압검출방식(NVS)
- Open-△ 보호방식

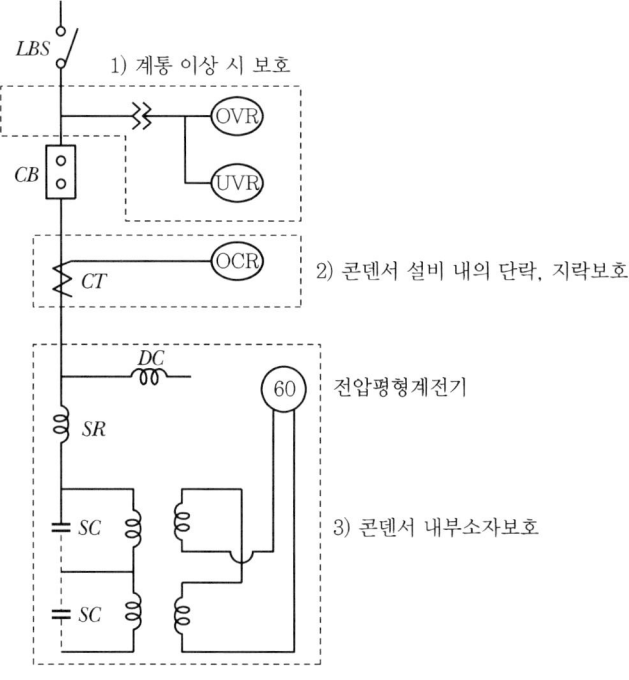

그림 2-267 ▶ 실계통에서의 콘덴서 보호방식구성도

3) 계통 이상 시 보호

콘덴서를 계통 이상에서 보호하고 계통 이상현상이 더욱 확대되는 것을 방지하기 위해 시설한다.

(1) 이상전압 발생원인

① 고조파 방지용 직렬 리액터 설치 시 콘덴서 단자전압
② 페란티 현상

(2) 콘덴서 허용전압

① 고압용
- 정격전압의 110[%](24시간 중 12시간 이내)
- 정격전압의 115[%](24시간 중 30분 이내)

② 특별고압 : 정격전압의 110[%](24시간 중 12시간 이내)

(3) 계전기 적용

① 과전압 계전기(OVR)
  ㉠ 계통고장 혹은 야간 경부하 시 부하단 전압상승에 대한 보호
  ㉡ 장시간 전압 : 정격전압의 110[%] 이상에서 콘덴서 개방(유도형 한시 과전압계전기 사용)
  ㉢ 과도전압 : 정격전압의 130[%] 정도에서 동작하며 시한은 약 2초 정도임

② 부족전압계전기(UVR)
  회로가 저전압, 무전압 시 콘덴서가 투입되어 있는 경우 전압 회복 시에 콘덴서만 운전되어 콘덴서로 인한 전압상승으로 타 기기의 손상을 초래하는 요인이 된다.
  ㉠ 저전압, 정전 시 콘덴서 개방
  ㉡ 복전 시 콘덴서 단독 투입방지
  ㉢ 유도형 한시 부족전압계전기가 적용(동작전압은 정격전압의 : 70[%] 이하, 동작시한 : 2초)

4) 콘덴서 내부소자 사고보호 방식

설비 내의 사고를 가능한 국한시켜 다른 건전한 곳으로의 파급을 방지하고 계통으로의 파급을 방지하기 위해 시설한다.

(1) 전압차동 보호방식

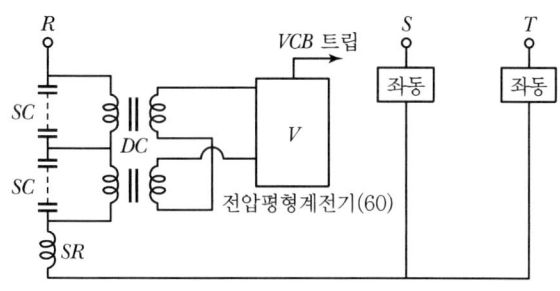

그림 2-268 ▶ 전압차동방식

① 콘덴서 소자 사고 시 전·후단 콘덴서에 리액턴스차가 발생 → 사고 측 전압저하 → 차전압 발생 → 전압평형 계전기 동작
② 특징
  ㉠ Open-△와 같은 전압검출방식
  ㉡ 절연상의 이점으로 인해 사용하며 특별고압(22.9[kV]) 계통에 적용되는 방식
  ㉢ 고조파전류, 돌입전류, 계통 및 콘덴서 Bank의 불평형에 오동작이 없음

(2) Open-△(델타) 보호방식

① 각상 방전코일 2차 측을 Open-△로 결선한 방식
② 정상 시 전압은 0[V], 고장 시 이상전압이 검출됨
③ 보통 22.9[kV] 계통에서 적용함
④ 6.6[kV]계통의 경우 중요한 계통에 적용함
⑤ 계전기 동작이 확실함

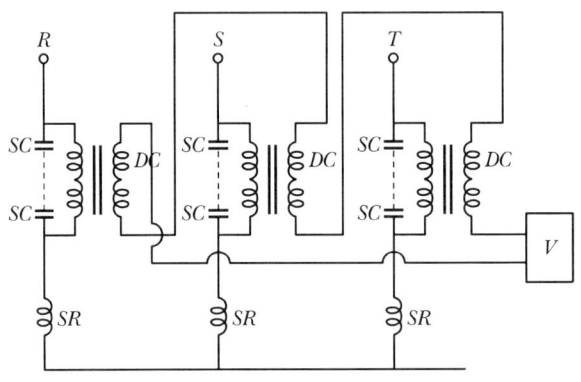

그림 2-269 ▶ Open-△(델타) 방식

(3) 중성점 전류검출방식(NCS : Neutral Current Sensing)

① Y결선도 2조의 콘덴서에 고장 시 중성선에 흐르는 전류를 검출하는 방식이다.

② 콘덴서 고장 시 중성선에 흐르는 전류

$$\triangle I = \frac{1.5K}{6-5K} I_a$$

여기서, I_a : 정격전류[A]

$$K = \frac{\triangle X_C}{X_C}$$

여기서, X_C : 정상리액턴스
$\triangle X_C$: 변화분 리액턴스

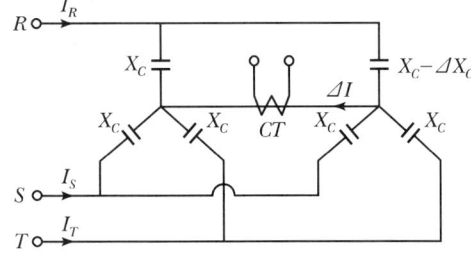

그림 2-270 ▶ 중성점 전류검출방식

③ 특징
  ㉠ 검출 속도가 빠르고 동작이 확실함
  ㉡ 회로의 전압변동, 직렬리액터 유무, 고조파의 영향을 받지 않음
  ㉢ 콘덴서 투입 시 돌입전류에 의한 오동작이 없음

(4) 중성점 전압검출방식(NVS : Neutral Voltage Sensing)

① 중성점 전압을 검출하는 방식
② 콘덴서의 뱅크는 단상 3대를 Y로 결선하는 방식
③ 중성점전압(V_N)

$$V_N = \frac{V_P}{3P(S-1)+1}$$

여기서, V_P : 상전압[V]
  S : 콘덴서 직렬소자의 수
  P : 콘덴서 병렬소자의 수

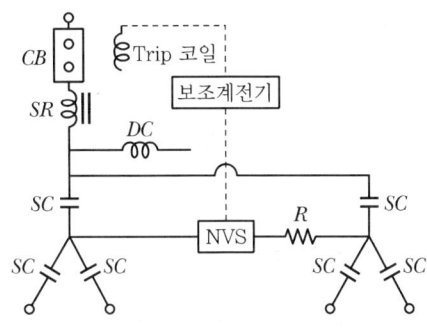

그림 2-271 ▶ 중성점 전압검출방식

④ 3.3[kV], 6.6[kV] 계통에 널리 사용됨

5) 기타 고압콘덴서 보호방식

(1) 과전류계전방식(OCR : Over Current Relay)

① CT 2차 측에서 검출된 과전류를 검출
② 정격전류의 120~130[%] 초과 과부하 시 OCR 한시요소부 동작(일반적 130[%], 특수용 120[%])
③ 사고에서 차단 시까지 동작시간 소요
④ 콘덴서 복수 접속 시 돌입전류에 의한 OCR 정정치에 주의

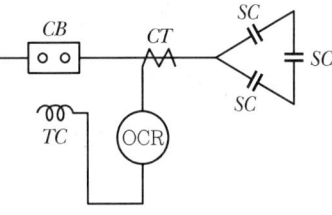

그림 2-272 ▶ 과전류계전방식

(2) 파워퓨즈(PF)에 의한 단락보호

① 콘덴서 보호용으로 파워퓨즈의 한류특성을 이용하여 보호하는 방식이다.
② 100~200[kVA] 정도의 용량에 적용하는 방식이다.

(3) 압력 Switch 방식

콘덴서 절연파괴 등의 고장으로 인해 내부 압력이 상승될 경우 외함이 변형을 일으킬 때 이를 검출하는 방식이다.

8 고압전동기 보호

1) 개요

고압 유도전동기는 일반적으로 200[HP] 이상의 용량에 대해 3.3[kV] 이상의 공급전압을 인가하는 대용량 전동기로 주로 일반산업용, 석유화학 Plant, 발전소(수력, 화력, 원자력) 등에 적용된다.

2) 단락보호

(1) 일반적으로 과전류계전기의 순시요소(제1순시요소)를 이용한다.

(2) 순시요소 정정 시 고려사항

① 전동기 기동전류에 동작하지 않을 것
② 전동기 돌입전류에 동작하지 않을 것

(3) 돌입전류

① 전동기 잔류자기와 기동 시 전압위상 등에 따라 돌입전류의 크기는 달라진다.
② 크기
  ㉠ 투입 제1파형 : 기동전류의 130~150[%]
  ㉡ 투입 제2파형 : 기동전류의 110~120[%]
  ㉢ 지속시간 : 3~4[Hz] 정도

(4) 기동전류

① 기동전류는 기동방식과 부하의 종류에 따라 달라진다.
② 기동전류와의 관계

표 2-39 ▸ 3상 유도전동기(농형)의 기동특성

종류	기동토크(정격의 %)	기동전류(정격의 %)
일반용	100~150	460~650
특히 기동토크가 큰 것	150~200	500~700

3) 과부하보호

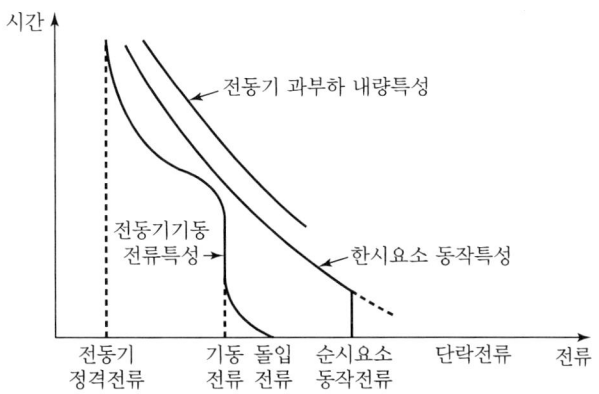

그림 2-273 ▶ 고압전동기 과부하 보호

(1) 전동기 과부하 보호는 유도전동기의 과부하내량특성과 협조되는 장한시형 과전류계전기가 많이 사용된다.

(2) 과부하보호 정정

① 한시요소 : 정격전류×115[%] 정도에서 동작하여 경보를 발함
② 순시요소
  ㉠ 제2순시요소는 정격전류×200~250[%]에 정정함 → 큰 과부하에 한시요소와 함께 동작하여 전동기를 Trip 시킴
  ㉡ 제1순시요소는 단락보호용으로 기동 시 돌입전류에 작동치 않도록 정정치를 충분히 높게 설정함

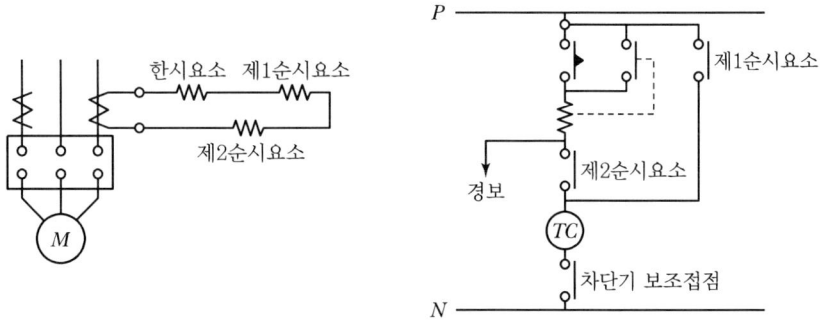

그림 2-274 ▶ 과전류계전기 동작

4) 지락보호

전력계통의 접지방시에 따라 지락보호 방식이 결정된다.

(1) 직접접지계통(Y 결선에 의한 CT 잔류회로 방식 적용)

① 영상전류로 동작하는 순시요소부 반한시 과전류계전기를 사용한다.
② 순시요소부 동작치 : 전동기 정격전류의 2.5~10배
③ 반한시 요소의 동작치는 전동기 정격전류의 20[%] 또는 최대지락전류의 10[%] 값 중 적은 것으로 정정한다.

(2) 저항접지계통 및 비접지계통(ZCT + GPT + OVGR + SGR 방식 적용)

① 반한시형 지락과전류계전기를 사용한다.
② 순시형을 사용할 경우 전동기의 기동전류를 감안한 CT 특성차에 의한 오동작방지를 위하여 영상변류기를 사용하는 것이 안전하다.
③ 영상전압과 영상전류로 동작하는 지락방향계전기(선택지락계전기)를 설치한다.

5) 저전압 보호

(1) 부족전압계전기로 계통전압의 75~90[%]에서 정정한다.
(2) 반한시형 계전기를 사용한다(송전계통의 사고에 의한 순간적인 전압강하에는 동작하지 않도록 함).

9. 보호 계전 SYSTEM

1) 개요

전력계통은 발전소, 변전소, 송배전선로를 통해 부하까지 밀접한 관계를 유지한 상태로 연계되어 있으며 보호계전 System은 전력계통을 항시 감시하여 고장 등이 발생 시 고장구간을 분리시켜 안정적인 전력공급을 유지하고 고장을 최소화시키기 위해 설치된 보호계전기를 중심으로 한 System이다.

(1) 설치목적

① 계통사고에 대하여 보호대상물을 완전하게 보호한다.
② 기기에 주는 손상을 최소화한다.
③ 사고구간을 고속도로 차단하므로 파급을 최소화한다.
④ 불필요한 정전을 방지하여 전력계통의 안정도를 향상시킨다.

(2) 기본기능

① 확실성 : 신뢰도가 높고 정확한 동작으로 오부동작을 방지한다.
② 선택성 : 선택차단과 복구로 정전구간을 최소화한다.
③ 신속성 : 주어진 조건에 부합하는 경우 신속히 동작하는 기능이다.
④ 기타 기능
  ㉠ 취급이 용이하고 유지보수가 용이할 것
  ㉡ 계통 변경 등에 대한 정정 변경이 용이할 것
  ㉢ 주위환경에 동작의 영향을 적게 받을 것
  ㉣ 가격이 저렴할 것

(3) 기본구성

① 검출부
보호구간의 고장전류 및 전압을 검출하여 판정부에 알맞은 물리량으로 변성한다(CT, PT, GPT, ZCT 등).

② 판정부
보호계전기 자체를 말하며 검출부에서 받은 전압, 전류의 크기, 시간적 변화, 위상조건에 따라 동작 여부를 결정한다(억제코일, 반발스프링, 전류전압탭 등).

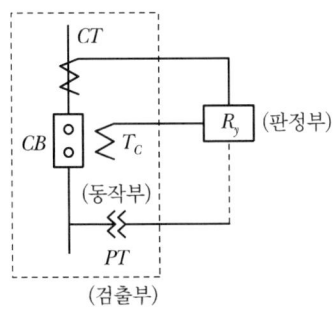

그림 2-275 ▶ 보호계전 system 구성

③ 동작부

판정부의 지시로 전로를 차단하고 사고부분을 분리한다(차단기 시스템).

2) 보호계전 System의 적용

(1) 전력계통의 사고 구분

구분	사고종류
수배전선	• 단락사고 : 2선단락, 3선단락(단락보호계전기) • 지락사고 : 1선지락(지락보호계전기 사용), 2선지락, 3선지락(단락보호계전기 사용)
기기의 사고	• 전기적 원인 : 절연파괴, 과전압(전류불평형), 과부하, 주파수 이상 • 환경, 기계적 원인 : 온도, 압력, 속도상승 및 진동 등
특이현상	중부하 시의 과전류, 케이블의 충전전류, 무부하 여자돌입전류, 불완전한 사고 등

(2) 보호계전방식의 적용

① 보호단계의 기본

보호단계	목적	구분
주보호	• 사고 제거 • 설비의 손상 방지 • 사고범위의 국한	설비보호
후비보호		
계통안정화보호	• 사고확대방지 • 이상운전의 해소 • 계통의 안정운전 유지	계통보호

② 전력계통의 보호단계

주보호, 후비보호 안정화 보호순으로 사고처리가 진행되며 안정화 보호까지 사고가 계속될 경우 사고처리 시간이 길어지고 장해범위도 확대된다.

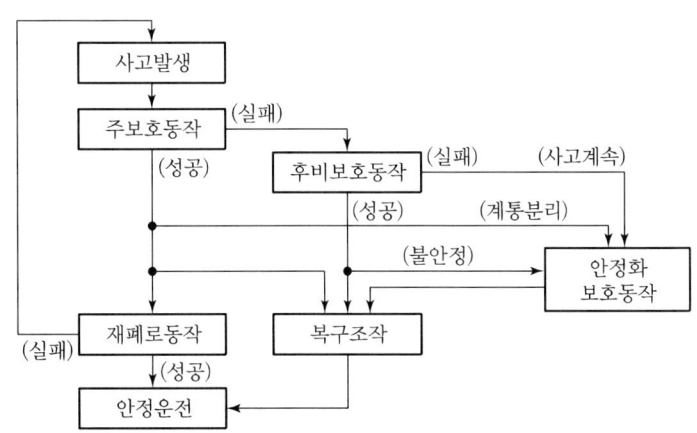

그림 2-276 ▶ 계통의 보호단계

③ 보호범위 설정

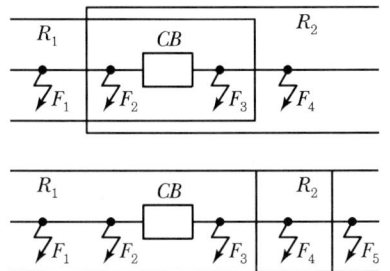

	F_1	F_2	F_3	F_4
R_1	○	○	○	×
R_2	×	○	○	○

	F_1	F_2	F_3	F_4	F_5
R_1	○	○	○	×	×
R_2	×	×	×	○	×

그림 2-277 ▶ 보호범위 설정

㉠ 전력계통의 전력에 걸쳐서 모든 기기설비에 대해 보호범위를 설정해야 함
㉡ 보호범위는 서로 인접한 기기를 접속하는 차단기를 사이에 설치하고 상호 간에 중복시킴
㉢ 보호되지 않는 부분이 생기지 않도록 변류기와 차단기의 배치를 고려할 것

④ 주보호와 후비보호
㉠ 주보호
사고 구간 내 사고 시 우선적으로 동작되는 보호방식
㉡ 후비보호
주보호가 부동작했을 때 Back-up 동작으로 사고의 파급을 최소한으로 줄이는 보호방법
㉢ 주보호가 부동작되는 원인
• 주 보호계전기 자체의 고장 등 장해
• CT, PT 및 입력회로의 장해 또는 입력의 소멸

- 조작전원의 장해
- 차단실패
- 보호범위 설정의 문제

ㄹ) 후비보호 오부동작 방지대책
- 계기용 변압기, 변류기 및 차단기 트립회로는 주보호와 별개의 것을 사용함
- 제어용 전원도 가능하다면 별개의 전원으로 사용함

⑤ 계통의 안정화 보호

사고의 영향이 파급, 확대할 염려가 있을 경우에 적용하는 보호방법이다.
㉠ 시간적으로 연쇄적으로 확대되는 것을 방지할 것
㉡ 지역적으로 광범위한 공급지역이 되는 것을 국한할 것

기능	검출조건	제어내용
예측처리 (미연방지)	• 사고의 이상 지속 • 연계점 전력변화 확대 • 전압위상 변동	• 계통분리 • 전원제한 • 부하제한
주파수 유지	주파수 이상(저하, 상승)	• 발전조정
과부하 해소	선로, 변압기 등의 부하제한치 초과	• 계통전환

3) 보호계전기의 분류

(1) 동작구조별 분류

종류		특성
전자기 계형	가동 철심형	• 가동철심에 작용하는 자기흡인력, 자기반발력으로 동작 • 종류 : 플런저형, 힌지형, 밸런스빔형 • 고속도형 OCR에 사용함
	유도형	• 교류전용의 계전기 • 코일의 이동자계로 도체에 발생하는 와류와의 상호작용으로 도체가 회전하여 동작함 • 종류 : 유도원판형, 유도원통형, 유동원환형 • 적용 : 배전선보호, 기기보호용에 사용(OCR 사용)
	가동 코일형	• 직류에만 사용하는 계전기 • 영구자석으로 만들어진 자계 속에 가동코일을 놓아 코일에 전류를 흘려 상호 간의 전자력에 의해 동작함 • 직류계전기에 적용
정지형		트랜지스터 회로에 의해 입력되는 전기량의 크기 또는 위상의 차이를 비교하여 출력을 나타내는 계전기임

종류	특성
디지털	입력되는 전압, 전류에 대해 일정한 시간 주기로 Sampling처리하여 디지털양으로 변화하고 이 값을 마이크로 프로세스으로 구성된 연산처리부에서 프로그램에 의해 연산처리함

① **가동철심형** : 가동철심에 작용하는 자기흡인력, 자기반발력으로 가동부가 움직여 접점을 개폐한다.

흡인력 $F = K(IN)^2 > W$

여기서, F : 흡인력, N : 코일권수, K : 상수, W : 가동부 중량, I : 코일전류[A]

㉠ 플런저형(Plunger Type)

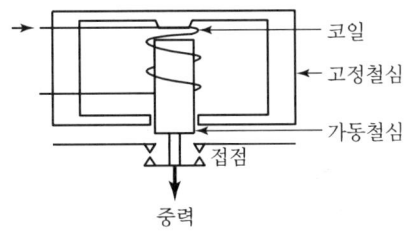

그림 2-278 ▶ 플런저형

- 장단점

장점	• 구조가 튼튼하고, 가격이 저렴함 • 동작속도가 빠름 • 전류용량이 큰 접점을 많이 설치함
단점	• 소비전력이 큼 • 동작값과 복귀값의 차이가 크고 오차가 큼
용도	고속도형으로 사용범위가 넓음

- 단점 보완대책 : 계전기 동작 시 소음 및 동작 불안정 현상이 발생되므로 가동 코일 철심상부에 쉐이딩코일을 설치함

㉡ 힌지형(Hinge Type)
- 원리 : 코일에 흐르는 전류에 의해 발생한 자계로 고정철심 및 가동철심이 자화되고 상호 간에 흡인력이 작용하며 그 힘이 스프링의 반발력보다 클 때 동작함

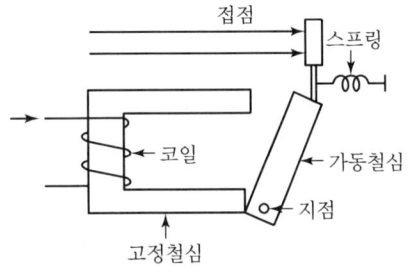

그림 2-279 ▶ 힌지형

- 특징
  - 플런저형과 유사하나 소형으로 할 수 있음
  - 용도 : 고속동작의 전류계전기 → 순시 요소부 과전류계전기용

ⓒ 밸런스 빔형(Balance Beam Type)
- 동작조건

$$K_1 I_1^2 = K_2 I_2^2 \geq 0$$
$$F_1 = K_1 I_1^2$$
$$F_2 = K_2 I_2^2$$

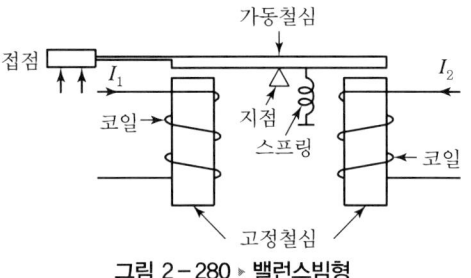

그림 2-280 ▶ 밸런스빔형

- 용도
  - 거리 측정이 중요시되는 보호계통에 사용됨
  - 방향성을 갖지 못하므로 방향계전기와 조합하여 사용함

② 유도형

유도형 계전기는 교류전용의 계전기로 현재 단일계전기 방향계전기, 거리계전기 등의 보호계전기로 널리 사용되어 왔으며 유도원판형, 유도원통형, 유도원환형 등이 있고, 이동자계로 도체에 발생하는 와류(Eddy Current)와의 상호작용으로 도체가 회전하는 방식이다.

㉠ 유도원판형
- 특고압 수용가나 배전선의 보호기기용으로 많이 사용
- 특징
  - 정확한 동작
  - 적은 소비전력
  - 풍부한 안정성
  - 조정의 용이성
  - 저렴한 가격

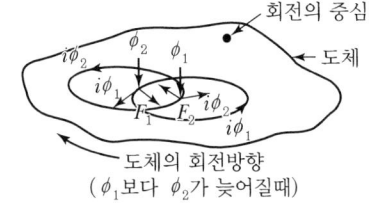

그림 2-281 ▶ 전력계형 유도원판형 계전기

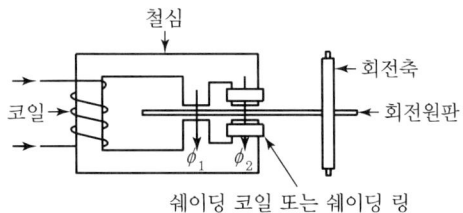

그림 2-282 ▶ 쉐이딩코일형 유도원통형 계전기

㉡ 유도원통형
- 주로 송전계통에 사용함
- 특징
  - 동작이 안정되고 고속도 동작
  - 소비전력이 적음
  - 동작값과 복귀값의 차이가 거의 없음
- 적용 : 전류계전기로 많이 사용

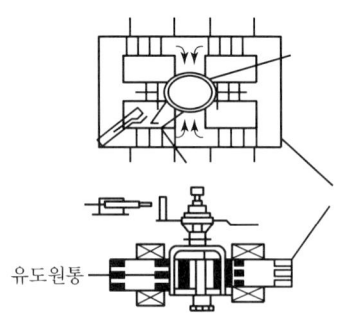

그림 2-283 ▶ 유도원통형

ⓒ 유도원환형

유도원환을 폐자로의 일부에 설치하고 그 자계 속에서 회전할 수 있도록 구성한 것. 주코일의 자속 Φ_1과 극자속 Φ_2에 의해 유도환이 회전토크를 발생시킨 것으로 특징과 용도는 유도원통형과 거의 동일함

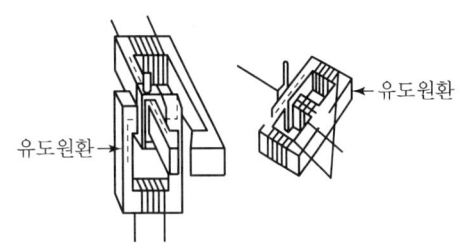

그림 2-284 ▶ 유도원환형

③ 가동코일형

㉠ 원리

영구자석으로 만들어진 자계 속에 가동코일을 놓고 이 코일에 전류를 흐르게 하여 상호 간의 전자력에 의해 동작 Torque를 발생시키고 스파이럴스프링에 의해 반항 토크를 얻는 구조

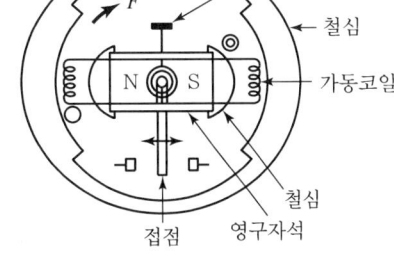

그림 2-285 ▶ 가동코일형

㉡ 특징
- 직류에만 구동함(일반 수변전설비는 적용하지 못함)
- 동작값과 복귀값의 차이가 적음
- 회전각의 변경에 의한 동작시간의 정정이 용이함

④ 정지형(TR형) 계전기

㉠ 베이스와 에미터에 충분한 전류를 흘리면 계전기 X가 동작하여 콜렉터와 에미터 간이 ON 상태가 됨

㉡ 종류 : 트랜지스터형(많이 사용), 전자관형, 증폭기형, 홀효과형

㉢ 특징
- 전력소모가 적음
- 유극형 대비 소세력 계전기 $\left(\dfrac{1}{2}\right)$
- 스위칭이 고속도
- 주위온도에 영향을 받음
- 고조파 및 Surge성 입력에 대한 별도 대책이 필요

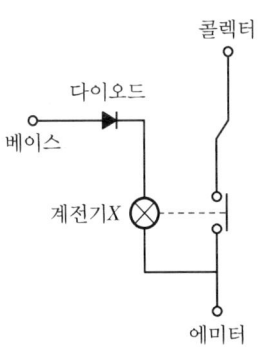

그림 2-286 ▶ 정지형 계전기

⑤ 디지털 계전기
  ㉠ 개요
    디지털 계전기는 전력계통의 아날로그 전압, 전류를 일정 간격으로 샘플링하여 0과 1의 Digital으로 변환하고, 마이크로프로세서를 이용하여 보호계전기능을 구현한 계전기로서 가동부가 없는 정지형 계전기임
  ㉡ 필요성
    - 고신뢰성의 보호계전 기능 요구
    - 변전소의 무인화
    - 전력계통의 복잡화, 대형화
    - 유지보수의 신뢰성 확보
  ㉢ 동작원리
    - 표본화
      - PAM 과정
      - Analog 입력신호를 일정간격으로 Sampling하여 표본화함
      - Sampling 간격 : 12 Sampling(전기각 30°)
    - 양자화 : Sampling된 Step마다 진폭을 이산화하는 과정(정수화 과정)
    - 부호화
      양자화된 값이 2진수로 읽음. 전력계통의 전압, 전류 등의 아날로그값을 표본화, 양자화, 부호화 과정을 거쳐 디지털값으로 변환시켜 제어 및 계측을 하는 계전기

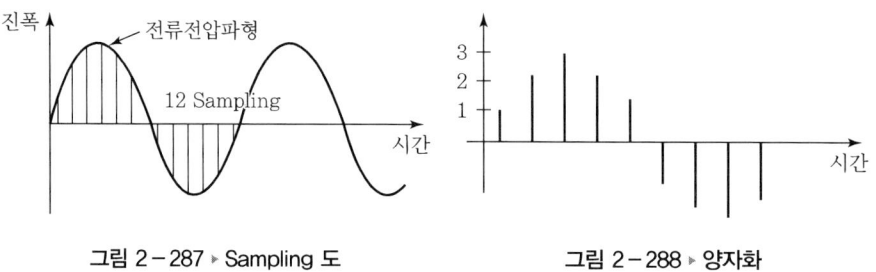

그림 2-287 ▶ Sampling 도   그림 2-288 ▶ 양자화

  ㉣ Hardware 구성

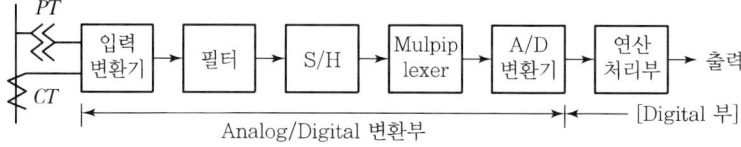

그림 2-289 ▶ System 구성도

- Analog / Digital 변환부
  - 입력변환기 : PT, CT의 큰 입력신호값을 적당한 값으로 변환시킴
  - 필터 : 높은 주파수(고조파) 대역의 성분을 제거
  - 샘플링홀드(Sampling Hold)
    필터에서 출력되는 신호값을 일정시간 간격(30°)으로 Sampling하고, A / D변환 완료 시까지 Data를 보존
  - 멀티플렉서(Multiplexer : 데이터 선택기)
    다수의 신호값을 입력받아 이것을 시분할시켜 타 장치에 전송
  - A / D 변환기 : 전압전류의 Analog 순시치를 Digital값으로 변환
- Digital부

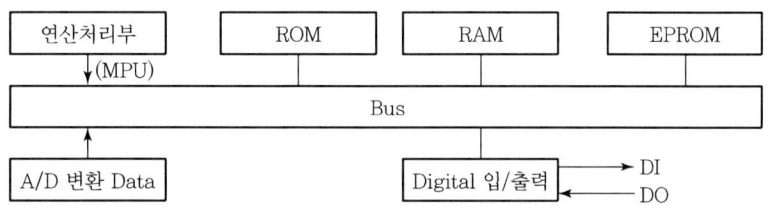

그림 2-290 ▶ System 구성도

  - 연산처리부 : MPU로 ROM에 저장되어 있는 보호계전 Program을 수행함
  - ROM : 보호계전 Program이 저장되어 있음
  - RAM : A / D변환에 의한 전압, 전류 Data를 임시 저장함
  - EPROM : 계전기 동작에 필요한 정정치를 기억함
ⓓ Software(Digital 계전 알고리즘)
- 미분방정식
  - 선로를 저항과 Reactance로 Modeling함($V = Ri + L\dfrac{di}{dt}$)
  - 고조파 문제로 에러가 발생되어 현재 잘 사용하지 않음
- 최소자승법
  - 계전신호에 포함된 각 고조파 신호의 계수를 추정하는 알고리즘 사용
  - 고조파 차수를 정확히 예측하지 못할 경우 에러 발생 가능
- 직교변환법
  - 신호를 30° 각도로 12 Sampling 시 시간이 많이 소요되어 입력되는 sine wave를 바로 0과 1로 변환시킴
  - 종류 : 퓨리에 변환, Walsh 변환
  - 계통이 복잡한 큰 규모에 적용되며 현재 가장 많이 사용됨

ⓑ 종류

종류	개요	회로구성		적용
		A/D 변환기	마이크로 프로세서	
연산형	입력을 주기적으로 샘플링하여 Digital양으로 변환 후 프로그램에 의해 연산 처리하는 방식	통상 12 Bit	통상 16 Bit	송전선 또는 기기 보호용 주계전기로 사용(차동계전기, 거리계전기 등)
간이구성 연산형	기본적으로 연산형과 동일구성이나 회로의 간소화 Bit수 삭감 등으로 비교적 간단한 계전기를 적용대상으로 함	통상 12 Bit	통상 12 Bit	감시용으로 사용되는 계전기, 과전류, 부족전압계전기
계수형	입력량을 Digital로 변환 후 계수 처리함	-	통상 8 Bit	주파수계전기
Scanner형	CPU 입력과 정정값을 동기 절체하여 Analog양으로 비교 판정하여 동작함	-	통상 8 Bit	감시용으로 사용되는 계전기, 과전류, 부족전압계전기

ⓢ 특징
- 장점
  - Software에 따라 다양한 보호방식이 구성됨
  - 소형, 신뢰성이 높음
  - 자기진단+Computer 연결기능 → 융통성이 큼
  - 소비전력이 적고, CT, PT의 부담이 적음
  - 신뢰성이 높고, 표시기능이 우수함
  - 정정범위가 넓고, 조작이 간단함
  - 고성능, 고기능 특성 실현 및 신기능 창출 가능
  - 장래성이 우수함
- 단점
  - 서지 및 고조파, Noise 등에 대한 별도 대책이 필요함
  - 부품의 진부화에 따른 사용기간의 단축
  - 유지보수의 문제점
  - 샘플링 오차 및 A/D 변환오차가 발생함

ⓞ 주위환경조건
- 온도특성
  - 주위온도 0℃ 이상 40℃ 이하로 하며 결로, 결빙이 발생하지 않는 상태에서

- $-10℃\sim50℃$를 1일 수시간 정도는 허용할 것
- 보관온도는 $-20℃\sim60℃$를 허용할 것

• 습도조건
- 상대습도 : 일평균 30[%]~80[%]
- 수명이나 운영 중의 신뢰성 향상을 위해 공조설비가 바람직함

• 주위환경
- 먼지 : 접촉 불량 등의 원인이 되고 경년열화의 원인이 되므로 가능한 한 먼지가 많은 장소를 회피함
- 염해 : 디지털 계전기의 녹이나 부식의 원인이 되므로 계전기실의 기밀성 조치가 필요함
- 유해가스 : SO_2와 같은 유해 가스가 포함된 환경에 장시간 방치 시 금속부의 부식이 발생함
- 진동 : 장기적인 진동 시 불량의 원인이 되므로 방진고무 등의 조치를 취함

ⓒ Noise 방지대책

디지털 계전기에서 발생하는 Noise는 내부적인 요인과 외부적인 요인으로 구분되며 디지털 계전기의 연산처리부에서의 빠른 신호처리로 인해 미세한 Noise에 대해서도 디지털 계전기는 쉽게 악영향을 받으며 이에 대한 대책이 필요하다.

ⓐ Noise 발생원인
- 내부적인 요인
    - IC 회로의 Spike Noise
    - 보조계전기 개폐 시 Noise
- 외부적 원인
    - 전력계통에서 발생한 뇌에 의한 서지
    - 차단기 개폐기 등의 개폐서지
    - 계통 사고(지락, 단락)로 인한 전위상승
    - 신호선 주위에 고전압 대전류 병행 배선 시

ⓑ Noise 근본적 방지대책
- Noise 발생의 억제
    - 피뢰기 설치 및 접지저항 저감
        1선 지락 등에 의한 건전상의 전위상승 방지 및 차단기 개폐 시 서지를 방지하기 위한 서지 흡수기 및 피뢰기 등을 통해 Surge원을 저 저항으로 통전시켜 억제시킴
    - 구내 접지저항 저감
        변전소 건설 시 구내 접지저항 저감 및 기기 간 등전위본딩 실시

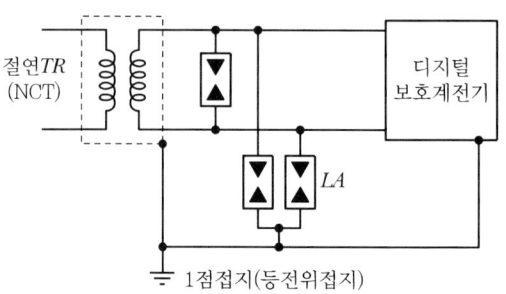

그림 2-291 ▶ **피뢰기 설치 및 접지**

- 배선회로상의 대책
  - 신호선에 대한 대책 : 신호선을 Twist Pair Cable을 사용함 → Normal Mode Noise 장해방지 가능

그림 2-292 ▶ **Twist Pair Cable**

  - 전력케이블과 디지털 계전기 신호선 근접 병행의 분리
    근접 병행된 약전 신호선에 전력 케이블이 있는 경우 Noise가 유도되므로 분리시킴
  - 제어선로 접지
    ㈎ 편단접지 : 정전유도에 의한 노이즈 침입방지에 효과적임
    ㈏ 양단접지 : 전자유도에 의한 노이즈 침입방지에 효과가 큼
    ㈐ 접지방식으로는 보안상의 이유로 양단접지를 실시함

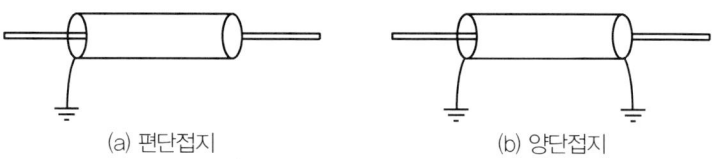

그림 2-293 ▶ **제어 케이블의 접지**

  - 계전기 자체의 접지는 일점 접지를 실시함

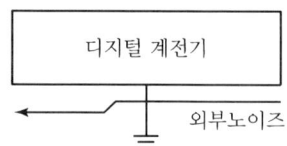

그림 2-294 ▶ **디지털 계전기 일점접지**

ㅊ) 적용 시 고려사항
- Digital Relay 동작전원은 UPS 전원 확보가 필요함
- 온도변화가 심한 곳이나 외부 영향을 많이 받는 곳은 사용이 제한됨

표 2-40 ▶ 디지털 계전기와 아날로그 계전기 비교

구분 \ 형태	디지털 계전기	아날로그 계전기	
	정지형	전자기계형	정지형
입력변환	아날로그값 → 디지털값으로 변환	권선에 의한 전자유도작용 이용	정류기에 의한 직류변환
사용소자	CPU, A/D변환기, S/H 등	가동철심, 유도원판 등	트랜지스터, 다이오 등
동작원리	디지털값을 정해진 CPU에 의해 연산처리하여 크기, 위상을 판단하여 동작	입력값을 기계적인 흡인력, 회전력으로 변환하여 동작	트랜지스터의 증폭, 스위칭작용을 통해 입력의 크기, 위상을 판단하여 동작
성능	고감도, 고기능, 고속도	저속도, 저기능	고감도, 고속도
크기	소	대	중
신뢰성	높음	낮음	높음
유지보수	자동점검(무보수)	정기점검 필요	자동점검, 정기점검
노이즈대책	필요	불필요	필요
적용	현재 많이 적용	과거 적용	(-)

(2) 동작시한별 분류

① 순한시(고속도)
  ㉠ 일정한 값 이상일 경우 즉시 동작하는 것으로 한도를 넘은 양과 무관함
  ㉡ 동작시간 : 보통 0.3초 이내에서 동작
  ㉢ 적용 : 고속도 계전기

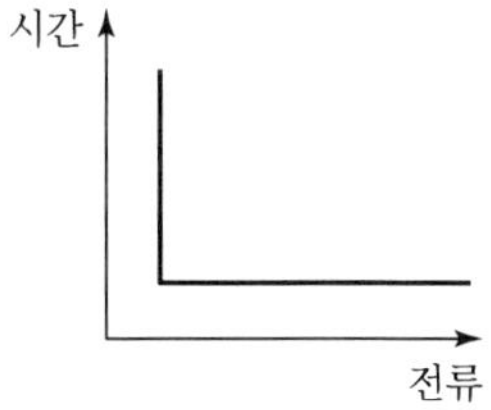

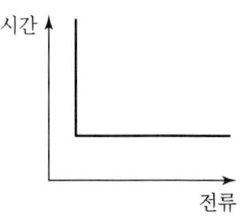

그림 2-295 ▶ 순한시

② 정한시
  입력치가 일정치라도 그 증감에 관계없이 일정한 시간이 경과한 후 동작하는 것

그림 2-296 ▶ 정한시

③ 반한시
 ㉠ 입력치의 증감에 따라 동작 정도가 변함
 ㉡ 입력량 (대) → 신속차단
 ㉢ 입력량 (소) → 정한시 차단

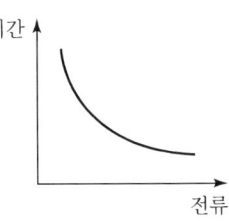
그림 2-297 ▶ 반한시

④ 반한정시(반한시 + 정한시)
 입력치의 어느 범위까지는 반한시 특성을, 그 이상이 되면 정한시 특성이 되는 것

⑤ 단한시
 ㉠ 송전선의 주보호구간에 고장 발생 시 순시동작
 ㉡ 인접외부의 고장에 대한 후비보호에는 어떤 시한을 가지고 동작을 하는 경우에 사용됨

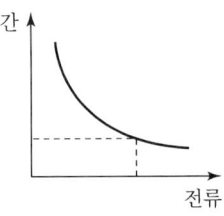
그림 2-298 ▶ 반정한시

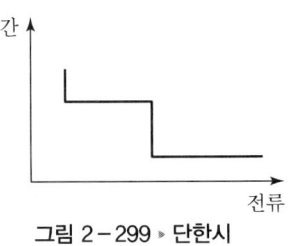
그림 2-299 ▶ 단한시

(3) 계전기 용도별 분류

① 전류계전기(수전용)
 ㉠ 예정된 전류로 동작하는 릴레이로 과전류계전기(OCR), 부족전류계전기(UCR)로 구분됨
 ㉡ 과전류계전기(OCR) 한시요소 동작치 정정
  • 한시요소 : 계약최대전력의 150~170[%]에서 정정
  • 한시정정 : 수전 변압기 2차 3상 단락 시 0.6초 이하
  • 고려사항
   - 동작 정정치는 계약전력을 기준으로 하거나 수전설비 용량을 기준으로 함
   - 수전부하가 변동 부하일 경우 계약최대전력의 200~250[%]로 할 수 있음
 ㉢ 순시요소 동작 정정치
  • 순시요소 : 수전변압기 2차 측 3상 단락전류의 150[%]
  • 순시정정 : 순시(0.05초 이하)
  • 고려사항
   - 수전변압기가 2Bank 이상인 경우 용량이 큰 Bank를 기준으로 함
   - 순시요소는 수전변압기 1차 측 사고에서는 확실히 동작하고 수전변압기 2차 측 단락사고 및 여자돌입전류에는 동작치 않도록 정정

② 전압계전기

예정된 과부족 전압 또는 결상 시 동작하는 릴레이로 과전압계전기(OVR), 부족전압계전기(UVR), 결상전압계전기, 역상전압계전기로 구분된다.

㉠ OVR(과전압계전기)
- 정격전압의 130[%]에서 동작
- PT 2차 전압이 110[V]인 경우 계전기 전압 TAP은 AC 135~150[V] 범위 내의 전압 TAP을 반드시 하나는 구비될 것

㉡ UVR(부족전압계전기)
- 정격전압의 70[%]에서 동작
- PT 2차 전압이 110[V]인 경우 계전기 전압 TAP은 AC 60~80[V] 범위 내의 전압 TAP을 반드시 하나는 구비될 것

㉢ OVGR(과전압 지락계전기)
- 과전압 지락계전기는 정격영상전압(GPT 3차 전압)의 30[%]에서 정정함
- 정격영상전압(GPT 3차 전압)이 190[V]인 경우 AC 55~65[V] 범위 내의 전압 TAP을 반드시 하나는 구비될 것

③ 지락과전류계전기(OCGR)

㉠ 지락보호에 적용됨

㉡ 한시요소 동작정정치
- 계약전력의 30[%] 이하로서 3상수전 불평형전류의 1.5배 이상
- 수전보호구간 최대1선 지락전류에서 0.2초 이하

④ 선택지락계전기(SGR)

㉠ 다회선의 배전선(비접지, 저항접지)이 설치되어 있는 경우 어느 한 선로에서 지락사고가 발생 시 그 사고 선로만 선택하여 계전기를 동작시킴

㉡ OCGR은 영상전류의 방향에 관계가 없고 그 크기만을 가지고 계전기가 동작되나 SGR의 경우 영상전류의 크기와 영상전류, 영상전압의 방향에 따라 동작됨

㉢ 특징
- 전압 – 전류특성
  - SGR의 전압코일에 걸리는 전압을 횡축에 전류코일에 흐르는 전류를 종축에 잡고 이 전

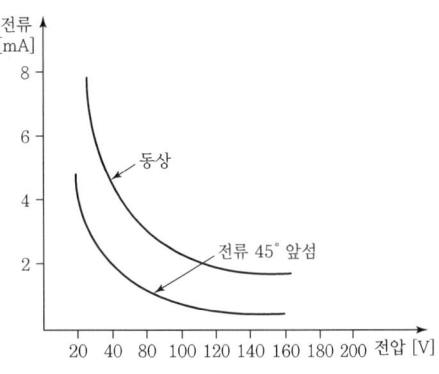

그림 2-300 ▶ SGR의 전압 – 전류특성

압과 전류의 위상이 동상인 경우와 45°인 경우의 특성 곡선임
- 이 경우 전압코일에 100[V]의 전압에 걸리는 위상이 45°인 경우 1.2[mA] 이상의 전류가 코일에 흐르면 동작함

- 동작시간 – 전류특성
  - SGR의 동작요소는 3가지이므로 동작시간과 전류 외 SGR의 전압코일에 가해지는 전압과 전압 – 전류의 위상각에 따라 동작 특성이 달라짐
  - 그림에서와 같이 전압이 190[V]이고, 위상차가 0°인 경우 전류 코일에 20[mA]가 흐르면 약 0.7초에 동작됨을 알 수 있음

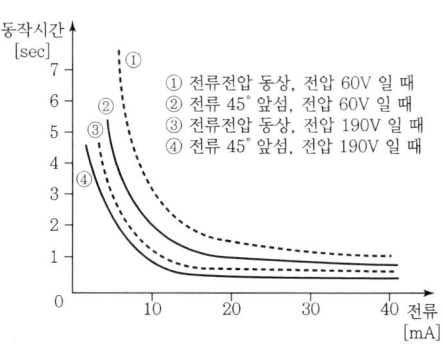

그림 2 – 301 ▸ SGR의 동작시간 – 전류특성

- 위상 – 전류특성

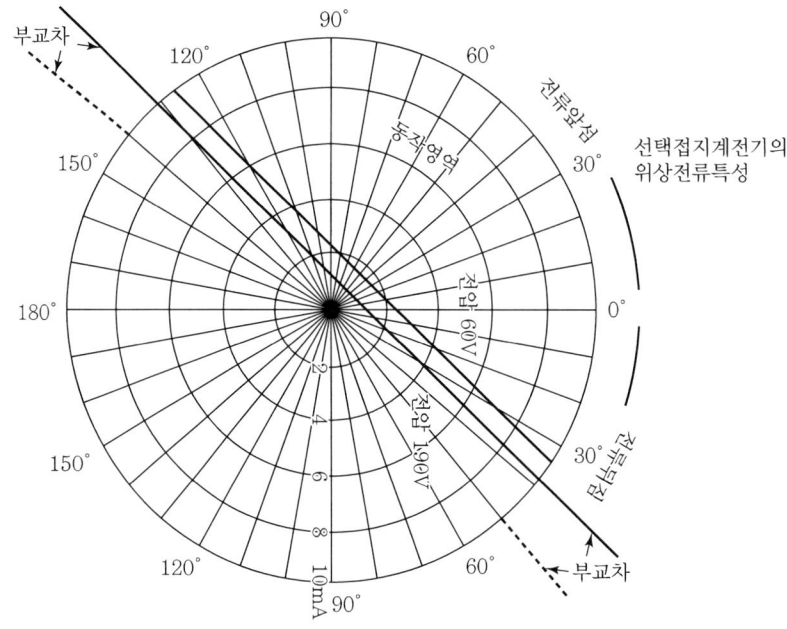

그림 2 – 302 ▸ 위상특성곡선도

- 전압과 전류가 동상일 때 0° 선상을 살펴보면 60[V] 부근의 특성곡선과 교차하는 점의 중심에는 2.5[mA]의 원주상에 있음을 알 수 있고 이전류 이상이 흐르면 동작함
- 동일한 방법으로 190[V]에서는 1.4[mA] 이상이면 동작함

-SGR의 전압코일에 걸리는 전압은 일반적으로 최대 190[V]이므로 전류가 140° 이상 앞서거나 50° 이상 뒤질 경우 이 SGR에 아무리 많은 전류가 흘러도 동작되지 않음(메이커의 특성곡선의 차이점은 있음)

⑤ 전력계전기 : 유효, 무효, 과전력, 부족전력계전기로 구분된다.
⑥ 방향계전기 : 단락방향계전기, 지락방향계전기, 전력방향계전기로 구분된다.
⑦ 차동계전기 : 차동계전기, 비율차동계전기(변압기, 조상기의 내부고장 시 동작)으로 구분된다.
⑧ 기타 계전기 : 거리계전기, 주파수 계전기, 속도계전기, 온도계전기, 압력계전기(부흐홀쯔계전기)

4) 보호계전기 정정 예

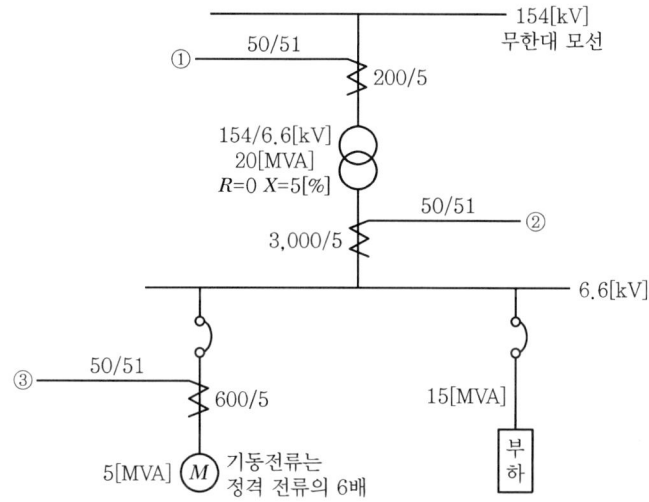

그림 2-303 ▶ 보호계전기 정정 예

(1) 변압기 1차 측 계전기[50 / 51]

① 정격 1차 전류 $= \dfrac{20 \times 10^3 [\text{kVA}]}{\sqrt{3} \times 154 [\text{kV}]} = 75\,[\text{A}]$

② 한시 전류 정정 : 최대부하전류의 150[%] 적용 → (전력회사 기준)

$75 \times 1.5 \times \dfrac{5}{200} = 2.8\,[\text{A}]$

∴ 한시 TAP 정정 3[A] 선정(디지털계전기 : 2.8[A] 선정)

③ 순시 전류 정정 : 변압기 2차 3상 단락전류의 150[%]에서 정정함(추천값 : 3상 단락 전류의 125~200[%] 범위 내 정정)

㉠ 2차 측 3상 단락전류

$$I_S = \frac{100}{5} I_n = \frac{100}{5} \times \frac{20 \times 10^3 [\text{kVA}]}{\sqrt{3} \times 6.6 [\text{kV}]} = 34,992 \, [\text{A}]$$

㉡ 변압기 1차 측으로 환산한 전류치

$$34,992 \times \frac{6.6}{154} \times \frac{5}{200} \times 1.5 = 56.2 \, [\text{A}]$$

∴ 56[A] 이상의 첫 번째 TAP 선정(디지털계전기 : 56[A] 선정)

(2) 변압기 2차 측 계전기[50 / 51]

① 한시 전류 정정 : 최대부하전류의 130[%]에서 정정한다.

$$\text{I} = \frac{20 \times 10^3 [\text{kVA}]}{\sqrt{3} \times 6.6 [\text{kV}]} \times 1.3 = 2,275 \, [\text{A}]$$

$$2,275 \times \frac{5}{3,000} = 3.8 \, [\text{A}]$$

∴ 한시 TAP 4[A] 선정(디지털계전기 : 3.8[A] 선정)

② 순시전류 정정 : 정전범위 확대 등을 고려하여 제거한다.

(3) 전동기회로 보호용 계전기[50 / 51]

① Long Time Inverse Type 계전기를 사용한다.
② 기동시간은 15[sec] 이내
③ 한시정정은 115[%]
④ 한시 전류정정

㉠ 전동기 정격전류 : $I_n = \frac{5 \times 10^3 [\text{kVA}]}{\sqrt{3} \times 6.6 [\text{kV}]} = 437 \, [\text{A}]$

㉡ 한시정정 : 정격전류×115[%] = $437 \times 1.15 \times \frac{5}{600} = 4.2[\text{A}]$

∴ 한시 TAP : 4[A] 선정(디지털계전기 : 4.2[A] 선정)

⑤ 순시 전류 정정

㉠ 전동기의 돌입전류(정격전류의 12배 정도)로 동작하지 않아야 하고 2상 단락전류에 동작하여야 함

ⓒ 정격전류의 1200[%] 정정

$$437 \times 12 \times \frac{5}{600} = 44 \,[\text{A}]$$

∴ 44[A]보다 큰 사용 가능한 첫 번째 TAP 선정(디지털계전기 : 44[A] 선정)

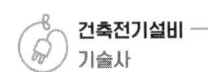

SECTION 04 | 접지

1. 접지일반

1) 개요

접지란 중성점 또는 금속제 기기의 외함을 대지와 접속하는 것으로 인체 감전보호 및 전력기기 및 통신기기 등의 안전사용을 목적으로 접지를 설치한다.

2) 접지의 목적

(1) 고장전류나 뇌격전류의 유입에 대한 기기의 보호
(2) 감전사고에 대한 인체 보호
(3) 계통회로 전압유지 및 보호계전기 동작 확보
(4) 정전차폐 효과의 유지

3) 접지의 구분

종류	접지방법 분류	
KEC 기준 계통 접지방식	• TN(TN-C, TN-S, TN-CS) • TT	• IT
중성점 접지방식	• 중성점다중접지 • 비접지 • 소호리액터접지	• 직접접지 • 저항접지
접지형태	• 공통접지, 통합접지	• 단독접지
사용전압	• 전력계통용접지	• 약전설비용접지
접지목적	• 계통접지 • 뇌해방지용접지 • 지락검출용접지 • 노이즈방지용접지 등	• 기기접지 • 정전기 장해방지용접지 • 등전위용접지

2. 접지저항

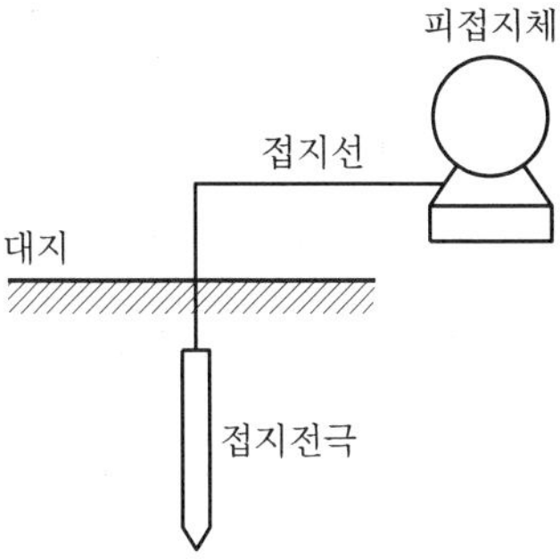

1) 접지전극에 접지전류(I)가 흐르면 전위 E(V)가 상승됨

2) 접지저항(R) = $\dfrac{E(V)}{I}[\Omega]$

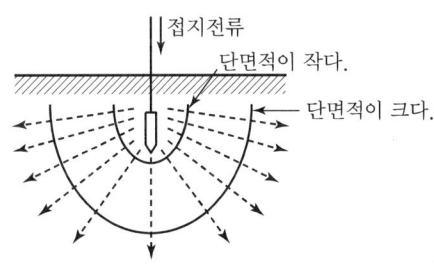

그림 2-304 ▶ **접지System 구성도**

3) 접지저항의 구분

(1) 접지선, 접지전극의 도체저항[Ω]

(2) 접지전극의 표면과 이것에 접하는 토양 사이의 접촉저항

(3) **접지전극 주위의 토양의 저항**

   이 토양의 저항이 대지저항률이며 접지저항의 가장 주요한 부분이다.

(4) **접지저항과 접지전극의 형상과 치수**

   ① 접지전극에서 많이 떨어지면 전류경로의 단면적이 매우 커져서 토양의 도전성이 나빠져도 그 저항은 작아진다.
   ② 그러나 접지전극 근처에서는 표면적이 크지 않아 일정한 저항이 된다.
   ③ 접지전류는 전극에서 방사모양으로 유출될 때, 전극에서 멀어질수록 커진다.

그림 2-305 ▶ **전류경로의 단면적**

   ④ 어떤 접지전극의 형상과 치수가 결정되면, 그 전극의 접지저항은 다음과 같이 표시된다.

   $R = \rho \times f(형상, 치수)$

   여기서, R : 접지저항(Ω)
   ρ : 대지저항률(Ω · L)
   f : (형상, 치수) 전극의 형상과 치수에 의하여 결정되는 함수

   ⑤ 낮은 접지저항을 얻으려면 대지저항률과 함수를 작게 하면 되고, 대지저항률을 고정한 경우는 전극의 형상이나 치수를 설계하면 된다.

3. 대지저항률(대지고유저항)

1) 개념

대지저항률은 대지 1[m³]에 전류가 흐를 때 전류가 흐르기 어려운 정도를 나타내는 것으로 단위는 [Ω·m]이며 접지저항은 대지저항률에 의해 크게 영향을 받는다.

2) 대지저항률에 영향을 주는 요인

(1) 토양의 종류, 토양의 입자크기 및 조밀도

① 토양의 종류에 따른 대지저항률 크기 : 진흙<점토<모래<사암
② 진흙과 같이 조밀도가 높을수록 저항률이 감소
③ 암과 같이 조밀도가 낮을수록 저항률이 증가함

표 2-41 ▶ 토양의 종류별 저항률

흙의 종류	고유저항[Ω·m]
늪지 및 진흙	80~200
점토질 및 모래질	150~300
모래질	250~500
사암 및 암반지대	10,000~100,000

(2) 수분의 양

① 수분 함유량이 증가 시 저항률이 감소한다.

② 수분 함유량이 20[%] 증가 시 저항률이 $\frac{1}{20}$로 감소한다.

표 2-42 ▶ 토양의 수분함유량에 대한 저항률

흙이 함유하는 수분[%]	고유저항 [Ω·m]
2	1,800
4	600
6	380
8	290
10	220
12	170
16	130
20	90

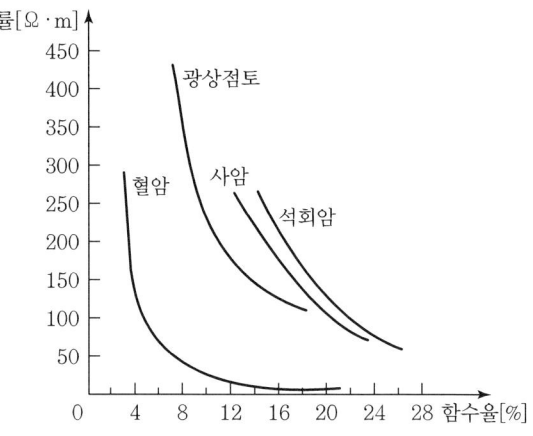

그림 2-306 ▶ 암석의 수분에 의한 저항률 변화

(3) 온도의 영향

① 대지 온도 증가 시 저항은 감소한다.
② 대지 온도 저하 시 저항은 증가한다.

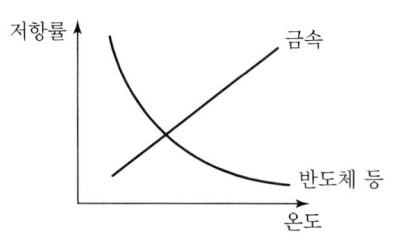

그림 2-307 ▶ 대지의 온도와 저항률 특성(실험식)

표 2-43 ▶ 토양의 온도와 저항률

온도[℃]	저항률[Ω·m]	비율
20	72	1.0
10	99	1.4
0	130	1.9
0(동결)	300	4.2
-5	790	10.9
-15	3,300	45.9

$$R_2 = R_1 \cdot \{1 + a_1(T_2 - T_1)\}$$

여기서, 온도 T_1일 때의 저항 R_1
온도 T_2일 때의 저항 R_2
a_1은 온도 T_1일 때의 저항의 온도계수

(4) 계절의 영향

① 겨울철 : 대지저항률이 크다(특히 1~2월).
② 여름철 : 대지저항률이 낮다.

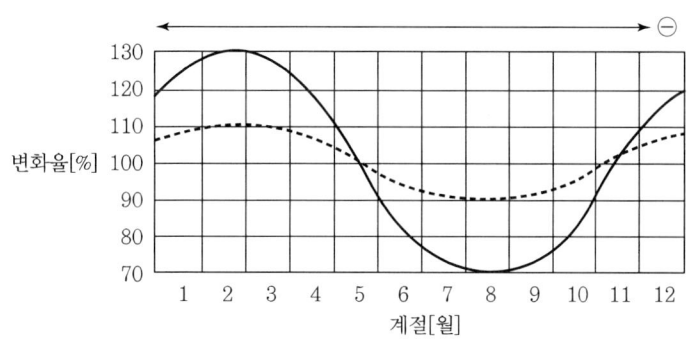

그림 2-308 ▶ 대지저항률의 계절변동

접지봉의 접지저항에 대한 연간 변화 추이를 나타낸 것으로 저항률은 겨울이 높고, 여름이 낮으며 양자 사이에는 약 2배의 변동이 있다.

3) 토양의 고유저항률이 300[Ω·m] 이상인 경우 별도의 저감대책이 필요하다.

4) 대지저항률의 분포

지질조건이 복잡하기 때문에 대지저항률의 분포를 일률적으로 결정하는 것은 곤란하며 저항률에 따라서 대략 3개의 지대로 분류한다.

표 2-44 ▶ 저항률에 의한 대지 분류

분류	저항률 $\rho[\Omega \cdot m]$의 범위	특징
저저항률 지대	$\rho < 100$	항상 토양에 수분이 많이 함유되어 있는 하구 또는 바다
중저항률 지대	$100 \leq \rho < 1,000$	지하수를 쉽게 얻을 수 있는 내륙의 평야지대
고저항률 지대	$\rho \geq 1,000$	구릉지대, 고원

5) 각종물질의 저항률

(1) 광물, 암석 등의 저항률

광물, 암석 등은 완전한 고체인 경우 절연물의 성질을 갖고 있는 경우가 많은데 광물의 구조상 수분을 함유할 수 있어 전기적인 전도성을 가지며 특히 금속광물은 저항률이 낮으며 각종물질의 저항률은 아래 표와 같다.

물질명	저항률 $\rho[\Omega \cdot m]$	물질명	저항률 $\rho[\Omega \cdot m]$
흑연 C	$8 \times 10^{-6} \sim 8 \times 10^{-2}$	안산암	$10^2 \sim 10^4$
유황 S	$1 \sim 10^5$	현무암	$10^3 \sim 10^5$
아연광	$1.5 \times 10 \sim 1.5 \times 10^4$	화산암층	$10^2 \sim 3 \times 10^2$
자류철광	$5 \times 10^{-4} \sim 0.05$	사암	$3 \times 10 \sim 10^3$
황동광	$1.5 \times 10^{-4} \sim 0.35$	모래	$1 \sim 10^3$
석영	$> 10^9$	점토	$0.8 \sim 10^2$
자철광	$6 \times 10^{-3} \sim 5 \times 10$	표토	$2 \times 10^2 \sim 10^3$
화강암	$3 \times 10^2 \sim 10^4$	석회암	$6 \times 10 \sim 5 \times 10^5$
		지하수	$2 \times 10 \sim 8 \times 10$
		해수	0.3

(2) 해수의 저항률

해수의 저항률은 토양과 같이 온도의 영향을 받는다. 또한 해수에 함유된 염분에 의해 크게 좌우된다.

(염분 3.43[%])

온도[℃]	10	15	20	25
저항률[$\Omega \cdot m$]	0.268	0.237	0.212	0.192

(3) 콘크리트의 저항률

① 콘크리트는 그 배합, 흡수율에 의해 따라 다르며 건조 시에는 절연물로 보게 되며 수분을 포함한 경우는 토양과 같은 모양으로 되며, 구조체의 지하부분은 항상 물을 포함한 토양과 접촉하고 있기 때문에 전기적 전도도를 갖게 된다.

배합비율 시멘트 : 모래 : 자갈	흡수율[%]	저항률[Ω·m]
1 : 3 : 6	4.9	80
1 : 2 : 4	6.2	51.6
1 : 3 : 0	13.9	47.2

② 콘크리트는 습한 정도에 따라서 저항률이 낮게 나타난다.
③ 습한 콘크리트의 저항률은 보통 토양에 비하여 낮은 것에 속한다.

4. 대지저항률 측정법

1) Wenner의 4전극법

대지저항률을 측정하는 방법에는 보링법, 전기탐사법, 웨너의 4전극법이 있으며 현재 많이 사용하는 방법은 웨너의 4전극법이다.

(1) 대지고유저항률(ρ) = $2\pi a R$

$a = 20d$

$R = \dfrac{V}{I}$ 의 조건에 의해

$\rho = 40\pi d \dfrac{V}{I}$ (a : 전극 간 거리[m])

여기서, d : 전극매설깊이[m]
V : 전압계
A : 전류계

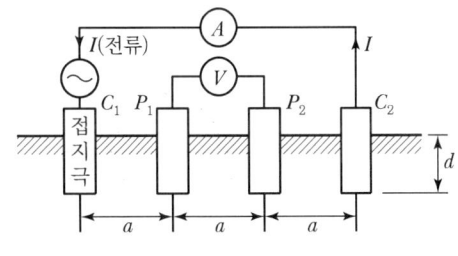

그림 2-309 ▶ Wenner의 4전극법

(2) 많이 사용되는 이유

① 정확도가 우수함
② 측정이 간편함

(3) 측정방법

① 전극 C_1과 C_2 사이에 전원을 접속해서 대지에 전류(I)를 흘릴 때 P_1과 P_2 사이에 전위차(V)가 측정되며 이 전위차를 전류로 나눈 것이 접지저항이다.
② 대지고유저항(ρ)은 전극간격이 a인 경우 $\rho = 2\pi a R (\Omega \cdot m)$가 된다.

(4) 주의사항

① 전류극, 전압극 등 보조극의 깊이는 전극간격(a)의 10[%] 이하로 한다.
② 전극 간의 간격이 적으면 전극깊이[d]에 의한 영향이 발생한다.

(5) 지층구조에 따른 $\rho - a$ 곡선

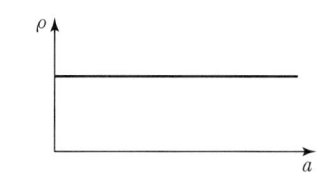

- 2층 구조

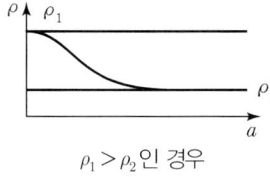 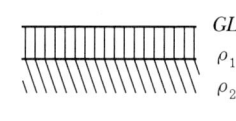

$\rho_1 > \rho_2$인 경우 $\rho_1 < \rho_2$인 경우

- 3층 구조

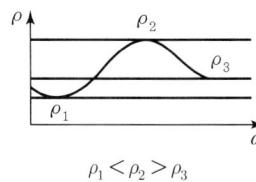 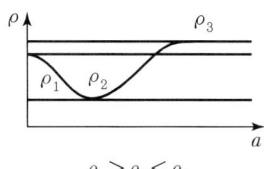 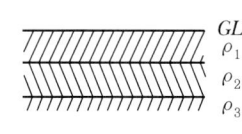

$\rho_1 < \rho_2 > \rho_3$ $\rho_1 > \rho_2 < \rho_3$

그림 2-310 ▶ 지층구조에 따른 $\rho - a$ 곡선

① $\rho - a$ 곡선을 통해 C_1, C_2의 전극 간격을 크게 잡으면 깊은 지층까지의 저항률을 구할 수 있다.
② 같은 지점에서 전극 간 거리(a)를 여러 개로 바꾸어 같은 지점의 대지저항률(ρ)을 추정할 수 있다.

2) Schlumberger – Palmer법

일명 부등간격 4전극법으로 깊은 대지의 하부 지층의 토양의 저항률을 측정한다.

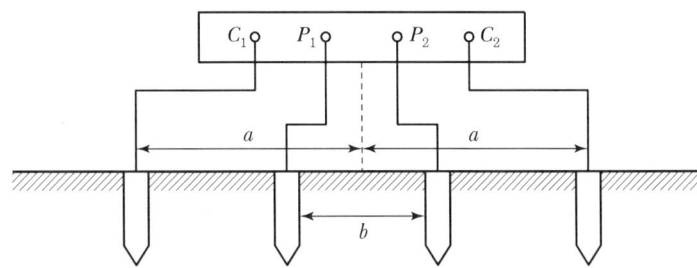

그림 2-311 ▶ Schlumberger – Palmer법

(1) Wenner의 4전극법에서 측정용 접지전극 사이의 간격 a가 넓을 경우 전위검출용 전극 사이의 전위차가 매우 낮아져서 전위차 검출이 곤란하고 오차가 발생할 수 있다.
(2) 측정용 전류 전극 사이의 간격이 넓은 경우 전위검출용 전극을 전류 보조극에 가까이 이동시켜 검출전압을 높이는 방법이다.
(3) Wenner의 4전극법보다 검출전압이 높고 접지전극 간 거리가 먼 경우도 측정이 가능하며 정확도가 개선된다.

5. 접지공법

접지저항이 원하는 값을 얻어지기 위해서는 접지목적에 맞는 설계를 해야 하며 우선 대지 파라미터를 파악한 후 접지목적에 따라 접지공법이 선택되고 설계도를 작성하여 접지공사를 시공해야 한다. 또한 접지설계는 경제성, 신뢰성, 보전성을 고려해야 한다.

1) 봉상접지공법

(1) 심타공법

① 접지봉으로 지층에 따른 대지저항률에 따라 깊이 박는 형태의 접지공법이다.
② 대지저항률과 접지봉 깊이의 관계를 검토해야 한다.
③ $\rho_1 > \rho_2 > \rho_3$ → 심타공법이 유리하다.

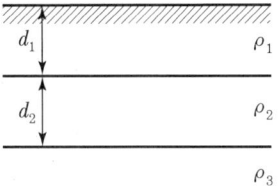

그림 2-312 ▶ $\rho - a$ 곡선

(2) 병렬접속공법

① 접지봉으로 심타공법에 비해 비교적 낮게 박는 형태의 접지공법이다.

② 전극배열방법
　　㉠ 직선배열
　　㉡ 삼각형 배열
　　㉢ 사각형 배열 등

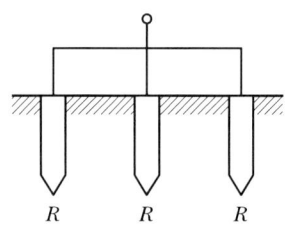
그림 2-313 ▶ 접지전극 병렬접속

2) 매설지선공법

(1) 접지선을 선 모양으로 포설하고 필요한 막대모양의 전극을 병렬로 시공하는 방법이다.

(2) 1개의 매설지선으로 접지저항을 얻지 못할 경우 다수의 접지선을 포설한다.

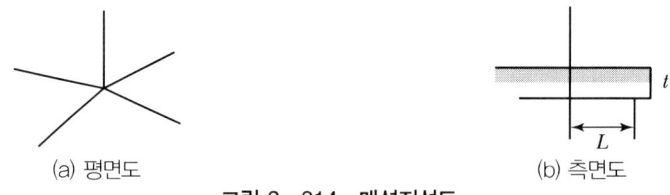
그림 2-314 ▶ 매설지선도

3) 망상접지공법(Mesh공법)

(1) 접지선과 접지봉을 이용하여 그물형태로 접지를 한 방식이다.

(2) 장점

　　① 저접지저항이 요구되는 대규모 접지방식에 적합하다.
　　② Surge 임피던스 저감효과가 크다.

(3) 단점 : 시공기간 및 비용이 많이 소요된다.

(4) 적용 : 발·변전소, 공장, 빌딩 등

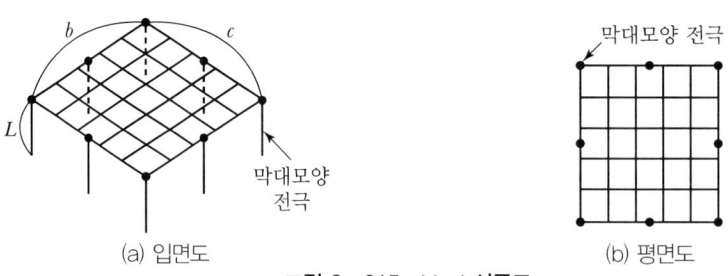
그림 2-315 ▶ Mesh시공도

4) 건축 구조체 접지

(1) 개요

① 건축물의 고층화, 대형화, 첨단화에 따라 건축물의 접지 System은 양질의 전원공급과 양호한 전기환경 조성의 측면에서 건축전기 설비의 중요한 과제가 되고 있으며 근래 가장 유효한 접지방식으로 대형 건축물에서 많이 적용되고 있고 도심지의 한정된 부지 내에서 접지저항치의 확보가 가능하며, 경제적 측면에서도 가장 유리한 방식이다.

② 구조체가 연속성이 있는 철골조, 철근 등의 경우로서 대지와의 접촉면적이 큰 경우 빌딩구조체의 일부분인 철골에 접지선을 고정시킴으로써 접지선 및 접지전극으로 대용하는 System을 말한다.

(2) 구조체 접지의 조건

① 철골조, 철근 콘크리트조, 철골철근 콘크리트조로서 지하부분의 대지와 접촉면이 어느 정도 커야 한다.

② 구조체의 철골, 철근이 상호 전기적으로 연결되어 건축구조가 전기적으로 Cage로 구성되어야 한다.

(3) 독립접지의 문제점 및 구조체 접지의 적용

① 독립접지의 문제점
  ㉠ 접지극 A에서 지락전류가 유입 시 전위상승(ΔV)이 접지극 B에 간섭됨
  ㉡ 전위상승(ΔV)에 영향을 미치는 요인
  - 접지전류
  - 대지저항률
  - 전극 간의 거리

② 구조체접지의 적용 효과
각 접지극들을 구조체에 접속함으로써 건축물 내 각 기기의 전위를 등전위화하여 접지전위의 상승을 억제하고 접지저항을 저감시키는 효과가 있다.

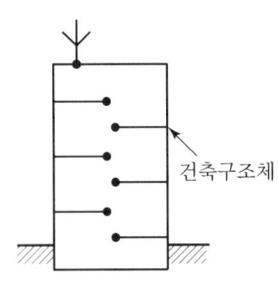
그림 2-316 ▸ 건축구조체 접지

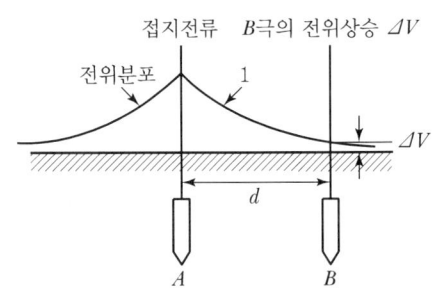
그림 2-317 ▸ 독립접지전극의 전위상승

(4) 건축구조체의 전위상승

① 빌딩에 낙뢰가 발생 시 뇌방전전류는 구조체의 철골, 철근을 통해 대지로 확산된다.
② 대지전위상승을 V라 하면 구조체를 Cage 로 보는 경우
③ 빌딩 내의 각 기기의 전위상승(ΔV)

$$\Delta V = V - E$$

여기서, V : 대지전위상승
E : 빌딩전위상승

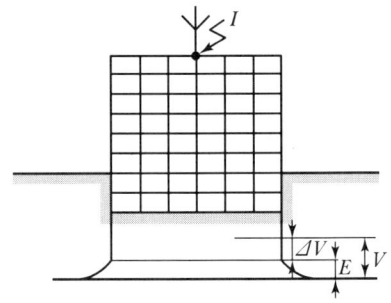
그림 2-318 ▸ 구조체의 전위상승 개념

(5) 건축물의 임피던스

① 현상

구조체의 경우 접지저항에 의한 전위상승 외에 뇌전류가 철골 등에 흐르는 경우 Surge 임피던스를 고려해야 한다.

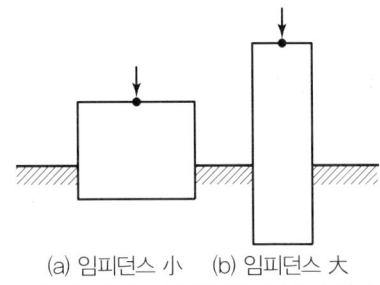

(a) 임피던스 小 (b) 임피던스 大
그림 2-319 ▸ 구조체 임피던스의 개념

② 대책

초고층일수록 전기적 Cage 구조체일지라도 임피던스가 커지는 경향이 있어 각층 바닥에 기준접지를 실시한다.

(6) 기준접지의 구조체 접지 적용

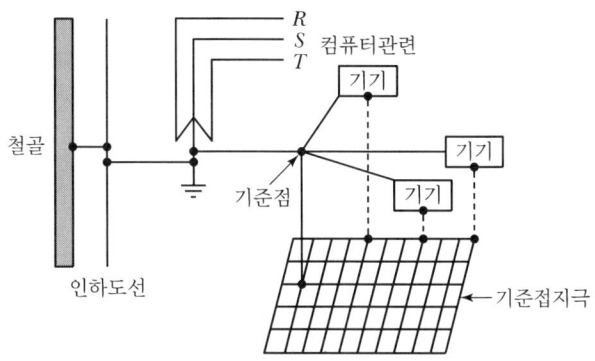

그림 2-320 ▶ 기준접지 System

① 목적

전자, 통신과 같은 약전용 설비에서는 특히 임피던스를 고려해야 하는데 이는 마이크로프로세스가 저전압 고주파수로 구동되어 미소한 Noise로도 장해가 발생하게 되어 이를 방지하기 위함이다.

② 효과

접지임피던스가 저감되어 약전 설비의 접지에 효과적이다.

③ 시공 시 유의사항

㉠ 기준접지 연결 접지선은 가능한 짧게 구성함
㉡ 기준접지극 접속부위 저항은 $50[\mu\Omega]$ 이하이며 전기적으로 우량도체일 것

④ 시공방법

㉠ 기준접지극에는 동 메시 또는 전기적으로 양호한 도체인 패널, 도전성 타일 등이 사용되고 있으며 일반적으로 빌딩의 층 바닥에 간단하게 설치하는 곳은 동선을 격자모양으로 부설하고 그것에 각 설비기기의 접지선을 1점에 통합하여 연결함
㉡ 실제기기(ITE)를 개별로 기준접지극에 연결할 수 있음

⑤ 특징

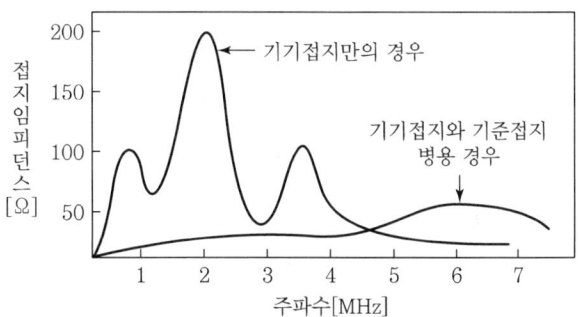

그림 2-321 ▶ 접지임피던스 저감효과

㉠ 구조체 접지인 경우 기준접지가 효과적임
㉡ 고층일 경우 특히 유효함
㉢ 기준접지로 등전위화가 가능함
㉣ 기준접지는 건축구조체가 아닌 경우에는 각 층 바닥의 기준접지극을 전용 접지선에 접속하여 대지의 인공접지전극에 연결함으로써 기준접지 System 형성이 가능함

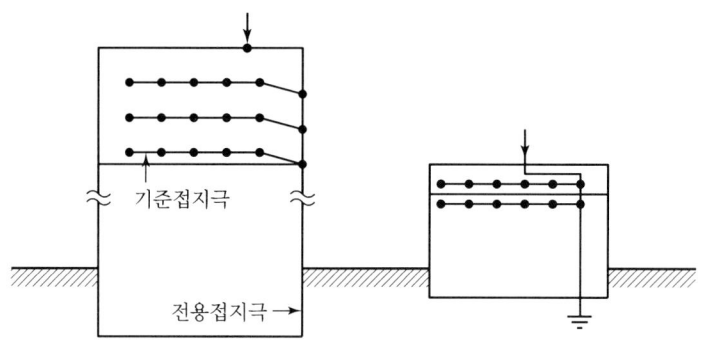

그림 2-322 ▶ 건축구조체의 기준접지

(7) 건축구조체 대용접지공법

① 구조체의 접지저항 실측값은 인공접지 값보다 훨씬 낮다.
② 설계단계에서 구조체의 접지저항을 측정하는 데는 반구상의 등가표면적 치환법, 등가체적 치환법, 형상계수법에 의해 계산한다.
③ 등가표면적 치환법 이용 접지저항계산법

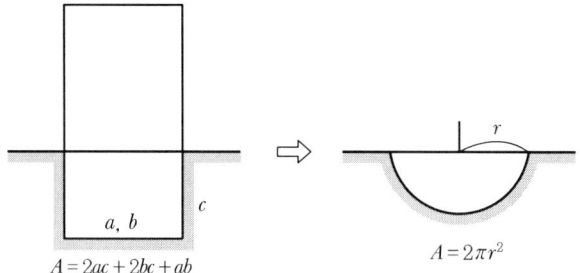

그림 2-323 ▶ 반구모양 전극과의 치환

㉠ 대지와 접촉하고 있는 건축구조체 지하부분(전표면적)을 반구형 전극과 치환함
㉡ 구조체 접촉면적(A) = 반구형전극의 표면적은 $2\pi r^2$ (r : 반지름)
㉢ 반구형 전극의 접지저항(R)

$$R = \frac{\rho}{2\pi r}[\Omega] = \frac{\rho}{2\pi\sqrt{\dfrac{A}{2\pi}}} = \frac{\rho}{\sqrt{2\pi A}} = \frac{\rho}{\sqrt{2\pi \times (2ac+2bc+ab)}}$$

여기서 반지름 r을 크게(구조체 지하부분과 대지와의 접촉면적을 크게 하면 접지저항은 작아짐)

② 등가 체적 치환법 이용 접지저항 계산

구조체 체적(V) $= abc$, 반구의 체적(V) $= \dfrac{4}{6}\pi r^3$ ($r = 0.79\sqrt[3]{V}$)을 이용하여 접지저항 R을 구함

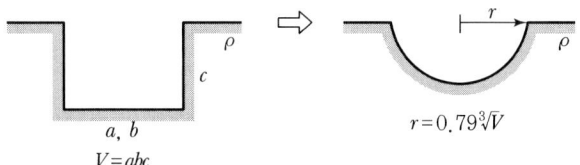

그림 2-324 ▶ 등가 체적 치환법

⑩ 형상계수법

직육면체 전극의 긴 변을 a(대표적 치수), 짧은 변을 b라고 했을 때 건축구조체의 접지저항을 추정하기 위해 접지저항 R은 대지저항률 ρ, 대표적 치수 a와 형상계수 K를, $R = K\dfrac{\rho}{a}$ 식에 대입하여 구할 수 있음

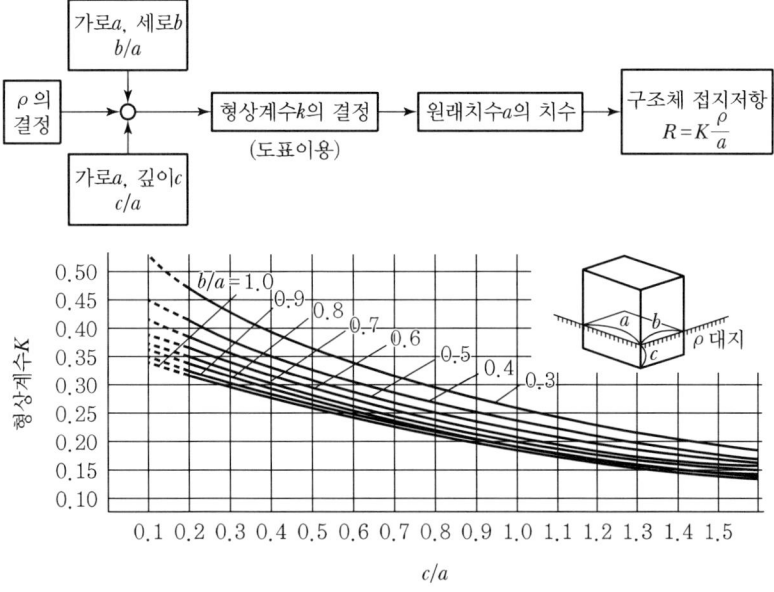

그림 2-325 ▶ 건축구조체 대용 접지극의 접지설계 프로우

(8) 구조체 접지의 장점

① 양호한 접지저항을 얻을 수 있다.

② 접지설비가 단순해지고 보수점검이 용이하다.

③ 고신뢰도의 접지계통을 유지한다.

④ 뇌서지에 대한 재해를 최소화할 수 있다.

6. 접지저항값

1) 접지방식에 따른 접지저항값

종류	구성	접지저항값
접지봉	1개의 경우	$R = \dfrac{\rho}{2\pi l}\left(\log_e \dfrac{4l}{a} - 1\right)$ 여기서, a : 접지봉의 반경[cm] 　　　l : 접지봉의 길이[cm]
접지봉	2개 이상	합성접지저항 $R_n = k\dfrac{1}{\sum \dfrac{1}{R_n}}$ 여기서, k : 집합계수 　　　n : 집합전극 매설수
접지판		$R = \dfrac{\rho}{2\pi t}\log_e \dfrac{r+t}{r}$ 여기서, r : 등가반경 $= \sqrt{\dfrac{ab}{2\pi}}$ [cm] 　　　t : 매설깊이[cm] 　　　a, b(가로, 세로)[cm]
메시공법 (망상접지)		$R = \dfrac{\rho}{4r} + \dfrac{\rho}{L}$, 여기서, r : 등가반경 $= \sqrt{\dfrac{ab}{\pi}}$ [cm] 　　　L : 망상전장 $b(n+1) + a(m+1)$

2) 접지저항 저감방법

(1) 물리적 저감방법

종류	구성	특성
접지극 병렬접속 및 치수확대	저항 그래프 (2개-55%, 3개-40%, 4개-30%, 5개-25%)	• 연결 개수 및 면적을 증가시켜 접지저항값을 낮춤 • 접지저항 $R = k \dfrac{1}{\sum \dfrac{1}{R_n}}$, k : 집합계수
수직공법	접지저항-매설깊이 그래프 (13mm, 50mm)	• 매설깊이를 깊게 하여 접지저항을 낮춤 • 보링공법, 심타공법
매설지선공법	10m, 20~80m 분포/집중 도식	• 낮은 저항값을 필요로 하는 장소 • 대지고유저항 300[Ω·m]의 장소에 유효 • 적용장소 : 송전선, 철탑, 소규모 발전소, 변전소 등 • 분포접지와 집중접지로 접지저항을 작게 함
평판 접지극공법	0.75m 이상, 1m 이상(직렬), 2m 이상(병렬)	• 직렬시공이 효과적임 • 매설 시 표면 접촉저항에 유의 • 극판크기 두께 0.7[mm] 이상 • 면적 $300 \times 300[mm^2]$ 이상
다중접지 시이트공법	3중알루미늄막, 비닐	• 알루미늄막과 유연성이 있음 • 접지저항이 매우 저감됨 • 가격이 고가임

(2) 화학적 저감방법

접지극 주변의 토양을 개선하는 방식으로 토양의 고유저항 ρ값을 화학적인 방법으로 저감시키는 방식으로 화이트아스론 염, 황산암모니아, 탄산소다, 카본분말, 벤토나이트 등을 사용하며 저감효과는 일시적이다.

① 저감제의 종류
  ㉠ 반응형 저감제 : 접지전극 주위에 저감재를 주입하여 접지저항을 일시적으로 저감시킴

- 종류 : 화이트아스론, 티코젤 등
- 특징 : 비반응형보다 접지저감 효과가 오래 지속됨(4~5년)
ⓒ 비반응형 저감제 : 접지전극 주위의 토양에 혼합하여 접지저항을 일시적으로 저감시킴
- 종류 : 염, 황산암모니아, 탄산소다, 카본분말, 벤토나이트 등
- 특징 : 반응형보다 접지저감 효과가 짧음(1~2년)

② 저감제의 구비조건
ⓐ 저감효과가 클 것
ⓑ 효과가 영속적일 것
ⓒ 접지극 부식이 없을 것
ⓓ 공해가 없을 것
ⓔ 경제적이고 공법이 용이할 것

③ **저감제 주입법** : 체류조법과 유입법인 타입법, 보링법, 수반법, 구법으로 구분된다.
ⓐ 타입법
- 막대모양의 접지전극과 접지저감제를 이용하는 방식
- 토질에 따라 보링이 필요함
- 전극의 틈새에 접지 저감제를 주입하는 방식

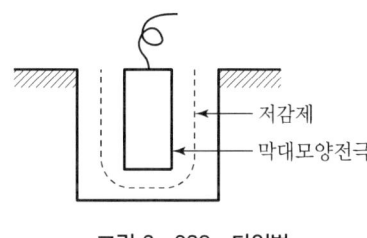

그림 2-326 ▶ **타입법**

ⓑ 보링법
- 막대모양의 접지전극 대신에 선모양, 띠모양의 접지전극을 포설함
- 보링공법으로 구멍을 뚫어 전극을 설치한 후 그 속에 저감제를 주입시킴

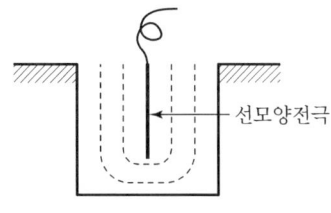

그림 2-327 ▶ **보링법**

ⓒ 수반법 : 접지전극 부근의 대지에 저감제를 뿌리는 방식

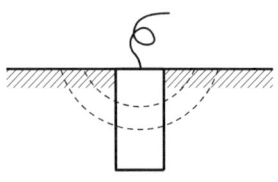

그림 2-328 ▶ **수반법**

ⓔ 구법 : 접지전극 주변에 고리모양의 홈을 파서 그 속에 저감제를 유입시키는 방식

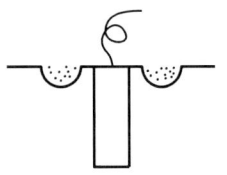

그림 2-329 ▶ **구법**

ⓜ 체류조법
- 접지전극 주위에 저감제를 넣어 되메우기를 하는 방법
- 구덩이의 바닥면, 벽면은 밀도가 큰 진흙으로 방수 처리하여 물의 침입방지 및 저감제 누설을 방지함

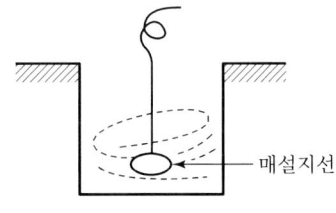

그림 2-330 ▶ **체류조법**

7. 접지선 굵기 선정

1) 선정 시 유의사항

(1) 전류용량(허용전류)
(2) 내식성
(3) 기계적 강도

2) KEC 규정에 의한 접지도체 · 보호도체 굵기(KEC 142.3)

(1) 접지도체(KEC 142.3.1)

① 접지도체의 단면적은 (2)항의 보호도체에 의하며, 접지도체의 최소단면적은 아래와 같다.

구분	도체 종류	최소단면적
큰 고장전류가 접지도체를 통하여 흐르지 않을 경우	구리(Cu)	6[mm^2] 이상
	철제(Fe)	50[mm^2] 이상
접지도체에 피뢰시스템이 접속되는 경우	구리(Cu)	16[mm^2] 이상
	철제(Fe)	50[mm^2] 이상

② 고장 시 흐르는 전류를 안전 통전 시 접지도체의 최소단면적

구분	도체 종류	최소단면적
특고압 · 고압전기 전기설비용 접지도체	연동선	6[mm^2] 이상
중성점 접지용 접지도체	연동선	16[mm^2] 이상
	• 7[kV] 이하의 전로 • 사용전압이 25[kV] 이하인 특고압 가공 전선로 (단, 중성선 다중접지방식 방식의 것으로서 전로에 지락 시 2초 이내에 자동전로차단 장치가 되어 있는 것)	6[mm^2] 이상

③ 이동하여 사용하는 전기기계기구의 금속제 외함 등의 접지시스템의 경우

구분		최소단면적
특고압 · 고압 전기설비용 접지도체 및 중성점 접지용 접지도체 • 클로로프렌캡타이어케이블(3종 및 4종) • 클로로설포네이트폴리에틸렌캡타이어케이블(3종 및 4종)의 1개 도체 • 다심 캡타이어케이블의 차폐 또는 기타의 금속체		10[mm^2] 이상
저압 전기설비용 접지도체	다심 코드 또는 다심 캡타이어케이블의 1개 도체	0.75[mm^2] 이상
	유연성이 있는 연동연선 1개 도체	1.5[mm^2] 이상

(2) 보호도체(KEC 142.3.2)

① 보호도체의 최소단면적 선정

㉠ 선도체의 단면적에 의한 굵기 선정

선도체의 단면적 S (mm^2, 구리)	보호도체의 최소 단면적(mm^2, 구리)	
	보호도체의 재질	
	선도체와 같은 경우	선도체와 다른 경우
$S \leq 16$	S	$(k_1/k_2) \times S$
$16 < S \leq 35$	16^a	$(k_1/k_2) \times 16$
$S > 35$	$S^a/2$	$(k_1/k_2) \times (S/2)$

- k_1 : 도체 및 절연의 재질에 따라 KS C IEC 60364-5-54의 표 A54.1에서 선정된 선도체에 대한 k값
- k_2 : KS C IEC 60364-5-54의 표 A.54.2~표 A.54.6에서 선정된 보호도체에 대한 k값
- a : PEN 도체의 최소단면적은 중성선과 동일하게 적용한다.

㉡ 계산식에 의한 최소단면적 선정(차단시간이 5초 이하인 경우 적용)

$$S = \frac{\sqrt{I^2 t}}{k}$$

여기서, S : 단면적(mm^2)
I : 보호장치를 통해 흐를 수 있는 예상 고장전류 실횻값(A)
t : 자동차단을 위한 보호장치의 동작시간(s)
k : 보호도체, 절연, 기타 부위의 재질 및 초기온도와 최종온도에 따라 정해지는 계수

ⓒ 보호도체가 케이블의 일부가 아니거나 선도체와 동일 외함에 설치되지 않은 경우

구분	최소단면적	
	구리	알루미늄
기계적 손상에 대해 보호가 되는 경우	2.5[mm²] 이상	16[mm²] 이상
기계적 손상에 대해 보호가 되지 않는 경우	4[mm²] 이상	16[mm²] 이상

3) IEEE st 80에 의한 접지선 굵기(A)

$$A = I_g \times \frac{1}{\sqrt{(\frac{TCAP \times 10^{-4}}{t_c \ a_r \ \rho_r}) \times \ell_n(\frac{K_0 + T_m}{K_0 + T_a})}} \ [\text{mm}^2]$$

TCAP : 열용량 계수 → $3.42[\text{J/}]\text{cm}^3 \cdot \text{℃}$

여기서, t_c : 전류 통전 시간(sec)

a_r : 20[℃]에서 저항 온도계수

a_0 : 0[℃]에서 저항 온도계수

ρ_r : 20[℃]에서 매설도체 저항

K_0 : 0[℃]에서 저항 온도계수의 역수($\frac{1}{a_0}$)

T_m : 최고 허용온도[℃]

T_a : 주위온도[℃]

8. 접지극

1) 재료

(1) 동판 : 두께 0.7[mm] 이상, 면적 900[cm^2] 이상의 것
(2) 동봉 : 지름 8[mm] 이상, 길이 0.9[m] 이상
(3) 철관 : 외경 25[mm] 이상, 길이 0.9[m] 이상의 것으로 아연도금을 한 것
(4) 철봉 : 지름 12[mm] 이상, 길이 0.9[m] 이상의 것으로 아연도금을 한 것
(5) 매설지선 : 단면적 16[mm^2] 이상의 나연동선

2) 시공방법

(1) 시공방법
  ① 수평 매설방법
  ② 수직 매설방법

(2) 일반적으로 수직 매설방법이 적합하다.
(3) 폭 300[mm], 깊이 750[mm] 이상으로 적당한 심타공법이 가능하면 연속해서 시공하는 것이 경제적이다.
(4) 병렬시공 시 간격을 2[m] 이상으로 시공하는 것이 적합하다.

3) 시공 시 유의사항

(1) 매설장소는 접지대상물에서 가까운 곳으로서 토질이 균일한 장소, 습기가 많은 장소, 수위가 얕은 장소, 가스, 산 등에 의한 부식의 우려가 없는 장소를 선정한다.
(2) 접지선에 사람이 접촉될 우려가 있는 장소로서 철주와 같은 금속체를 따라 시설하는 경우 접지극을 지중에서 그 금속체로부터 1[m] 이상 떨어지게 매설한다.
(3) 매설 깊이는 0.75[m] 이상으로 한다.
(4) 빙결층을 초과하는 깊이로 시공한다.
(5) 피뢰용과 전력용 및 약전용과의 접지극 사이는 2[m] 이상, 피뢰용과 전화용 사이는 5[m] 이상 전화용과 기타의 전극 사이는 2[m] 이상으로 한다.
(6) 피뢰용 접지전극 또는 매설선과 가스관은 1.5[m] 이상 이격 시공한다.
(7) 화학적, 기계적 구성을 유지해야 한다.
(8) 이종 금속 간 접속을 방지한다.
(9) 설치 후 관리상 접지전극의 위치를 표시하는 것이 적합한다.

4) 용어개념

(1) 기초접지극(Foundation Earth Electrode)

① 의도적으로 콘크리트 내에 접지체를 환상으로 포설하는 접지극을 말한다.
② 소형 건축물의 경우 기초 콘크리트 내에 아연도금 철판 혹은 철봉을 환상으로 포설하여 구성하는 접지극을 말한다.
③ B형 접지극이 기초접지극에 해당된다.

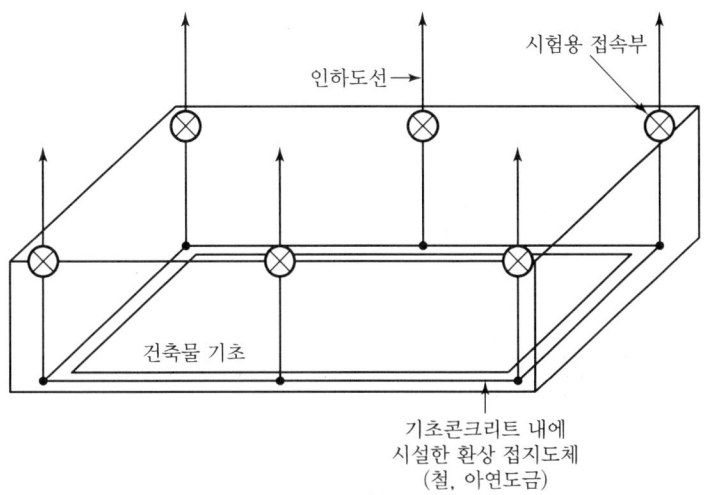

그림 2-331 ▶ 기초접지극

(2) 자연적 접지극(구조체 접지극)

① 건축물의 지하 콘크리트 및 철근, 철골 등의 건축기초 부분을 접지극으로 이용한 것이다.
② 인공적인 접지전극을 매설하지 않는 것을 말한다.

(3) A형 접지극

① 각 인하도선에 접속된 보호대상 구조물의 외부에 설치한 수평 또는 수직 접지극을 말한다.
② 접지극의 수는 2개 이상이어야 한다.
  ㉠ 수평접지극 : L_1
  ㉡ 수직(또는 경사진) 접지극 : $0.5L_1$
  ㉢ 조합형(수직 또는 수평) 접지극의 경우 전체길이를 고려함
③ 사람이나 동물에 대해 감전 위험 초래 시 추가 대책을 검토한다.

④ 대지저항률이 낮아 접지저항이 10[Ω] 이하이면 접지전극의 최소길이에 대한 규정을 적용받지 않는다.
⑤ 수직, 판상접지극의 이격거리는 병렬효과를 가능한 한 감소하지 않도록 긴 변의 길이의 3~4배 이상이 바람직하다.
⑥ 판상접지극의 크기는 동판의 경우 두께 2[mm] 이상, 면적 0.25[m²]이어야 한다.
⑦ A형 접지극이 상단이 최소 0.75[m] 이상의 깊이에 묻히도록 매설한다.

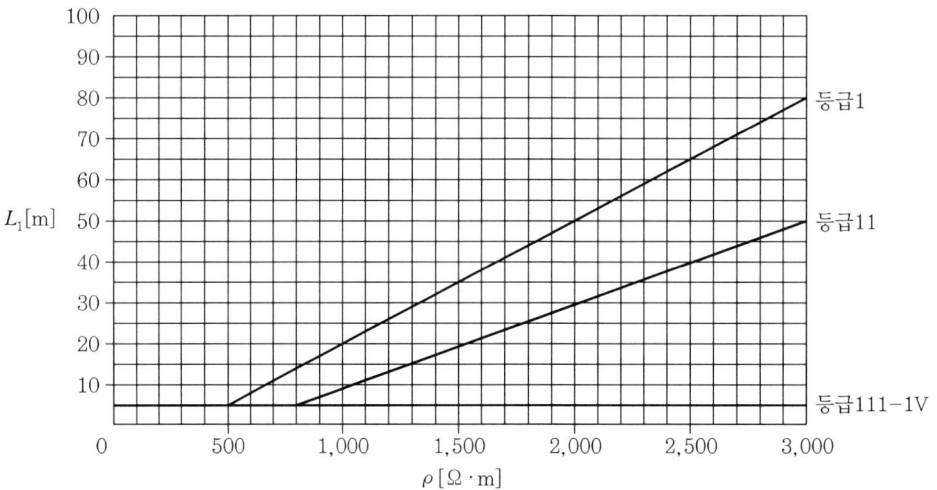

그림 2-332 ▶ LPS 레벨 각 접지극의 최소길이 L_1

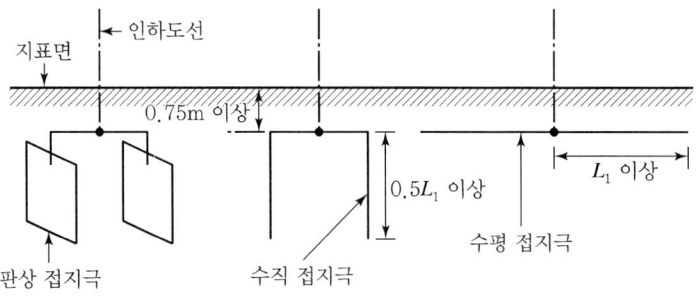

그림 2-333 ▶ A형 접지극

(4) B형 접지극

① 보호대상 구조물의 외측에 전체길이의 최소 80[%] 이상이 지중에 설치된 환상도체 또는 기초접지극으로 접지극은 메시(Mesh)형이다.
② 환상접지극(또는 기초접지극)의 경우 접지극에 둘러싸인 면적의 평균 반지름 r_e는 L_1 이상이다($r_e \geq L_1$).

③ 규정값 L_1이 r_e보다 클 때는 수평 및 수직길이에 대해 각각 L_r, L_v만큼 추가로 시설해야 한다.

㉠ 추가 수평접지극 $L_r = L_1 - r_e$

㉡ 추가 수직접지극 $L_v = \dfrac{L_1 - r_e}{2}$

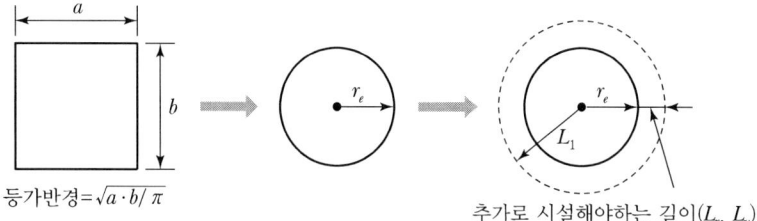

그림 2-334 ▶ 추가적 접지극 길이 산출방법

④ 접지극의 수는 최소 2 이상이어야 하며 인하도선의 수보다 많아야 한다.
⑤ 추가 접지극은 가능한 같은 간격으로 인하도선이 접속되는 점에서 환상접지극에 접속하는 것이 좋다.
⑥ 환상접지극(B형 접지극)은 벽과 1[m] 이상 떨어져서 최소 깊이 0.75[m]에 매설하는 것이 좋다.

9. 보폭전압, 접촉전압

1) 보폭전압[V]

(1) 정의

변전소 내에 고장전류가 유입 시 접지전극의 전위상승에 의한 지표면상의 인체의 보폭 사이(1[m])에 발생하는 전압을 말한다.

(2) 보폭전압 식

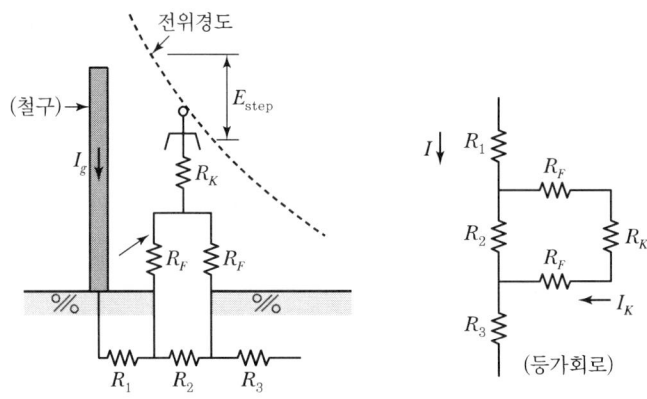

그림 2-335 ▶ 보폭전압

$$E_{step} = (R_k + 2R_F)I_K = \frac{155 + 0.93\rho_s}{\sqrt{t}} \text{ [V]}$$

여기서, R_k : 인체의 몸통저항[Ω] (1,000 : 가정)

R_F : 한 발의 저항[Ω] $\simeq 3\rho_s$

ρ_s : 표토층 저항률[Ω·m]

I_K : 인체허용전류[A](실횻값)

$I_K = \dfrac{0.155}{\sqrt{t}}$ (Dalziel의 실험식)

t : 지속시간[sec]

ρ_s를 100[Ω·m], 지속시간을 1초로 하면 E_{step} 은 248[V]가 된다.

2) 접촉전압

(1) 정의

접지한 도전성구조물에 사람이 접촉 시 접촉한 구조물의 전위와 사람이 서 있는 지점의 대지표면의 전위를 말한다(보통 1[m]의 전위차를 말함).

(2) 접촉전압 식

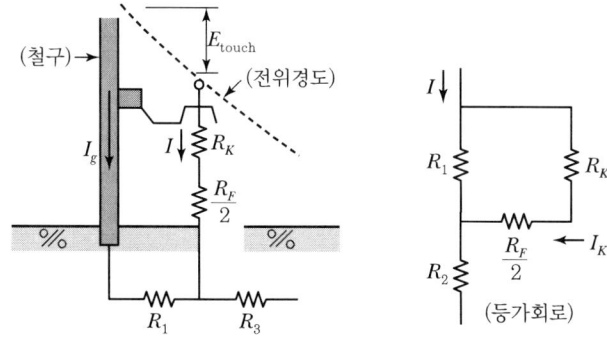

그림 2-336 ▶ 접촉전압

$$E_{touch} = \left(R_k + \frac{R_F}{2}\right)I_K = \frac{155 + 0.23\rho_s}{\sqrt{t}} \; [\text{V}]$$

여기서, R_k : 인체의 몸통저항[Ω](1,000 : 가정)
R_F : 한 발의 저항[Ω] ≈ $3\rho_s$
ρ_s : 표토층 저항률[Ω·m]
I_K : 인체허용전류[A](실횻값)
$I_K = \frac{0.155}{\sqrt{t}}$ (Dalziel의 실험식)
t : 지속시간[sec]

ρ_s를 100[Ω·m], 지속시간을 1초로 하면 E_{touch} 은 178[V]가 된다.

3) 보폭전압 접촉전압 저감대책

① 접지극을 깊게 매설한다.
② 메시접지 방식을 채용하고 메시간격을 좁힌다.
③ 위험도가 큰 장소에서는 자갈, 콘크리트 등을 타설한다.
④ 부지 경계 부근의 메시는 약간 깊게 매설한다.

10. IEC 61936에서 검토하는 접지설계

1) 접지설계의 개념

(1) IEC 61936에서는 TC-99의 적용범위인 교류(AC) 1[kV] 초과, 직류(DC) 1.5[kV]를 초과하는 발·변전소, 송배전 및 수용가설비를 대상으로 한다.

(2) 감전보호의 지표로 보폭전압과 접촉전압을 위주로 하고 있으며 대지전위상승의 원인으로 추정되는 접지저항은 중요하나 접지저항 자체를 접지설계의 판단기준으로 적용하지 않는다.

2) IEC 61936 특징

(1) IEC 60479에서 규정하는 안전 한계전류 곡선을 토대로 보폭, 접촉전압을 평가하기 위해 안전한계전류곡선을 허용전압곡선으로 치환한다.

(2) 접지설계의 대상이 통합접지시스템일 경우 기능요건을 만족하는 것으로 보아 설계가 불필요한 것으로 하고 있다.

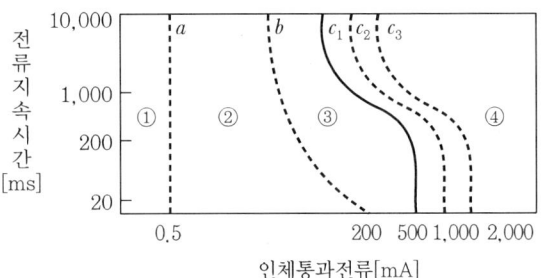

그림 2-337 ▶ 감전전류의 안전한계곡선(IEC 60479)

구역	생리학적 영향
구역 ①	보통은 반응이 없음
구역 ②	보통은 유해한 생리학적 영향이 없음
구역 ③	보통은 기관조직의 손상이 예상되지 않음
구역 ④	전류치와 시간의 증가에 따라 심박정지, 호흡정지 및 중화상 등의 병태생리학적 영향이 발생할 가능성이 있음 (심실세동의 가능성 : 곡선 $c2$ → 약 5[%] 이하, 곡선 $c3$ → 약 50[%] 이하, 곡선 $c3$ 초과 → 약 50[%] 초과로 증가함)

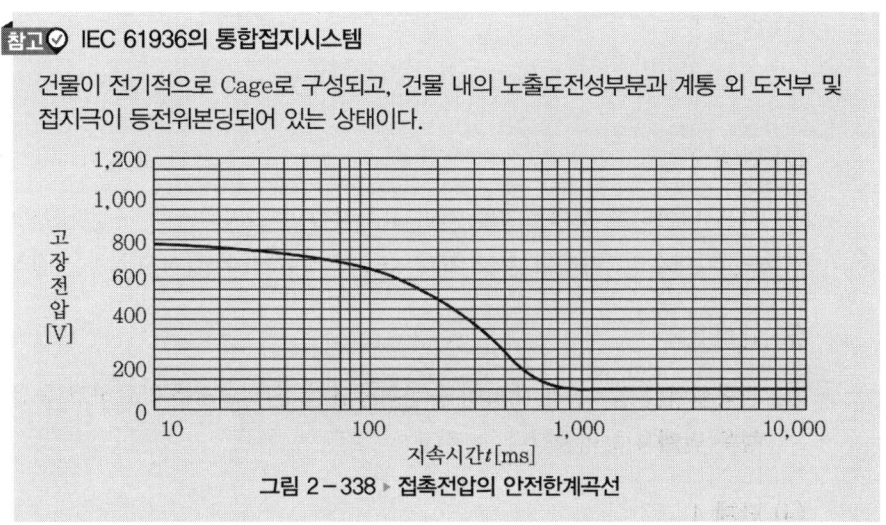

> **참고** **IEC 61936의 통합접지시스템**
> 건물이 전기적으로 Cage로 구성되고, 건물 내의 노출도전성부분과 계통 외 도전부 및 접지극이 등전위본딩되어 있는 상태이다.

그림 2-338 ▶ 접촉전압의 안전한계곡선

3) 접지설계 FLOW

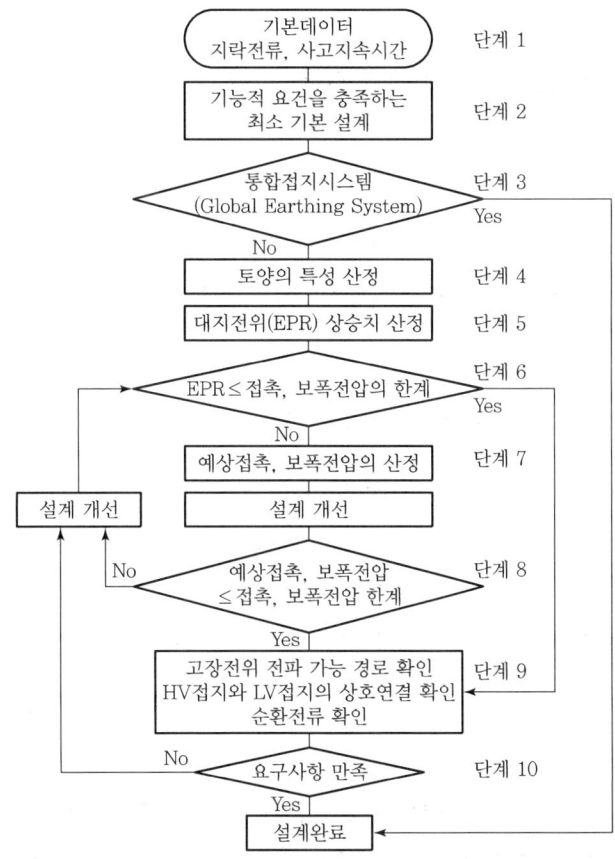

그림 2-339 ▶ IEC 61936-1 부속서C 접지설계 기본 FLOW

(1) 단계 1

기본 데이터로서 전력설비의 지락전류, 사고 지속시간을 명확히 한다.

(2) 단계 2

기본 데이터를 토대로 기능적인 요구사항인 접지시스템 구성재료의 열적·기계적강도, 기대수명, 기계의 손상 회피 등을 고려한 최소 접지시스템을 결정한다.

(3) 단계 3

전력설비의 접지설계 대상이 등전위본딩인 경우 설계를 완료하고 등전위본딩되지 않은 경우 단계 4로 이동한다.

(4) 단계 4

접지설계 대상 장소의 대지저항률을 결정한다(대지저항률의 계절변동을 고려함).

(5) 단계 5

지락전류와 대지저항률에 의해 전력설비의 접지시스템과 기준대지 간의 대지전위 상승(Earth Potential Rise : EPR)을 결정한다.

(6) 단계 6

① EPR이 허용 보폭전압, 허용접촉전압보다 작으면 단계 9로 이동한다.
② EPR이 허용 보폭전압, 허용접촉전압보다 크면 단계 7로 이동한다.

(7) 단계 7

계산식 등을 통해 예상접촉전압, 예상보폭전압을 산정한다.

(8) 단계 8

① 예상접촉전압, 예상보폭전압이 허용접촉전압, 허용보폭전압보다 작으면 단계 9로 이동한다.
② 예상접촉전압, 예상보폭전압이 허용접촉전압, 허용보폭전압보다 크면 설계를 개선한다.

(9) 단계 9

전력설비의 외부 또는 내부에 있는 금속 케이블시스, 파이프, 레일 등의 도체에 의해 발생하는 이행전압을 확인하며 고압(HV)과 저압(LV)의 접지시스템 상호접속의 최저 요건에 의한 EPR을 확인한다.

(10) 단계 10

단계 9의 요구사항이 만족되면 설계가 완료, 만족되지 않으면 단계 6으로 돌아가 각 단계를 반복한다.

표 2-45 ▶ 저압 및 고압의 경우 접지시스템 상호접속의 최저요건 (IEC 61936-1 표 6에 의함)

저압시스템 Type	요건
TT	$t_F \leq 5[S]$인 경우, EPR $\leq 1,200[V]$
	$t_F > 5[S]$인 경우, EPR $\leq 250[V]$
TN	EPR $\leq X \times U_T$

① X의 값
  ㉠ 대표치는 2이며 어느 토양구조에 대해서는 5 이하
  ㉡ 저압시스템의 PEN 도체가 고압 접지시스템만의 대지에 접속되는 경우 X값은 1임

② U_T의 값 : 부속서 B로부터 적용됨

4) 결론

(1) 1EC 61936-1의 접지설계 FLOW는 위와 같다.
(2) IEC 61936-에서는 접지계통임피던스, 예상보폭전압, 예상접촉전압을 측정하도록 하고 있다.
(3) 최근 KSC-IEC 규격의 도입과 더불어 전위경도에 의한 안전확보를 적용토록 하고 있으며, KEC 142.6의 공통접지 및 통합접지방식이 제시되고 있다.

11. ANSI / IEEE std -80에서 검토하는 접지설계 순서

1) 개요

이 지침은 변전소의 메시접지에 의한 접지설계를 검토한 것으로 이 지침에서는 접지저항보다도 변전소 구내에 있어서 지표면의 최대 보폭전압과 인체에 인가되는 최대 메시전압을 접지설계의 지표로 하는 것이 가장 큰 특징이다.

2) 접지설계순서

(1) 단계 1

토양의 특성을 조사한다.

① 등가 대지고유저항을 산정한다.[$\Omega \cdot m$]
② Sampling 결과를 Program을 이용하여 계산한다.

(2) 단계 2

접지전류(I_g) 및 접지선 굵기(A)를 산정한다.

① 접지전류(I_g)

$$I_g = 3I_0 = \frac{3E}{Z_0 + Z_1 + Z_2 + 3R_g}$$

② 접지선 굵기(A)

$$A = I_g \times \frac{1}{\sqrt{\left(\frac{TCAP \times 10^{-4}}{t_c \ a_r \ \rho_r}\right) \times \ell_n\left(\frac{K_0 + T_m}{K_0 + T_a}\right)}} [mm^2]$$

여기서, $TCAP$: 열용량 계수 → $3.42[J/cm^3 \cdot °C]$
t_c : 전류통전시간[sec]
a_r : 20[°C]에서 저항 온도계수
a_0 : 0[°C]에서 저항 온도계수
ρ_r : 20[°C]에서 매설도체 저항
K_0 : 0[°C]에서 저항 온도계수의 역수$\left(\frac{1}{a_0}\right)$
T_m : 최고 허용온도[°C]
T_a : 주위온도[°C]

(3) 단계 3

감전방지 안전한계 기준치를 결정한다.

① 허용 보폭전압 : $E_{step} = (1{,}000 + 6 \cdot C_s \cdot \rho_s) \times \dfrac{0.116}{\sqrt{ts}}$ (50 [kg]인 사람)

② 허용 접촉전압 : $E_{touch} = (1{,}000 + 1.5 \cdot C_s \cdot \rho_s) \times \dfrac{0.116}{\sqrt{ts}}$ (50 [kg]인 사람)

  여기서, C_s : 지표층 감쇄계수
     ts : 사람이 전류에 노출되는 시간
     ρ_s : 표토층 대지고유저항[Ω·m]

(4) 단계 4

초기 예비설계를 실시한다.

① D : 메시전극 포설간격[m]
② L : 메시도체의 전장[m]
③ h : 접지망 매설 깊이[m]
④ 접지봉의 수 등

(5) 단계 5

접지저항(R_g)을 계산한다.

$$\text{메시 접지저항}(R_g) = \rho \left[\dfrac{1}{L_T} + \dfrac{1}{\sqrt{20A}} \left(1 + \dfrac{1}{1 + h\sqrt{20/A}} \right) \right]$$

  여기서, ρ : 토양의 고유저항[Ω·m]
     L_T : 매설된 도체의 총길이[m]
     h : 접지망 매설깊이[m]
     A : 접지망 포설면적[m²]

(6) 단계 6

최대 지락전류(I_G)를 계산한다.

$$I_G = D_f \cdot S_f \cdot I_g$$

  여기서, D_f : 감쇄계수, S_f : 분류계수

(7) 단계 7

접지망의 전위상승(GPR)과 허용 접촉전압을 비교한다.

$$\text{GPR} = I_G R_g < E_{touch}$$

① 만족 : 설계완료
② 불만족 : 단계 8로 이행

(8) 단계 8

본 설계 단계로 접지망의 최대 메시전압(E_m)과 최대 보폭전압(E_s)을 계산한다.

$$E_m = \frac{\rho \cdot K_m \cdot K_i \cdot I_G}{L_M} \qquad E_s = \frac{\rho \cdot K_s \cdot K_i \cdot I_G}{L_s}$$

여기서, E_m : 메시전압[V], K_s : 간격 계수
E_s : 보폭전압[V], K_i : 메시보정계수
K_m : 간격 계수, L_M, L_s : 유효 매설도선의 길이[m]

(9) 단계 9

예상 접촉전압(메시전압$|E_m|$)과 허용 접촉전압(E_{touch})을 비교한다.

$E_m < E_{touch}$ → 만족 시 설계완료, 불만족 시 예비설계 단계로 돌아가 재설계함
(D 좁게, L 크게, h 깊게)

(10) 단계 10

예상 보폭전압(E_s)과 허용 보폭전압(E_{step})을 비교한다.

$E_s < E_{step}$ → 만족 시 설계완료, 불만족 시 예비설계 단계로 돌아가 재설계함
(D 좁게, L 크게, h 깊게)

3) 결론

(1) 변전실 접지설계와 관련한 ANSI/IEEE std-80에서 검토하는 접지설계 순서는 상기의 10단계로 설명되며, 국내의 변전소 접지설계도 이 방식을 적용하고 있다.

(2) ANSI/IEEE std-80 Guide에서는 특히 50[kg]의 인체가 접지 system 주변에 있다는 가정을 바탕으로 한계위험전압값을 계산하도록 정의하고 있다.

(3) 인체안전을 고려하기 위해서는 반드시 예상접촉전압을 허용접촉전압보다 경감시켜야만 할 것으로 판단한다.

12. 단독접지

1) 개요

(1) 접지목적

고장전류 혹은 누설전류에 의한 인체감전, 기기손상 등을 방지하기 위해 시설한다.

(2) 접지의 종류

① 목적에 따른 분류
  ㉠ 보안용 접지
  ㉡ 기능용 접지

② 형태에 따른 분류
  ㉠ 단독접지
  ㉡ 공통, 통합접지

2) 단독접지

(1) 정의

접지극을 목적 및 종류별로 개별 시공한 방식으로 한쪽 접지극에 흐르는 접지전류가 타 접지극의 전위상승을 일으키지 않도록 하는 방식이다.

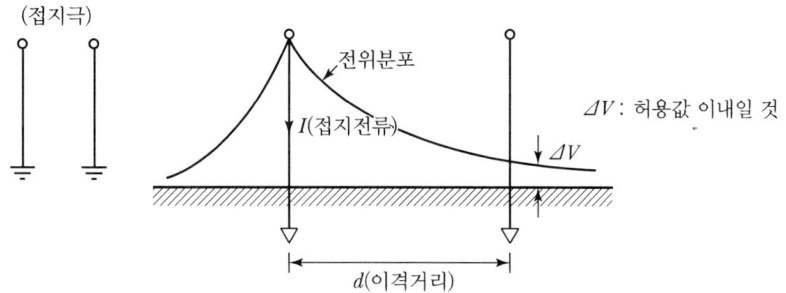

그림 2-340 ▶ 단독접지방식

① 접지극 간 이격거리(d) 결정요인
  ㉠ 발생하는 접지전류의 최댓값
  ㉡ 전위상승 허용값(ΔV)
  ㉢ 접지 장소의 대지저항률

② 접지전극 간의 이격거리
  ㉠ 이론상 : 무한대
  ㉡ 실제 : 20[m] 정도임

표 2-46 ▶ 접지전극 간 이격거리와 전위상승과의 관계

접지전류 10[A]	전위상승(ΔV)		
	2.5[V]	25[V]	50[V]
전극 간 거리[m]	63[m]	6[m]	3[m]

(2) 장점

① 타 접지극의 전위상승을 주지도 받지도 않는다.
② 접지대상원을 제한한다.
③ Computer 등 전산기기의 안전가동 확보가 가능하다.
④ 선로의 Noise 회피가 가능하다.

(3) 단점

① 경제성이 나쁘다.
② 제한된 면적 내에서 접지저항 저감 효과가 낮다.
③ 신뢰성이 나쁘다.

(4) 적용

① 피뢰기, 피뢰침 접지
② Computer 및 통신기기 접지

13. 공통접지, 통합접지

1) 개요

통합접지 시스템이란 공통접지인 보안용접지 외에 통신접지, 피뢰접지를 통합하는 방식으로 최근 「KEC 기준」에 그 적용방법 등이 제시되고 있으며 특히 일반아파트 등에 통합접지가 현재 많이 적용되고 있다.

2) 공통접지와 통합접지의 구분

구분	공통접지	통합접지
접지 방식	고압 및 특고압 접지계통과 저압이 등전위가 되도록 공통으로 접지하는 방식	전기설비, 통신설비, 피뢰설비의 접지와 수도관, 가스관, 철근, 철골 등과 같은 계통 외 도전부도 모두 함께 접지하는 방식
특징	통신 및 피뢰설비는 각각 단독 접지형태임	• 건물 내 모든 도전부가 항상 등전위를 형성함 • 인체감전의 우려가 최소화(접촉전압, 보폭전압의 위험성이 낮음) • 고장전류가 커서 차단기 용량 및 각종 계전기 정정에 대한 검토가 필요함 • 통신설비 통합접지 여부는 통신사업자의 결정에 의할 수 있음 • 통신용 기기는 SPD 설치
구성도	특고압 고압 저압 피뢰설비 통신 접지단자함 지표면	특고압 고압 저압 피뢰설비 통신 접지단자함 지표면

3) 법적근거(KEC 142.6)

(1) 공통접지

① 적용장소

고압 및 특고압과 저압 전기설비의 접지극이 서로 근접하여 시설되어 있는 변전소 또는 이와 유사한 곳에서는 공통접지를 할 수 있다.

② 적용방법

㉠ 저압 접지극이 고압 및 특고압 접지극의 접지저항 형성영역에 완전히 포함되어 있다면 위험전압이 발생하지 않도록 이들 접지극을 상호 접속하여야 함

㉡ 고압 및 특고압 계통의 지락사고로 인해 저압계통에 가해지는 상용주파 과전압은 아래 표에서 정한 값을 초과해서는 안 됨

표 2-47 ▸ 고압지락 사고 시 저압설비 허용 과전압

고압계통에서 지락고장시간(초)	저압설비의 허용 상용주파 과전압(V)
> 5	$U_0 + 250$
≤ 5	$U_0 + 1,200$
중성선 도체가 없는 계통에서 U_0는 선간전압을 말함	

[비고]
1. 1행은 중성점 비접지나 소호리액터 접지된 고압계통과 같이 긴 차단시간을 갖는 고압계통에 관한 것이다.
2. 2행은 저저항 접지된 고압계통과 같이 짧은 차단시간을 갖는 고압계통에 관한 것이다.
3. 두 행 모두 순시 상용주파 과전압에 대한 저압기기의 절연 설계기준과 관련된다.

(2) 통합접지

① 적용장소

전기설비의 접지계통과 건축물의 피뢰설비 및 통신설비 등의 접지극을 공용하는 경우 통합 접지공사를 할 수 있음(일반아파트).

② 적용방법

㉠ 낙뢰 등에 의한 과전압으로부터 전기설비 등을 보호하기 위해 KSC-IEC 기준 또는 한국전기기술기준위원회 기술지침에 따라 서지보호장치(SPD)를 설치하여야 한다.

㉡ 서지보호장치는 KS C IEC 61643-11에 적합해야 한다.

4) 구성도

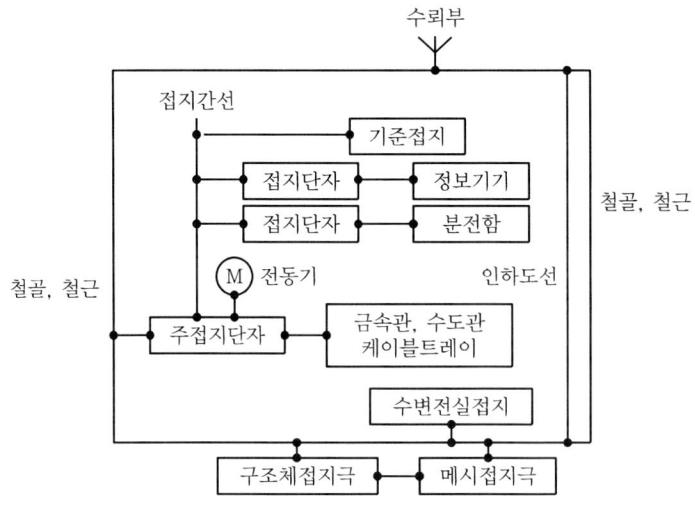

그림 2-341 ▸ 통합접지 시스템 구성도

5) 통합접지의 필요성

(1) 신뢰성
① 모든 접지를 통합화하여 전위차의 문제, 기준 전위의 확보를 해결할 수 있다.
② 접지계통의 단순화를 도모할 수 있어 관리성이 향상된다.

(2) 편리성
사무실 레이아웃 변경 때 정보·통신기기의 접지에 대응하는 선행배선 시스템을 실현한다.

(3) 경제성
① 독립접지에 비해 시공이 용이하다.
② 접지계통의 집약화, 단순화를 도모하여 비용이 절감된다.

6) 공통, 통합접지저항(한국전기안전공사 검사기준)

공사계획신고 설계도서의 접지저항값이 다음 어느 하나에 해당되는 경우 공통, 통합접지 저항값으로 인정한다.

(1) 특고압 계통 지락사고 시 발생하는 고장전압이 저압기기에 인가되어도 인체 안전에 영향을 미치지 않는 인체 허용접촉전압 이하가 되도록 한 접지저항값인 경우
(2) 통합접지방식으로 모든 도전부가 등전위를 형성하고 접지저항이 10[Ω] 이하인 경우

7) 통합접지에 대한 IEC 기준과 국내 기준의 구분

국내 기준	IEC 기준
서로 목적이 다른 접지극을 통합함	• 소규모 접지극들을 연결하여 규모면에서 대형화시킴 • 통합접지 시스템 채택 시 대지전위상승의 위험이 낮아 접지시스템 설계가 완료된 것으로 간주하고 있음

8) 결론

통합접지 시스템은 국내의 경우 아파트 등에 적용되고 있으며 접지설계를 단순화할 수 있고 접촉전압을 낮게 할 수 있어 전기 안전을 확보할 수 있는 장점이 있으며 단점인 고장전류가 크게 흐름으로 인한 차단기나 계전기와 같은 보호장치의 기능을 최적화해야 할 필요가 있을 것으로 판단된다.

14. 단독접지 대비 공통접지의 장점과 특성

1) 개요
(1) 접지란 중성점 또는 금속제 기기의 외함을 대지와 접속하는 것이다.
(2) 접지의 목적은 감전사고에 대한 인체 보호, 고장전류나 뇌격전류의 유입에 대한 기기의 보호, 보호계전기 동작확보 등을 목적으로 실시한다.
(3) 계통접지의 단독접지와 공통접지를 구분하고 상기 내용을 설명한다.

2) 계통접지의 단독접지와 공통접지의 구분

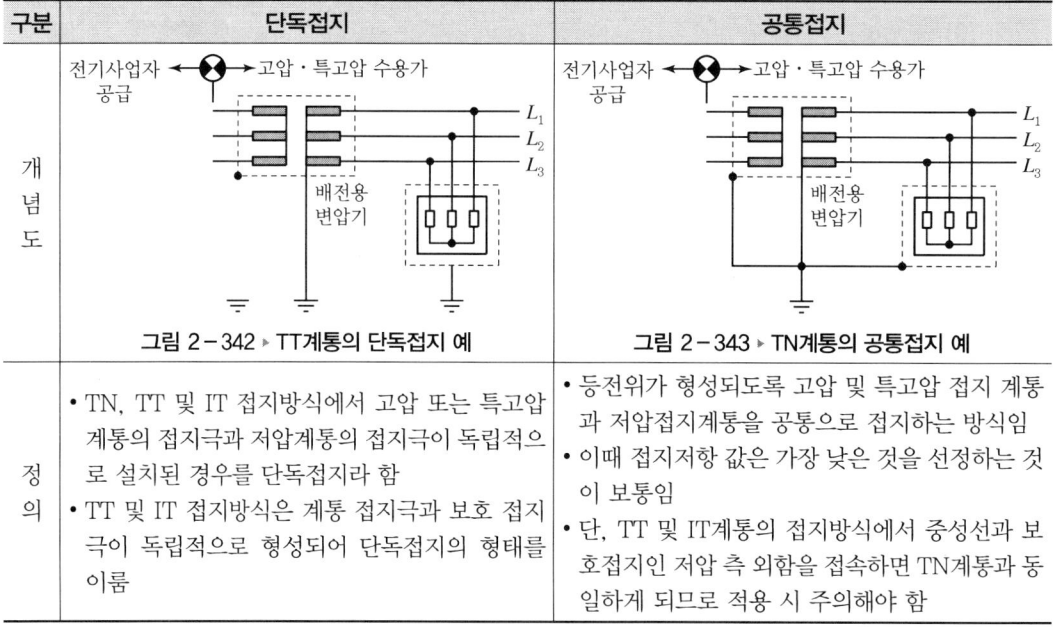

구분	단독접지	공통접지
개념도	그림 2-342 ▶ TT계통의 단독접지 예	그림 2-343 ▶ TN계통의 공통접지 예
정의	• TN, TT 및 IT 접지방식에서 고압 또는 특고압 계통의 접지극과 저압계통의 접지극이 독립적으로 설치된 경우를 단독접지라 함 • TT 및 IT 접지방식은 계통 접지극과 보호 접지극이 독립적으로 형성되어 단독접지의 형태를 이룸	• 등전위가 형성되도록 고압 및 특고압 접지 계통과 저압접지계통을 공통으로 접지하는 방식임 • 이때 접지저항 값은 가장 낮은 것을 선정하는 것이 보통임 • 단, TT 및 IT계통의 접지방식에서 중성선과 보호접지인 저압 측 외함을 접속하면 TN계통과 동일하게 되므로 적용 시 주의해야 함

3) 공통접지의 장점

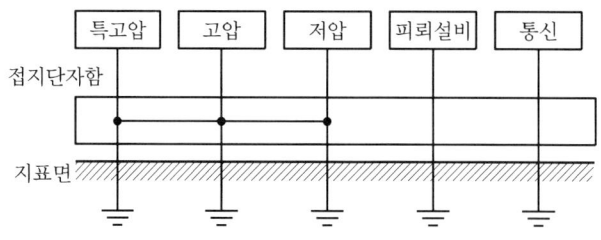

그림 2-344 ▶ 공통접지의 일반적 개념도

(1) 등전위 형성에 의한 전위차 발생 방지
(2) 설비의 안전과 인명의 안전을 확보

(3) 합성저항에 의한 접지저항 저감
(4) 계통접지극의 단선 사고 시 접지극 신뢰도 향상
(5) 접지계통의 단순화
(6) 유지보수가 용이함
(7) 접지극수 저감에 따른 접지 공사비 절감

4) 공통접지의 특성

(1) 상용주파 과전압의 허용범위를 만족하는 접지저항값

공통접지시스템에서 고압 및 특고압 계통의 지락 사고 시 저압계통에 가해지는 상용주파 과전압의 허용범위 이내가 되도록 공통접지 저항값이 선정되어야 한다.

고압계통에서 지락고장시간(초)	저압설비의 허용 상용주파 과전압(V)
>5	$U_0 + 250$
≤5	$U_0 + 1,200$
중성선 도체가 없는 계통에서 U_0는 선간전압을 말함	

(2) 인체 허용 접촉전압을 만족하는 접지저항값

① 고압 및 특고압 계통 지락 고장 시 저압계통 전위상승 한도를 고려하여 인체허용접촉전압을 고려한 접지저항값을 선정해야 한다.

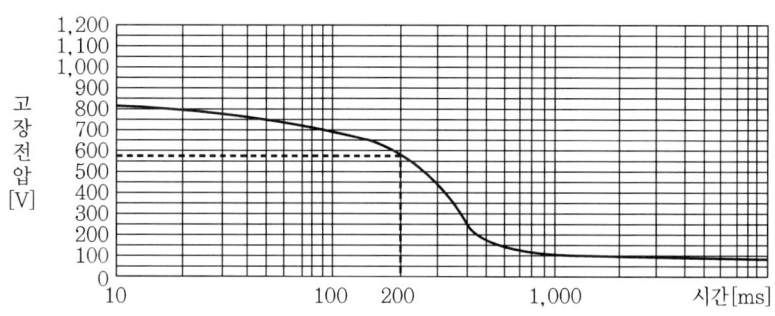

그림 2-345 ▶ 접촉전압의 안전한계곡선

② 다중접지방식의 지락사고 시 보호계전기동작 시간을 0.2초를 적용 시 종축과 만나는 점의 전압 값인 허용접촉전압 560[V]를 만족하는 접지저항값을 선정해야 한다.

5) 결론

(1) 단독접지는 타 접지계통에 전위상승과 같은 간섭의 영향으로 접지전극 간 충분한 이격거리 유지가 필요한 단점이 있다.

(2) 공통접지는 단독접지 대비 상기와 같은 접지저항저감 효과가 크고 접지공사에 대한 공사비 절감 등의 장점이 있어 공통접지방식이 추천된다.

(3) 공통접지의 특성은 접지시스템에서 고압 및 특고압 계통의 지락 사고 시 저압계통에 가해지는 상용주파 과전압의 허용범위 이내가 되도록 공통접지 저항값이 선정되어야 한다.

15. 의료용(병원)접지

1) 개요

(1) 일반적으로 누전은 기기고장이나 절연물의 열화 등으로 일어나는 누설전류에 기인하며 의료기기에서는 잘 절연된 정상기기인 경우라도 외부도체의 정전용량에 의해 누설전류가 발생하며 이로 인한 Micro Shock, Macro Shock를 발생시킨다.

(2) 최근 ME 기기 등의 증가로 접지의 중요성이 증가하고 있다.

(3) 접지방식

① 보호 접지
② 등전위 접지
③ 정전기 장해방지용 접지
④ 잡음방지용 접지
⑤ 수술실 접지

2) 의료기기의 누설전류와 감전

(1) 누설전류

R_1 : 의료용접지[Ω]
R_2 : 변압기 2차 측 접지[Ω]
C : 정전용량[μF]
E : 2차 사용전압[V]
I_1 : 기기외함전류[A]
I_2 : 인체통과전류[A]

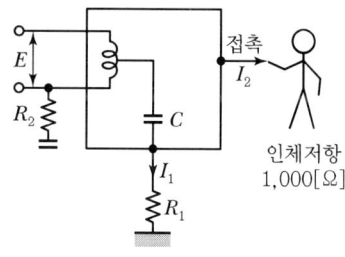

그림 2-346 ▶ 감전발생 Mechanism

인체의 저항을 1,000[Ω], 의료용접지(R_1)를 10[Ω]라 하면 인체통과전류(I_2)는

$I_1 : I_2 = 1,000 : 10 \qquad I_2 = \dfrac{1}{100} I_1$

인체통과전류가 약 $\dfrac{1}{100} I_1$이 되어도 환자에게는 경우에 따라서 치명상이 될 수도 있다.

(2) 유기전압(e)

$$e = \frac{\sqrt{C_a(C_a-C_b) + C_b(C_b-C_c) + C_c(C_c-C_a)}}{C_a + C_b + C_c} \times E$$

여기서, C_a C_b C_c : 각상 정전용량[μF]
E : 회로전압[V]

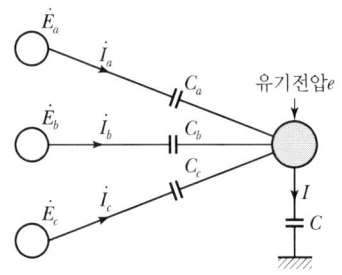

그림 2-347 ▶ 유기전압

3) 의료설비의 감전전류

건강한 사람은 감지할 수 없는 미약한 누설전류가 환자의 경우 미약한 전류를 감지하지 못하나 그 미약한 누설전류로 인해 심실세동 등의 치명적인 결과를 초래할 수 있다.

종류	반응 및 전류
Macro Shock	• 누설전류가 수술자, 환자, 보조원에게 심리적 악영향 및 2차적 장해를 유발시키는 전류 Shock • 전류의 유입, 유출이 심근에서 멀리 떨어진 경우의 Shock • 최소감지전류 : 1[mA] (0.1~1[mA])
Micro Shock	• 전류의 유입, 유출이 심근에 접하고 있거나 지근거리에 있는 경우의 Shock • 최소감지전류 : 10[μA]
감지전류	• 인체가 자극을 느끼는 정도의 전류 • 1[mA] 이상
경련전류	• 근육을 자유로이 움직일 수 없는 정도(도체를 잡은 손이 도체를 놓을 수 없을 정도의 전류) • 10[mA] 이상
심실세동전류	• 심장이 경련을 일으켜 멈추는 정도의 전류 • 수십[mA] 이상

4) 의료용 접지방식

(1) 보호접지

① 목적 : Macro Shock에 대한 안전대책으로 의료기기, 전기기기 등의 외함에 행하는 접지

② 기능
㉠ 누설전류를 신속히 대지로 방전시켜 인체의 통전전류를 억제시킴
㉡ 기준치 이상 누전 시 전로를 신속히 차단함
㉢ 전로저항이 0.1[Ω] 이하로 규정함

③ 구성도

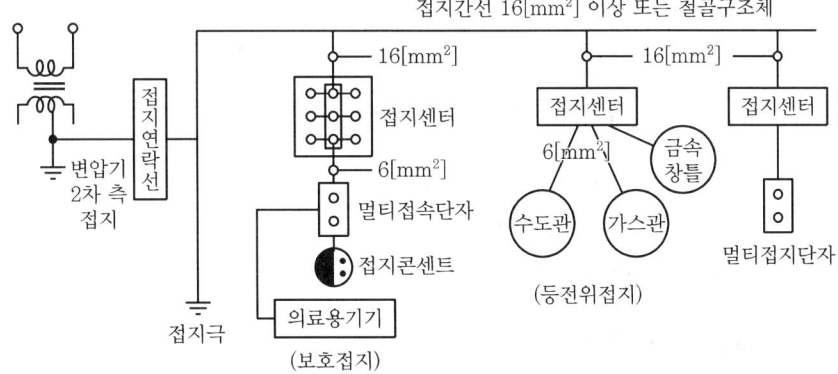

그림 2-348 ▶ 보호접지

④ 시공방법
  ㉠ 접지극 : 철골, 철근 콘크리트 건물에서 지하부분의 철근이 가장 좋음
  ㉡ 접지간선 : 단면적 16(14)[mm^2] 이상 600[V] 절연전선을 사용함
  ㉢ 각 의료실에 접지센터, 접지단자, 접지콘센트를 시설함
  ㉣ 이동용 의료기 : 접지단자 접지콘센트에 시공
  ㉤ 거치용 의료기
    • 접지선 단면적이 6(5.5)[mm^2] 이상 시 → 접지센터에 직접접속
    • 접지선 단면적이 16(14)[mm^2] 이상 시 → 접지간선에 직접접속
  ㉥ 접지저항 : 10[Ω] 이하로 유지

(2) 등전위접지

① 목적
  Micro Shock에 대한 방지대책으로 누설전류가 10[μA] 이하가 되도록 정전자계를 유도할 수 있는 모든 도체(수도관, 가스관, Bed Frame)들을 한데 묶어 모두 접지한다.

② 대상
  ㉠ 흉부수술실, X선촬영실 내 표면적 0.02[m^2] 이상의 접촉 가능한 모든 금속체
  ㉡ 범위(환자기준)
    • 바닥으로부터 2.5[m] 이내
    • 수평방향으로부터 2.5[m] 이내

③ 시공방법
  ㉠ 전기저항 : 0.1[Ω] 이하로 유지

ⓒ 모든 금속체는 연결하여 접지 시공함
ⓒ 도전성 물체와 접지 간의 전위차는 10[mV] 이하로 억제시킴
ⓔ 허용전류 한도는 10[μA] 이하로 유지시킴

(3) 정전기 장해 방지용 접지

① **목적** : 마찰에 의한 정전기를 대지로 방전시켜 환자의 Shock를 방지한다.
② **대상** : 환자용 승강기의 Push Button
③ **시공방법** : 등전위본딩과 병행으로 시공한다.

(4) 잡음방지용 접지

① **목적** : 내외부의 강한 전계, 자계의 침입으로 인한 기기의 기능저하를 방지하기 위함이다.
② **대상** : 뇌파검사실, 심전도실, 수술실 등
③ **시공방법** : 등전위 접지와 병행 시공

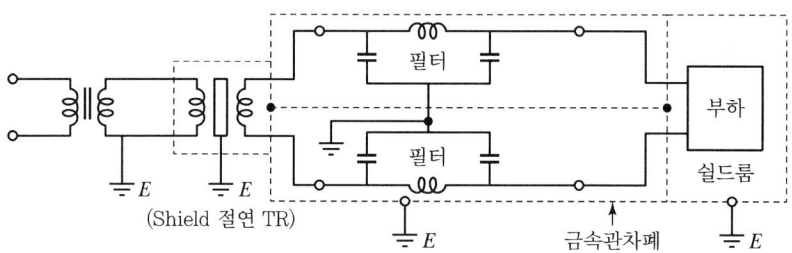

그림 2-349 ▶ 잡음 방지용 접지

㉠ Shield Room 시공
  • 수동차폐 : 외부로부터 침입하는 전자기파의 침입을 방지함
  • 능동차폐 : 내부로부터 발생하는 전자기파의 외부방출을 방지함
㉡ Shield의 종류
  • 정전 Shield : 정전기를 유기하는 전하로부터의 영향을 억제시킴
  • 전자 Shield : 자계를 발생시키는 물체로부터의 영향을 억제시킴
㉢ Shield 방법 : 100[dB] 이하를 목표치로 함
㉣ Shield Room 내 조명기구
  • 가능한 한 안정기는 분리시공이 원칙임
  • 백열구 시공을 하고 백열구 등도 Shield Cover 처리함

(5) 수술실 접지

수술실 접지는 보호접지, 등전위접지, 잡음방지용접지, 정전기장해방지용접지 외 도전상접지, 절연변압기 등이 포함되는 병원접지의 핵심 접지방식이다.

① 도전상접지
  ㉠ 수술실 내 유기할 수 있는 누설전류 및 정전기를 신속히 대지로 방류시키기 위한 접지방식임
  ㉡ 시공방법 : 금속망 설치간격 최소 30[cm], 동판두께 0.2[mm], 접지동선은 6.0[mm^2]

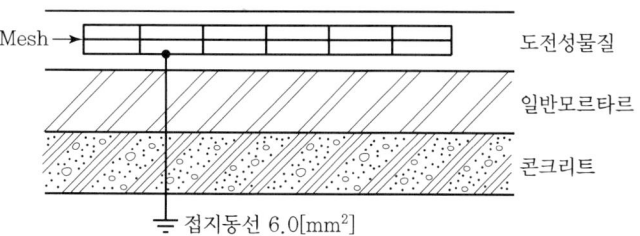

그림 2-350 ▶ 도전상 접지

② 절연변압기 구성

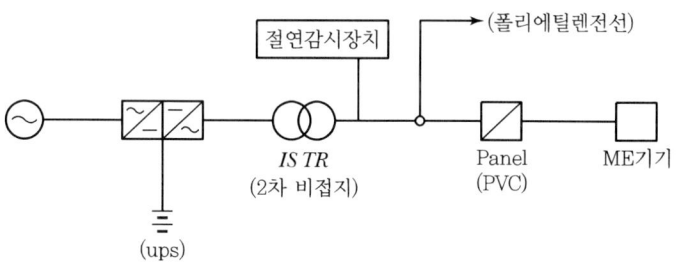

그림 2-351 ▶ 절연변압기 구성도

  ㉠ 지락 발생 시 지락전류를 억제시켜 감전예방 및 강제적인 전원공급으로 전원공급의 신뢰성을 높임
  ㉡ IS-TR 용량 : 10[kVA] 이하
  ㉢ 수술실 1개소당 1대 설치
  ㉣ 수술실 내 전원은 필히 절연변압기를 거쳐 공급되게 함
  ㉤ 절연변압기의 대지 간 정전용량은 300[PF] 이하로 유지함

(6) 기타 : 누전차단기 시설

① 비접지 전로 외의 의료실에 인체보호용 고속도 고감도형 시설
② 바닥기준 2.5[m] 이상의 조명기구는 제외함

5) 설계 시 검토사항

(1) 경제성
(2) Room 특성에 맞는 접지설계
(3) 향후 첨단장비에 대한 접지설계
(4) 병원기기의 기능을 고려한 접지

16. KEC 242.10에 의한 의료장소 전기설비 시설

1) 개요

(1) 의료장소의 병원이란 진료소 등에서 환자진단, 치료, 감시 간호 등의 의료행위를 하는 장소를 말한다.

(2) 의료장소는 의료용 전기기기의 인체 접촉과 관련한 장착부의 사용방법에 따라 그룹 0, 그룹 1, 그룹 2로 구분된다.

2) 의료장소별 접지계통의 구분

의료장소에 TN계통을 적용할 때에는 주배전반 이후의 부하 계통에서는 TN-C 계통으로 시설하지 말아야 한다.

구분	의료장소	장착부 적용	접지계통 적용
그룹 0	일반병실, 진찰실, 검사실, 처치실, 재활치료실 등	장착부 미사용	TT 계통 또는 TN 계통
그룹 1	분만실, MRI실, X선검사실, 회복실, 구급처치실, 인공투석실, 내시경실 등	장착부를 환자의 신체 외부 또는 심장부위를 제외한 환자의 신체 내부에 삽입시켜 사용	• TT 계통 또는 TN 계통 • 전원자동차단에 의한 보호가 의료행위에 중대한 지장을 초래 시 IT 계통 적용 가능
그룹 2	관상동맥질환처치실, 심혈관조영실, 중환자실, 마취실, 수술실, 회복실 등	장착부를 환자의 심장부위에 삽입 또는 접촉시켜 사용	• 의료 IT 계통 • 이동식 X-레이 장치, 정격출력이 5[kVA] 이상인 대형 기기용 회로 등 일반의료용 전기기기의 경우 TT 또는 TN 계통 적용 가능

3) 의료장소의 보호설비

(1) 그룹 1, 2의 의료 IT 계통 시설기준

① 이중 또는 강화절연을 한 비단락보증 절연변압기를 설치하고 2차 측 전로는 접지하지 않음

② 비단락보증 절연변압기는 함 속에 설치하여 충전되지 않도록 하고, 의료장소 내부 또는 가까운 외부에 설치할 것

③ 비단락보증 절연변압기의 2차 정격

㉠ 2차 정격전압 : 교류 250[V] 이하

㉡ 전기공급 방식 : 단상 2선식

㉢ 정격출력 : 10[kVA] 이하

④ 3상 부하에 대한 전력공급이 요구되는 경우 비단락보증 3상 절연변압기를 사용할 것
⑤ 비단락보증 절연변압기의 과부하 전류 및 초과 온도를 지속적으로 감시하는 장치를 적절한 장소에 설치할 것
⑥ 의료용 IT계통의 절연상태를 지속적으로 계측, 감시하는 장치 시설
　㉠ 절연감시장치를 설치하고, 절연저항 50[kΩ]까지 감소 → 표시설비 및 음향경보를 발함
　㉡ 표시설비는 의료 IT 계통이 정상일 때 녹색, 의료 IT 계통의 절연저항이 50[kΩ]까지 감소 시 황색으로 표시될 것
⑦ **의료 IT 계통의 분전반** : 의료장소의 내부 혹은 가까운 외부에 설치할 것
⑧ **의료 IT 계통의 콘센트** : TT 계통 또는 TN 계통용 콘센트와 혼용방지를 위해 구분하여 표시함

(2) **그룹 1, 2의 의료장소에서 교류 콘센트 시설**

① 배선용 콘센트를 사용할 것
② 플러그가 빠지지 않는 구조의 경우 걸림형을 사용함

(3) 그룹 1, 2의 의료장소에 설치되는 무영등 설치를 위한 특별 저압(SELV 또는 PELV)회로의 경우 → 교류실횻값 25[V] 또는 리플프리 60[V] 이하로 할 것

(4) **누전차단기 설치**

① **적용** : 감도전류 30[mA] 이하 동작시간 0.03초 이내의 누전차단기를 설치함

② **누전차단기 설치 제외 장소**
　㉠ 의료 IT 계통의 전로
　㉡ TT 계통 또는 TN 계통에서 전원자동차단에 의한 보호가 의료행위에 중대한 지장 초래 시 누전 경보기를 시설하는 경우
　㉢ 의료장소의 바닥으로부터 2.5[m] 초과 높이에 설치된 조명기구 전원회로
　㉣ 건조한 장소에 설치하는 의료용 전기기기의 전원회로

4) 의료용 장소의 접지설비

(1) 의료장소마다 그 내부 또는 근처에 등전위본딩 바를 설치한다(다만 인접하는 의료장소의 바닥면적 합계가 50[m^2] 이하인 경우 등전위본딩 바를 공용할 수 있음).
(2) 의료장소 내에서 사용하는 모든 전기설비 및 의료용 전기기기의 노출도전부는 보호도체에 의해 등전위본딩 바에 각각 접속되도록 할 것

(3) 그룹 2의 환자환경(환자가 점유하는 장소로부터 1.5[m] 이내의 범위) 내에 있는 계통외 도전부, 의료용 전기기의 노출도전부, 도전성바닥 등은 등전위본딩을 시행할 것

(4) 접지도체의 시설기준

① 공칭단면적은 등전위본딩 바에 접속된 보호도체 중 가장 큰 것 이상일 것
② 철골, 철근 콘크리트 건물에서 철골 또는 2조 이상의 주철근을 접지도체의 일부로 활용할 수 있음

5) 비상전원 공급

(1) 절환시간 0.5초 이내에 비상전원을 공급하는 장치 또는 기기

① 0.5초 이내에 전력공급이 필요한 생명유지장치
② 그룹 1 또는 그룹 2의 의료장소의 수술 등, 내시경, 수술실 테이블, 기타 필수조명

(2) 절환시간 15초 이내에 비상전원을 공급하는 장치 또는 기기

① 15초 이내에 전력공급이 필요한 생명유지장치
② 그룹 2의 의료장소에 최소 50[%]의 조명, 그룹 1의 의료장소에 최소 1개의 조명

(3) 절환시간 15초를 초과하여 비상전원을 공급하는 장치 또는 기기

① 병원기능을 유지하기 위한 기본 작업에 필요한 조명
② 그 밖의 병원기능을 유지하기 위하여 중요한 기기 또는 설비

6) 결론

의료용 전기설비는 병원의 기능을 발휘할 수 있도록 보호설비, 접지계통 및 접지설비 비상전원이 상기의 기준에 적합하게 적용되어야 하며 이외에도 병원전기설비 시 고려할 사항으로 그룹 1, 2의 의료장소에서 허용접촉에 대한 보호로 규약접촉전압이 IT, TT, TN 계통에서 25[V] 이하로 규정되어 있고 그룹 2의 장소에서 보조등전위 접속 및 도체저항 규정(0.2Ω) 등이 적용되어 안전성, 신뢰성 등이 확보되고 있다.

17. 등전위본딩

1) 개요

(1) 등전위본딩이란 등전위를 형성하기 위해 도전부 상호 간을 전기적으로 접속하는 것을 말한다.

(2) 등전위본딩의 역할

① 저압전로 : 감전방지
② 정보통신설비 : 기능보증, 전위기준점의 확보, EMC대책
③ 피뢰설비 : 뇌로 인한 과전압에 대한보호, 불꽃방전방지, EMC 대책으로 구분됨

2) 등전위본딩(Equipotential bonding)의 개념

(1) 등전위성을 얻기 위해 도체 간을 전기적으로 접속하는 조치를 말한다.
(2) 서로 다른 노출도전성 부분 상호 간, 노출도전성 부분과 계통 외 도전성 부분 간 및 다른 계통외도전성 부분 간을 실질적으로 등전위로 하는 전기적 접속을 말한다.

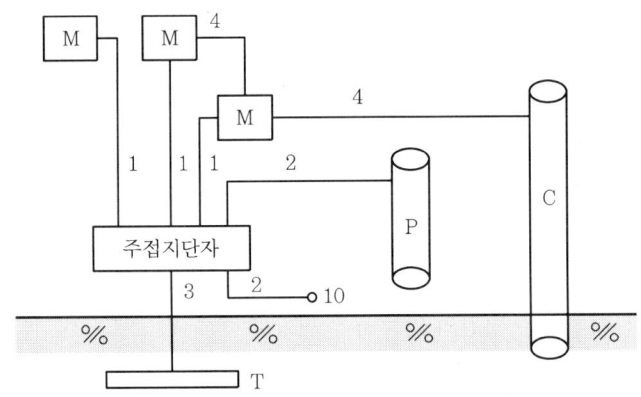

1. 보호도체(PE)
2. 보호 등전위 본딩용 도체
3. 접지선
4. 보조 보호 등전위 본딩용 도체
10. 기타 기기(예 : 정보통신 시스템 낙뢰보호 시스템)
M : 전기기기의 노출 도전성 부분
P : 수도관, 가스관 등 금속배관
C : 철골, 금속덕트 등의 계통 외 도전성 부분
T : 접지극

그림 2-352 ▶ 등전위본딩 구성 예

3) 등전위본딩의 분류

(1) 분류

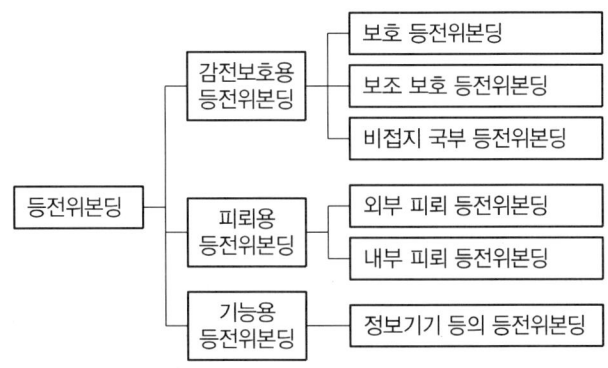

그림 2-353 ▶ 등전위본딩의 분류

(2) 종류별 구분

종별	역할	설비 구분
감전 보호용	인체감전 보호용	저압전로 System
피뢰용	• 뇌로 인한 과전압보호 • 불꽃방전 방지 • EMC 대책	뇌보호 System
기능용	• 기능보증 • 전위기준점의 확보 • EMC 대책	정보통신 System

4) 감전보호용 등전위본딩

(1) 목적

위험전압의 저감 및 등전위화를 도모하여 내부 시설 기기의 기능을 보장하고 인체의 안전을 확보하기 위함이다.

(2) 주요내용

① 보호 등전위본딩

건축물 내부 전기설비의 안전상 가장 중요한 기술로서 계통외도전부를 주접지단자에 접속함으로써 등전위를 확보할 수 있다.

㉠ 건축물의 외부에서 인입하는 각종 금속제 인입설비의 배관은 최대 단면적을 갖는 배관부분에서 서로 접속되어야 하며, 가능한 한 인입구 부근에서 접속함

ⓒ 건축물 안에서 수도관과 가스관의 배관은 건축물로 유입하는 방향의 최초 밸브 후단에서 등전위본딩을 함
ⓒ 건축물에서 접지도체, 주 접지단자와 다음의 도전성 부분은 등전위본딩에 접속함
- 수도관, 가스관과 같이 건축물로 인입되는 인입계통의 금속관
- 접촉할 수 있는 건축물의 계통 외 도전부, 금속제 중앙난방설비
- 철근 콘크리트조의 금속보강재

② 보조보호 등전위본딩
㉠ 보조보호 등전위본딩은 고장에 대한 추가 보호대책으로서 화재, 기기의 응력에 대한 보호 등 다른 이유에 의한 전원의 차단이 필요한 경우도 포함되며, 설비 전체 또는 일부분, 특정한 장소 및 기기에 적용할 수 있음
ⓒ 전기설비에서 고장이 발생한 때 자동차단조건이 충족되지 않은 경우 보조보호 등전위본딩을 하며 보조보호 등전위본딩을 실시한 경우라도 전원의 차단은 필요함

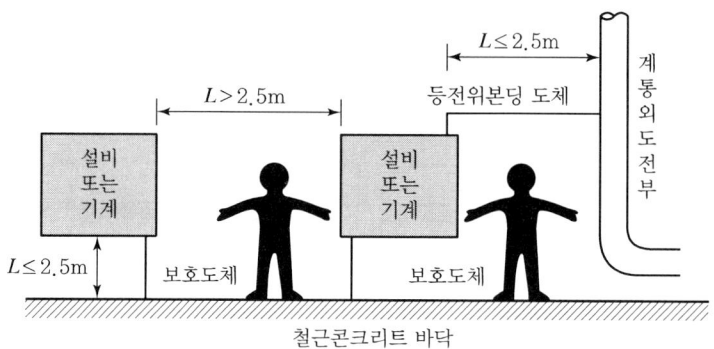

그림 2-354 ▶ 보조보호 등전위본딩의 시설

ⓒ 보조보호 등전위본딩은 보호 등전위본딩을 보완하기 위한 것으로 유효성이 의심되는 경우에는 동시에 접촉할 수 있는 노출도전부와 계통 외 도전부 사이의 전기저항 R이 다음 조건을 충족하는지 확인해야 함

- 교류계통의 경우 : $R \leq \dfrac{50}{I_a}[\Omega]$

- 직류계통의 경우 : $R \leq \dfrac{120}{I_a}[\Omega]$

여기서, I_a : 보호장치의 동작전류[A] → 누전차단기의 경우 정격감도전류, 과전류차단기의 경우 5초 이내에 작동하는 전류임

㉣ 보조보호 등전위본딩은 다음의 특수한 장소 또는 설비에도 시설함
- 욕조 또는 샤워욕조가 설치된 장소의 설비

- 수영풀장 또는 기타 욕조가 설치된 장소의 설비
- 농업 및 원예용 전기설비
- 이동식 숙박차량 또는 정박지의 전기설비
- 피뢰설비 등

③ 비접지 국부 등전위본딩
  ㉠ 비접지 국부 등전위본딩은 절연고장에 대한 감전 보호대책으로써 전원의 자동차단에 의한 보호가 적용될 수 없는 경우, 즉 접지를 하지 않은 경우의 보호대책으로 사용됨

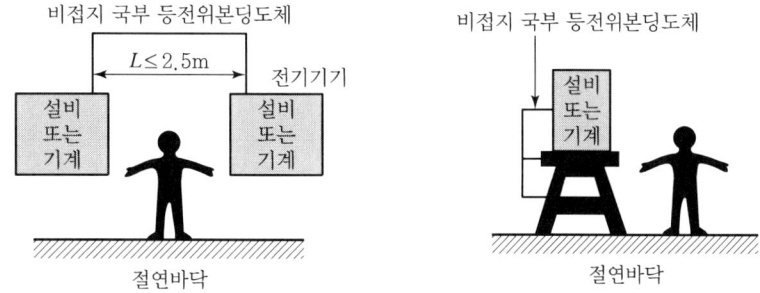

그림 2-355 ▶ 비접지 국부 등전위본딩의 시설

  ㉡ 비접지 국부 등전위본딩은 대지에 전기적으로 접촉되어서는 안 되며 노출도전부 또는 계통외 도전부를 통해서도 대지에 직접 전기적으로 접촉되어서는 안 됨
  ㉢ 대지로부터 절연된 바닥이란 각 측정점에서 도전부와 바닥 또는 벽 사이의 절연저항이 설비의 공칭전압이 500[V] 이하인 경우 50[kΩ] 이상, 500[V] 초과의 경우 100[kΩ] 이상의 전기저항을 갖는 경우를 말함

④ 저압 전원계통의 등전위본딩
  ㉠ TN 계통
    - 전기설비의 노출도전부와 계통 외 도전부는 보호 등전위본딩에 접속해야 함
    - 고장 시 전원의 자동차단 시간이 최종단 회로가 32[A] 이하인 경우 [표 2-48]의 규정된 시간을 넘거나 최종단 회로가 32[A]를 초과하는 회로 또는 분전반의 회로에서 5[초]를 넘는 경우 보조보호 등전위본딩을 해야 함

표 2-48 ▶ TN계통의 최대 차단시간

공칭대지전압[V]	$50 < V_0 \leq 120$	$120 < V_0 \leq 230$	$230 < V_0 \leq 400$	$V_0 > 400$
차단시간[초]	0.8	0.4	0.2	0.1

ⓛ TT 계통
- 전기설비의 노출도전부 및 계통 외 도전부는 전기적으로 접속하고 접지해야 하며 동일한 보호장치에 의해 총괄적으로 보호하는 모든 노출도전부를 공통의 접지전극에 보호도체로 접속해야 함
- 분기회로 차단기의 정격전류가 32[A] 이하인 경우 고장 시 전원의 자동차단 시간이 [표 2-49]에 규정된 시간을 초과하거나 분기회로 차단기의 정격전류가 32[A]를 초과 또는 분전반의 회로에서 최대차단 시간이 1초를 넘는 경우 보조 보호 등전위본딩을 해야 함

표 2-49 ▶ TT계통의 최대 차단시간

공칭대지전압[V]	$50 < V_0 \leq 120$	$120 < V_0 \leq 230$	$230 < V_0 \leq 400$	$V_0 > 400$
차단시간[초]	0.3	0.2	0.07	0.04

5) 피뢰용 등전위본딩

(1) 개념

피뢰시스템은 내부 및 외부 피뢰시스템으로 구분되며 내부피뢰시스템은 보호대상 건축물 등에서 뇌의 전자적 영향을 저감시키기 위하여 외부 피뢰시스템에 추가하여 시설하는 등전위본딩 및 안전 이격거리의 확보 등을 말한다.

(2) 피뢰설비의 등전위 상호접속

외부 피뢰시스템 도체와 아래와 같은 금속제 부분과의 상호접속으로 이루어진다.

① 금속제 설비
② 구조물에 접속된 외부도전부와 선로
③ 내부시스템(구조물 내부의 전기전자시스템을 말함)
④ 인입선로

(3) 등전위 상호접속방법

① 자연적 구성부재의 본딩으로 전기적 연속성을 확보할 수 없는 장소 : 본딩도체
② 본딩도체로 직접 접속이 적합하지 않는 장소 : 서지보호장치(SPD)
③ 본딩도체로 직접 접속이 허용되지 않는 장소 : 절연방전갭(ISG)

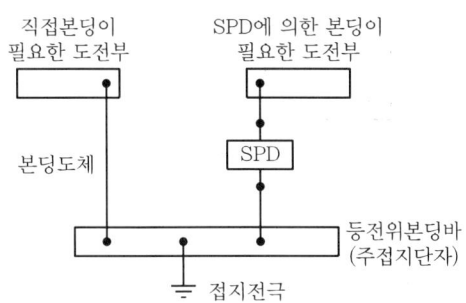

그림 2-356 ▶ 등전위 상호접속

(4) 등전위본딩방법

① 금속제 설비의 등전위본딩
  ㉠ 등전위본딩은 지표면의 위치에서 접속하여 보호대상물 내부로 뇌전류가 흐르는 것을 방지해야 함(지하에서 해도 상관없음)
  ㉡ 보호대상 구조물과 분리된 외부 피뢰시스템의 경우 등전위본딩은 지표레벨에만 설치해야 함
  ㉢ 높이 20[m] 이상의 건축물에서는 20[m]의 위치와 그 이상 높이의 매 20[m]마다 등전위본딩을 반복적으로 하며, 이 레벨에서 최소한 외부 인하도선, 내부 인하도선과 금속체는 본딩을 하며, 충전도체는 SPD를 경유하여 본딩함

② 외부도전부의 등전위본딩
  ㉠ 외부도전부는 보호대상 건축물의 인입구 근방에 등전위본딩을 해야 함
  ㉡ 본딩도체는 본딩대상의 외부도전부에 흐르는 부분 뇌격전류(I_f)에 견딜 수 있는 굵기가 되어야 함
  ㉢ 직접 본딩할 수 없는 경우 절연방전관을 이용하며 절연방전관은 다음의 특성을 가져야 함
    • $I_{imp} \geq I_f$ (I_f는 고려대상의 외부 도전부에 흐르는 뇌격전류임)
    • 정격임펄스섬락전압(Vr_{imp})는 부품 사이의 임펄스절연내전압보다 낮아야 함
  ㉣ 등전위본딩을 시설해야 하나 피뢰시스템이 설치되어 있지 않은 경우 저압 전기설비의 접지시스템을 사용해도 됨

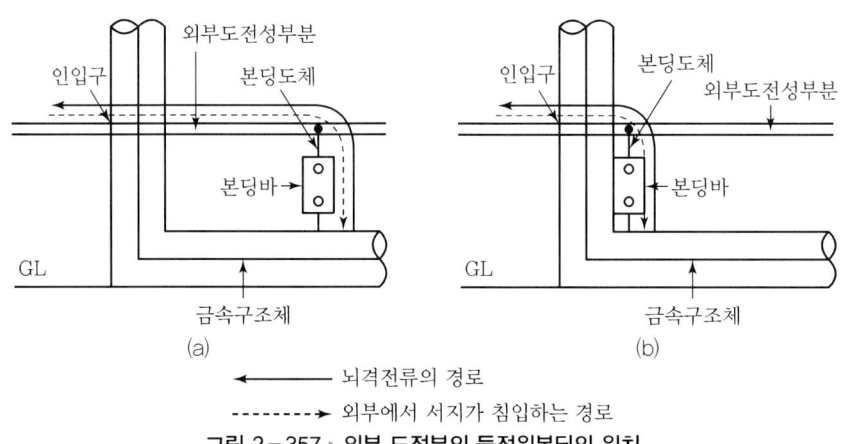

그림 2-357 ▶ 외부 도전부의 등전위본딩의 위치

③ 내부시스템의 등전위본딩
　㉠ 건축물의 내부시스템은 보호대상 건축물의 기초부분이나 지표레벨 근방의 장소 또는 안전 이격거리를 확보할 수 없는 장소에서 등전위본딩을 해야 함
　㉡ 내부시스템 도체가 차폐되어 있거나 금속관 안에 배선되어 있으면 차폐층과 금속관을 본딩하는 것으로 충분함
　㉢ 내부시스템 도체가 차폐되지 않고 금속관 내에 배선되지 않은 경우 내부시스템 도체는 SPD를 사용하여 본딩함

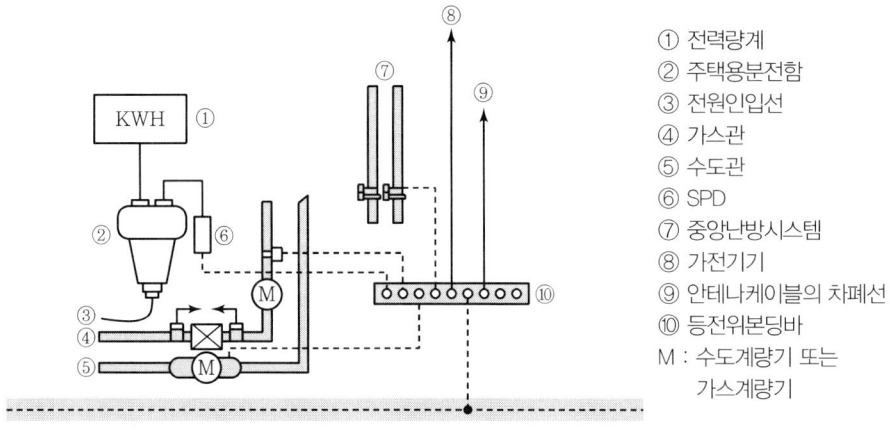

그림 2-358 ▶ 내부시스템의 도전부의 등전위본딩

④ 인입설비의 등전위본딩
　㉠ 건축물 외부에서 인입되는 모든 선로는 인입구 근방에서 등전위본딩바에 접속함
　㉡ 전원선은 SPD를 경유하여 등전위본딩을 하고 통신선도 건축물 내부와의 위험한 전위차 발생을 방지하기 위하여 등전위본딩을 함
　㉢ 전원선과 통신선에 대한 등전위본딩은 외부도전부의 등전위본딩에 대한 기준에

따르며 케이블 차폐층과 금속관의 등전위본딩은 구조물 인입점 근방의 지표면 가까이에서 함
- ㉣ 각 선의 도체는 직접 또는 SPD를 적용하여 본딩함
- ㉤ 충전선은 단지 SPD를 통해서 본딩바에 접속함
- ㉥ 금속제 배관(수도관, 가스관, 배수관 또는 난방배관 등) 및 케이블은 동일한 장소에서 건축물로 인입시킴
- ㉦ 금속관, 차폐물, 금속관 및 접속부는 낮은 임피던스의 도체로 건축물의 주등전위본딩에 접속함
- ㉧ 케이블이나 금속관 배관이 분산되어 인입되는 경우 뇌전류가 흐르면 본딩점 상호간에 전위차가 발생되므로 아래 그림과 같이 1개소에 집중시켜 등전위본딩바를 접속함

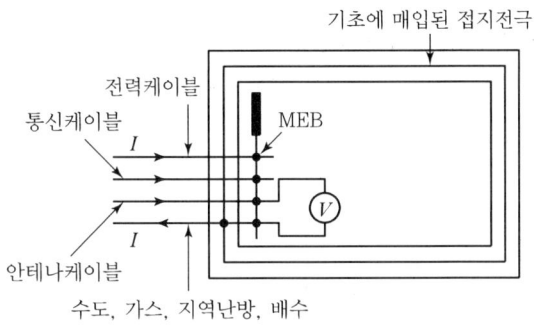

그림 2-359 ▶ 소형 건축물에서의 금속제 인입설비의 등전위본딩

- ㉨ 대형 건축물에 인입되는 전력케이블, 통신케이블 및 금속제 배관의 수가 많아 1개소에 집중시켜 등전위본딩을 하기가 곤란한 경우 아래 그림과 같이 여러 개소에서 인입시키되 이들을 등전위본딩 도체로 1점에 집중시키는 방법으로 시설함

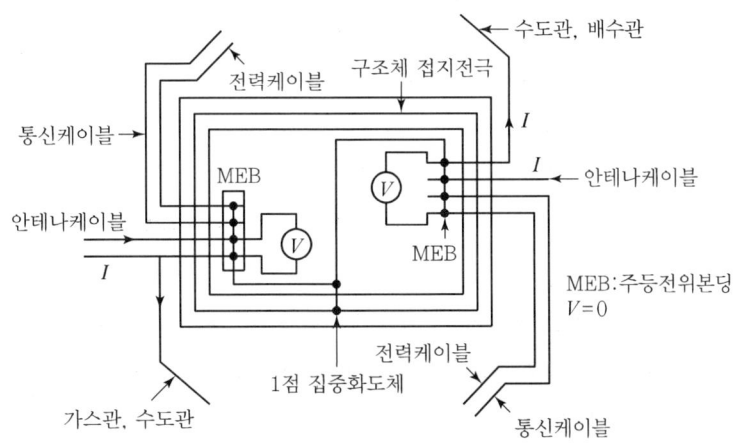

그림 2-360 ▶ 대형 건축물에서 금속제 인입설비의 등전위본딩

6) 기능용 등전위본딩

(1) 기능용 등전위본딩망에 접속하는 대상 기기와 설비는 아래와 같다.
   ① 건축물의 내외부로 접속되는 접지귀로가 있는 데이터 통신기기와 데이터처리설비
   ② 건축물 내부의 정보통신에 사용되는 직류전원의 공급망
   ③ 전화자동교환기 또는 설비
   ④ LAN
   ⑤ 화재경보시스템 및 도난경보시스템
   ⑥ 인입설비

(2) 등전위본딩은 케이블·시스 및 건축물의 각층 바닥 또는 확장바닥의 일부에 설치된 덕트 혹은 메시와 같은 금속체에 접속하며 건축물의 철골이나 철근도 유효하다.

(3) 방사형 구조와 메시형 구조

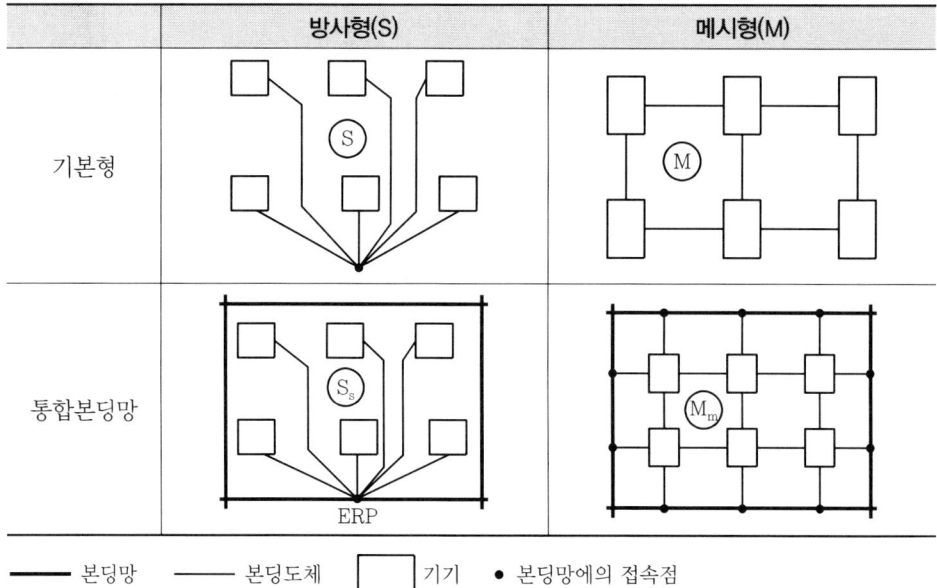

ERP : 접지기준점, S_s : 방사점에 의한 통합방사형, M_m : 메시에 의한 통합메시형

그림 2-361 ▶ 본딩망의 구조 및 형태

① 방사형 구조
   ㉠ 내부시스템의 모든 금속체는 접지시스템으로부터 이격시킴
   ㉡ S_s 구조에 대한 접지 기준점으로 작용하는 하나의 본딩바에 의해 접지시스템에 통합함

ⓒ 각 장비 사이의 모든 선로는 유도루프의 형성을 피하기 위해서 방사형으로 본딩 도체와 병렬로 배열함
ⓔ 일반적으로 내부시스템이 비교적 작은 구역에 위치하고 한 지점에서 모든 선로가 인입하는 장소에 이용함

② 메시형 구조
ⓐ 내부 시스템의 금속체(캐비닛, 외함, 선반 등)는 접지시스템으로부터 분리되면 안 됨
ⓑ M_m 구조의 다중 본딩 지점에 의해 통합함
ⓒ 장비의 개별 부품 사이에 여러 선로가 배열되고 여러 지점에서 인입선이 건축물로 인입되는 비교적 넓은 구역이나 건축물 전체에 걸쳐 시설된 내부시스템에 효과적임

③ 특징 비교

기본형	통합본딩형
• 접지대상 기기, 접지선을 구조체와 완전히 절연시킴 • 외부의 전자적 장해를 받기가 어려움 • 보호도체를 가능한 한 짧게 할 필요가 있음 • 유지보수가 용이함	• 접지대상 기기, 접지선을 건축구조체에 접속함 • 접지계가 복잡함 • 외부의 전자적 장해 등 잡음의 영향을 받기가 쉬움 • 등전위화가 용이함

5) 결론

(1) 등전위 접지는 저압선로에서 인체의 안전확보와 전기설비를 보호하기 위해 시설하는 등전위본딩에 관한 기술적 세부사항이 규정되어 전기설비의 합리적인 설계, 시공, 유지관리에 활동하기 위함이다.
(2) 상기의 감전보호용 등전위본딩, 피뢰용 등전위본딩 및 기능용 등전위본딩을 적절히 이용하여 인체의 감전에 대한 보호, 전기설비의 과전압에 대한 보호 및 기능의 향상을 도모할 수 있는 등전위본딩의 시설에 Case by Case로 적용해야 할 것이다.

18. 약전계통(약전기기용)접지

1) 개요

최근 건축물의 대형화, 첨단화에 따른 사무의 고효율을 위해 정보기기의 도입 및 적용이 확대되고 있다. 이에 따라 약전기기의 안정적인 사용과 기능을 유지시켜 주기 위하여 접지시설을 해야 한다.

2) 약전설비의 누설전류

(1) 접지방식

① 대지 정전용량에 의한 누설전류가 발생한다.
② 부하기기(OA기기) 대수 증가 → ELB 정격감도전류<OA기기누설전류 → 누전경보 및 차단현상 발생 → 부하기기 대수제한

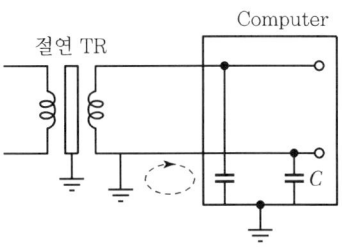

그림 2-362 ▶ 접지방식의 누설전류

(2) 비접지 방식

① 누설전류 발생이 방지된다.
② 2차 측 회로 전체가 절연유지된다.
③ ELB 부동작 문제가 발생한다.

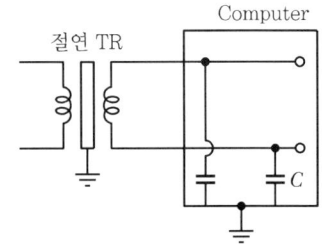

그림 2-363 ▶ 비접지 방식

3) 약전설비의 접지 종류

(1) 기준점 접지

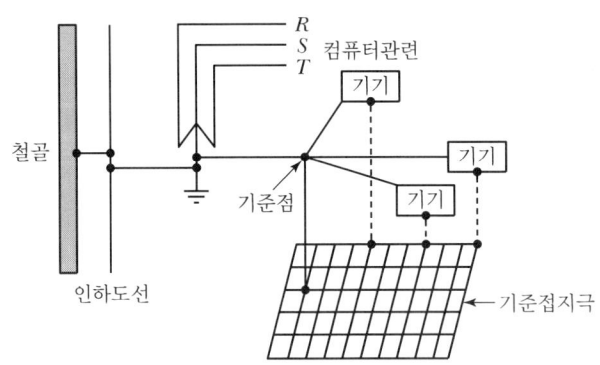

그림 2-364 ▶ 기준접지 System

① 접지이유

초고층 B/D의 경우 뇌서지에 대한 서지임피던스로 약전설비에 잡음 등 기능 장해를 유발시킴에 따라 약전설비의 기능유지 및 안정적인 사용을 위함이다.

② 접지방법
　　㉠ 1점 접지나 건축구조체 접지 활용
　　㉡ 기준접지극 연결 접지선은 짧게 구성
　　㉢ 기준접지극 접속부위 접촉저항 → 50[$\mu\Omega$] 이하로 유지

(2) 전도성 Noise 대책용 접지(장해제거용 접지)

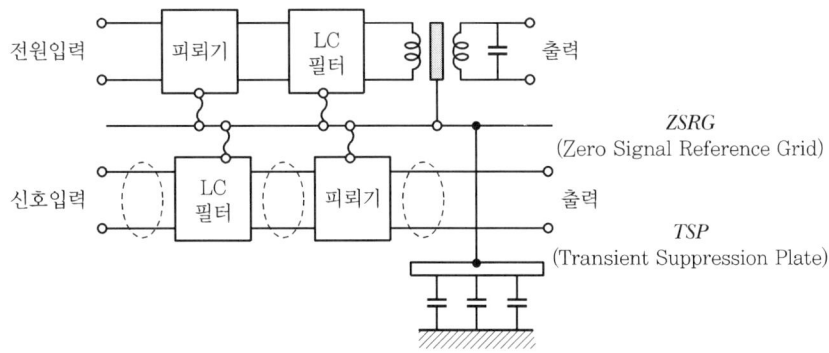

그림 2-365 ▶ 전도성 Noise 방지도

① 뇌서지의 배전선 침입 시 전원과 신호선의 Noise 제거
② 전원 측에 고조파 침입 → 컴퓨터 오동작 → Line Filter 설치 → 고조파 흡수 → 대지로 방류 → 컴퓨터 오동작방지

(3) 방사성 Noise 방지 접지

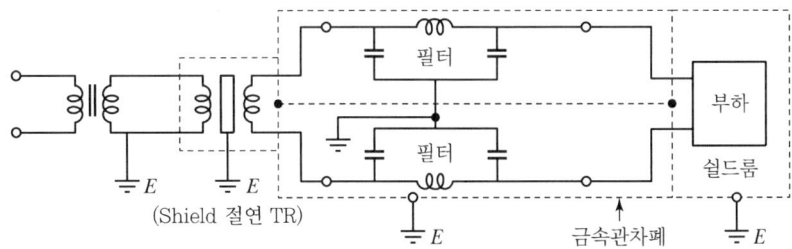

그림 2-366 ▶ 방사성 노이즈 차폐 및 접지

① EMI(전자기방해, 전자기간섭, 전자파장해)로 인한 Noise 제거
② 정전기 Noise 방지용 접지 : 이동용 매체에 의해 발생하는 정전기 축적을 방지하기 위한 정전기 방출용 접지
③ 전계에 의한 Noise 제거(방사 Noise)
④ 자계에 의한 Noise 제거

(4) Surge 방지용 접지

Surge에 대해 LA나 Surge Absorber로 저저항값으로 접지시킴으로써 2차 측 기기가 뇌Surge, 개폐 Surge로부터 기기를 보호받을 수 있다.

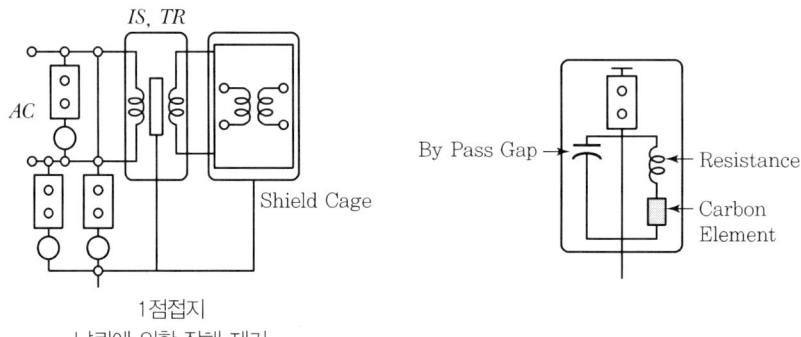

그림 2-367 ▸ Surge 방지용 접지

19. 전자차폐

1) 목적

자계 혹은 전계가 내외부에 있는 경우 이들로부터 각종 장해를 방지하기 위해 차폐시키는 것을 말한다.

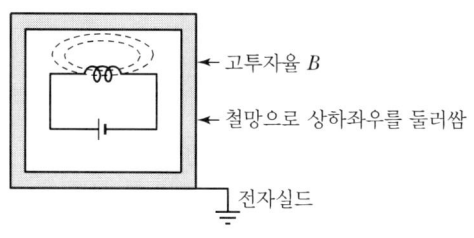

그림 2-368 ▶ 전자차폐

2) 적용

(1) 병원 : 심전도실, 뇌파검사실, X선실
(2) 제약회사 : 무균실
(3) 반도체공장 : Clean Room 등

3) 차폐방법

(1) 고투자율 재료(철)를 이용
(2) 도전율이 우수한 재료 이용

4) 실계통의 적용

(1) 배전계통

① 절연변압기 사용 : 정전, 전자이행전압 억제
② 금속관, 금속Tray 시공
③ 전원 Filter 설치

(2) 접지

기기 외함 접지

20. 접지저항 측정방법과 판정기준

1) 개요

(1) 접지저항 측정목적

고장 시 고장전류로 인한 인체감전 및 기기보호 외에 접지전류로 인한 전위상승으로 타 계통의 역섬락 여부 등을 방지하기 위함이다.

(2) 접지저항측정법

① 전위(전압)강하법
② 접지저항계법(전위차계법)
③ Hook-on법

2) 전위(전압)강하법

일반적으로 가장 많이 적용하는 방식으로 전위강하법(Ⅰ)(Ⅱ)의 방식이 있으며 원칙적으로는 무한원점에 대한 전위상승을 기준으로 하나 현실적으로 유한구간의 전위상승을 적용한다.

(1) 정의

하나의 전극에 접지전류(I)가 흐르면 접지전극의 전위가 주변의 대지에 비해 V만큼 상승하며 이 전위상승과 접지전류의 비로 접지저항(R)을 측정하는 방법이다.

$$R = \frac{V}{I}[\Omega]$$

여기서, R : 접지저항[Ω], V : 전위상승[V], I : 접지전류[A]

(2) 접지저항 측정

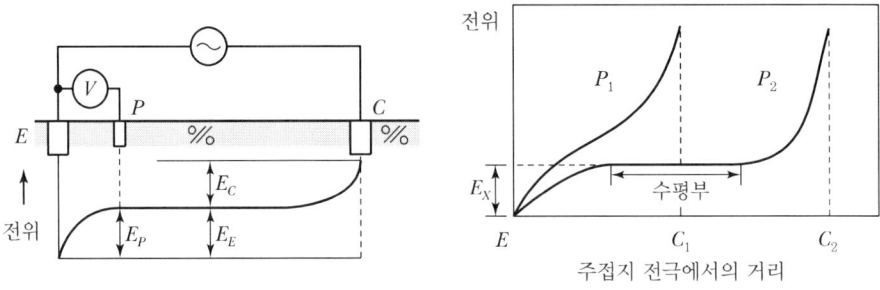

그림 2-369 ▶ 전위강하법

① 구성
    E : 측정대상 접지전극, P : 전위보조극, C : 전류보조극

② 특징
- ㉠ $E-C$ 간 교류(AC)를 사용함 → 1[kHz] 이하의 주파수(상용주파수 외 주파수) 사용
- ㉡ 2개의 보조전극의 접지저항이 측정값에 영향을 미치지 않음
- ㉢ 보조전극을 유한 거리에 시공 시 오차 발생 우려가 있음
- ㉣ 오차 검토를 위한 전위분포 곡선의 작성이 필요함
- ㉤ 전위분포 곡선상에서 수평부분에서 측정한 전위를 전류값으로 나누어 접지저항을 구함

(3) 측정회로

① **전위강하(Ⅰ)** : 전위극을 이동시켜 그때의 전압으로 전위분포곡선을 작성하여 접지저항을 구한다.

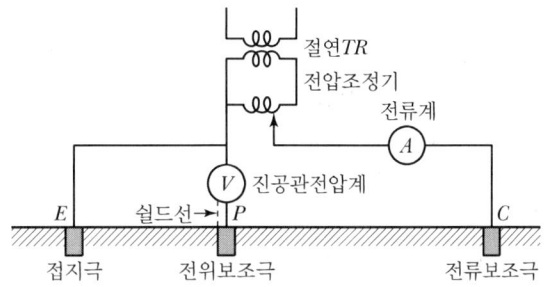

그림 2-370 ▶ **전위강하법 Ⅰ**

- ㉠ 구성도
  - 절연변압기 : 공급전원계통이 접지되어 있어 그 영향을 없애기 위해 사용하며, 권수비는 1 : 1임
  - 전압조정기(슬라이드) : 측정전류를 조정하기 위해 사용함
  - 진공관전압계(디지털전압계) : 내부임피던스가 큰 특징을 이용하여 측정오차의 영향을 적게 하기 위함
  - 쉴드선 : 전압회로가 유도의 영향을 받지 않도록 하기 위해 사용
  - 전류계, 전류보조전극, 전위보조전극
- ㉡ 특징
  - 전압회로는 유도의 영향을 받지 않도록 쉴드선을 사용
  - 유도의 영향을 고려하여 가급적 회로에 큰 전류를 흘림
  - 전류극의 접지저항은 작은 것이 바람직함
  - 적용 : 소규모 접지전극

② 전위강하(Ⅱ)

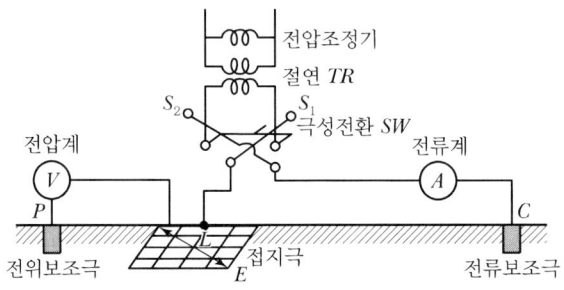

그림 2-371 ▶ 전위강하법 Ⅱ

㉠ 구성도 : 회로구성은 전위강하법 Ⅰ과 동일하나 극성전환스위치 및 보조 전위극 위치가 다른 것이 차이점이다.

$$R = \frac{V}{I}, \quad V = \sqrt{\frac{V_{S1}^2 + V_{S2}^2 - 2V_0^2}{2}}$$

여기서, V_{S1} : 극성전환스위치 S_1일 때의 측정값
V_{S2} : 극성전환스위치 S_2일 때의 측정값
V_0 : 대지부유전압($I=0$)
V : 접지전극전위 참값

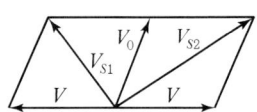

그림 2-372 ▶ 전위강하 Ⅱ
데이터 처리방법

㉡ 특징
- 접지저항이 낮고 유도영향을 고려하여 20~30[A]의 측정전류가 필요함
- 전위전극의 위치를 전류전극과 직각 방향으로 설치해도 유도장해를 완전히 무시할 수 없음
- 오차범위가 적어 정확한 접지저항 측정이 가능한 전위강하법 Ⅱ가 제시됨

㉢ 적용 : 대규모 접지체(Mesh, 건축구조체 등)

3) 전위차계법

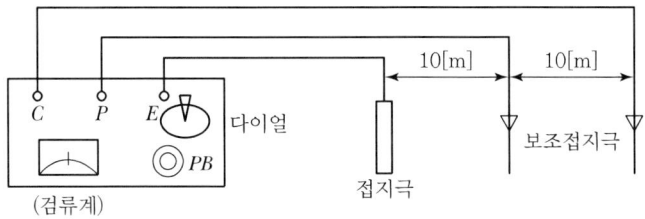

그림 2-373 ▶ 전위차계법 시공도

(1) 계측기를 수평으로 놓는다.
(2) 보조접지극을 직선으로 10[m] 이상 간격을 두고 설치한다.
(3) E 단자에 접지극을 접속한다.

(4) C. P 단자에 보조접지극을 접속한다.
(5) PB를 누르면서 다이얼을 조정하여 검류계의 눈금이 0을 지시할 때 다이얼값을 측정한다.

4) Hook – on법

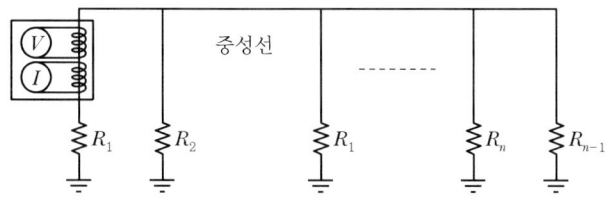

그림 2 – 374 ▶ Hook – on 측정도

(1) 측정방법

22.9[kV – Y] 다중접지 배전선로에서 중성선을 연결하여 시설된 접지선의 접지저항을 측정할 경우 중성선을 분리시키지 않고 측정하는 방법이다.

(2) 특징

① 측정용 보조전극이 불필요하다.
② 도심지 배전선로 접지저항 측정이 용이하다.
③ 측정 소요시간이 짧다(전위차계 대비).
④ CT 등이 있어 무겁다.

5) 결론

(1) 접지저항 측정방법은 상기와 같은 3가지 측정방법이 있으며 가장 일반적인 측정방법은 전위강하법에 의한 측정방법이다.
(2) 전위강하법을 이용하여 접지저항을 측정할 때 전류보조전극의 거리, 전위보조전극의 위치가 접지저항 측정의 정확도에 영향을 미친다.
(3) 저항구역의 중첩, 전위간섭의 영향을 고려하여 E극과 C극의 61.8[%] 지점에 배치하여 도전유도에 의한 오차를 줄이고, C극과 P극의 배치를 90°로 하여 전자유도에 의한 오차를 줄여서 측정해야 한다.

21. 61.8[%] 법칙

1) 개요

(1) 접지저항 측정방법인 전위강하법에 의한 접지저항 측정값의 정확한 측정 여부와 관련하여 전류보조극과 전압보조극의 간격을 E 전극(기준전극)을 중심으로 61.8[%]이어야 정확한 값을 얻을 수 있다는 법칙이다.

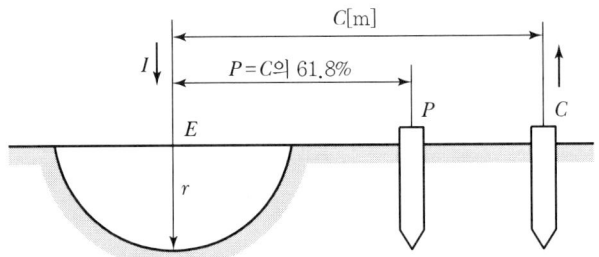

그림 2-375 ▶ 61.8[%] 법칙 구성도

① 그림과 같이 반지름이 r인 반구형 접지전극(E전극)을 설치한다.
② P, C 전극은 E전극에서 직선으로 P가 C의 61.8[%]의 거리에 설치하고 전류 I가 E로 들어오고 C로 나가는 것으로 회로를 구성한다.
③ 주위 대지저항률 ρ은 일정한 것으로 가정한다.

2) 수식적 증명

(1) E 전극에 전류 I가 유입하는 경우 E, P간의 전위차 V_{EP1}를 구하면

① E 전극의 전위상승 → $V_{E1} = \dfrac{\rho I}{2\pi r}$ [V]

② 전위전극 P의 전위상승 → $V_{P1} = \dfrac{\rho I}{2\pi p}$ [V]

$$V_{EP1} = V_{E1} - V_{P1} = \dfrac{\rho I}{2\pi}\left(\dfrac{1}{r} - \dfrac{1}{p}\right) \cdots\cdots 식 ㉠$$

(2) C 전극에서 전류 I가 유출되는 경우 E, P간의 전위차 V_{EP2}를 구하면(E 전극에 유입되는 전류와 반대방향).

① E 전극의 전위상승 → $V_{E2} = -\dfrac{\rho I}{2\pi c}$ [V]

② 전위전극 P의 전위상승 → $V_{P2} = -\dfrac{\rho I}{2\pi(c-p)}$ [V]

$$V_{EP2} = V_{E2} - V_{P2} = -\dfrac{\rho I}{2\pi}\left(\dfrac{1}{c} - \dfrac{1}{c-p}\right) \cdots\cdots 식 ㉡$$

(3) 유입전류(I)와 유출전류(I)에 의한 전위상승의 합성으로 E, P 전극 간의 전위는 ㉠ + ㉡식이 된다.

$$V_{EP1} + V_{EP2} = \frac{\rho I}{2\pi}\left(\frac{1}{r} - \frac{1}{p} - \frac{1}{c} + \frac{1}{c-p}\right) \cdots\cdots \text{식 ㉢}$$

(4) 접지저항(R)

$$R = \frac{\rho}{2\pi}\left(\frac{1}{r} - \frac{1}{p} - \frac{1}{c} + \frac{1}{c-p}\right)$$

여기서 $p' = \frac{p}{r}$, $c' = \frac{c}{r}$로 치환하면 $R = \frac{\rho}{2\pi r}\left[1 - \left(\frac{1}{p'} + \frac{1}{c'} - \frac{1}{c'-p'}\right)\right]$

반구형 접지전극의 접지저항(R) = $\frac{\rho}{2\pi r}$이며 $\left(\frac{1}{p'} + \frac{1}{c'} - \frac{1}{c'-p'}\right)$은 오차항으로 이 값이 0이 될 때 측정값이 참값과 동일하게 된다.

$$\therefore \left(\frac{1}{p'} + \frac{1}{c'} - \frac{1}{c'-p'}\right) = 0 \cdots\cdots \text{식 ㉣}$$

① 식 ㉣을 통분하여 정리하면

$$\frac{p'+c'}{p'c'} - \frac{1}{c'-p'} = \frac{(c'-p')(p'+c') - p'c'}{p'c'(c'-p')} = \frac{c'^2 - p'^2 - p'c'}{p'c'(c'-p')} = 0$$

② 분자항이 0이 되어야 하므로 $c'^2 - p'^2 - p'c' = p'^2 + p'c' - c'^2 = 0$

③ 근의 공식을 이용하여 p' 값을 구하면

$$p' = c'\frac{-1 \pm \sqrt{(1)^2 - 4\times(1)\times(-1)}}{2\times 1} = \frac{(-1 \pm \sqrt{5})c'}{2}$$

$\therefore p' = 0.618\,c'$ 혹은 $-1.618\,c'$, $p'c'$ 값은 공히 +값이어야 함, $p' = 0.618\,c'$가 산출됨

3) 결론

(1) 반구형 접지전극의 접지저항 측정 시 전위

전극 P를 일직선상의 EC 간 거리의 61.8[%] 지점에 설치 시 정확한 접지저항값을 얻을 수 있으며,

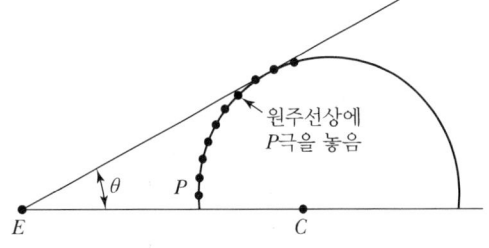

그림 2-376 ▶ **측정오차를 무시할 수 있는 전위극 P의 위치**

$\cos\theta = 0.875$, 즉 $\theta = 28°.95'$ 이내이면 측정오차를 무시할 수 있는 측정법이 된다.

(2) 정보통신단체 표준에서도 전위보조전극이 전류보조전극 선상으로부터 30° 이내의 범위에 있는 경우 일직선상에 두고 측정한 결과와 동일시할 수 있다고 한다.

22. 중성점접지방식

1) 개요

국내의 송배전 계통은 765[kV] 외에 345[kV], 154[kV], 22.9[kV]계통이 근간을 이루며 중성점 직접접지방식을 채택하고 있으며 중성점 접지의 방식을 분류하여 종류별 특징을 알아보면 아래와 같다.

2) 중성점 접지의 목적

(1) 1선 지락 시 건전상의 대지전위상승을 억제하여 전선로 및 기기의 절연레벨을 경감한다.
(2) 뇌, Arc, 지락, 기타에 의한 이상전압 경감 및 발생을 방지한다.
(3) 지락 고장 시 접지계전기의 동작을 확실하게 한다.
(4) 소호리액터 접지방식에서 1선 지락 시 Arc 지락을 신속히 소멸시켜 계속 송전한다.

3) 중성점접지방식의 구분

(1) 유효접지

① 정의
㉠ 1선 지락 시 건전상의 전위상승이 선간전압의 75[%](상전압의 1.3배)를 초과하지 않는 접지계로 중성점다중접지, 중성점 직접접지방식이 있음
㉡ 접지계수가 75[%]를 초과하지 않는 접지방식을 말함

② 특징
㉠ 피뢰기 정격전압, 변압기 등의 기기절연레벨 경감으로 경제적인 절연설계가 가능함
㉡ 1선 지락 시 지락전류가 커서 통신선유도장해가 크게 발생함

(2) 비유효접지

① 정의
㉠ 1선 지락 시 건전상의 전위상승이 선간전압의 75[%](상전압의 1.3배)를 초과하는 접지계로, 비접지계통, 고저항접지, 소호리액터 접지방식이 있음
㉡ 접지계수가 75[%]를 초과하는 접지방식을 말함

② 특징
㉠ 계통의 절연설계상 건전상의 전위상승이 유효접지방식보다 높고, 경제성 측면에서 불리함
㉡ 지락전류가 적어 인접 통신선에 대한 유도장해가 적음

4) 중성점 직접접지방식의 문제점

(1) 정전유도장해

전력선과 통신선과의 상호 정전용량에 의한 유도장해로 평상시 통신선에 상용주파수의 잡음을 발생시킨다.

(2) 전자유도장해

상시에는 3상 전력선의 각 상전류가 평형이 되므로 영상분 전류는 거의 0이나 1선 지락과 같은 고장 시 큰 영상분 전류가 대지로 흘러 통신장해를 일으킨다.

5) 접지방식의 종류 및 특징

구분	비접지	직접접지	저항접지	소호리액터접지
구성도				
지락전류	작음	가장 큼	중간	최소
지락 시 건전 상전위 상승	큼 ($\sqrt{3}$배 이상~3배 이하)	작음 (1.3배 이하)	약간 큼 (1.3~$\sqrt{3}$배 이하)	큼 ($\sqrt{3}$배 이하)
과도 안정도	큼	최소(고속도 차단 재폐로 방식으로 상향 가능)	큼	큼
유도장해	작음	최대	중간(고저항 → 적음, 저저항 → 큼)	최소
절연레벨	가장 높음 (전절연)	최저 (단절연)	비접지보다 낮음 (전절연)	비접지보다 낮음 (전절연)
보호 계전기 동작	불확실	가장 확실	(−)	후비보호로만 가능
경제성	절연비 고가	절연비 저렴		
적용	66[kV], 6.6[kV], 22[kV]	154[kV], 345[kV], 765[kV], 22.9[kV]	6.6[kV], 3.3[kV]	66[kV]

6) 결론

국내의 송배전계통의 중성점 접지방식은 직접접지방식을 채용하고 있으며 이로 인해 절연 레벨 경감, 경제성 등의 측면에서 유리하나, 전력선 인근에 통신선이 있는 경우나 과도 안정도 측면에서는 불리하게 되며, 또한 3상 일괄 다중접지계통에서 상시누설 전류에 의한 손실 발생, 발열증가, 케이블의 허용전류 저감 등의 문제가 있으므로 이 부분에 대한 현실적인 대책이 필요할 것으로 판단된다.

SECTION 05 | 예비전원설비

1. 개요

예비전원설비란 상용전원 정전 시를 대비한 축전지설비, 비상발전기, UPS설비 등을 말하며, 최근 건축법, 소방법에서 요구하는 예비전원설비 이외에 하절기 Peak Cut을 위한 발전설비 및 자위상 또는 임대건축물의 신뢰성, 서비스 측면에서도 예비전원설비가 필요하다.

2. 예비전원설비의 조건

1) 축전지 설비

축전지 및 충전기에 의한 것으로 충전하지 않은 상태에서 30분 이상 방전할 수 있어야 한다.

2) 발전기 설비

(1) 비상 사태 시 10초 이내 전압을 확립하여 30분 이상 안정적인 전원공급이 가능해야 한다.
(2) 전압확립 특성상 디젤발전기가 적용된다.

3) 충전기를 가진 축전지와 자가용 발전기 병렬운전설비

(1) 축전지 설비

충전하지 않은 상태에서 10분 이상 방전이 가능해야 한다.

(2) 자가용 발전설비

40초 이내에 전압을 확립하여 30분 이상 안정적인 전원공급이 가능해야 한다.

4) 비상전원 수전설비(NFTC 602)

(1) 인입선 및 인입구 배선시설

① 인입선은 화재로 인해 손상을 받지 않아야 한다.
② 인입구 배선은 규정의 조건에 적합한 내화배선으로 한다.

(2) 특별고압 또는 고압으로 수전하는 경우

① 방화구획형, 옥외개방형 또는 큐비클형 설치기준
㉠ 전용의 방화구획 내에 설치할 것

ⓒ 소방회로배선은 일반회로배선과 불연성 벽으로 구획할 것. 다만, 소방회로배선과 일반회로배선을 15[cm] 이상 떨어져 설치한 경우는 예외
　　　ⓒ 일반회로에서 과부하, 지락사고 또는 단락사고가 발생한 경우에도 이에 영향을 받지 않고 계속하여 소방회로에 전원을 공급 가능할 것
　　　ⓔ 소방회로용 개폐기 및 과전류차단기에는 소방시설용이라 표시할 것
　　　ⓜ 전기회로는 아래 별표 1의 그림과 같이 결선할 것

② 옥외개방형 설치기준
　　　㉠ 건축물의 옥상에 설치하는 경우에는 그 건축물에 화재가 발생할 경우에도 화재로 인한 손상을 받지 않도록 설치할 것
　　　ⓒ 공지에 설치하는 경우에는 인접 건축물에 화재가 발생한 경우에도 화재로 인한 손상을 받지 않도록 설치할 것
　　　ⓒ 기타 옥외개방형의 설치기준은 ①의 ⓒ~ⓜ의 내용에 적합할 것

③ 큐비클형 설치기준
　　　㉠ 전용큐비클 또는 공용큐비클식으로 설치할 것
　　　ⓒ 외함은 두께 2.3[mm] 이상의 강판과 이와 동등 이상의 강도와 내화 성능을, 개구부에는 60분+방화문, 60분 방화문, 30분 방화문을 설치할 것
　　　ⓒ 외함에 노출하여 설치 가능한 것
　　　　• 표시등(불연성 또는 난연성 재료로 덮개를 설치한 것에 한한다)
　　　　• 전선의 인입구 및 인출구
　　　　• 환기장치
　　　　• 전압계(퓨즈 등으로 보호한 것에 한한다)
　　　　• 전류계(변류기의 2차에 접속된 것에 한한다)
　　　　• 계기용 전환스위치(불연성 또는 난연성 재료로 제작된 것에 한한다)
　　　ⓔ 외함은 건축물의 바닥 등에 견고하게 고정할 것
　　　ⓜ 외함에 수납하는 수전설비, 변전설비, 그 밖의 기기 및 배선은 다음 기준에 합하게 설치할 것
　　　　• 외함 또는 프레임(Frame) 등에 견고하게 고정할 것
　　　　• 외함의 바닥에서 10[cm](시험단자, 단자대 등의 충전부는 15[m])상의 높이에 설치할 것
　　　ⓗ 전선 인입구 및 인출구에는 금속관 또는 금속제 가요전선관을 쉽게 접속할 수 있도록 할 것
　　　ⓢ 환기장치의 설치기준
　　　　• 내부의 온도가 상승하지 않도록 환기장치를 할 것

- 자연환기구의 개부구 면적의 합계는 외함의 한 면에 대하여 해당 면적의 3분의 1 이하로 할 것
- 자연환기구에 따라 충분히 환기할 수 없는 경우에는 환기설비를 설치할 것
- 환기구에는 금속망, 방화댐퍼 등으로 방화조치를 하고, 옥외에 설치하는 것은 빗물 등이 들어가지 않도록 할 것

ⓒ 공용큐비클식의 소방회로와 일반회로에 사용되는 배선 및 배선용 기기는 불연재료로 구획할 것

ⓔ 기타 큐비클형의 설치에 관하여는 ①의 ⓒ~ⓜ의 내용 및 한국산업표준에 적합할 것

④ 전기회로 결선방법(별표 1)

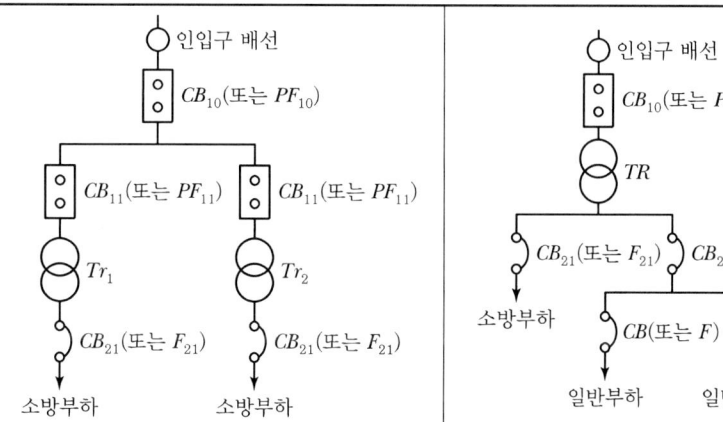

	1. 전용의 전력용 변압기에서 소방부하에 전원을 공급하는 경우	2. 공용의 전력용 변압기에서 소방부하에 전원을 공급하는 경우
	가. 일반회로의 과부하 또는 단락 사고 시에 CB_{10}(또는 PF_{10})이 CB_{12}(또는 PF_{12}) 및 CB_{22}(또는 F_{22})보다 먼저 차단되어서는 안 된다.	가. 일반회로의 과부하 또는 단락 사고 시에 CB_{10}(또는 PF_{10})이 CB_{22}(또는 F_{22}) 및 CB(또는 F)보다 먼저 차단되어서는 안 된다.
	나. CB_{11}(또는 PF_{11})은 CB_{12}(또는 PF_{12})와 동등 이상의 차단용량일 것	나. CB_{21}(또는 PF_{21})은 CB_{22}(또는 F_{22})와 동등 이상의 차단용량일 것

약호	명칭	약호	명칭
CB	전력차단기	CB	전력차단기
PF	전력퓨즈(고압 또는 특별고압용)	PF	전력퓨즈(고압 또는 특별고압용)
F	퓨즈(저압용)	F	퓨즈(저압용)
Tr	전력용 변압기	Tr	전력용 변압기

㉠ 소방설비 전용의 변압기에 의한 방식 또는 주변압기 2차에서 전용의 개폐기 이용 방식을 사용한다.
㉡ 주변압기 이용방식을 적용하는 경우(일반 건축물에서 많이 사용)
전력용 변압기 2차 측의 주차단기 1차 측에서 분기하여 전용배선을 원칙으로 하나, 상용전원의 상시공급에 지장이 없는 경우 주차단기 2차에서 분기하며 전용으로 배선한다.

(3) 저압으로 수전하는 경우

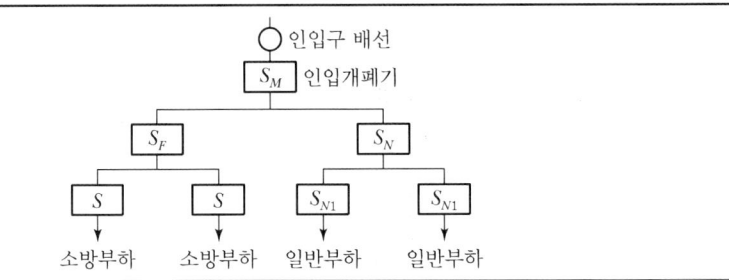

1. 일반회로의 과부하 또는 단락 사고 시 S_M이 S_N, S_{N1} 및 S_{N2}보다 먼저 차단되어서는 안 된다.
2. S_F는 S_N과 동등 이상의 차단용량일 것

약호	명칭
S	저압용 개폐기 및 과전류차단기

① 전용배전반(1, 2종), 전용분전반(1, 2종) 또는 공용분전반(1, 2종) 방식이 있다.

② 1종 분전반 및 1종 배전반
  ㉠ 외함 두께가 1.6(mm) 이상의 강판 또는 동등 이상의 강도와 내화성능이 있을 것
  ㉡ 외함 내부는 내열성, 단열성의 재료로 단열할 것

③ 2종 분전반 및 배전반
  ㉠ 외함 두께가 1.0(mm) 이상의 강판과 이와 동등 이상의 강도와 내화성능이 있을 것
  ㉡ 120[℃]의 온도를 가했을 때 이상이 없는 전압계 및 전류계는 외함에 노출하여 설치할 것

3. 예비전원이 필요한 설비

1) 보안상 필요부하

건축법, 소방법에 의해 전원공급시간이 구분된다.

부하설비	설치대상물(연면적)	비상전원 비상수전	비상전원 비상발전	비상전원 축전지	전원 공급시간
유도등설비	공연장, 위락시설 등	○		○	20분
비상콘센트	7F 이상(지하층 제외) 2,000[m^2] 이상	○	○		20분
자탐설비	근린생활시설, 위락시설 외 600[m^2] 이상	○		○	60분 감시 10분 경보
비상조명	다중이용업소 외	○	○	○	20분
비상방송설비	특정소방대상물로서 1,000[m^2] 이상	○		○	60분 감시 10분 경보
스프링쿨러설비	특정소방대상물로서 11F 이상	○	○	○	20분
CO_2소화설비 할로겐소화설비	전기실, 서고, 박물관 등	○	○	○	20분
무선통신보조설비	지하가(터널 제외) 1,000[m^2] 이상	○		○	30분
비상용 엘리베이터 (건축법)	31[m] 이상 건축물	○	○		120분

2) 자위상 필요부하

(1) 사무실, 은행, 빌딩 등 : OA기기, 현금취급기기, 전산실 등
(2) 종합병원 : 수술실 기기 및 조명, 환자용 엘리베이터 등
(3) 극장 : 복도, 객실, 방송, 영사실 등
(4) 공장부하 : 정전 시 생산설비 및 품질저하에 악영향을 주는 설비
(5) 첨두부하 시 Peak Cut용 부하
(6) 기타 건축주가 요구하는 부하설비
(7) 상용전원의 공급을 받을 수 없는 도서지역 등

4. 비상전원설비의 구분(KEC 242.10.5 : 의료장소 내의 비상전원)

1) 절환시간 0.5초 이내에 비상전원을 공급하는 장치 또는 기기

(1) 0.5초 이내에 전력공급이 필요한 생명유지장치
(2) 그룹 1 또는 그룹 2의 의료장소의 수술 등, 내시경, 수술실 테이블, 기타 필수조명

2) 절환시간 15초 이내에 비상전원을 공급하는 장치 또는 기기

(1) 15초 이내에 전력공급이 필요한 생명유지장치
(2) 그룹 2의 의료장소에 최소 50[%]의 조명, 그룹 1의 의료장소에 최소 1개의 조명

3) 절환시간 15초를 초과하여 비상전원을 공급하는 장치 또는 기기

(1) 병원기능을 유지하기 위한 기본 작업에 필요한 조명
(2) 그 밖의 병원기능을 유지하기 위하여 중요한 기기 또는 설비

5. 축전지 설비

1) 개요

축전지 설비는 축전지, 충방전장치, 보안장치, 제어장치 등으로 구성되는 설비로서 정전 시 및 비상시 가장 신뢰할 수 있는 설비로 건축법, 소방법의 규정에 의한 비상전원 및 자위적 목적으로 적용되는 설비로 최근 에너지절약 측면에서 태양광전지, 연료전지 등이 적용되고 있다.

2) 종류

구분	종류
극판의 형식	연축전지, 알칼리 축전지
설치형식	거치형, 이동형
구조	밀폐형(Sealed형), 통풍형(Vented형), 개방형(Open형)

(1) 연축전지

① 클래드식(CS형) : 완방전용　　② 페이스트식(HS) : 급방전용

(2) 알칼리 축전지

① 포켓식
　㉠ AL형 : 완방전용　　　　㉡ AH형 : 표준용
　㉢ AMH형 : 급방전용　　　㉣ AHP형 : 초급방전용

② 소결식
　㉠ AHS형 : 초급방전용　　㉡ AHH형 : 초초급방전용

3) 원리

(1) 1차 전지

방전 후 충전을 해도 충전이 되지 않는 전지로, 건전지 등을 말한다.

(2) 2차 전지

방전 후 충전을 할 경우 충전이 되는 전지를 말한다.

(3) 연축전지

① 방전 시 화학에너지를 전기에너지로 바꿔 외부에 공급하고 충전 시 외부에서 전기에너지를 받아 이것을 화학에너지로 저장시킨다.

② 화학식

$$PbO_2 + 2H_2SO_4 + Pb \underset{(충전)}{\overset{(방전)}{\rightleftarrows}} PbSO_4 + 2H_2O + PbSO_4$$
(양극)　(전해질)　(음극)　　　(양극)　　(전해질)　(음극)

(4) 알칼리 축전지

① 방전변화는 양극의 수산화 제2니켈과 음극의 금속카드뮴의 방전에 의해 양극물질은 환원반응에 의해 수산화 제1니켈이 음극물질은 산화반응에 의해 수산화카드뮴이 된다.

② 화학식

$$2NiO(OH) + 2H_2O + Cd \underset{(충전)}{\overset{(방전)}{\rightleftarrows}} 2Ni(OH)_2 + Cd(OH)_2$$
(양극)　　　(물)　(음극)　　　(양극)　　　(음극)

4) 특징 비교

항목	연축전지	알칼리 축전지
공칭전압[V/Cell]	2.0	1.2
공칭용량[Ah]	10	5
셀수(100[V] 기준)	50~58[셀]	80~86[셀]
전해질 비중(20℃)	1.2	1.2~1.3
수명	짧음	김
특징	Ah당 단가가 낮음	고율방전 및 저온특성이 좋음
	셀 수가 적음	과방전, 과전류에 강함
	부식성 가스 발생	부식성 가스 발생이 없음
	충방전 전압차가 적음	보존의 용이성
	전해액 비중으로 충전상태 추정	극판의 기계적 강도가 강함
적용	장시간 일정부하용	단시간 대부하용

5) 충전방식

(1) 초기 충전

전해액을 넣지 않은 미충전상태의 축전지에 전해액을 주입시키는 것으로 처음으로 행하는 충전을 말한다.

(2) 사용 중 충전

① **보통충전방식** : 필요할 때마다 표준 시간율로 소정의 충전전류로 충전하는 방식이다.

② **급속충전방식** : 비교적 단시간에 충전전류의 2~3배의 전류로 충전하는 방식이다.

③ **부동충전방식**
  ㉠ 상시 부하의 전원공급 및 축전지 자기 방전은 정류기에서 담당, 순간적인 대전류는 축전지에서 담당
  ㉡ 특징
   - 거치용 축전설비에서 가장 많이 사용
   - 축전지가 항상 충전상태임
   - 정류기의 용량이 적어도 됨
   - 축전지 수명에 좋은 영향을 제공함

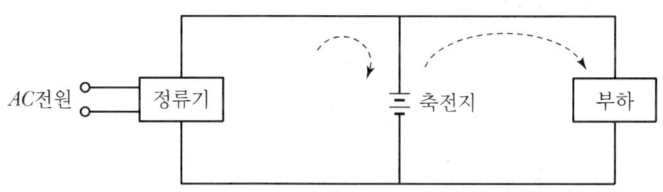

그림 2-377 ▶ 부동충전방식

④ **균등충전방식**
  ㉠ 상시 부동충전방식에 의해 사용 시 각 전해조에서 발생되는 전압차를 보정해 주기 위해 약 1~3개월에 1회 정도 정전압으로 충전하는 방식
  ㉡ 전지별 정전압 및 충전시간
   - 연축전지 : 2.4~2.5(V/cell) → 10~12시간
   - 알칼리 축전지 : 1.4~1.5(V/cell) → 10~12시간
  ㉢ 균등충전시기
   - 과방전 시
   - 방전 후 즉시 충전이 되지 않았을 경우
   - 장시간 방전의 지속

⑤ 세류충전방식
  ㉠ 자기 방전량만을 항상 충전하는 부동충전방식의 일종
  ㉡ 높은 전압 혹은 낮은 전압의 Cell-unbalance가 고장의 원인을 제공하는 곳에 적용
  ㉢ 적용 : 휴대 전화용 Battery

⑥ 전자동 충전방식
  ㉠ 충전 초기에 큰 전류가 흐르는 결점을 보완하여 일정전류 이상은 흐르지 않도록 자동전류제한 장치를 사용하여 충전하는 방식
  ㉡ 충전이 끝나면 자동으로 균등충전으로 변화되는 방식

⑦ 정전류 충전방식
  ㉠ 충전 중 일정한 전류로 충전하는 방식으로서 가장 기본적인 충전방식
  ㉡ 보통 정격용량의 $\frac{1}{5} \sim \frac{1}{10}$ 정도의 전류가 사용됨
  ㉢ 충전 종기에 전류의 대부분이 물분해 및 열발생에 소모되는 단점이 있음
  ㉣ 전지의 초기 충전, 용량시험 시의 충전이나 충전특성 시험 등에 사용됨

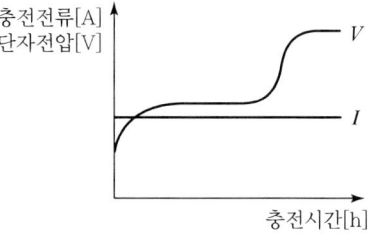

그림 2-378 ▶ 정전류 충전방식

⑧ 정전압 충전방식
  ㉠ 배터리 충전전압을 일정한 크기로 유지하면서 충전하는 방식
  ㉡ 충전 초기에 과전류가 흐르는 단점이 있고 충전 말기에 충전전류가 작아짐
  ㉢ 제어기 구성이 비교적 간단함

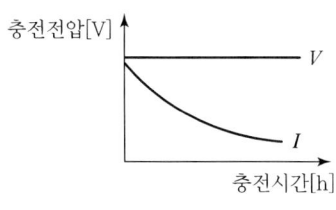

그림 2-379 ▶ 정전압 충전방식

⑨ 정전류 정전압 충전방식
  ㉠ 전지전압이 일정값(2.3~2.5[V])으로 상승할 때까지는 정전류로 충전하고 그 이후로는 정전압으로 충전하는 방식
  ㉡ 충전의 진행에 따라 전류가 작아지므로 충전 중에 물의 분해가 거의 없어서 비교적 단시간에 효율을 좋게 충전을 할 수 있음

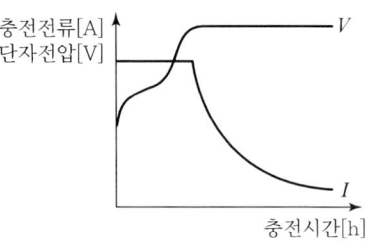

그림 2-380 ▶ 정전류 정전압방식

ⓒ 충전 종기가 명료하지 않기 때문에 충전 부족 또는 전해액이 성층화되는 방법이 적용됨
ⓒ 일정기간마다 정전류 혹은 보통 조금 높은 전압으로 충전하는 방법이 적용됨
ⓒ 충방전 사이클을 사용하는 음극관 가스흡수식 납축전지나 설치용전지 등에 사용됨

⑩ 준정전압 충전방식

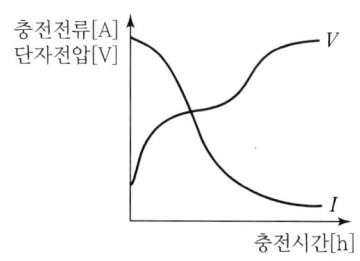

그림 2-381 ▶ 준정전압방식

㉠ 정전압 충전방식의 변형으로 전자의 충전 상태에 따라 인가전압에 수하 특성을 갖게 한 충전방식
㉡ 충전전압이 낮을 때 큰 충전전류가 흐르고 충전전압이 상승함에 따라 충전전류가 감소함
㉢ 이 특성으로 효율 좋게, 전지온도를 비정상적으로 상승시키는 일 없이 충전할 수 있음
㉣ 이 방식에서는 타이머를 병용하여 충전전압이 급격하게 상승하는 전압(보통 2.4[V])을 잡아 타이머를 동작시켜 충전량을 제어함
㉤ 전기차용 납축전지의 충전에 거의 이 방식이 적용됨

6) 축전지 용량산정

(1) 용량산정에 필요한 조건(고려사항)

① 부하종류결정
축전지가 부담해야 할 부하용량결정 : Pilot Lamp, Bell, 차단기조작전원, 릴레이 전원 등

② 방전전류의 결정

$$방전전류[A] = \frac{부하용량[VA]}{정격전압[V]}$$

③ 방전시간(t) 결정(K값 선정 Data)
부하의 종류(소방법 기준)에 따른 비상전원 공급시간을 결정한다.

④ 방전시간(t)과 방전전류의 예상부하 특성곡선 작성
㉠ 가급적 방전 말기에 큰 방전전류가 사용되게 함
㉡ 이 경우 방전시간×방전전류의 총합으로 용량을 산정함

⑤ 축전지 종류결정(K값 선정 Data)
  ㉠ 가격 측면 : 연축전지가 유리
  ㉡ 성능, 유지 측면 : 알칼리 축전지가 유리

⑥ 축전지 셀 수 결정
  ㉠ 연축전지 : 2.0(V/cell)×54(최대)
  ㉡ 알칼리 축전지 : 1.2(V/cell)×86(최대)

⑦ 허용 최저전압(V) 결정(K값 선정 Data)
$$V = \frac{V_a + V_c}{n}[\text{V/CeLL}]$$
  여기서, V_a : 부하의 최저허용전압[V]
  V_c : 부하 ↔ 축전지 간 전압강하[V]
  n : 직렬연결 셀 수

⑧ 최저 전지온도 결정(K값 선정 Data)
  ㉠ 실내 : +5[℃]
  ㉡ 한냉지 : -5[℃]
  ㉢ 옥외큐비클 기준 : 최저주위온도는 5~10[℃]

⑨ 용량환산시간(계수) → K결정
  ㉠ 방전시간(t), 최저전지온도, 허용최저전압에 의해 결정되며 축전지 종류에 따라 다르게 됨
  ㉡ 각각의 Data를 도표에 의해 산출함

(2) 용량산정공식

$$C = \frac{1}{L}[(K_1 I_1 + K_2(I_2 - I_1) + K_3(I_3 - I_2) + \cdots + K_n(I_n - I_{n-1})][\text{Ah}]$$

여기서, C : 25[℃] 온도에서 정격 방전율 환산 용량[Ah/10h] (연축전지)
  L : 보수율(일반적 : 0.8 적용)
  K : 방전시간, 최저전지온도, 허용최저전압에 의한 용량환산시간
  I : 방전전류[A] : I_1, I_2, I_3 → 방전전류의 변화

표 2-50 ▸ 용량환산 시간계수 K(온도 5℃에서)

형식		허용최저전압 [V/셀]	0.1분	1분	5분	10분	20분	30분	60분	120분	비고
알칼리 축전지	AHH	1.10	0.25	0.28	0.35	0.44	0.57	0.70	1.15	—	
		1.06	0.19	0.21	0.28	0.35	0.50	0.65	1.08	—	
		1.00	0.14	0.16	0.22	0.30	0.45	0.60	1.04		
	AH	1.10	0.30 (0.36)	0.46 (0.47)	0.56 (0.60)	0.66 (0.69)	0.87	1.04	1.56	2.60	( ) 내의 수치는 200Ah를 넘는 축전지에 적용
		1.06	0.24 (0.30)	0.33 (0.38)	0.45 (0.47)	00.53 (0.53)	0.70	0.85	1.40	2.45	
		1.00	0.20 (0.25)	0.27 (0.30)	0.37 (0.39)	0.45 (0.45)	0.60	0.77	1.30	2.30	
	AMH	1.10	0.67	0.84	1.00	1.10	1.23	1.37	1.90	3.00	
		1.06	0.57	0.71	0.85	0.93	1.11	1.15	1.65	2.70	
		1.00	0.46	0.58	0.69	0.75	0.84	0.96	1.40	2.40	
	AM	1.10	0.97 (1.23)	1.23 (1.42)	1.52 (1.65)	1.70 (1.77)	1.92	2.10	2.75	3.80	( ) 내의 수치는 200Ah를 넘는 축전지에 적용
		1.06	0.75 (0.96)	0.92 (0.10)	1.15 (1.24)	1.28 (1.35)	1.50	1.65	2.23	3.30	
		1.00	0.63 (0.75)	0.76 (1.88)	0.95 (1.03)	1.05 (1.12)	1.26	1.43	1.90	2.90	
연축전지	CS	1.80	—	1.50 (1.75)	1.60 (1.85)	1.75 (1.99)	2.05 (2.20)	2.40	3.10	4.40	( ) 내의 수치는 200Ah~ 2,000Ah를 넘는 축전지에 적용
		1.70	—	1.00 (0.10)	1.12 (1.20)	1.25 (1.35)	1.50 (1.60)	1.85	2.60	3.95	
		1.60	—	0.75 (0.88)	0.92 (0.98)	1.11 (1.15)	1.44 (1.47)	1.70	2.40	3.70	
	HS	1.80	0.85	0.88	0.95	1.05	1.30	1.55	2.20	3.40	
		1.70	0.56	0.58	0.65	0.75	1.00	1.24	1.90	3.05	
		1.60	0.44	0.47	0.53	0.63	0.87	1.10	1.75	2.90	

① 시간 경과와 함께 방전전류가 감소되는 부하특성의 경우는 전류가 감소되기 전까지의 부하특성을 구분하여 축전지 용량을 계산한 후 최댓값을 정격 방전율 용량으로 산정한다.

② 시간의 경과에 따라 방전전류가 증가되는 부하특성으로 축전지 용량을 산정한다.

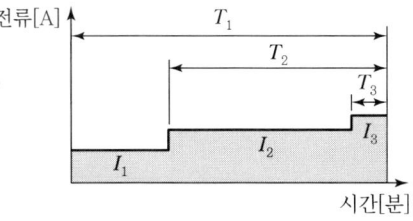

그림 2-382 ▸ 방전시간-전류의 부하특성곡선

Exercise 01

부하의 종류가 다음과 같은 경우 축전지용량을 계산하여라. (단, 방전전류가 증가하는 경우임)

- 방전전류가 $I_1 = 40[A]$(30분), $I_2 = 10[A]$(10분), $I_3 = 50[A]$(1분)
- 축전지의 종류는 페이스트형 연축전지
- 전지의 최저허용온도 5[℃]
- 사용전지의 전압은 100[V]이며, 직류 최대허용 전압강하가 5[V]이고, 부하의 허용최저전압을 90[V]로 하는 경우

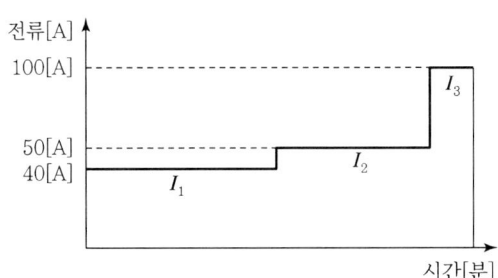

그림 2-383 ▸ 방전전류와 시간

풀이

① 축전지의 종류 : 페이스트형 연축전지를 선정
② 축전지 셀 수 선정 : 연축전지이므로 사용전압이 100[V]급이므로 셀 수는 54셀로 선정
③ 허용최저전압결정

$$\frac{90+5}{54} ≒ 1.75[V] ≒ 1.70[V] 로 결정$$

④ 최저전지온도 : 5[℃]
⑤ 문제의 조건에 의해 용량환산계수(시간) K값은 $K_1 \to 1.24$ $K_2 \to 0.75$ $K_3 \to 0.58$
⑥ 용량환산공식에 적용

$$C = \frac{1}{L}[K_1 I_1 + K_2(I_2 - I_1) + K_3(I_3 - I_2)]$$
$$= \frac{1}{0.8}[1.24 \times 40 + 0.75(10 - 40) + 0.58(50 - 10)]$$
$$= 62.875[Ah/10h]$$

Exercise 02

아래와 같이 방전전류가 시간과 함께 감소하는 패턴의 축전지 용량을 계산하시오.(단, 이때 용량환산시간 값은 아래와 같고 보수율은 0.8로 함)

시간	10분	20분	30분	60분	100분	110분	120분	170분	180분	200분
용량환산시간 K	1.3	1.45	1.75	2.55	3.45	3.65	3.85	4.85	5.05	5.30

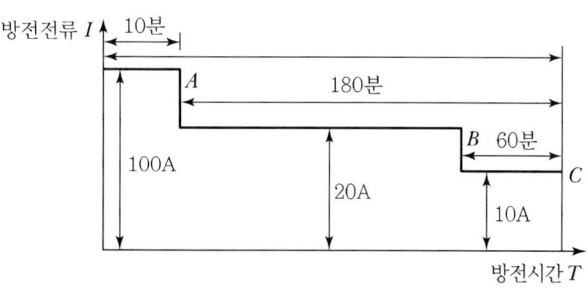

풀이 ① A점까지의 용량(C_A)

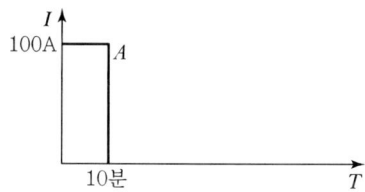

$L=0.8$, $I_1=100A$, $T_1=10$분, $K_1=1.30$이므로

$$C_A = \frac{1}{L}KI = \frac{1}{0.8} \times 1.30 \times 100$$
$$= 162.5[Ah/10hr]$$

② B점까지의 용량(C_B)

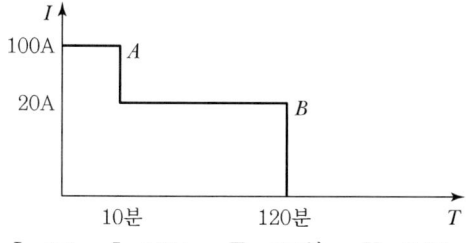

$L=0.8$, $I_1=100A$, $T_1=120$분, $K_1=3.85$,
$I_2=20A$, $T_2=110$분, $K_2=3.65$이므로

$$C_B = \frac{1}{L}[(K_1I_1 + K_2(I_2-I_1)]$$
$$= \frac{1}{0.8}[3.85 \times 100 + 3.65(20-100)] = 116.25[Ah/10hr]$$

③ C점까지의 용량(C_C)

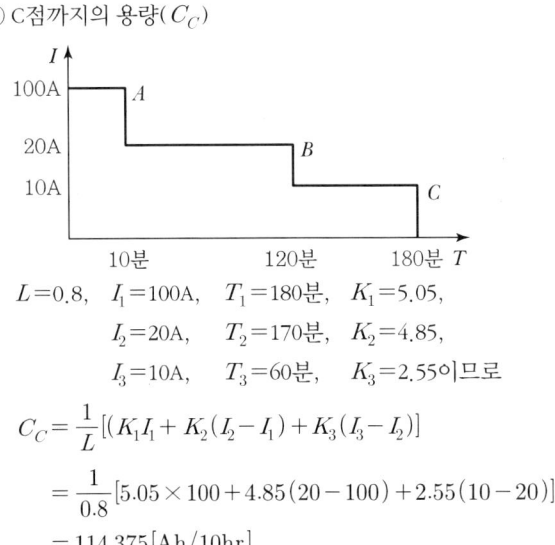

$L=0.8$, $I_1=100A$, $T_1=180$분, $K_1=5.05$,
$I_2=20A$, $T_2=170$분, $K_2=4.85$,
$I_3=10A$, $T_3=60$분, $K_3=2.55$이므로

$$C_C = \frac{1}{L}[(K_1 I_1 + K_2(I_2 - I_1) + K_3(I_3 - I_2)]$$
$$= \frac{1}{0.8}[5.05 \times 100 + 4.85(20-100) + 2.55(10-20)]$$
$$= 114.375[Ah/10hr]$$

④ 위와 같은 C_A, C_B, C_C 용량 중 최댓값인 162.5[Ah/10hr] 이상의 표준품 연축전지를 선정한다.

7) 축전지실

(1) 설치기준

원칙적으로 불연 전용실에 설치하며, 적합한 큐비클에 설치 시 기계실, 옥상, 옥외 등에 설치할 수 있다.

(2) 최근 경향

연축전지의 경우 내산처리 등(실드형, 벤티드형)으로 산무문제가 없으며 알칼리의 경우 유해가스가 발생하지 않아 축전지실이 별도 필요 없으며 큐비클형 변전실 등에 타 기기와 함께 수납이 가능하다.

(3) 설치 시 주의사항

① 천장높이 : 2.6[m] 이상
② 진동 등 충격이 없는 장소
③ 충전 중 발생한 가스에 대한 배기장치를 설치할 것
④ 수분 및 물의 침입방지 및 배수처리 시설이 될 것
⑤ 충전기는 가급적 부하에 가까운 곳에 설치할 것
⑥ 개방형 축전지의 경우 조명기구는 내산형을 설치할 것
⑦ 소방법 및 기타 법령에 적합한 설치기준을 적용할 것

(4) 축전지 배열

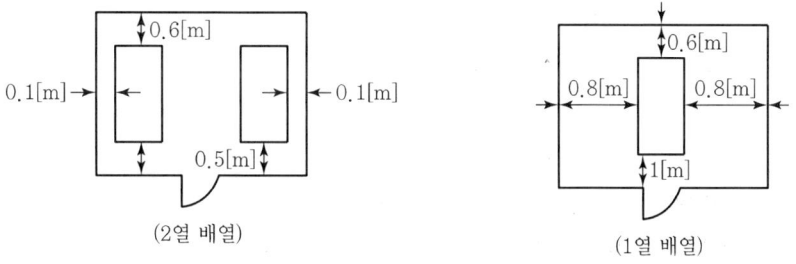

그림 2-384 ▶ 축전지 배열

① 천장높이 : 2.6[m] 이상
② 축전지와 비보수 측 벽면과의 이격거리 : 0.1[m] 이상
③ 축전지와 입구와의 이격거리 : 1[m] 이상
④ 축전지와 부속기기 이격거리 : 1[m] 이상

8) 축전지 자기방전(Self Discharge)

(1) 정의

축전지의 충전이 완료된 후 사용하지 않아도 축전지의 용량이 조금씩 감소되는 현상을 말한다.

(2) 형태

① 전기적 원인 : 내부단락
② 화학적 원인 : 전기적 원인을 제외한 대부분의 자기방전의 형태

(3) 영향을 주는 요인

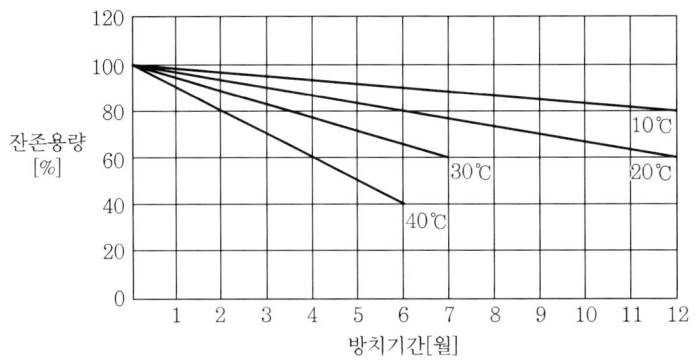

그림 2-385 ▶ 자기방전 특성도

① 온도가 높을수록 자기방전이 증가한다(25℃ 이상의 온도에서 급속히 증가함).
② 시간이 경과할수록 전체적으로 자기방전이 증가한다(충전 후 초기에 자기방전이 크고, 시간이 경과할수록 감소함).
③ 연축전지의 경우 전해액(H_2SO_4)의 비중이 높을수록 증가한다.
④ 습도가 높을수록 자기방전이 증가한다.
⑤ 불순물과 자기방전과의 관계 : 바리움, 백금, 금, 은, 동, 니켈 등의 불순물이 음극표면에 접착되면 현저하게 자기방전을 일으킨다.

(4) 자기방전량 계산식

$$\frac{C_1 + C_3 - 2C_2}{T(C_1 + C_3)} \times 100[\%]$$

여기서, C_1 : 완전충전용량[Ah]
C_2 : T기간 방치 후 충전 없이 방전한 용량[Ah]
C_3 : C_2 방전 후 완전 충전하여 방전한 용량[Ah]
T : 자기방전시간[h]

(5) 자기방전을 보정하기 위한 충전방식

① 부동충전방식

② 균등충전방식

9) Sulphation(설페이션)

(1) 개념

연축전지를 방전상태로 장시간 방치하면 극판상의 황산연의 미립자가 응집되어 비교적 큰 백색 피복물(백색 황산연)이 발생되는 현상을 말한다.

(2) 발생원인

① 전해액의 부족으로 극판이 노출되고 비중이 커졌을 경우
② 방전상태로 장시간 방치 시
③ 부족 충전상태에서 장시간 사용 시
④ 전해액에 불순물이 삽입된 경우

(3) 영향

① 백색 피복물이 부도체이므로 작용물질의 면적과 전지용량이 감소
② 작용물질을 탈락시켜 전지의 수명이 단축
③ 내부저항이 증가하여 충전에 있어 전해액의 온도상승이 많음
④ 황산의 비중상승이 낮으며 가스 발생이 심함

(4) 대책

① 가벼운 설페이션 : 과충전
② 심한 설페이션 : 희류산 또는 중성유산염에 넣어 장시간 충전함

6. 비상발전기

1) 개요

비상발전기는 상용전원 정전 시 재해방지를 위한 예비전원설비(장시간, 대용량)로서 법적 설치기준, 자위상의 목적 외 하절기 Peak Cut용으로 적용되고 있다.

2) 적용부하

(1) 보안상 필요부하
(2) 자위상 필요부하

3) 분류

(1) 사용목적에 따른 분류

① 비상용 발전기
  ㉠ 건축물의 상용전원 정전 시 비상전원으로서 소방법, 건축법상의 기준에 의한 중요부하에 전원공급을 위한 설비
  ㉡ 수전설비 대비 용량 비율
    • 일반빌딩 : 약 20[%] 이상
    • 병원설비 : 약 30[%] 이상
    • 전화설비 : 약 65[%] 이상
    • 상하수도설비 : 약 80[%] 이상

② 상용발전기
  ㉠ 외부의 전력계통을 차단하고 자체 발전설비로 평상시, 비상시 전원을 계속 공급하는 장치(Peak Cut용, 플랜트용)
  ㉡ 저속형 디젤, 또는 가스터빈형을 사용함

③ 열병합발전기(Co-Generation)
  발전과정의 폐열을 이용하는 발전시스템으로 전력과 열원을 동시에 사용할 수 있는 발전방식

(2) 구동방식에 따른 분류

① 디젤 엔진형(Disel)
  ㉠ 주요구성장치 : 실린더, 기동장치, 냉각장치, 배기장치, 필터장치 등으로 구성
  ㉡ 사용연료 : 경유, 중유
  ㉢ 엔진동작 : 흡입 → 압축 → 폭발 → 배기의 맥동행정

② 아파트 등 대부분의 건축물에서 중용량 이상으로 많이 적용함

② 가솔린 엔진형(Gasoline)
㉠ 주요구조 및 행정이 디젤 엔진형과 동일
㉡ 사용연료 : 휘발유
㉢ 특징
- 열효율 토크가 떨어지나 점화율은 좋음
- 소용량, 저토크 특성으로 양호한 기동성을 요구하는 소용량 발전기로 적합

③ 가스터빈 엔진형(Gas Turbine)
㉠ 주요구성장치 : 압축기, 연소기, 터빈 등의 3가지 주요구조로 구성
㉡ 사용연료 : 중유, 경유, 천연가스, LNG
㉢ 엔진동작 : 흡입 → 압축 → 연소 → 팽창 → 배기의 연속 회전행정
㉣ 특징
- 디젤 엔진형 대비 연료소모율이 높음
- 양질의 전력공급이 가능함
- 소음이 적고 냉각수가 필요 없음

(3) 설치방법에 따른 분류

① 고정 거치형
㉠ 건축물의 대다수 발전기(디젤, 가스터빈)가 이에 해당됨
㉡ 중규모 이상의 발전기의 경우에 적용함

② 이동형 : 이동을 요구하는 발전장치로 대개 200[kVA] 미만의 소용량이며 차량에 설치하여 이동되는 특징이 있다.

(4) 시동방법에 따른 분류

① 전기식 시동 : DC 24[V] 축전지에 Cell Motor를 이용하는 방식으로 일반적으로 많이 사용한다.

② 공기식 시동
㉠ $10 \sim 30[Kg/cm^2]$ 압축공기를 이용하며 주로 방폭지역에서 사용됨
㉡ 공기탱크(주탱크, 예비탱크) 설치비용이 고가인 단점으로 특별용도에 제한하여 적용됨
㉢ 최소 5회 이상 기동할 수 있는 압력 탱크가 필요
㉣ Low Pressure 경보는 $20[Kg/cm^2]$에서 발함

(5) 냉각방식에 따른 분류

    ① 수랭식

        ㉠ 500[kVA] 이상의 대용량 발전기에 적용됨

        ㉡ 종류 : 순환식, 냉각탑 순환식, 방류식

    ② 공랭식

        ㉠ 500[kVA] 미만의 소용량 발전기에 적용됨

        ㉡ 대부분 라디에이터 방식이 사용됨

        ㉢ 특징
- 구조가 간단함
- 소음이 큼
- 냉각수 보온대책이 필요함

(6) 운전방식에 따른 분류

    ① 단독운전 : 각각의 발전기가 다른 부하에 전력을 공급하는 형태

    ② 병렬운전

        ㉠ 한전전원과 발전기 간의 병렬운전 또는 동일한 부하에 2대 이상의 발전기로 전력을 공급하는 운전형태

        ㉡ 병렬운전 조건 : 전압, 주파수, 위상 등이 동일할 것

(7) 회전수에 따른 분류

    ① 저속형

        ㉠ 900[rpm] 이하에 적용됨

        ㉡ 특징
- 장점 : 소음 진동이 적음
- 단점 : 설치면적이 증대되며 가격이 고가임

    ② 고속형

        ㉠ 1,200[rpm] 이상에 적용됨

        ㉡ 특징
- 장점 : 설치면적이 적고, 저가임
- 단점 : 소음 및 진동이 큼

4) 용량산정

(1) 일반부하용 발전기 용량

① 발전기에 걸리는 부하의 합계로부터 계산하는 방법

발전기 용량[kVA] ≥ 부하설비용량의 합계×수용률×여유율

㉠ 전등부하의 수용률 : 100[%] 적용

㉡ 동력부하의 수용률
최대용량의 전동기 1대×100[%] + 나머지 동력부하합계×80[%]

② 부하 중 용량이 가장 큰 동력부하의 시동 시의 용량으로 계산하는 방법

발전기 용량[kVA] > $\left(\dfrac{1}{허용전압강하} - 1\right) \times xd'' \times$ 시동[kVA]

㉠ 허용전압강하(20~25[%])

㉡ xd'' : 발전기 과도리액턴스(25~30[%])

㉢ 시동[kVA] : 전동기를 2대 이상 동시에 시동 시 2대의 기동[kVA]을 더한 값과 1대의 기동[kVA]를 비교하여 큰 값으로 적용함

(2) KDS 31 60 20 기준(국토부 예비전원설비)에 의한 비상발전기 용량산정

① 개요

㉠ 비상용 발전기는 화재 시는 소방부하에, 정전 시에는 비상부하에 전원을 공급하는 비상전원 설비로서 소방부하와 비상부하에 충분한 전원공급이 가능해야 함

㉡ 최근 KEC 규정 적용에 따른 합리적인 발전기 용량설계의 필요성, 기존 PG, RG에 의한 발전기 용량 선정의 불합리성 등을 개선하기 위해 국토교통부 고시(KDS 31 60 20)에 따라 새로운 용량선정 방식인 GP 방식이 도입됨

② 목적

㉠ 관련 법령 및 KS 기준의 변경사항을 반영하여 예비전원설비 설계기준 정비

㉡ 현행제도의 운영상 나타난 일부 미비점을 개선·보완하여 사용자 편의 도모

③ 도입사유

㉠ 기존 PG 방식은 1980년대 이미 일본에서 유도전동기 기동계급 폐지에 따라 사용을 하지 않은 방식임에도 여전히 국내에서 지금까지 사용한 문제 해결

㉡ RG 방식은 일본 내연기관에서 만들어진 방식이나 이 방식의 계수적용과 관련하여 계산식이 복잡하고 난해하여 실무적으로 현장 적용의 애로사항 해결

㉢ KEC 기준은 IEC 기준으로 한 내용이나 PG, RG 방식은 일본의 발전기 용량산정 방식으로 KEC 적용의 애로

② 소방법의 소방부하를 고려 및 현실적으로 적용이 용이한 발전기 산정의 필요성 요구에 부합하기 위해 외국(독일 DIN, 미국 IEEE 등) 등을 면밀히 검토하여 GP 방식이 도입됨

④ GP에 의한 발전기 용량(KDS 31 60 20 기준)
㉠ 발전기 용량을 산정할 때에는 관계 법령에서 정하고 있는 부하의 용량 및 공급시간 등을 검토하여 계산해야 함
㉡ 발전기 용량은 스프링클러설비의 화재안전기준(NFTC 103.2.9)에서 정하고 있는 기준을 충족해야 함
㉢ 발전기용량은 해당 건축물에서 발전기 연결 부하의 특성을 고려하여 조정할 수 있으며, 화재 및 예고 없는 정전 시에도 소방 및 비상부하 가동에 지장이 있어서는 안 됨
㉣ 발전기 용량 산정은 해당 건축물의 소방부하, 비상부하 및 그 밖의 정전 시에 운전이 필요한 부하 등의 특성을 고려하여 산정할 수 있음

$$GP \geq [\Sigma P + (\Sigma Pm - PL) \times a + (PL \times a \times c)] \times k$$

여기서, GP : 발전기 용량(kVA)
ΣP : 전동기 이외 부하의 입력용량 합계(kVA)

ⓐ 일반부하 입력용량(고조파발생부하 제외)

$$P = \frac{부하용량(kW)}{부하효율 \times 역률}$$

ⓑ 고조파발생부하의 입력용량 합계(kVA)
• UPS의 입력용량

$$P = (\frac{UPS출력(kVA)}{UPS효율} \times \lambda) + 축전지충전용량$$

※ 축전지충전용량은 UPS용량의 6~10%를 적용한다.

• UPS 제외 입력용량

$$P = [\frac{부하용량(kW)}{효율 \times 역률}] \times \lambda$$

※ λ(THD 가중치)는 KS C IEC 61000-3-6의 표 6을 참고한다. 다만, 고조파저감장치를 설치하여 THD가 10[%] 이하인 경우에는 가중치 1.25를 적용할 수 있다.

여기서, ΣPm : 전동기 부하용량 합계(kW)
PL : 전동기 부하 중 기동용량이 가장 큰 전동기 부하용량(kW), 다만, 동시에 기동될 경우에는 이들을 더한 용량으로 한다.
a : 전동기의 kW당 입력용량 계수(a의 추천값은 고효율 1.38, 표준형 1.45이다. 다만, 전동기 입력용량은 각 전동기별 효율, 역률을 적용하여 입력용량을 환산할 수 있다)

c : 전동기의 기동계수
- 직입 기동 : 추천값 6(범위 5~7)
- Y-△기동 : 추천값 2(범위 2~3)
- VVVF(인버터) 기동 : 추천값 1.5(범위 1~1.5)
- 리액터 기동방식의 추천값

구분	탭(Tap)		
	50%	65%	80%
기동계수(c)	3	3.9	4.8

k : 발전기 허용전압강하 계수는 [표 2-51]을 참조한다. 다만, 명확하지 않은 경우 1.07~1.13으로 할 수 있다.

표 2-51 ▶ 발전기 허용전압강하계수

구분		발전기 정수 x_d'' [%]					
		20	21	22	23	24	25
발전기 허용전압강하율	15	1.13	1.19	1.25	1.30	1.36	1.42
	16	1.05	1.10	1.16	1.20	1.26	1.31
	17	0.98	1.03	1.07	1.12	1.17	1.22
	18	0.91	0.96	1.00	1.05	1.09	1.14
	19	0.95	0.90	0.94	0.98	1.02	1.07
	20	0.80	0.84	0.88	0.92	0.96	1.00

5) 용량산정 시 고려사항

(1) 단상부하

교류 3상 발전기에 단상부하를 접속하면 발전기는 그 부하의 $\sqrt{3}$ 배 부하를 접속한 것과 같아 발전기에 접속할 수 있는 3상 부하용량이 감소되어 발전기 이용률이 낮아진다.

① 단상부하 접속 시 현상
- ㉠ 전압의 불평형
- ㉡ 파형의 왜곡
- ㉢ 이상진동의 원인
- ㉣ 단상부하 접속형태에 따른 용량 감소

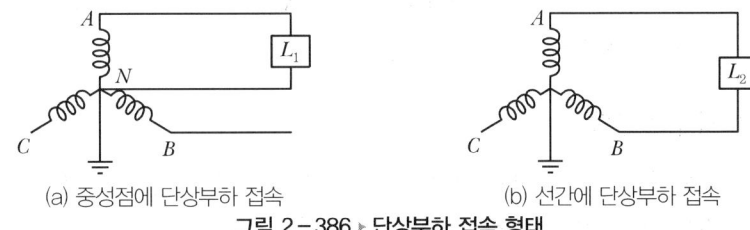

(a) 중성점에 단상부하 접속   (b) 선간에 단상부하 접속

그림 2-386 ▶ 단상부하 접속 형태

- 중성선에 단상부하 접속 시 : 전체용량의 $\frac{1}{3}$만 사용할 수 있음
- 선간에 단상부하 접속 시 : 전체용량의 $\frac{2}{3}$만 사용할 수 있음

② 단상부하 접속 시 주의사항
- ㉠ 단상부하를 3상 평행이 되도록 고루 분배하여 접속함
- ㉡ 스코트 결선 변압기를 설치하여 3상이 평형이 되게 함
- ㉢ 불평형률의 억제(10[%] 이하)

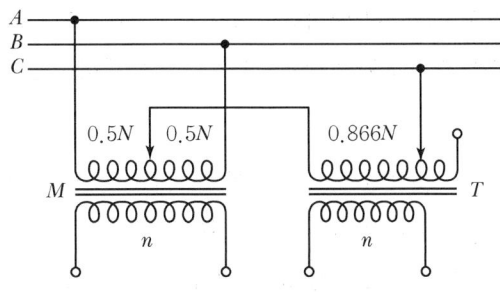

그림 2-387 ▶ 스코트 변압기 결선도

(2) 감전압 시동

① 효과

전동기 기동방식을 감전압 방식으로 채택하면 시동전류가 감소하게 되므로 발전기 용량을 적게 할 수 있다.

② 문제점

감전압 시동 시 전동기는 시동토크가 감소되어 충분한 회전속도에 올라가지 못한 상태에서 전전압으로 전환되므로 기동전류에 의한 순시전압강하 문제가 발생된다.

③ 감전압 시동 시 주의사항

기동방식별 감전압에서 전전압으로 전환되는 시간설정(t)을 충분히 검토해야 한다.
- ㉠ $Y-\triangle$ 기동 : $t = 4 + 2\sqrt{P[\text{kW}]}\,[\sec]$ P : 전동기용량
- ㉡ 리액터 기동 : $t = 2 + 4\sqrt{P[\text{kW}]}\,[\sec]$

(3) 정류기 부하

전원에 정류기 부하가 접속되면 전압파형의 왜곡현상은 증가되며 발전기 용량이 적을수록 이 현상은 증가하며 발전기 리액턴스가 일정한 경우 정류기 부하가 클수록 심하게 나타난다.

① 전압파형 왜곡 부하
- ㉠ 자동전압조정기 AVR(Auto Voltage Regulator)
- ㉡ 사이리스터 모터
- ㉢ 축전지 충전장치
- ㉣ UPS

② 전압파형의 왜곡 영향
- ㉠ 동일 계통에 접속되어 있는 전동기의 손실과 온도를 증가시킴
- ㉡ 발전기 자체의 댐퍼권선의 온도가 상승되어 손실이 증가함
- ㉢ AVR의 점호위상 제어 시 위상이 변동하여 동작이 불안정해짐

③ 대책
- ㉠ 발전기 용량선정 시 고조파 부하를 고려한 여유 용량선정
- ㉡ 발전기 Reactance를 적게 함

$$V_{dis} = X\sqrt{\sum (nI_n)^2}\ (X : \text{Reactance})$$

여기서, X : 고조파 Reactance, n : 고조파차수, I_n : 고조파전류

ⓒ 정류기의 정류상수를 증가시킴(6상 → 12상)

ⓔ 필터 사용(동조필터, 액티브필터)

ⓜ IGBT소자 이용

(4) 기타 고려사항

① 엘리베이터 모터 회생제동

엘리베이터 모터가 부하에 대해 동기속도 이상일 때 유도발전기가 되어 전력을 전원에 반환할 때 엔진이 거기에 견디도록 해야 한다.

② 고도에 따른 보정

설치장소의 고도가 해발 500[m]를 넘는 경우 1,000[m]마다 약 8[%] 정도의 출력이 감소한다.

③ 주위온도에 따른 보정

주위온도가 40[℃]를 넘는 경우 10[℃]마다 약 1.25[%] 정도의 출력이 감소한다.

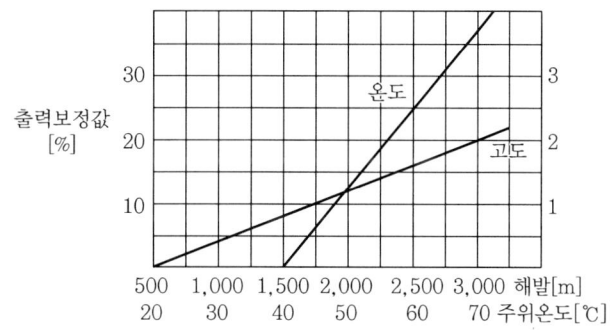

그림 2-388 ▶ 발전기 출력보정

6) 발전기 선정 시(설계 시) 검토사항

(1) 개요
발전기는 비상용 전원공급장치로 부하의 중요도, 규모, 경제성 등을 고려한 종합적인 검토가 이루어져야 하며 발전기 선정 시 유의사항과 함께 일반 건축물에 적용되는 디젤발전기와 중요 건축물에 적용되는 가스터빈 발전기 선정 시 유의사항을 구분하여 설명한다.

(2) 발전기의 분류
① 사용목적
  ㉠ 비상용   ㉡ 상용
  ㉢ Peak Cut용   ㉣ 열병합발전용

② 구동방법
  ㉠ 디젤 엔진형   ㉡ 가스터빈 엔진형
  ㉢ 가솔린 엔진형

③ 설치방법
  ㉠ 고정거치형   ㉡ 이동형

④ 시동방법
  ㉠ 전기식   ㉡ 공기식

⑤ 냉각방법
  ㉠ 수랭식   ㉡ 공랭식

⑥ 회전수
  ㉠ 고속형   ㉡ 저속형

(3) 발전기 선정 시(설계 시) 검토사항
① 일반사항
  ㉠ 용량
    • 정전 및 비상용 발전기가 공급해야 할 모든 부하용량에 적합
    • 발전기 용량이 큰 경우 1대 설치 혹은 2대 이상 병렬운전에 대한 검토가 필요함
  ㉡ 연료
    • 연료의 저장 취급이 용이하고 소방법상의 검토가 필요함
    • 주 탱크용량과 발전기 연료소비량, 운전시간, 운전빈도 등의 검토

- 유량은 차량으로 운반 시 1회 운반량을 고려함
- 주탱크 설치 위치는 옥외지상, 건축물 내부, 지하에 시설되며 전동이송 펌프에 의한 소출 Tank로 운반됨
- 자연유압식의 경우 누유문제에 대한 충분한 검토가 필요함
ⓒ 경제성
- 발전기 자체의 가격에 대한 비교검토(디젤형, 가스터빈형)
- 발전기 설치비 및 부대 건축비의 종합적인 검토가 필요함
ⓔ 소음 : 발전기실의 소음이 외부환경에서 측정 시 기준치 이하가 되도록 방음 검토
ⓜ 공해
- 발전기실의 누유가 직접 하천으로 배출되지 않도록 할 것
- 유해한 배기가스가 대기 중에 방출되지 않도록 할 것

② 전기적 사항
㉠ 병렬운전 : 2대 이상의 발전기 또는 발전기와 상용전원계통과 병렬운전 시 전압, 주파수, 상회전, 위상 등이 동일해야 함
㉡ 고조파 : 부하에 인버터 등 고조파 부하가 있는 경우 고조파 왜곡으로 전압파형이 왜곡되므로 발전기 용량 검토 및 각종 고조파 억제장치가 필요함

③ 배기계통
㉠ 배기관길이 : 굴곡개소를 억제하고 축소시켜 배압증가를 방지시켜 발전기 출력 및 기관 내부 악영향 방지
㉡ 배기관 단열
- 단열 후 외피 온도는 40[℃] 이하로 유지
- 배기관 주위에 인화성 물질 및 배전선 접근 방지
㉢ 팽창방지
- 배기관이 긴 경우 중간에 적당한 신축방지 장치 시설
- 벽 관통 부분에 대한 내화처리

④ 냉각방식
㉠ 소용량 : 라디에이터 방식 채용
㉡ 대용량 : 냉각수 방식 채용

(4) 디젤 발전기와 가스터빈 발전기의 적용

① 디젤 발전기가 유리한 곳
㉠ 비상전원의 사용빈도가 적고 중요도가 낮은 부하

ⓒ 냉각수의 확보가 용이한 곳
ⓒ 장시간 가동 및 저압 발전방식에 채용
ⓔ 저렴한 투자 Cost가 요구되는 일반 건축물에 적용

② 가스터빈 발전기가 유리한 곳
  ⊙ 비상전원의 의존도가 높고 양질의 전원 요구 설비
  ⓒ 냉각수 확보가 어렵고 진동 방지용 별도기초가 불필요한 장소
  ⓒ 열병합 발전 시스템 또는 Peak-Cut용 부하설비
  ⓔ 중요부하에 무정전 전원을 요구하는 경우

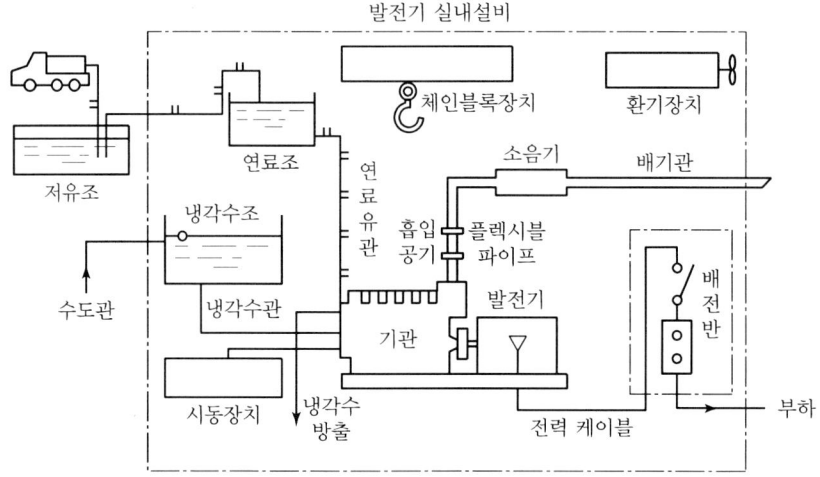

그림 2-389 ▶ 디젤발전기 구성도

7) 발전기 병렬운전

(1) 개요

① 2대 이상의 동기발전기가 같은 부하에 다 같이 전력을 공급하는 것을 병렬운전(Parrallel Operating)이라 한다.
② 전력계통에서 2대 이상의 발전기를 병렬운전시켜 연료절감 및 안정도향상과 운용효율 향상을 이루고 있다.
③ 발전기를 완전한 병렬운전을 하기 위해서는 아래의 병렬운전에 맞는 제반조건을 일치시켜야 한다.

(2) 발전기 병렬운전 조건

① 기전력의 크기가 같을 것
② 기전력의 위상이 같을 것
③ 기전력의 주파수가 같을 것
④ 기전력의 파형이 같을 것
⑤ 상회전 방향이 같을 것

(3) 기전력의 크기가 같을 것

① 기전력의 위상은 일치하고 크기가 다를 때 ($\dot{E}_a > \dot{E}_b$) 무부하인 경우

$$\dot{I}_c = \frac{\dot{E}_a - \dot{E}_b}{2\dot{Z}_s}$$ 의 순환전류가 흐른다($\dot{Z}_s$: 발전기 동기임피던스).

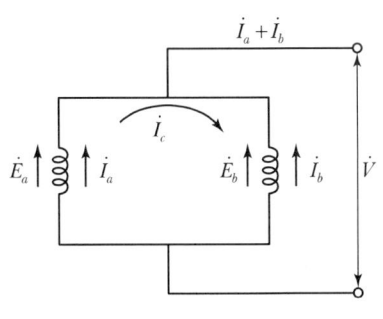

그림 2-390 ▶ 병렬운전 시 회로

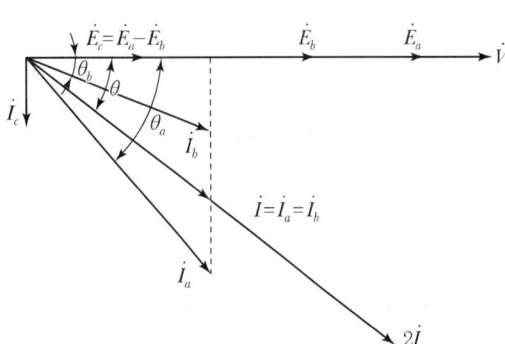

그림 2-391 ▶ 무효순환전류

② $\dot{I}_c$는 두 발전기 사이에 순환하며, 부하전류가 흐르는 경우 기전력이 높은 발전기에 대해서는 지상전류$\left(\dot{I}_a = \dfrac{\dot{I}}{2} + \dot{I}_c\right)$로 감자작용을, 기전력이 낮은 발전기에 대해서는 진상전류$\left(\dot{I}_b = \dfrac{\dot{I}}{2} - \dot{I}_c\right)$로 증자작용을 통해 발전기 전압이 동일하게 된다.

③ 무효순환전류의 영향
- 이 전류 I_c는 역률이 거의 0인 무효전류이기 때문에 출력에는 관계가 없음
- 다만 양 발전기 사이를 순환하여 전기자 권선에 저항손을 생기게 함으로써 전기자 권선의 과열 및 저항손을 증대시킴

(4) 기전력의 위상이 같을 것

① 2대의 발전기 G_a, G_b가 기전력의 크기가 같고 모선에 대해 동위상으로 병렬운전하고 있을 때, 만약 a기의 속도가 조금 증가하여 $\dot{E}_a$는 상차각 δ만큼 앞서서 $\dot{E}_a'$가 되고 $\dot{E}_a'$와 $\dot{E}_b$와의 합성기전력 $\dot{E}_s$에 의하여 거의 $\dfrac{\pi}{2}$만큼 뒤진 순환전류 I_s가 흐를 때, 이 순환전류를 유효전류 또는 동기화전류라 한다.

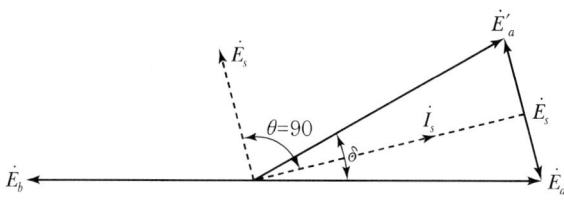

그림 2-392 ▶ 위상이 다른 경우 Vector도

② 위상이 일치하지 않는 상태에서 병렬운전을 하면 위상이 앞선 발전기는 부하의 증가를 가져와서 회전속도가 감소하게 되고, 위상이 뒤진 발전기는 부하의 감소로 회전속도가 상승하게 되어 두 발전기의 위상은 동일하게 된다.

(5) 유기기전력의 주파수가 동일할 것

① 주파수가 다른 경우 발전기 단자전압이 시간적으로 심하게 진동한다.
② 이 전압의 최댓값은 각 발전기 전압의 거의 2배에 이르게 된다.
③ 이로 인해 심한 경우 발전기의 탈조가 발생한다.

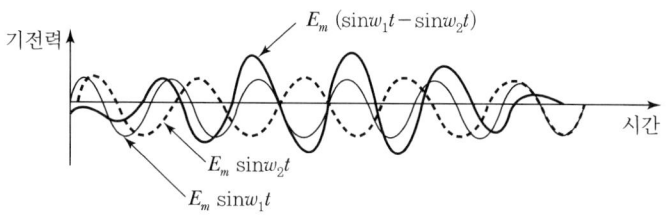

그림 2-393 ▶ 기전력 주파수의 불일치

(6) 기전력의 파형이 다를 경우

① 순시 기전력 크기가 달라 무효순환전류가 발생한다.
② 무효순환전류가 흘러 전기자 권선의 저항손이 증가하고 과열의 원인이 될 때가 있다.
③ 기전력의 파형은 발전기 권선 제작상의 문제이며 운전 중에는 고려할 필요가 없다.

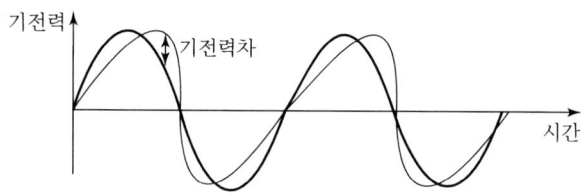

그림 2-394 ▶ 순시기전력의 파형 불일치시

(7) 상회전 방향이 다를 경우

① 단락상태가 되어 큰 사고를 유발한다.
② 시운전 시 상회전이 결정된다.

8) 동기발전기에서 발생하는 전기자 반작용에 대하여 설명하고 운전 중 발전기 특성에 미치는 영향

(1) 개요

① 동기발전기란 동기속도로 회전하는 교류 발전기를 말하며 회전 전기자형과 회전 계자형이 있으며 회전 계자형이 특징적인 이유로 많이 사용된다.

② 동기발전기에서 전기반작용은 무부하 상태에는 발생되지 않고 특히 운전(부하) 중에 전기자 권선에서 발생된 자속 중에 공극의 자속분포에 영향을 주어서 발생된다.

③ 전기자 전류의 크기, 권선의 분포, 자기저항, 부하역률에 따라 다르게 발생된다.

(2) 전기자 반작용

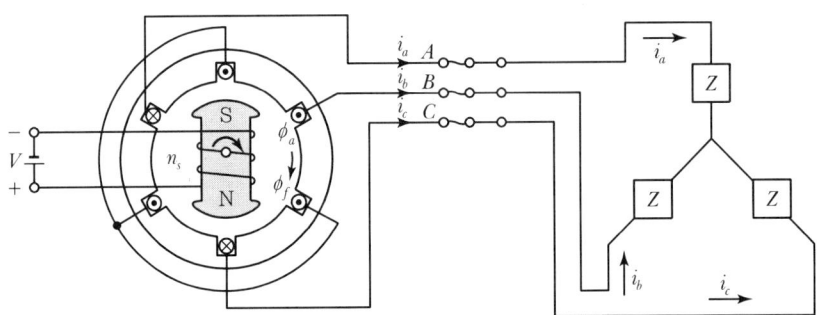

그림 2-395 ▶ 부하가 있는 경우의 동기 발전기

① 무부하일 때

계자전류가 일정하면 공극의 자속 Φ도 일정하므로 기전력 $E = 4.44\,kWfn\Phi\,[V]$도 일정하다.

② 부하가 접속되어 전기자 권선에 전류가 흐를 때

㉠ 전기자 권선에 자속이 발생하여 계자 자속에 영향을 주어 공극의 자속분포가 변하므로 유기기전력도 변함

㉡ 전기자 권선에 발생한 자속 중에 공극의 자속분포에 영향을 주는 현상을 전기자 반작용이라 함

(3) 운전 중 동기발전기 특성에 미치는 영향

① 전기자 권선에 저항부하가 연결된 경우(교차 자화 작용)

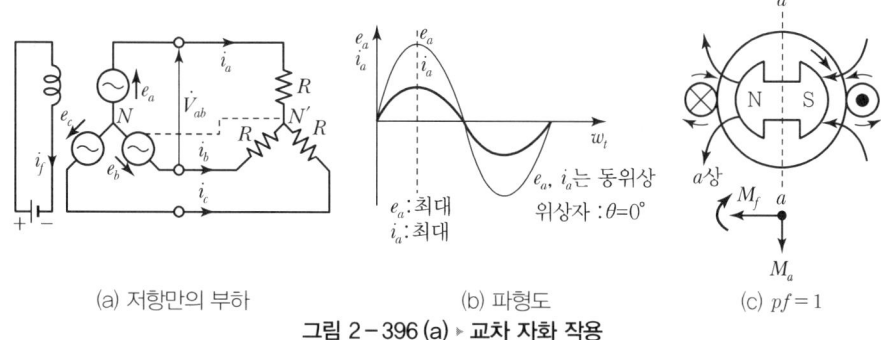

(a) 저항만의 부하   (b) 파형도   (c) $pf=1$

그림 2 – 396 (a) ▶ 교차 자화 작용

㉠ 기전력과 동상의 전기자 전류가 흐름

㉡ a상의 도체는 계자극 N, S 바로 위에 놓이게 됨

㉢ 전기자 전류에 의한 자기장의 축은 항상 주 자속의 축과 직각이 됨

㉣ 이러한 작용은 교차자화작용이 되며 한쪽은 감자작용, 한쪽은 증자작용을 하는 편자작용을 하게 되어 왜형파 자속분포가 됨

㉤ 역률은 항상 1이 됨

② 전기자 권선에 인덕턴스 부하가 연결된 경우(감자 작용)

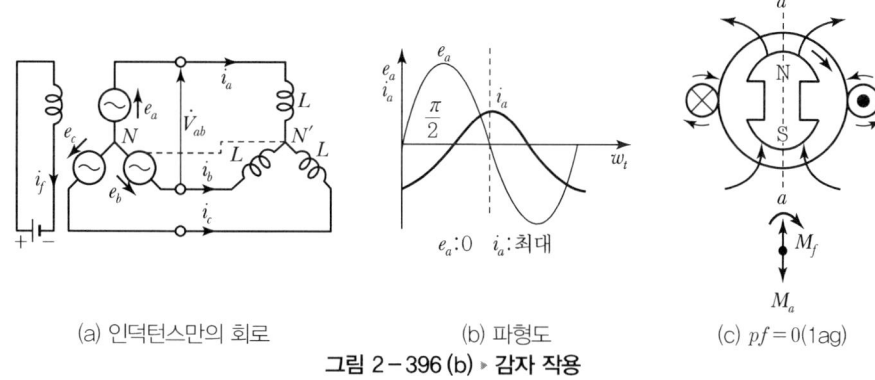

(a) 인덕턴스만의 회로   (b) 파형도   (c) $pf=0(1ag)$

그림 2 – 396 (b) ▶ 감자 작용

㉠ 계자가 그림(a)에서 90° 회전한 경우로 그림 (b)의 위치에 있게 됨

㉡ 전기자 전류가 기전력보다 $\frac{\pi}{2}$[rad] 뒤진 전류가 흐르며 지역률 0이 됨

㉢ 전기자 전류에 의한 자속이 주 자속과 반대로 되어 계자자속을 저감시키는 감자 작용 또는 직축 반작용을 하게 됨

③ 전기자 권선에 콘덴서 부하가 연결된 경우(증자 작용)

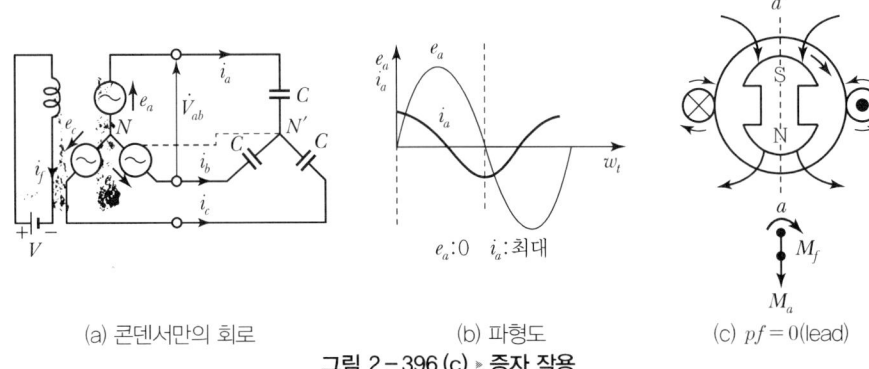

(a) 콘덴서만의 회로　　　　(b) 파형도　　　　(c) $pf = 0(\text{lead})$

그림 2 - 396 (c) ▶ 증자 작용

㉠ 계자가 그림(b)에서 180° 회전한 경우로 그림(c)의 위치에 있게 됨

㉡ 전기자 전류가 기전력보다 $\frac{\pi}{2}[\text{rad}]$ 빠른 전류가 흐르며 진역률 0이 됨

㉢ 전기자 자속이 계자자속을 증가시키는 방향으로 작용하는 증자작용 또는 자화작용을 하게 됨

(4) 결론

동기발전기는 상기와 같이 특히 부하조건에 따라 부하전류, 즉 전기자 전류의 형태에 따라 교차자화작용, 감자작용, 증자작용의 현상이 일어남을 알 수 있다.

9) 저압발전기 OCGR 오동작 발생 및 방지

(1) 개요

① 건축물이 대형화, 첨단화됨에 따라 전기설비의 규모의 대용량화는 물론, 전력품질의 고신뢰성이 요구되고 있는 실정이다.

② 기기의 절연열화 또는 파괴로 인한 누설전류 외에 최근 전력전자 사용의 증가로 고조파 전류의 증가 및 불평형 등으로 중성점으로 흐르는 누설전류는 증가하고 있는 추세이다.

③ 이러한 누설전류를 그대로 방치할 경우 감전, 화재뿐만 아니라 비상발전기의 OCGR 오동작에 의한 발전기 가동 중지를 발생시키므로 이에 대한 원인과 대책이 필요하다.

(2) 누설전류의 발생 및 영향

① 누설전류의 발생 및 영향

㉠ 누설전류란 전로 이외의 경로로 흐르는 전류로서 전로의 절연체의 내부 또는 표면과 공간을 통하여 선간 또는 대지 사이를 흐르는 전류를 말함

㉡ 누설전류가 생기는 것은 절연체의 절연저항이 무한대가 아니며 전로 각부 상호간 또는 전로와 대지 간에 정전용량이 존재하기 때문

㉢ 국내의 구내 변전설비의 대부분이 380/220[V]의 중성점 접지방식으로 구성되어 있고 이 방식에서는 누설전류 전체가 접지선로를 통하여 대지로 흐르게 됨

② 누설전류의 영향

㉠ 인체 감전
㉡ 화재 및 기타 재해의 원인
㉢ 비상발전기 가동 중지
㉣ 전력설비의 신뢰도 및 안정성 저하

(3) 국내 변전설비의 문제점

① 국내 대부분의 변압기는 ACB에 내장된 OCGR을 이용하여 지락전류를 차단하도록 되어 있다.

② ACB는 정격전류의 10[%] 이상의 범위 전류에 대해서만 보호가 가능하도록 하고 있어 지락전류의 크기가 최소 63[A] 이상이 되어야 지락 차단이 가능하므로 대용량 ACB의 경우 내장된 지락보호기능이 현실적으로 무의미하다.

③ 이러한 비보호 범위에 대한 보호대책으로 최근 지락전류가 20[A] 정도로 제한하기 위해 중성점 접지선에 CT 비율 5/100 정도의 지락검출용 CT를 설치하여 ACB를 작동시키며 이는 비상발전기에도 적용된다.

④ 비상발전기는 비상시에만 가동되므로 평상시에는 발전기 가동 시 중성선 누설전류를 확인할 수 없다.

(4) 비상발전기 오동작원인

아래 그림에서와 같이 여러 대의 변압기 누설전류의 합, 즉 $I_{OG} = I_{O1} + I_{O2} + I_{O3}$ 의 합이 20[A] 이상이 되면 발전기는 가동되어도 OCGR이 작동되어 ACB가 차단되므로 전력공급이 중단된다.

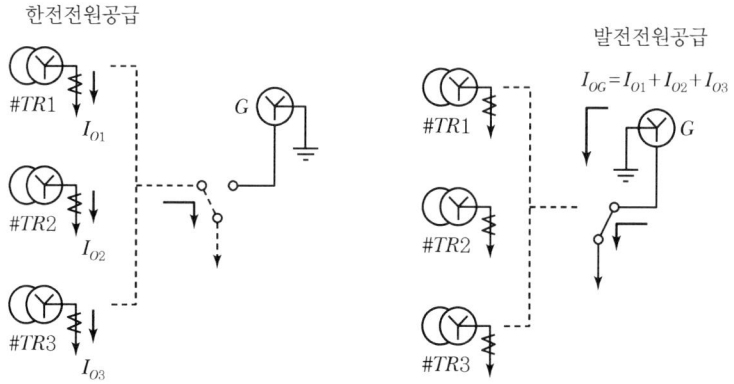

그림 2-397 ▶ 누설전류 흐름 계통도

(5) OCGR 오동작 방지대책

사고의 원인인 누설전류의 변화를 인지하지 못하여 사고가 발생될 수 있으며 현재 국내 변전설비는 이러한 System이 갖추어져 있지 않는 실정이다. 따라서 누설전류의 변화를 상시 감시하여 사전에 사고를 방지할 수 있는 방안이 필요하다.

① 변압기 누설전류 통합감시장치의 구성

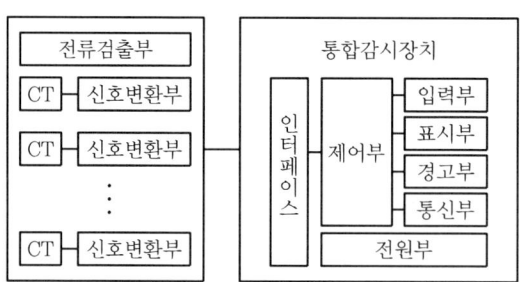

그림 2-398 ▶ 통합감시장치의 Block Diagram

② 변압기 누설전류 통합감시장치의 검출부
　㉠ 통합감시장치의 검출부는 변압기 중성점 접지선에 CT를 설치하여 검출한 신호를 감시부에 전달하는 System임
　㉡ 사용되는 CT는 고감도 CT로 측정 가능한 전류의 범위는 30[mA]~30[A]임

③ 변압기 누설전류 통합감시장치의 감시부
　㉠ 검출부에서 출력신호를 받아 설정치 이상의 누설전류가 유입 시 1차 경보, 2차 경보의 2가지 방법으로 관리자에게 위험 상황을 알려줌
　㉡ 1차 경보의 경우 부저와 램프가 동작하고, 2차 경보의 경우 경광등, 램프 및 부저가 동작하게 되어 있음

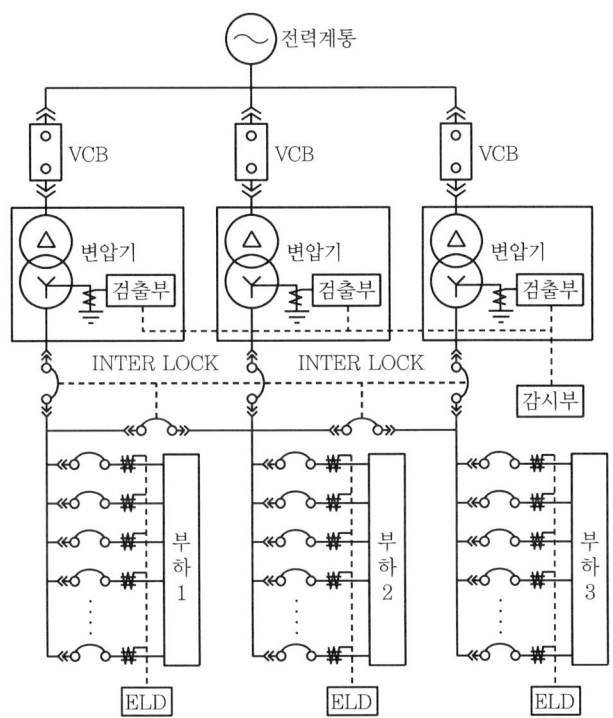

그림 2-399 ▶ 통합감시장치가 설치된 수용가 단선도

(6) 결론

① 누설전류의 발생원인과 영향을 상기와 같이 살펴보았으며 그중에서 누설전류로 인한 발전기 가동 중지에 대한 방지대책으로 변압기 누설전류 통합감시장치를 알아본 것이다.

② 누설전류는 작은 값이라도 매우 위험하므로 30[mA]부터 검출이 가능한 변압기 누설전류 통합감시장치를 통해 사고의 영향이 확대되기 전에 적절한 조치를 취한다면 발전기 가동 중단과 같은 현상 없이 전력설비의 안전성과 신뢰성이 향상되어질 것이라 판단된다.

10) 화재안전기준에 의한 소방부하 전원 공급용 발전기

(1) 개요

① 비상발전기는 화재 또는 비화재 상황의 정전 시에 소방시설 및 비상시설에 전원을 안정적으로 공급하기 위한 비상전원 설비이다.

② 최근 정전 및 화재 시 용량 부족으로 인한 비상발전기 미작동 사례가 많이 발생되어, 국가화재안전성능기준(NFPC 103)에서는 과부하를 방지하기 위해 소방전원보존형 발전기를 설치하도록 법제화하였다(2013.6.10. 신설).

(2) 소방부하와 비상부하의 종류

구분	소방부하	비상부하
개념	소방법에 의한 소방시설 부하 및 건축법에 의한 방화·피난시설 부하	소방부하 이외의 비상용 전력부하
적용	소화설비, 경보설비 피난설비, 소화활동설비, 비상엘리베이터 등	생명유지장치, 항온항습시설, 급배수시설, 승용승강기 등

(3) 비상발전기의 종류

① 소방전용 발전기
  ㉠ 소방부하기준 정격출력용량을 산정함
  ㉡ 비상부하용 발전기는 별도 설치

② 합산용량 발전기
  ㉠ 소방 및 비상겸용 발전기로 모든 소방부하 및 비상부하 합계 입력 용량을 기준으로 정격출력용량을 산정함
  ㉡ 비상부하는 기준의 수용률을 적용하여 산정함

③ 소방전원보존형 발전기
  ㉠ 소방 및 비상겸용 발전기로서 소방부하 기준 정격출력용량을 산정함(비상부하가 소방부하보다 큰 경우 기술적 합리성에 따라 비상부하 기준으로 할 수 있음)
  ㉡ 이 발전기 설치 시 콘트롤러를 설치하도록 함(소방전원 작동 여부 표시 부착형)

표 2-52 ▶ 각 발전기 비교표

구분	소방전원보존형 발전기	합산용량 발전기	소방전용 발전기 (비상용 발전기 별도설치)
용량	50~60[%]	100[%]	110[%]
시험성적서	발전기+콘트롤러	발전기	발전기
경제성	우수	불리	불리

(5) 소방전원보존형 발전기의 필요성

① 소방부하 및 비상부하 중 한쪽부하를 기준으로 대폭 적은 정격출력 용량을 산정하면서도 과부하를 방지함
② 경제성과 안정성을 동시에 만족함

(6) 소방전원보존형 발전기의 운전방법

구분	일괄제어	순차제어
구성도	(G, Main 차단기 CB-M, GCFP, 상용전원 ATS, CB-S, CB-S₁, CB-S₂, CB-S₃, 소방부하, 비상부하 — 일괄차단)	(G, Main 차단기 CB-M, GCFP, Ext.M, 상용전원 ATS, CB-S₁, CB-S₂, CB-S₃, 소방부하, 비상부하 — 중요 부하순으로 순차적 차단)
	• GCFP(Generator Controller for Fire-fighting Power) : 발전기콘트롤러 • Ext.M. : 제어장치 확장모듈(신호분배장치) • CB-S : 비상부하용 주차단기 • CB-S1~n : 비상부하용분	
제어방법	과부하에 접근 시 비상부하 전부를 한번에 차단함	과부하에 접근 시 부하의 중요도가 낮은 부하부터 순차적으로 차단함(투입 시는 중요 순으로 투입)
적용	중, 소규모 건축물	중, 대규모 건축물

(7) 소방전원보존형 발전기의 효과

① 합산용량 발전기 대비 소방전원보존형 발전기가 40~50[%] 감소한 용량이 된다.

② 동일 용량 기준에서 소방전원보존형 발전기 시공비는 일반 발전기보다 10[%] 정도 증가하나 합산용량 발전기 대비 약 30~40[%] 정도 절감이 가능하다.

(8) 결론

① 화재 및 정전 발생 시 발전기가 동작하지 않으면 매우 큰 재난으로 이어질 수 있다.

② 최근 비상발전기 미작동에 의한 원인이 관리 부실, 용량 부족에 의한 것으로 조사되어 발전기의 용량선정 및 관리가 이슈화 되고 있다.

③ 소방전원보존형 발전기는 소방부하 겸용 발전기에 비해 용량이 작은 특성으로 인해 경제적이나 보급이 활성화되기 위해서는 현재 고가의 GCFP(제어장치)의 고신뢰성과 저가격화가 현실화되고, 평상시 관리점검을 통해 화재 시 차질 없는 전력공급이 될 수 있도록 해야 할 것이다.

11) 엔진 선정 시 검토항목

(1) 개요

엔진의 종류는 크게 디젤엔진, 가스터빈엔진, 가솔린엔진으로 구분되며, 일반 건축물에서는 디젤엔진이 가장 많이 적용되고 있다. 디젤엔진은 실린더, 기동장치, 배기장치 등으로 구성되며 동작 행정은 흡입 → 압축 → 폭발 → 배기의 4행정을 반복한다.

(2) 엔진 선정 시 검토사항

구분	검토항목
연료	• 중유(A, B, C)　　• 경유 • 등유　　• 가솔린
동작행정	일반적으로 4[Cycle] → 발전기용
연소방식	• 직접분사식 : 기동성 및 연소효율이 좋으며 중·저속기관에 적용 • 예열분사식 : 소음 진동이 적으며 고속기관에 적용
냉각방식	• 수랭식 : 순환식, 냉각탑 순환식, 방류식 등이 있으며 500[kVA] 이상의 대용량에 적용함 • 공랭식 : 주로 라디에이터 방식으로 500[kVA] 미만의 소용량에 적용함
회전속도	• 저속기 : 400[rpm] 이하 : 상용발전기 • 중속기 : 400~900[rpm] : 상용발전기 • 고속기 : 1,200[rpm] 이상 : 비상용발전기
기동방식	• 전기식　　• 공기식

(3) 고속기와 저속기의 비교

구분	저속기(400[rpm] 이하)	고속기(1,200[rpm] 이상)
운전특성	장시간 운전 가능	약 10시간 정도 운전
치수, 중량	대형, 무거움	소형, 가벼움
고장발생률	작음	많음
가격	고가	저가
적용	상용	비상용

(4) 기동방식의 종류별 특징

① 공기식

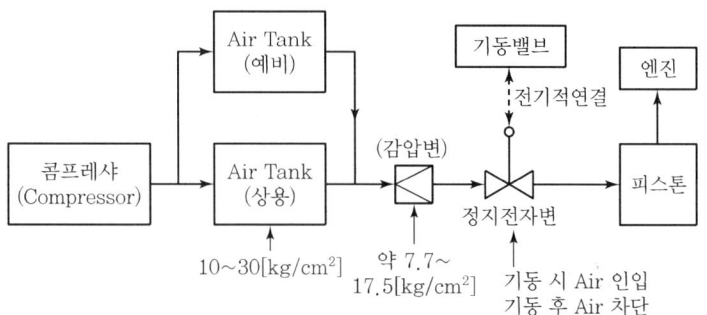

그림 2-400 ▶ 공기식 기동방식

㉠ 구성 : 공기 압축기, 제어반, 에어탱크 등
㉡ 시동공기압 : 공기탱크의 최저 $10[kg/cm^2]$~최고 $30[kg/cm^2]$의 공기압력으로 직접 분사함
㉢ 에어탱크 용량 : 최소 5회 이상 기동이 가능할 것
㉣ 특징 : 설치면적이 크고 가격이 고가임
㉤ 적용 : 방폭지역 및 Battery 사용이 어려운 장소

② 전기식

㉠ 구성 : 시동용 축전지, 충전기
㉡ 시동 : DC 24[V]로 시동되며 시동횟수가 제한됨(3회 이내)
㉢ 적용 : 특수한 지역을 제외한 일반 건축물에 광범위하게 적용

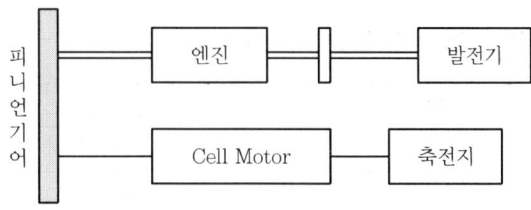

그림 2-401 ▶ 전기식 기동방식

표 2-52 ▶ 전기식과 공기식 시동방식의 비교

구분	전기식	공기식
조작원	전기에너지(직류)	공기에너지(압축공기)
주요구성 장치	충전기, 축전지, 셀모터	공기압축기, 에어탱크, 기동밸브 등
설치방법	• 엔진 근처에 설치할 수 있음 • 이동설치가 가능함	• 엔진에서 이격 설치해야 함 • 설치방법이 복잡함
시동특성	시동이 확실함	반복시동이 용이함
경제성	저렴	고가
설치면적	적음	큼
관리 측면	• 점검이 용이함 • 보수, 관리를 자주 해야 함 • 배터리 방전 시 배터리 교체가 용이 • 배터리 충전 시 한전전원이 필요함	• 계통이 복잡하여 점검이 어려움 • 보수관리 비용이 큼 • 겨울철 관리의 애로
장점	• 사계절 관리가 용이함 • 사용하기가 편리하고 안전함 • 초기투자비가 저렴함 • 배터리 교체가 용이	• 연속시동이 가능함 • 충전을 위한 한전전원이 불필요함 • 화재 폭발의 위험이 없음
단점	• 설치장소의 제약(화재, 폭발 위험) • 4회 이상 연속 구동의 애로 • 충전 시 배터리 충전기가 필요함 • 초대형 엔진에 사용하기 어려움	• 겨울철 관리가 어려움 • 설치면적이 큼 • 설치비가 고가임 • 유지보수비가 많이 소요
적용	• 소형, 중형 엔진에 사용 • 건축물 비상발전기에 적용	• 대형 및 초대형 엔진에 사용 • 선박용, 방폭지역용에 적용

(5) 가스터빈 엔진과 디젤 엔진의 비교

구분		가스터빈	디젤
일반적 특징	작동원리	연속회전운동	왕복운동
	냉각수	불필요	필요
	크기 및 중량	적음	큼
	소음	적음	큼
	진동	거의 없음	충격음 발생
	가격	고가(디젤의 2~3배)	저가

구분		가스터빈	디젤
전기적 특성	부하투입특성	Single Shaft : 100[%] Two Shaft : 70[%]	단계적 투입
	주파수 변동	적음	큼
	전압변동	적음(±1.5[%])	큼(±4.0[%])
	속도변동	적음	큼
	기동시간	약 40초	약 10초
연료 특성	연료의 종류	천연가스, LNG, 등유, 경유, A중유	중유(A, B, C), 경유, 등유
	연료소비	디젤의 2배 이상	–
급, 배기 특성	급, 배기 장치	필요	배기 시 소음기 부착
	배기단열	별도 단열대책	기본단열 대책

표 2-53 ▶ 발전기 정격사항

구분	정격사항
정격전압[V]	60[Hz] : 110, 220, 380, 3,300, 6,600 50[Hz] : 100, 200, 400
정격주파수[Hz]	50, 60
정격용량	일반적으로 [kVA], 발전기 세트출력은 [kW]로도 표시함
역률	지 역률 80[%]
회전속도	50[Hz] → 1,500[rpm], 60[Hz] → 1,800[rpm]
극수	2, 4, 6, 8, 10, 12, 14

12) 가스터빈 엔진의 원리, 구조, 특징, 설계 시 고려사항

(1) 개요

일반 건축물에서와 달리 최근 병원, 호텔, 전산센터 등의 경우 정전 시, 사고 시 양질의 전원공급이 요구되므로 발전기 구동장치가 가스터빈형 발전기가 적용된다.

(2) 가스터빈 엔진의 구조

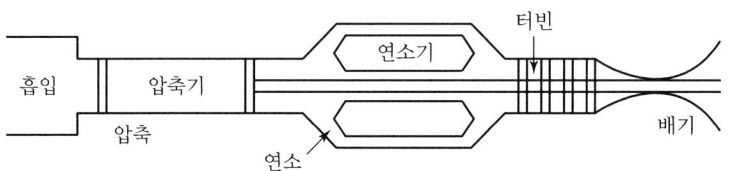

그림 2-402 ▸ Gas-Turbine 엔진 구조

① **압축기** : 외부 공기를 흡입, 압축, 가압하여, 연소실로 보내는 장치로 연소효율을 높이는 목적으로 사용되며 다수의 Blade로 구성된다.
② **연소기** : 가압된 공기에 연료를 분사하여 고온 고압의 가열기체를 형성시킨다.
③ **터빈**
  ㉠ 연소기의 고온 고압의 가스를 Blade 내에서 팽창시켜 회전력을 얻는 장치
  ㉡ 가스터빈 발전기의 수명과 관련하여 티타늄, 알루미늄, 니켈 등의 합금으로 주조된 노즐과 회전 Blade로 구성됨
  ㉢ 고온 고압에서 회전력에 의한 손상특성이 적어야 함

(3) 특징

① **작동원리**

디젤엔진의 흡입 → 압축 → 폭발(연소 → 팽창) → 배기의 Piston 왕복운동을 가스터빈에서는 연속 회전운동으로 하여 연소효율을 높이고 진동충격을 감소시키는 특성이 있다.

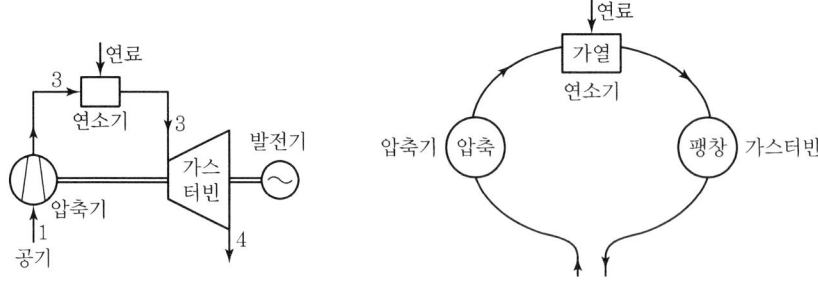

그림 2-403 ▸ 가스터빈 발전기 장치도 및 유체 흐름도

② 고온 고압의 배기가스
   ㉠ 고온 고압의 배기가스가 그대로 방출되므로 열손실이 큼
   ㉡ 고온 고압의 배기가스 처리가 건축물 시공 시 중요함
   ㉢ Co-Generation System으로 연계 시 효율이 크게 증가함

③ 간단한 구조 및 경량특성
   ㉠ 압축기, 연소기, 터빈 등의 경량합금에 의한 구조가 간단하고 가벼움
   ㉡ 디젤엔진 대비 약 $\frac{1}{2}$ 정도의 중량

④ 연료, 연소 및 소비율
   ㉠ 가스터빈의 경우 LNG, LPG, 천연가스, 경유, 중유 등 다양한 선택이 가능함
   ㉡ 회전운동에 의한 완전 연소로 공해 문제가 방지됨
   ㉢ 연료소비율이 디젤 대비 약 2배
   ㉣ 비상용으로 사용 시 운영 Cost는 크게 차이가 나지 않으나 상용으로 사용 시 경제성 검토가 필요함

⑤ 전기적 부하 투입 특성
   ㉠ 전부하 투입, 차단 시 속도 변동률, 전압변동률이 적음
   ㉡ 순시 전압 변동이 문제가 되는 부하(대형 컴퓨터 시설, 병원) 등 중요부하에 적용됨
   ㉢ 가스터빈 엔진 발주 시 Two-Shaft는 디젤엔진보다 전기적 특성이 뒤짐

⑥ 냉각수 : 불필요함
⑦ 소음 : 소음이 적음 → 별도 소음 대책이 불필요함

(4) 설계 시 고려사항
① 급기대책
   ㉠ 연소용과 공랭용 급기가 필요함
   ㉡ 연소용 급기의 온도 상승 시 발전기 출력 및 수명에 악영향을 미침

② 배기대책
   ㉠ 터빈 회전 후 배출되는 배기는 400~600[℃] 고온 고압으로 연도크기 및 단열 대책이 필요함
   ㉡ 허용 Back Pressure는 약 300[mmAg] 이하가 되어야 하며 허용기준치보다 높을 경우 엔진출력이 감소함

③ 배기 단열대책
  ㉠ 배기가스의 온도가 높을 경우 건물의 수축, 팽창의 문제가 발생하므로 단열대책이 필요함
  ㉡ 단열처리방법
    • 옹벽 내부 단열 처리방식 → 단시간 운전
    • AS Pipe 방식 → 장시간 운전에 적합하나 고가임

④ 적용
  ㉠ 건축환경적 측면
    • 냉각수 확보가 어려운 장소
    • 진동방지용 건축기초의 설치가 어려운 건물
  ㉡ 전기적 측면
    • 비상전원의 의존도가 높고 양질의 전원을 요구하는 부하가 많은 경우
    • 열병합발전 System과 Peak Cut 겸용 부하설비가 있는 장소

13) 고압발전기와 저압발전기

(1) 계통구성도

① 고압발전기

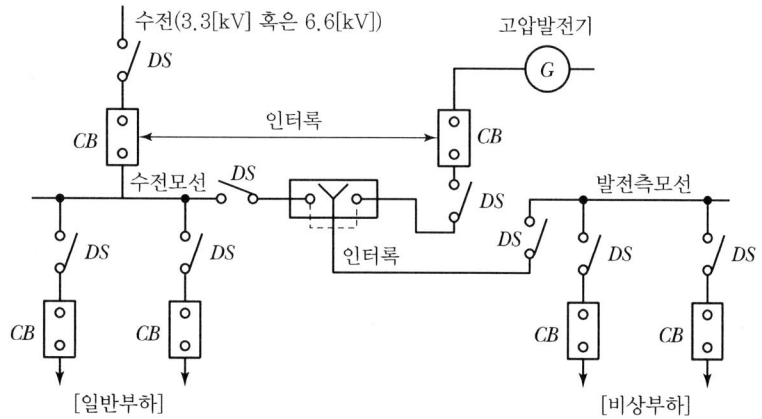

그림 2-404 ▶ 고압발전기 구성도

② 저압발전기

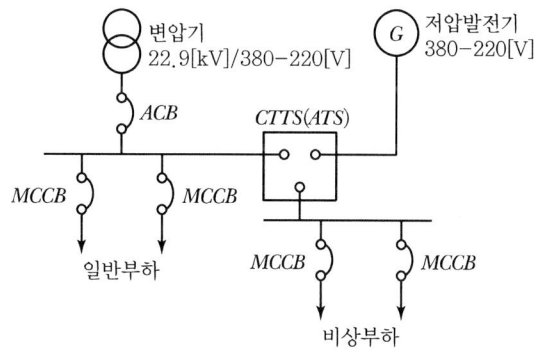

그림 2-405 ▶ 저압발전기 구성도

(2) 구조적 특징

항목	고압발전기	저압발전기
절연종별	H종 절연(일반적)	H종 절연(일반적)
절연구조	복잡(기본절연+추가절연)	간단(기본절연)
절연비	고가	저가
절연 Size	큼	적음
도체 Size	적음	큼

(3) 장단점 및 적용

항목	고압발전기	저압발전기
장점	동일출력 대비 발전기 권선 중량이 감소함(대용량 기준)	가격이 저렴함
	설치면적이 축소됨	감전의 위험이 적음
	고장전류가 적음	보호계전 방식이 간단함
	차단용량이 적음	설비구조가 간단함
	전압강하 및 손실이 적음	
단점	가격이 고가임	동일출력대비 발전기 권선 중량이 증가함 (대용량 기준)
	감전의 위험이 큼	고장전류가 큼
	보호계전 방식이 복잡함	차단용량이 큼
	설비구조가 복잡함	전압강하 및 손실이 큼
적용	대규모단지, 고층 및 초고층건축물	소규모단지, 일반아파트

14) 발전기실 설계 시 고려사항(발전기실 기획)

(1) 개요

발전기실 설계 시 고려할 사항으로 위치, 면적, 구조, 기초, 하중의 관계를 구분하여 검토하고 소방법 등 제반 법규에 적합해야 한다.

(2) 발전기실 설계 시 고려사항

① 위치선정

발전기실의 위치선정은 크게 건축적 사항, 전기적 사항 외에 부속기기의 위치를 고려하여 선정해야 한다.

표 2-54 ▶ 위치선정 시 검토 항목(KDS 전기설비 관련 시설 공간 기준)

구분	내용
건축적 고려사항	• 장비 반입 및 반출 통로가 있어야 함. • 장비 배치에 용이하고 유지보수가 용이한 면적을 갖고 장비에 대해 충분한 유효 높이와 구조적 강도로 함 • 운전 시 소음 및 진동을 고려하여 거실부분 및 건축물 코어부에서 가급적 떨어진 위치로 함 • 발전기실의 벽, 기둥, 바닥은 내화구조로 하고, 출입구는 방화문일 것
환경적 고려사항	• 발전기와 굴뚝 또는 배기관 사이의 길이는 가능한 한 짧게 하며, 길이가 길어지는 경우는 배압(Back Pressure)을 고려하여 단면적을 정함 • 급기 및 배기 덕트는 가능한 한 짧게 하고, 배기된 공기가 재 급기되지 않도록 충분히 이격하며, 디젤기관의 라디에이터 냉각방식이나 가스터빈 발전기인 경우 다량의 공기를 필요로 하므로 외기 유입이 용이한 위치에 설치함 • 급유 및 통기관의 인출이 용이한 장소로 함 • 수랭식 엔진을 사용하는 경우 냉각수의 보급 및 배수가 쉬운 장소일 것 • 발전기실에는 발전기에 사용하는 것 이외에 가스, 물, 연료 등의 배관을 설치하지 않을 것 • 화재, 폭발, 염해의 우려가 있거나 부식성, 유독성 가스가 체류하는 장소는 배제될 것 • 발전설비의 배기관, 배기덕트의 소음이 거실이나 다른 건축물에 영향을 주지 않을 것
전기적 고려사항	• 수변전실과 인접하게 하여 전력공급이 원활할 것 • 발전설비의 유지보수 및 안전관리를 고려할 것

② 넓이 및 높이

㉠ 소요넓이(S)

$$S > 1.7\sqrt{원동기\ 출력(마력)}$$

- 일상적인 보수 점검 및 정기정비 작업에 필요한 넓이 확보
- 발전기, 배전반 주위에 최소 1.0[m] 이상 공간 확보
- 통상 방의 가로×세로 → 1 : 1.5~1 : 2가 적합함

ⓒ 천장높이(H)

$$\text{최소높이(H)} = (8 \sim 17)D + (4 \sim 8)D$$

여기서, D : 실린더 지름[mm]
- $(8 \sim 17)D$: 실린더 상부까지의 엔진높이(속도에 따라 결정됨)
- $(4 \sim 8)D$: 실린더 해체에 필요한 높이(체인블록이 없는 경우 4D 적용)

③ 구조

㉠ 일반 건축구조
- 물의 침투 또는 침수의 우려가 없는 구조일 것
- 가연성, 부식성 증기, 가스가 발생할 우려가 없을 것
- 발전기실에는 가능한 타 용도의 Duct, 물배관 등이 통과되지 않도록 할 것
- 중량물 운반용 Hook 시설이 가능한 구조일 것

ⓒ 방화구조
- 불연재의 벽, 바닥, 천장으로 구획되고 갑종, 을종 방화문을 구비할 것
- 공조용 덕트가 벽체 통과 시 불연재료로 마감할 것
- 기타 화재의 전파 우려가 있는 공간의 방화구획 처리

ⓒ 방진조치가 강구된 바닥시설

㉣ 환기 및 조명시설
- 실외로 통하는 환기시설이 구비될 것
- 점검, 조작에 필요한 조명설비가 설치될 것

④ 기초

㉠ 디젤 발전기

별도의 진동 방지용 기초설계가 고려되어야 하며 디젤 발전기의 직접설치 방식의 경우 기초 중량설계(Maleer의 실험식)

- 식

$$W_f = C \cdot W \cdot \sqrt{n}$$

여기서, W_f : 발전기실 기초 중량[ton], W : 발전설비 총중량[ton]
C : 실험계수 → 0.2, n : 발전기 회전수[rpm]

- 콘크리트 배합

시멘트(1) : 모래(2) : 자갈(4)의 비율로 적용함

- 콘크리트 용적(C_v)

$$C_v = \frac{W_f}{2.2 \sim 2.4} \, [\text{m}^3]$$

- 기초의 길이 및 폭은 발전기 길이 폭보다 30[cm] 이상일 것
- 기초는 발전기 총중량의 2배에 견딜 수 있게 함
- 기초철근은 4[mm] 이상의 철선으로 15[cm] 간격의 격자형 배근 구조일 것
- 발전기실이 건물 내에 설치 시 방진고무, 방진스프링을 설치함
- 발전기 기초 계산 시 정적하중만 고려하고 진동하중은 고려하지 않음

ⓒ 가스터빈 발전기 및 방진장치 부착 디젤발전기

- 기초에 전달되는 진동 하중은 디젤발전기 직접설치방식의 약 $\frac{1}{10}$ 이하임
- 방진장치 부착형 발전기 기초 중량(W_f')

$$W_f' = a\,W_f \,(a : \text{방진계수} \to 0.2 \sim 0.4)$$

15) 발전기 설치 시 환경장해

(1) 개요

발전기는 상용전원 정전 시 비상부하 등에 전원을 공급하는 대용량 비상전원 공급장치로서 소음문제와, 진동, 대기오염 등의 문제를 발생시킨다. 따라서 이러한 장해요인에 의한 영향을 제시하고 장해요인별 대책을 설명하고자 한다.

(2) 환경영향

장해요인	영향
발전기 소음	• 도심지 내 대용량 발전기에 한함 • 인근 주민의 소음 장해
진동	• 건물의 강도 저하 • 심리적 불쾌감 제공
대기오염	• CO_2 → 지구온난화 • NOx → 오존층파괴, Smog, 산성비 • SOx → 산성비, 건축부식

(3) 장해요인별 대책

① 소음대책 : 소음 중에서 기관음, 배기음 ≫ 급기음, 소음기음

　㉠ 기관음
　　• 기관의 회전속도에 따라 음이 달라지며 고속기의 경우 기관음이 증가함
　　　- 600~900[rpm] → 90~110[Phone]
　　　- 1,200~1,500[rpm] → 110~120[Phone]
　　• 대책
　　　- 방음 커버로 몸체 차음(70~75[Phone] 저감)
　　　- 내벽의 흡음재 사용 및 지하층 사용
　　　- 저속도 회전기 사용

　㉡ 배기음
　　• 디젤기관 중 가장 큰 소음원으로 기관음보다 큼(주파수 큰 경우)
　　• 배기음은 배기가스의 고속 또는 충격적 유동으로 대기에 배출되며 별도 대책이 필요함
　　• 대책 : 소음기 시설(10~15[Phone] 저감)

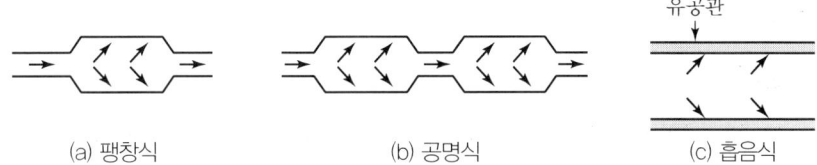

그림 2-406 ▶ 소음기의 종류

- 소음기 시설 시 주의사항
  - 연도까지의 굽힘 개소가 가급적 적게 함
  - 15[m]마다 Expansion Joint Box를 시설하여 열팽창에 따른 비틀림을 방지함
  - 배기관 단열공사 실시

② 방진대책

㉠ 원인
- 왕복 회전 기구에 의한 불균형력
- 간헐 연소에 기인하는 회전 변동에 의한 Movement
- 폭발, 압력, 운동부 관성력에 의한 진동

㉡ 대책
- 방진고무 : 소용량에 적합
- 방진 스프링 : 중대형에 적합

③ 대기오염 대책

㉠ SO_x 대책
- 저유황성분의 연료 사용
- 배기가스의 탈유황장치 시설

㉡ NO_x 대책
- 연소기관의 System 변경(디젤형 → 가스터빈형, 가솔린형)
- 저 NO_x 연소기술 적용 : 배기가스 재순환, 2단 연소
- 연소조건 개선 : 1,300[℃] 이하 연소

㉢ CO_2 대책
- CO_2 제거법 활용 : 화학적, 물리적, 흡수법 사용
- 탄산 함유량이 적은 연료 사용

7. UPS 설비

1) 정의

무정전 전원공급장치(UPS : Uninterruptible Power Supply)는 선로에 정전이 발생되거나 입력전원에 이상 상태가 발생 시 정상적인 전원을 공급하기 위한 설비로서 최근 컴퓨터, 정보통신설비 등의 증가로 양질의 전원공급이 요구되어 그 사용이 증가되고 있으며 크게 회전형과 정지형으로 구분된다.

2) UPS의 구성과 원리

(1) 구성

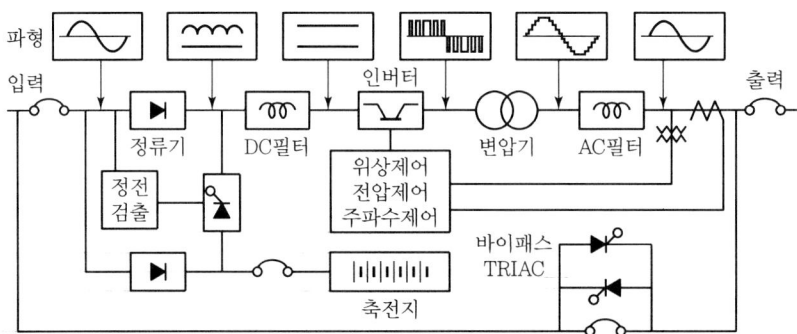

그림 2-407 ▶ UPS 구성도

(2) 기능

① 정류기(컨버터)의 정류 기능(AC → DC)
② Inverter의 교류 전력 출력 기능
③ 충전 기능 및 축전지의 예비전원 기능
④ 절연변압기의 전원-UPS 간 절연 기능
⑤ 수동 By-Pass 기능

(3) 원리

① AC 전압을 정류하여 DC Filter를 사용하여 완벽한 직류로 변환시킴
② Inverter를 통해 DC를 AC로 변환시킨 후 TR, AC Filter를 거쳐 양질의 교류전압을 부하에 공급함
③ 평상시 축전지는 충전상태임
④ 내부 이상 시 제어장치를 통해 By-Pass 되어 무순단(150[μs])으로 입력전원을 부하 측에 공급함

3) UPS 용량산정

(1) 고려사항

① 부하용량을 충분히 만족시킬 것
② 부하기동 시 UPS 출력 한계값을 초과하지 않을 것
③ 순차 기동 시 나중 투입부하의 기동전류에 의해 출력 전압변동이 먼저 투입한 부하의 허용치 이내일 것
④ 장래 증설용량 검토
⑤ 가능한 표준 용량산정
⑥ 정전허용불허 부하는 반드시 UPS로 전원공급
⑦ 정전 보상시간 검토
⑧ 고조파 부하에 대한 여유용량 검토

(2) 용량산정방법

① 정상부하에 의한 산정법(P_1)

$$P_1 \geq K \sum_{i=1}^{n} PL_i$$

여기서, K : 여유율(1.0~1.2)
PL_i : 1단계 투입 정상부하전력[kVA]

② 부하기동 용량에 의한 산정(P_2)

$$P_2 \geq K \sum_{i=1}^{n} PL_i + P_e$$

여기서, P_e : 최후에 투입되는 부하에 대한 돌입전력[kVA]

③ 부하기동 시 전압변동에 의한 산정(P_3)

$$P_3 \geq \frac{P_A}{L}$$

여기서, P_A : 1단계 투입 시 부하돌입전력[kVA]
L : 전압변동 10[%] 이내에 수용되는 부하급변 허용계수[0.2~0.5]

(3) 축전지의 용량계산

축전지의 용량은 방전전류, 방전시간, 허용되는 최저전압(방전종지전압), 축전지액 온도 등에 따라 결정된다.

① 방전종지전압은 인버터의 출력을 정해진 범위 내로 유지하기 위해서 필요한 최저전압을 축전의 직렬개수로 나눈 값이 된다.

② 축전지액 온도는 축전지의 주위온도로 결정한다.
  ㉠ 축전지는 화학반응을 이용한 제품이므로 온도에 의한 영향이 대단히 큼
  ㉡ 연축전지는 1℃ 변하는 데 약 1[%]의 용량이 변화함

③ 방전전류 계산$(I) = \dfrac{P_0 \times 10^3 \times PF}{ef \times ns \times \eta \times k}$ [A]

여기서, P_0 : 무정전 전원장치 출력[kVA]
   PF : 부하역률
   ef : 방전종지전압[V/셀]
   ns : 축전지의 직렬개수
   η : 인버터의 역변환(직류 – 교류) 효율
   k : 컨버터의 부하율에 의해서 결정되는 효율

(4) UPS와 전원설비와의 관계

① UPS와 비상발전기와의 관계
  ㉠ 문제점 : UPS에 설치된 정류기에서 발생하는 고조파가 비상발전기로 흘러나와 문제가 됨
  ㉡ 영향
    • 고조파로 인한 자가발전계통에 헌팅현상 등이 발생
    • 발전기에 국부적인 발열현상이 발생
    • 발전기 출력저하
  ㉢ 대책
    • 발전기용량을 UPS 용량의 2.5배에서 3배 이상을 선정함
    • 그 외 UPS 부하가 발전기 전체 부하의 50[%] 이하로 함

② UPS와 변압기와의 관계
  ㉠ 영향
    • 변압기 출력감소, 손실증가
    • 변압기 온도상승 및 이상소음 발생
  ㉡ 대책 : 고조파에 대한 변압기 측 대책으로 K – Factor 변압기 적용

4) 운전방식

(1) 단독운전(단일모듈)방식

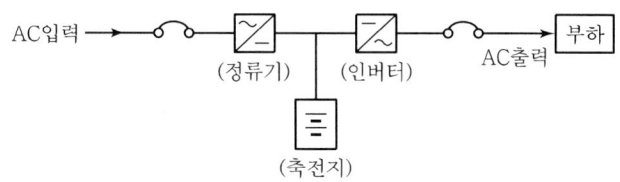

그림 2-408 ▶ 단독운전방식

① UPS 1대로 운전됨
② 용량은 부하용량과 동일하고 By-Pass 기능만 있음
③ 상시운전방식과 비상시 운전방식으로 구분됨
④ 특징 : 사고 시 무대책
⑤ 적용 : 중요도가 낮은 부하설비

(2) 병렬운전방식

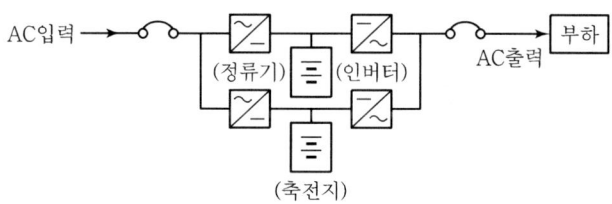

그림 2-409 ▶ 병렬운전방식

① 2대 이상의 UPS를 조합하여 부하용량에 대처함
② 총 부하설비 용량에 대해 각 UPS의 용량합계로 부하설비에 전력을 공급함
③ UPS 고장 시 By-Pass 기능 작동

(3) 병렬 Stand-By 운전방식

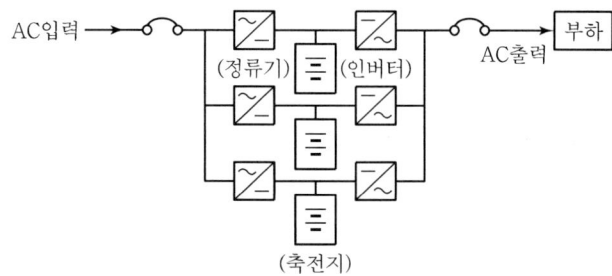

그림 2-410 ▶ 병렬 Stand-By

① UPS로 전원공급 중 1대의 UPS가 고장 나면 나머지 UPS를 이용하여 부하에 급전하는 방식
② 1대 또는 여러 대의 예비기를 확보하는 방식
③ 특징 : 전원공급의 신뢰도가 높은 방식

5) 종류(On-Line 방식, Off-Line 방식, Line Interactive 방식)

(1) On-Line 방식

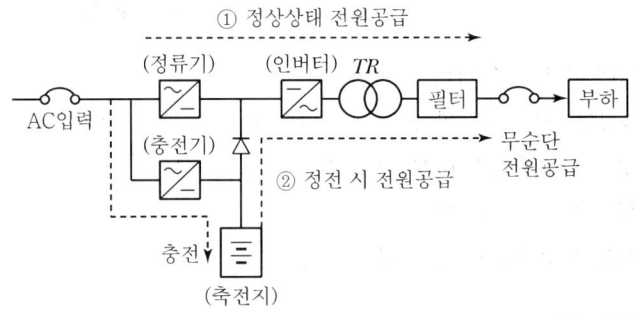

그림 2-411 ▶ On-Line 방식

① 전원공급
  ㉠ 인버터부가 주전원과 부하 사이에 직렬로 연결됨
  ㉡ 상시 한전전원을 공급받아 정류기 → 인버터부를 통해 부하에 전원이 공급됨

② 장점
  ㉠ 입력전원의 정전 시 무순단이므로 입력과 관계없이 안정적인 전원을 공급함
  ㉡ 회로 구성에 따라 양질의 전원을 공급함
  ㉢ 입력 전압의 변동에 관계없이 출력전압을 일정하게 공급함(AVR 기능)
  ㉣ 입력의 서지, 노이즈 등을 차단하여 출력전원을 공급함
  ㉤ 출력단락, 과부하 등에 대한 보호회로가 내장됨
  ㉥ 출력전압을 일정범위($\pm 10[\%]$) 내에서 조정함

③ 단점
  ㉠ 회로 구성이 복잡하여 기술력이 요구됨
  ㉡ 효율이 Off-Line보다 낮음(전력소모가 많음)
  ㉢ 외형 및 중량이 큼
  ㉣ 대체로 가격이 고가

④ 적용
  ㉠ 3[kVA] 이상의 대용량에 적용
  ㉡ 대형 전산실
  ㉢ 공장자동화 등 양질의 전원품질을 요구하는 장소

(2) Off – Line 방식

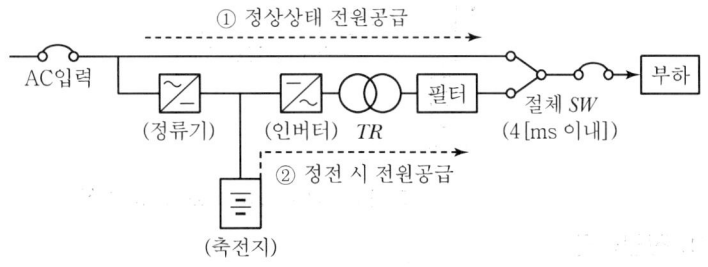

그림 2-412 ▶ Off-Line 방식

① 전원공급
  ㉠ 비상시 사용을 위해 주전원과 부하 사이에 병렬로 연결됨
  ㉡ 정상상태 : 상용전원이 직접 부하에 공급함
  ㉢ 정전 및 규정치 범위를 벗어난 전압 : 짧은 시간 내 절체되어 인버터를 통해 전력이 부하에 공급됨

② 장점
  ㉠ 입력전원 정상시에는 효율이 높음(전력소모가 적음)
  ㉡ 회로 구성이 간단하여 내구성이 높음
  ㉢ On-Line에 비해 가격이 저가
  ㉣ 소형화가 가능함

③ 단점
  ㉠ 정전 시에 순간적인 전원의 끊어짐이 발생함
  ㉡ AVR 기능이 없음(전압조정이 안 됨)
  ㉢ 입력전원과 동기가 되지 않아 정밀급 부하에 부적합함

④ **적용** : 소용량 부하설비에 적합한 방식임

(3) Line Interactive 방식

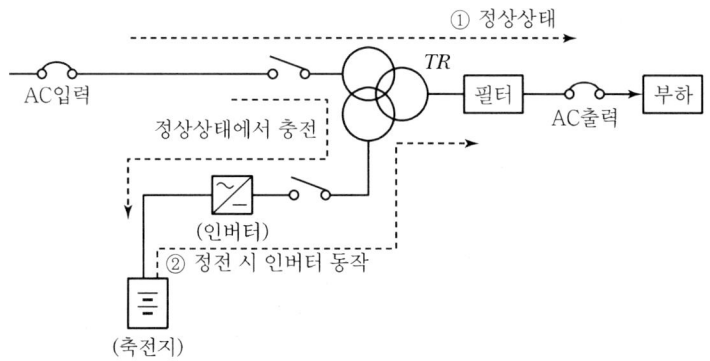

그림 2-413 ▸ Line Interactive 방식

① 전원공급

입력되는 전원이 정상적인 경우에 출력전압을 일정하게 유지하도록 자동전압 조정 기능을 내장한(주로 4탭 사용) 방식으로 On-Line 방식과 Off-Line 방식의 중간 정도의 기술이며 현재 주로 소용량의 UPS에 적용하여 사용되고 있다.

② 장점
  ㉠ 입력전원 정상 시에는 효율이 높음(전력소모가 적음)
  ㉡ 회로 구성이 On-Line보다는 간단함
  ㉢ On-Line에 비해 가격이 저가임
  ㉣ 자동전압조정 기능이 있음

③ 단점
  ㉠ 내구성이 Off-Line보다는 떨어짐
  ㉡ 과충전의 우려가 있으며 충전부의 고장 발생 빈도가 높음

표 2-55 ▸ UPS 동작 방식 비교

구분	On-Line 방식	off-Line 방식	Line Interactive 방식
효율	70~90[%]	90[%] 이상	90[%] 이상
주파수 변동	변동 없음 (±0.5[%] 이내)	입력에 따라 변동됨	입력에 따라 변동됨
출력전압 변동	정전압 공급	입력에 따라 변동됨	5~10[%] 자동 전압조정
입력전압 이상	완전 차단함	차단하지 못함	부분적으로 차단함
소음	45~65[dB]	40[dB] 이하	40[dB] 이하
전원공급 신뢰도	높음	낮음	중간

6) 보호방식

(1) UPS 2차 단락보호

① By-Pass 기능에 의한 보호

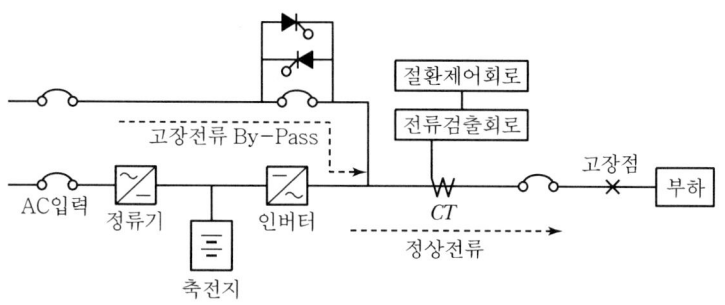

그림 2-414 ▶ By-Pass를 이용한 보호방식의 구성 예

㉠ 기능
- UPS는 일반적으로 정격전류의 150[%] 정도로 과전류를 검출해 정지됨
- 과전류 발생과 동시에 무순단으로 회로가 분리됨
- 고장회로가 분리되어 정상인 부하전류에 복귀한 것을 확인해 UPS 측에 무순단으로 전환함(일반적으로 Auto Return이라 함)

㉡ 특징
- By-Pass 계통이 상용전원이며 전원임피던스가 비교적 작아 큰 고장전류를 공급할 수 있어 사고개소의 제거에 적합하며, 고장제거까지 By-Pass 스위치의 과전류내량과 고장전류와의 보호협조 검토가 필요함
- 정전 등에 의한 By-Pass 전원이 건전하지 않을 경우 적용의 한계
- By-Pass 전원에 의한 고장전류로 부하 측의 최저 허용 전압강하 범위를 초과할 수 있음
- 주파수 변환 UPS에는 교류입력과 부하 측 주파수가 달라져서 채택할 수 없음

② 차단기에 의한 회로 분리방식

UPS 2차 측 단락사고 발생 시 UPS로부터 고장회로를 분리하는 방식임

㉠ 배선용 차단기

일반적으로 저압 배선회로에서 과전류 차단기로 가장 많이 사용되는 차단기
- 기능
  - 고장전류가 발생하여 차단할 때까지의 시간은 즉동형인 것도 약 10[ms] 이상 소요됨
  - 고장전류에 대한 차단성능이 우수한 Type을 선정함

- 특징
  - 고장전류가 회로에 그대로 흘러 부하단의 전압강하율이 커질 가능성이 있음
  - 부하기기의 허용순시전압 저하시간이 10[ms] 이하인 것도 있으므로 사고발생 시의 MCCB 차단시간과 부하단 전압강하율의 정도를 검토해야 함

ⓒ 속단퓨즈(Fuse)

UPS 등의 반도체 보호용으로 속단퓨즈를 사용하며, 개폐 기능이 없어 MCCB와 조합하여 사용함

- 기능 : UPS의 보호기능이 동작되기 전에 동작되어 회로를 분리시킴
- 특징
  - MCCB에 비해 타 부하에 영향을 미치지 않고 고장회로를 차단할 확률이 높음
  - 한류특성이 우수하고 차단시간이 짧음

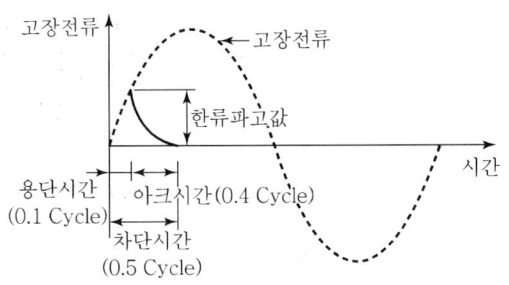

그림 2-415 ▶ 한류차단특성

  - 퓨즈의 정격은 기동전류나 돌입전류가 퓨즈의 허용전류를 초과하지 않도록 선정함
  - 반복회로 차단에 의한 피로응력으로 퓨즈 열화 발생(비반복투입 시 정격전류의 70[%], 반복투입 시 정격전류의 60[%]에서 피로용단 현상 발생 가능)
  - 장시간 사용 시 자연 열화에 의한 용단 가능 → 정기적 교환주기 검토

ⓒ 반도체 차단기

반도체의 Thyristor 응용기술을 이용한 방식임

- 원리 : CT에서 부하전류를 검출하고 Thyristor가 On된 상태에서 과전류가 흐르게 되면 Gate 제어회로에 의해 Thyristor가 제어되어 회로를 차단시킴

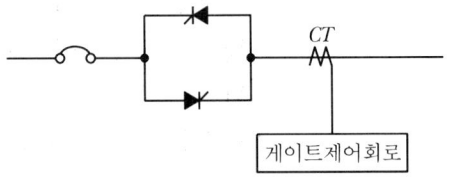

그림 2-416 ▶ 반도체 차단기

- 차단시간 : 검출회로 지연시간 + Thyristor Turn off
- 특징
  - 차단시간이 짧음(100~150[μs])
  - 치수가 대형
  - 가격이 고가임

표 2-56 ▶ 단락보호 장치의 특징 비교

구분	MCCB	속단퓨즈	반도체 차단기
회로 구분	─⌒─→	─⌒─▭→	CT, 게이트제어회로
동작시간 한류효과 ($10 \times I_n$)	3~30[s] 없음	20~600[ms] 있음	100~150[μs] 없음
적용한계	단시간영역(10~20[ms]) 이하에서 보호가 안 됨	수[ms] 이하의 영역에서 보호가 안 됨	과부하 내량을 예상하고 보호협조가 쉬움
전류특성	반한시 특성	반한시 특성	일정특성
바이패스 회로	불필요	불필요	있는 쪽이 좋음
수명	트립횟수에 제한 있음	자연열화 → 5년 주기교체	10년 주기 콘덴서 교환, 정기적 동작 확인
가격	저가	중가	고가
치수	소	중	대

(2) **지락보호**

① 일반적으로 UPS 2차 측은 비접지 회로를 구성한다.
② 1선 지락 시 지락전류가 적어 UPS는 이상 없이 운전하는 경우가 많다.
③ 1선 지락 시 건전상의 전위상승 발생으로 부하기기가 오작동하는 경우가 있다.
④ 지락 경보설비 설치
  ㉠ 비접지계통의 접지용 콘덴서(C_O) 설치
  ㉡ 보호방식은 동작의 확실성, 사용회로의 최대량, 경제성 등을 고려한 방식을 선정함

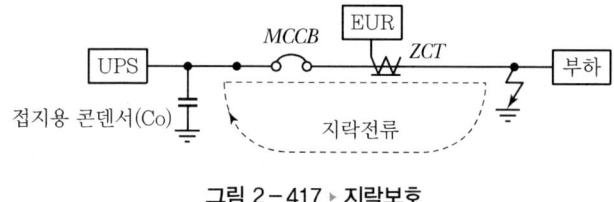

그림 2-417 ▶ 지락보호

7) 설계 시 고려사항

(1) 전원 측 고려사항

① 부하용량을 충분히 만족시킬 것
② 기동부하에 대해 UPS 출력 한계치를 초과하지 않을 것
③ 순차 투입 시 후 투입 부하의 기동전류에 의해 출력전압 변동이 선 투입 부하의 허용값 이내일 것
④ 가능한 표준용량일 것
⑤ 장래 증설 부하에 대한 용량 검토
⑥ 부하의 중심배치로 전압강하에 따른 배선 굵기 검토
⑦ 소용량 → 정지형, 대용량 → 회전형
⑧ 고조파 검토

(2) 건축적 고려사항

① 설치장소
  ㉠ 옥내 배치가 원칙(불연장소)
  ㉡ 옥외 배치 시 결로 흡습에 대한 대책이 필요함
  ㉢ 바닥 : 타일 또는 도장처리를 하여 먼지가 하부에서 침입하는 것을 방지함
  ㉣ 축전지 : 소방법상 불연 전용실 시설이 되어야 하나 구조기준에 적합한 Cubicle의 경우 UPS와 동일 장소에 시설이 가능함

② 이격거리 : 전면보수를 기준으로 하여 선정된다.

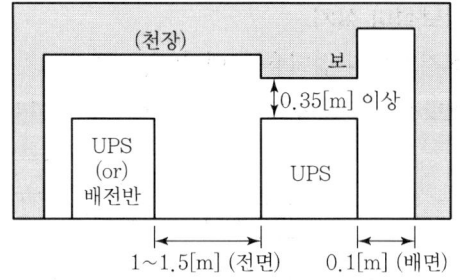

그림 2-418 ▶ UPS 보유거리

(3) 환경적 고려사항

① 항온항습
  ㉠ UPS의 동작 실온도 0~4[℃]가 일반적이나 장비의 신뢰성을 고려하여 최적의 온도인 25[℃] 실온 유지가 필요함

ⓒ 25[℃] 온도 유지 시 UPS 수명이 증가함

② 공조시설
  ㉠ 공조용량은 UPS 발열량 검토 후 결정됨
  ㉡ 공조기 용량 산출
    - UPS 본체의 발열량+기타 주변발열량+케이블 발열량을 고려한 용량이 선정됨
    - UPS 본체의 발열량=UPS 출력용량[kVA]×UPS 출력역률×K(UPS 종합효율)
  ㉢ 차후 UPS 설비의 증가로 인한 온도상승, 공조설비의 고장 발생에 대한 대책이 필요함

③ 기타 환경적 사항
  ㉠ 결로에 의한 습기 및 수분장해
  ㉡ 주변 가스 등의 위험물질 유무

(4) 기타 사항

① UPS 장치는 JIS, JEM, JEC, 전기설비기술기준, 소방법 규격에 준하여 시설하며 타 규격도 확인할 필요가 있다.
② 화재 예방조례로서 축전지 용량(Ah)과 셀 수의 곱이 4,800[Ah] 셀 이상인 경우 화재예방조례의 적용을 받는다(UPS 용량이 20~30[kVA] 이상의 것은 거의 적용 대상임).

(5) 배전계획

① 배전회로의 결정(전압, 부하 Balance 등)
② 배선루트, 배전전로의 결정
③ 배선방식의 결정
④ 전선의 굵기 선정
⑤ 전압강하 검토
⑥ 접지계획 검토

8) 정지형 UPS와 회전형 UPS

(1) 개요

UPS란 무정전 전원공급 장치로서 OA기기, 정보통신기기 등의 사용량 증가로 용량 및 수요가 증가하는 추세에 있으며 현재 300[kVA] 이하의 경우 정지형이 대부분 적용되나 고조파 발생으로 인한 장해가 발생 시 회전형 UPS가 검토된다.

(2) 정지형 UPS

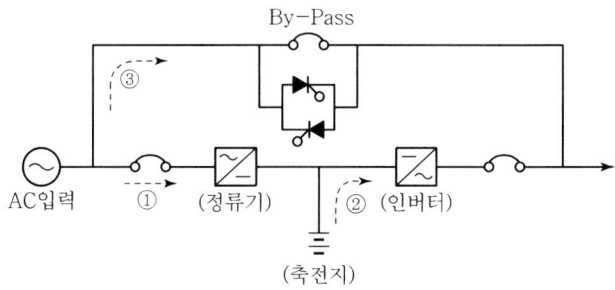

그림 2-419 ▶ 정지형 UPS

① 원리
  ㉠ 정상 운전 시
    정류기 → 인버터를 통해 부하에 급전되고 축전기에 충전됨
  ㉡ 한전 정전 시
    • 축전지의 충전시간만큼 Back-Up
    • 일반 건축전기 : 5분
    • 전산센터 : 10~30분
  ㉢ UPS 고장 시 : Static Switch로 150[μs] 이내 By-Pass 시킴

② 특징
  ㉠ 장점
    • 300[kVA] 이하에서 경제적임
    • 진동, 소음이 적음
    • 응답속도가 빠름
  ㉡ 단점
    • 고조파 발생이 큼
    • 순간 과부하 내량이 약함
    • 내부사고의 빈도가 높음

- 전자파 장해 발생
- Back-Up 시간 증가 시 축전지 용량 증가로 발열의 원인
- 인버터부 일정 주기로 교체 → 유지보수비 증가

(3) Dynamic UPS(회전형 UPS)

① 원리

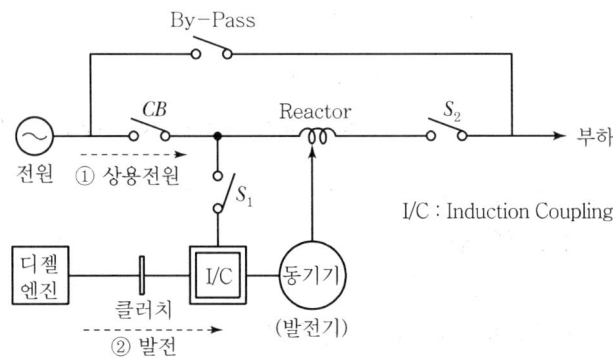

그림 2-420 ▶ Dynamic UPS

㉠ 상용전원 공급 시
- CB, S_1, S_2가 투입
- 상용전원을 공급받아 IC를 거쳐 직접 부하에 전력을 공급함
- IC 동작특성
  - 내부회전자 : 외부회전자에 있는 3상 2극 교류권선에 의해 여자되어 3,600[rpm]으로 회전상태
  - 외부회전자 : 1,800[rpm]으로 회전상태
- 플라이휠 클러치는 분리상태
- 동기기와 연결된 리액터를 통해 전압 조정역할을 함

㉡ 상용전원 정전 시
- CB, S_1가 Off됨
- I/C 외부 회전자에 의해 동기기(동기전동기)는 발전기로 동작하며 무순단, 무정전의 전력을 부하에 공급함
- 정전과 동시에 I/C 내부 회전자의 감속되는 과정에서 디젤 엔진이 가동되며 I/C 외부 회전자 속도(1,800[rpm])와 엔진의 속도가 일치 시 클러치가 투입됨
- 엔진을 통해 전력을 부하에 공급함
- IC의 내부 회전자속도는 외부회전자 권선에 순간적으로 여자되어 원래의 속도 3,600[rpm]로 회복됨

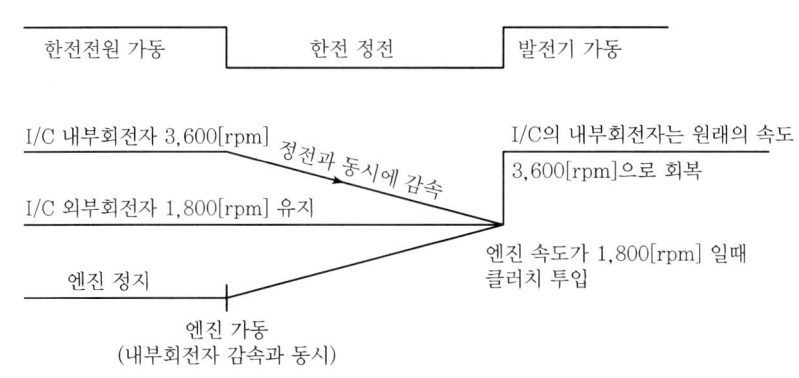

그림 2-421 ▶ 한전 정전과 동시에 발전기 가동

　　　ⓒ UPS 고장 및 점검 시 : By-Pass 시킴
　　　ⓔ 정상전원 공급 시
　　　　• CB, S_1, S_2가 투입
　　　　• 상용전원은 부하에 직접 공급됨
　　　　• 클러치는 분리되며 엔진은 정지되며 발전기는 동기전동기가 됨

② 특징
　　㉠ 장점
　　　• 회전기 사용으로 자체 고조파 발생이 없음
　　　• 순간 과부하 내량이 큼
　　　• 300[kVA] 이상 시 경제적임
　　　• 신뢰성이 높음
　　㉡ 단점
　　　• 소음 진동 발생
　　　• 대용량 시 하중 문제 발생
　　　• 설치장소의 제한
　　　• 주기적인 베어링 교체 필요

(4) 정지형과 회전형의 비교

구분	회전형	정지형
제작 용량	300~수[MVA]	300[kVA] 이하
경제성	300[kVA] 이상	300[kVA] 이하
설계 용량	부하용량과 동일	부하용량의 1.5배
고조파	거의 없음	많음(Filter 필요)

구분	회전형	정지형
효율	96[%] (높음)	80~90[%]
냉방 장치	불필요	필요
수명	장수명(약 20~25[년])	단수명
면적	정지형의 $\frac{1}{2}$	(−)
신뢰성	높음	낮음(자체 고장빈도가 높음)

참고문헌

- 건축전기설비설계기준(국토교통부)
- KSC-IEC 60364[KS(한국표준협회)]
- KSC-IEC 62305[KS(한국표준협회)]
- KSC-IEC 60364(한국 전기기술인협회)
- KSC-IEC 62305(한국 전기기술인협회)
- KEC 및 KEC 해설서(대한전기협회)
- 전기기술인(한국전기기술인협회)
- KEC 시공 가이드북(한국전기공사협회)
- 전력기술관리법령집(동일출판사, 이운희)
- 기술계산핸드북(의제, 정용기)
- 전기설비계획, 운전과 보호계전기정정(기다리, 이경식)
- 전기설비사전(한미, 전설공업협회)
- 송배전 기술용어 해설집(한국전력공사)
- 송배전공학(동일출판사, 송길영)
- 최신배전시스템공학(대한전기학회)
- 수변전설비의 계획과 설계(의제, 박동화, 이순형)
- 최신전기설비(광문각, 남시복)
- 최신전기설비(문운당, 지철근)
- 전원 및 간선설비설계(성안당, 최홍규)
- 자가용 전기설비의 모든 것 Ⅰ, Ⅱ(기다리, 김정철)
- 태양광발전시스템의 계획과 설계(기다리, 이순영)
- 태양전지 실무입문(두양사, 김경해)
- 건축전기설비기술사 핵심문제 상, 하(의제, 정용기)
- 보호계전시스템의 실무 활용 기술(기다리, 유상봉)
- 전력사용시설물 설비 및 설계(성안당, 최홍규)
- 송배전공학(보성문화사, 백용현)
- 건축설비기술사-Sub-note Ⅰ, Ⅱ(의제, 정용기)
- 전기이론(교육부)
- 전기기기(교육부)
- 전기기기(태영문화사, 안민옥)
- 전기기기(태영문화사, 조선기)
- 최신전기기계(동명사, 이윤종)
- 접지등전위 본딩 설계 실무지식(성안당, 정종욱역)

- 건축물의 피뢰설비 가이드북(의제, 곽희로, 정용기)
- 최신조명공학(문운당, 지철근)
- 조명설비의 설계(성안당, 최홍규)
- 접지기술입문(동일출판사, 김성모)
- 전자파공해(수문사, 김덕원)
- 전기저널(대한전기협회)
- 전기의 세계(대한전기학회)
- 조명전기설비(한국조명. 전기설비학회)
- 조명제어공학(태영출판사, 김의곤)
- 대한전기협회 자료
- 한국 조명·전기 학회 자료
- 대한전기학회 자료

건축전기설비기술사 Ⅰ권

발행일 | 2024. 11. 20 초판발행

저　자 | 조성환, 이재오
발행인 | 정용수
발행처 | 예문사

주　소 | 경기도 파주시 직지길 460(출판도시) 도서출판 예문사
T E L | 031) 955-0550
F A X | 031) 955-0660
등록번호 | 11-76호

- 이 책의 어느 부분도 저작권자나 발행인의 승인 없이 무단 복제하여 이용할 수 없습니다.
- 파본 및 낙장은 구입하신 서점에서 교환하여 드립니다.
- 예문사 홈페이지 http://www.yeamoonsa.com

정가 : 39,000원

ISBN 978-89-274-5608-7   13560